空天地协同激光通信技术与应用

Ground-Air-Space Cooperative Laser Communication Technology and Application

杨　健　鲍芳荻　于思源　著

科学出版社

北　京

内 容 简 介

本书主要介绍空天地协同激光通信系统中的各种技术方法，包括链路的瞄准、捕获、跟踪、大容量复用通信、大气湍流的补偿以及应用评估方法。首先介绍为了快速建立激光通信链路所采用的窄信标光束扫描捕获理论和模型及特性分析方法；然后介绍如何提高链路稳定性的窄信标双向跟踪理论模型以及捕跟探测优化方法；而后介绍基于光频梳的大容量密集波分复用方法，并分析了大气湍流影响机理以及补偿方法；最后给出激光通信系统应用评估方法。总之，本书是对近年来激光通信技术的总结，对各种技术进行了比较系统而详细的介绍。

本书适合从事通信领域包括空间光通信、卫星通信、空间信息网络等研究的工程技术人员，以及高等院校通信工程等相关专业的高年级本科生、研究生和教师阅读。

图书在版编目(CIP)数据

空天地协同激光通信技术与应用/杨健，鲍芳荻，于思源著. —北京：科学出版社，2022.3

ISBN 978-7-03-071754-2

Ⅰ. ①空… Ⅱ. ①杨… ②鲍… ③于… Ⅲ. ①激光通信 Ⅳ. ①TN929.1

中国版本图书馆 CIP 数据核字(2022)第 040601 号

责任编辑：陈艳峰 钱 俊／责任校对：杨 然
责任印制：赵 博／封面设计：无极书装

科学出版社 出版
北京东黄城根北街 16 号
邮政编码：100717
http://www.sciencep.com
北京建宏印刷有限公司印刷
科学出版社发行 各地新华书店经销
*
2022 年 3 月第 一 版 开本：720 × 1000 B5
2025 年 1 月第三次印刷 印张：17
字数：340 000

定价：138.00 元

(如有印装质量问题，我社负责调换)

序

随着高光谱、高时间分辨率遥感观测、超远程深空探测等重大工程的不断深入推进，对空间信息传输速率和实时性以及组网技术提出了很高的要求。空天地协同组网已成为未来一体化空间信息网络发展的主要趋势，为此，我国将布局建设虹云、行云和鸿雁系列天基物联网星座。面向未来空间信息传输速率需求，传统微波链路存在通信速率瓶颈，而空间激光链路容易实现吉比特每秒的高速传输速率。因此，激光可作为一种高速通信链路，与已有微波链路协同构建新型空间高速通信网络基础设施，实现空基、天基和地基的全球海量数据实时传输、异地数据转发与用户接入，满足未来空间信息传输的需求。

本书作者及其所在团队长期在自由空间光通信领域系统开展技术研究和工程应用，取得了丰硕的研究成果。特别是在激光链路的瞄、捕、跟，以及大气湍流补偿机理等方面有创新研究和应用案例。研究团队在承担繁重的工程项目之余，还注重基础技术积累，将取得的科研成果凝练编著成册，我有幸先阅读此书。全书以空天地协同应急通信为应用背景，从激光链路的快速建立、稳定保持、高速复用通信、湍流补偿和应用评估等方面进行论述，内容丰富，自成一体，工程应用特色明显，与国内本领域已有专著相互补充完善。我相信本书是空间激光通信领域一部工程应用特色鲜明的学术著作，特别适合空间光通信专业研究生、老师以及科研工作者阅读，也必将有助于推动激光通信在我国空天地一体化信息网络建设中的广泛应用。

赵尚弘

空军工程大学信息与导航学院　教授

序

前　言

空天地协同激光通信是以激光为传输载体，在空天、空空、空地、空海间形成空间高速数据传输链路，可解决现有微波链路的传输带宽受限问题，同时具有保密性好、无需频率申请许可等优点。随着虹云、行云、鸿雁系列移动互联网星座、高分辨率对地观测卫星、深空探测等国家重大工程的快速推进，加强我国激光通信技术的工程应用，构建海量信息空间传输网络成为当务之急。

空天地协同激光通信系统中的各类激光通信终端，可根据自身和对方终端位置信息，自动瞄准、捕获、跟踪，自主建立和保持链路，实现稳定的双向激光通信。在实际应用环境中，受到平台运动、姿态变化以及复杂大气等因素影响，终端间的快速建链、稳定跟踪实现难度极大，目前国内外仍未能很好地解决，是今后大范围应用的瓶颈问题。

作者及其团队成员多年来致力于从事空间激光通信领域研究，本书就是在以往工作基础上整理完成的。主要包括协同激光通信技术研究进展、工作原理、技术方法和应用评估策略等，各章主要内容如下：

第一章首先介绍了空天地协同激光通信系统，在此基础上概述了国内外研究现状，同时阐明了空天地协同激光通信的必要性，对其将来研究方向进行了分析。

第二章总结了空天地激光链路快速建立技术，介绍了空间光通信链路建立的基本理论知识，对整个系统工作过程中的瞄准、捕获过程进行了详细分析。针对窄信标光通信，对其扫描方式和捕获性能进行了分析。

第三章总结了空天地激光链路稳定保持技术，介绍了空间光通信跟踪的基础知识与理论模型。深入研究了窄信标光情况下的快速捕获模型，并针对其特点给出了光束捕获跟踪在轨优化系列方法。

第四章总结了空天地激光链路基于光频梳的高速通信复用技术，介绍了产生光频梳的几种方式，并针对这些方法进行了高速复用通信的应用研究。

第五章总结了空天地大气信道湍流影响机理与补偿技术，介绍了大气湍流情况下空间光通信的链路特性与通信性能，建立了光束远场动态特性理论模型，给出了链路跟踪稳定性量化分析方法和补偿方法。

第六章总结了空天地应急通信技术的应用评估方法。包括：针对提出的光束远场特性，通过地面等效模拟和半物理仿真进行实验，实现链路跟踪稳定性优化方法的验证；针对提出的窄信标光束捕获跟踪性能优化方法和在轨优化方法，开展了地面和在轨试验，实现了光通信链路系统整体性能的优化；针对大气湍流影响，提供了一种能快速生成、扩展和校验的编码和交织实现方法，以抵抗大气湍流的快速变化对系统性能产生影响。

本书可为空间光通信、卫星光通信、空间信息网络以及相关学科的科研和工程人员提供参考，也可作为高年级本科生和研究生的教材或相关课程的参考书。

本书的撰写，部分参考了作者指导的武凤博士、马仲甜博士、丁俊榕硕士、李昊硕士的毕业论文工作，同时得到了朱建东、楚建祥、吴泳佳、刘嘉暄、郭子如、高云雪等的细致校对，在此表示衷心的感谢。由于成书匆忙，难免存在疏漏和不妥之处，诚望读者交流指正。

杨　健

2021 年 11 月于北京

目　　录

第一章　概　　述

1.1　空天地协同激光通信简介

21 世纪是信息技术急剧发展的时代，社会信息化程度不断提高。在民用方面，人们不仅能够从网络中获取海量的新闻消息、实现实时定位信息交互，还可以享受到高清视频网络会议、异地远程医疗通信等新一代业务带来的工作和生活上的便捷。在军用方面，随着无线通信和对地观测技术突飞猛进的发展，以及集群专网通信、无人机飞控、云计算、空间信息等新技术的不断涌现，空天地一体化的协同通信在处理重大公共安全突发事件中发挥着越来越关键的作用。美国陆军将卫星、空中侦察机、地面部队以及美国中央情报局等机构所获取的信息进行融合，通过导航定位和通信系统向旅及以下指挥层提供实时和近实时的作战指挥信息、态势感知信息和友军位置信息等，可以通过三维方式查看战场地形和态势。美国联邦调查局移动指挥车集成了地图、视频、音频和通信设备，可以指挥每个独立的作战小组。俄罗斯内务部防恐部队 2012 年开始装备的 “Andromeda-D” 自动化指挥系统，由多个移动式笔记本电脑组成前沿指挥网络，可以保障各级使用者实时进行信息交换，融合了无线电通信、卫星通信、二维电子地图和 GPS 或格洛纳斯系统自动更新位置信息。同时，我国国内也在大力发展天地一体化建设。

纵观国内外现状，协同通信成为了空天地一体化信息网络发展趋势。协同通信网络是指不依赖某一种技术方式，而是集合多种通信技术优势，来构建多功能、适用于多场景的信息网络。然而，传统的协同通信方式仍然存在传输速率低、抗干扰能力差、频率资源紧缺、应急性差、重量和功耗大等问题。

空间激光通信技术结合了无线电通信和光纤通信的优点，以激光为数据传输的载体，激光在两个终端的光学天线之间的链路中传输。激光载波的波长通常为大气窗口中的可见光或短红外光。由于激光的特性，自由空间光通信和传统的 RF 系统相比，具有抗干扰能力强、安全性高、通信速率高、传输速度快、波段选择方便及信息容量大的优势。由于激光通信中使用的波长比 RF 波长短得多，所以激光可以实现更窄的波束，具有更小的发散角。其系统特点是体积小、重量轻、功耗低、结构简单、灵活机动，在军事和民用领域均有重大的战略需求与应用价值。美国已将发展空间激光通信技术列为与海陆空装备同等重要位置，欧洲空间局将其作为颠覆性技术进行攻关。我国在 2011 年实现了低轨星地 504Mbps 激光通信，

2017 年实现了高轨星地双向 5Gbps 激光通信，2020 年先后实现了低轨星间双向 2.5Gbps、100Mbps 激光通信。在“十三五”时期，我国就已将天地一体化网络建设列为重大工程项目。通过激光数据通信、数据转发、数据分发和数据暂存等实现空间高速网络通信，实现卫星遥感和卫星通信的全球实时数据传输，同时还可完成异地数据转发、应急成像数据转发等抗干扰保密通信业务。

空间激光通信技术可作为一种应急通信方案，应用于抗震救灾、突发事件、反恐、公安侦查等领域。具体来看，空间激光通信技术可为多兵种联合攻防提供军事保密信息服务，在局部战争、战地组网和信息对抗中优势突出。另外，受益于带宽高、传输快速便捷及成本低的优势，空间激光通信技术是解决信息传输“最后一千米”和第五代移动通信技术 (5G) 小微基站传输的最佳选择，也是实现高速和高可靠性通信的关键技术。传统的微波 (RF) 系统性能会受传输距离和电路板存储空间等的限制，而卫星激光通信技术使用先进的空间科学仪器，能够实现航天器与下行地面站之间的高速数据传输。

空天地协同应急激光通信系统是指在自由空间环境中，针对特定的场景需求，利用激光通信技术构建的一体化协同系统。特定场景包括异地保密通信、大容量的数据传输，以及频率申请资源较为紧张环境等。以激光和微波两种空间通信手段为例，两者各有优势，可以相互配合，构建激光/微波混合的网络，其中激光链路传输速率高、保密性好，在空间高速骨干网络中具有独特的优势和发展潜力，而微波链路覆盖范围广、穿透能力强，在用户接入和信息分发等方面具有优势。通过激光/微波混合组网体制试验，验证相关技术的可行性，为网络的建设提供技术支撑。在激光/微波混合网络中，可根据系统在轨运行状态和任务要求，动态设置传输体制和数据传输优先级，确保不同用户的通信容量和时效需求。

1.2 空天地协同激光通信链路技术发展概述

空天地协同激光通信技术以空基激光通信链路和空基激光通信网络为基础，利用空基激光通信终端，分别与星载终端、地基终端和舰载终端建立激光通信链路和组网，实现天基网络和地基网络数据的中继和互联。空天地一体化光通信系统中的各类激光通信终端，可根据自身位置姿态信息和对面终端位置信息，自动瞄准、捕获、跟踪并实现双向通信，实现自主建立和保持链路。通过空空/空地/空天/空海间点对点高速数据传输，解决现有微波链路的传输带宽受限问题，同时具有抗干扰和保密性好等优点。各类激光通信终端均可适应相应工作环境的高低温、力学、抗辐射等要求，对于高速平台 (超音速飞机等)，具备共性技术。空天地一体化光通信系统可拓展现有天地一体化网络设计的应用范围，同时解决天地激光链路受大气影响可用度不高的问题。此外，该系统还可接入地面光纤网络，拓展现有通信系统维度。空天地海一体化光通信系统中，首先建立空基终端 (飞机、无人机、浮空器、气球等空中平台) 间激光链路，利用飞行器平台实现空基局域网络，如图 1-1 所示。本书将主要针对星地、空基以及地海激光通信技术进行概述。

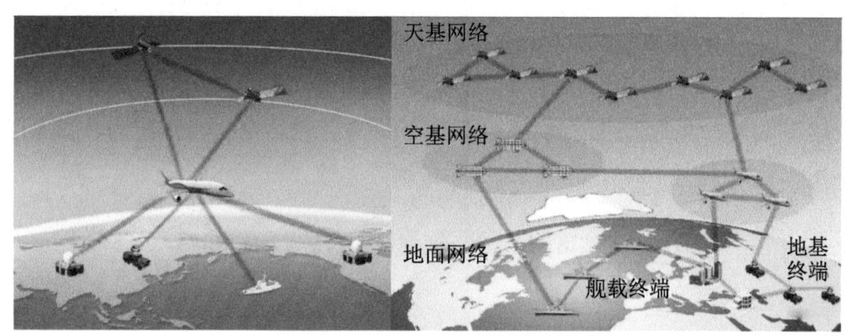

图 1-1 空天地一体通信系统

1.2.1 星地、星间激光链路

20 世纪 70 年代末，美国率先研制出了第一个自由空间光通信终端，进行了室内演示实验，此后日本、欧洲各国等纷纷开展了卫星光通信技术研究。20 世纪 80~90 年代，由于光源、探测器和光束控制相关的元器件技术水平有限，卫星光通信终端的体积、质量和功耗都较大，无法满足在空间环境运行的要求。近 20 多年来，随着半导体激光技术、高灵敏探测技术、无热化光学元件技术、集成化控制技术和轻量化光机材料技术等的发展，各国的卫星光通信技术已逐渐从地面模拟走向了在轨试验阶段，目前正逐步向航天工程实用化和商业化阶段迈进。

从国内外发展趋势来看，未来卫星光通信技术的主要应用场景是星间激光通信组网。空间激光通信具有传输数据率高、抗干扰和保密性好、不受微波频谱限制、光学天线体积小等优点。卫星组网技术可用于全球卫星通信、光学遥感实时传输、电磁遥感等多项航天服务领域，具有广阔的应用前景，其中采用激光通信技术解决星间数据传输问题是首选方案。

1.2.1.1 国外星地、星间光通信链路

欧洲国家

自 1977 年开始，欧洲空间局 (欧空局，ESA) 开展了一系列卫星光通信相关技术的研究。1989 年以来，在欧空局的组织推动下，欧洲联合实现了国际上首次星间激光通信在轨试验和多次星间星地激光链路在轨试验：通过建立卫星和地面站之间光通信链路，验证了星载光通信终端在轨运行可靠性、大气传输干扰补偿能力和星地高速信息传输能力；通过建立高低轨星间、低轨星间光通信链路，验证了星间光束捕获跟踪性能、星间高速数据转发性能和相干通信性能等。

2001 年，欧空局 SILEX 项目实现了世界首次星间/星地激光通信 (图 1-2)，利用 OPALE 终端与 PASTEL 终端建立了星间激光链路，利用 OPALE 终端与地面站间建立了星地激光链路，并进行了一系列在轨试验，如图 1-3；2008 年，欧空局 LCTSX 项目实现了世界首次星间相干激光通信 (BPSK)；2016 年，欧空局中继系统项目开始实施，1 月份首颗 EDRS-A 高轨卫星发射入轨，年底开始实际应用并投入运营；欧空局计划利用 4 颗高轨卫星 EDRS-A/C/D/E 和地面设置构建星间/星地高速通信网络，提供全面的运营服务, 到目前为止成功发射了 EDRS-A/C，预计 2024 年发射 EDRS-D。

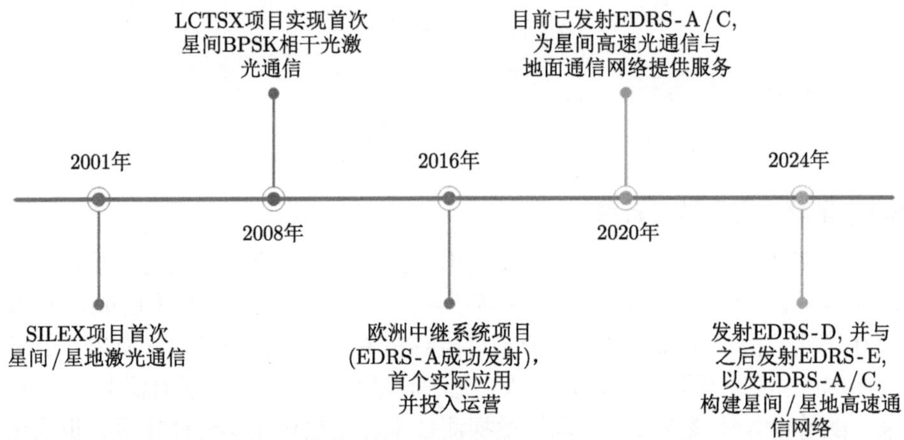

图 1-2　欧洲激光通信发展重大项目及未来计划

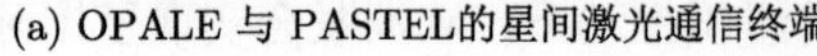

(a) OPALE 与 PASTEL的星间激光通信终端

(b) OGS光学接收地面站

图 1-3　OPALE、PASTEL 星间激光通信终端和地面接收终端

在 SILEX 星间激光链路系统中，低轨到高轨卫星返向链路数据率为 50Mbps，高轨卫星到低轨卫星前向链路的数据率为 2Mbps，平均误码率在轨测试结果均小

于 10^{-6}。在捕获跟踪性能测试中，平均捕获时间 ≤150s，捕获概率优于 95%，验证了星间激光链路系统关键技术和终端在轨运行可靠性。然而，SILEX 激光通信链路系统在重量、功耗以及通信性能方面尚未明显体现出卫星激光通信的优势，具体表现为：PASTEL 终端总重 80kg，最大功耗为 130W；OPALE 终端总重 160kg，最大功耗为 150W；链路的最大通信数据率仅为 50Mbps。在后续报道中，ESA 研制的光通信终端逐步向着小型化和小功耗方向发展，以满足今后的应用需求。

德国航空航天中心 (DLR) 资助的著名项目 LCTSX 于 2002 年 11 月启动，试验的主要目的是建立同步轨道间、高低轨道间、高轨与地面站间的卫星光通信链路，验证在自由空间中进行相干通信的可行性。近些年来，为了进一步推进卫星激光通信技术的航天工程化应用，ESA 制定了欧洲数据中继系统 (European Data Relay Satellite，EDRS) 计划，在中继卫星与地面站之间建立微波和激光复接通信网络 (图 1-4)。

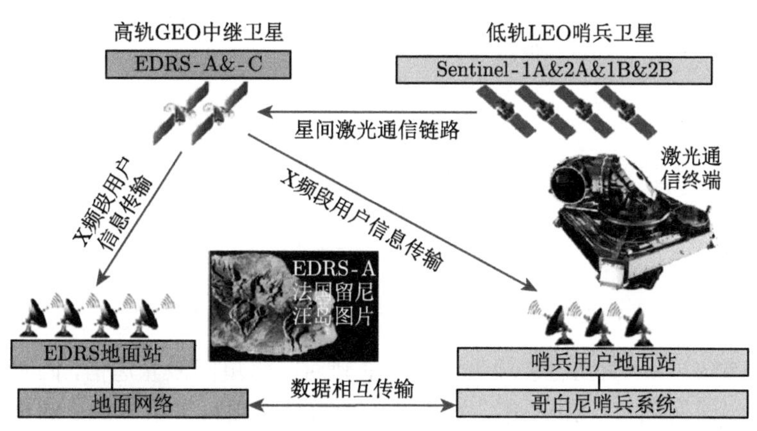

图 1-4 EDRS 通信系统示意图

2015 年，为了验证 EDRS 高轨和低轨卫星的星间/星地激光通信终端的性能，德国航空航天中心 (DLR) 首次建立了车载自适应光学通信地面站 (Transportable Adaptive Optical Ground Station, TAOGS)，与第一和第二代 Tesat's 激光通信终端进行了通信，链路系统采用 1064 nm 波段和二进制相移键控 (BPSK) 调制。车载自适应激光通信终端实现了与低轨卫星 (5.625Gbps 高速率通信)、地球同步卫星 (Alphasat) 激光通信终端之间的双向激光通信 (光学数据率 2.8125Gpbs，有效数据率 1.8Gbps)。

EDRS 的第一个用户是搭载激光通信终端的哨兵 1 号和 2 号低轨卫星，星间链路设计最大通信速率 1.8Gbps，通信光波长为 1064nm。2016 年 1 月 27 日，欧空局发射了首颗 EDRS-A 高轨卫星。EDRS-A 高轨卫星收到哨兵 A 卫星通过激光链路以 600Mbps 速率传输的遥感图像数据，接收光学天线口径为 135mm，通信距离 45000km。2019 年，欧空局发射高轨卫星 EDRS-C，预计在 2024 年发射高轨卫星 EDRS-D，上述 3 颗激光通信卫星与计划发射的 EDRS- E 将与地面构建星间/星地高速通信网络，提供全面的运营服务。

日本

日本自 20 世纪 80 年代开始卫星激光通信方面的研究，实现了高轨星地、低轨星地，达到国际先进水平，其激光通信发展重大项目及未来计划如图 1-5 所示。

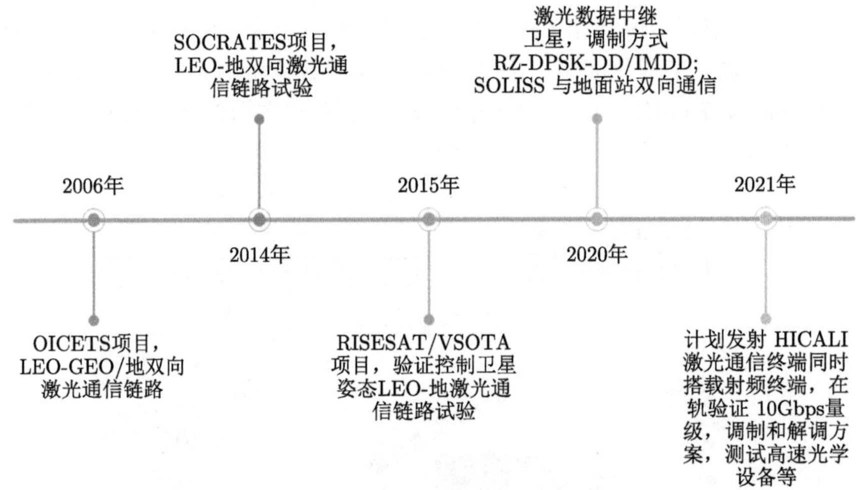

图 1-5　日本激光通信发展重大项目及未来计划

2006 年，日本 OICETS 项目实现了低轨对高轨星间激光通信，同时开展了低轨对地激光通信项目；2014 年，日本 SOCRATES 项目采用 5.8kg 的小型终端成功开展了低轨对地激光通信试验；2015 年，RISESAT/VSOTA 项目中一个 50kg 级别的国际科学微小卫星，搭载了日本国家信息通信技术研究所研发的激光通信终端 VSOTA，目的是验证利用精确控制微小卫星本体姿态手段来建立低轨星地激光通信链路的技术，其微小卫星姿态控制精度可以达到 $0.04°$ (3σ)；日本原计划于 2019 年完成建设“激光数据中继卫星”计划 DPSK 相干调制激光链路，通信速率设定为 2.5Gbps，该卫星实际于 2020 年 11 月发射成功, 通信速率为 1.8Gbps (返向)/50Mbps (前向)，通信制式为 RZ-DPSK-DD(返向)/IMDD(前向)；2020 年 3 月，日本 SOLISS 双向通信链路的地面站完成安装，随后在地面站通过激光链路收到了国际空间站的第一批高清图像，其双向通信速率达 100Mbps；日本计划于 2021 年将 HICALI 激光通信终端预搭载于高吞吐量卫星 HST 发射至地球同步轨道，同时还将搭载射频终端。该卫星目标是在轨验证 10Gbps 量级，验证调制和解调方案，测试高速光学设备，并收集有关激光束传播的数据。截至 2019 年

10 月，HICALI 系统处于光学元件选择和系统设计的最后阶段。

1986 年，日本宇宙航空研究开发机构 (NASDA) 组织实施了 LCE 项目，其中的光通信终端由 CRL 进行研制。LCE 终端总质量为 22.4kg，功耗 90W，束散角 60μrad，口径 7.5cm。LCE 分别于 1994 年 11 月和 1995 年 7 月成功地建立了星地激光链路和双向激光通信链路，验证了 LCE 终端在轨瞄准捕获跟踪性能，证明了日本在卫星光通信领域的实力。

1989 年，日本 OICETS 项目是由 NASDA 资助和领导，并有 JAXA 和 NEC TOSHIBA 公司的参与。2003 年 9 月，日本研制的光通信终端 LUCE 和 ESA 光学地面站进行双向捕获跟踪和通信测试。近些年来，日本对于捕获跟踪技术的研究主要集中在新型瞄准机构的研制上，朝着终端小型化和轻量化方向发展，链路通信数据率达到了 2.5Gbps 以上。2009 年 5~6 月，日本 OICETS 卫星上的 LUCE 激光通信终端与美国喷气推进实验室 (JPL) 加州的激光通信地面站 (OCTL) 之间成功建立双向激光通信链路，下行链路发射功率为 80mW，速率为 50Mbps，采用 15 位伪随机位序列 (PRBS，OOK 调制方式)，OCTL 激光通信终端上行链路总速率为 2Mbps，波长为 819nm，4 个独立信标光束，波长为 801nm，总功率为 4W，束散角为 2mrad。下行链路信标和信号通过主直径为 1m 的天线进行接收，上行链路信标和信号采用直径为 20cm 的天线接收。NASDA 针对光通信终端接收光路研制了可以提高光束接收性能的专用压电陶瓷驱动装置，同时配备可控制探测器或前置放大器的光纤耦合镜。

图 1-6 为 SOCRATES 设计的小型光通信终端 SOTA 终端实物图和 SOCRATES 激光通信系统示意图。2014 年 8~11 月，SOTA 搭载 SOCRATES 卫星成功开展了低轨对地激光通信试验，SOTA 激光通信终端的总重量为 5.8kg，下行通信速率 10Mbps，最大通信距离 1000km。

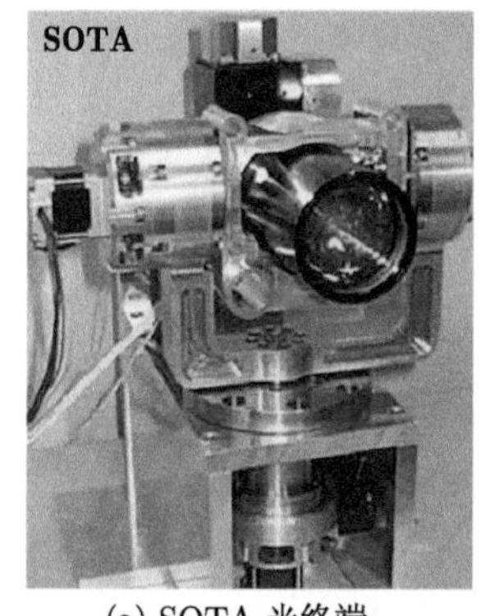

(a) SOTA 光终端

(b) SOTA 搭载在 SOCRATES

图 1-6 SOTA 光通信链路系统

2015 年，由 Tohoku 大学研发了一个名为 RISESAT 的 50kg 级别国际科学微小卫星，并搭载了日本国家信息通信技术研究所研发的激光通信终端 VSOTA，同时，这个国际科学微小卫星还搭载了一个口径 5m 的 GSD 多光谱高精度卡塞格林望远镜。VSOTA 激光通信终端包含有两个波段分别为 980nm 和 1550nm 的信标及信号激光器，但没有粗瞄和精瞄机构，光束跟踪瞄准通过高精度控制微小卫星姿态的手段来实现。

美国

美国的卫星激光通信技术方面研究开始于 20 世纪 60 年代中期。20 世纪 70 年代初，NASA 研制的 LCDS 通信系统实现了移动平台之间以及平台与地面站之间高速激光链路地面模拟演示，通信速率可以达到 750Mbps。1994 年，JPL 研制了 OCD 激光通信演示系统，通信速率为 250Mbps，验证了超远距离激光通信的可行性。图 1-7 为美国主要激光通信发展以及未来计划。

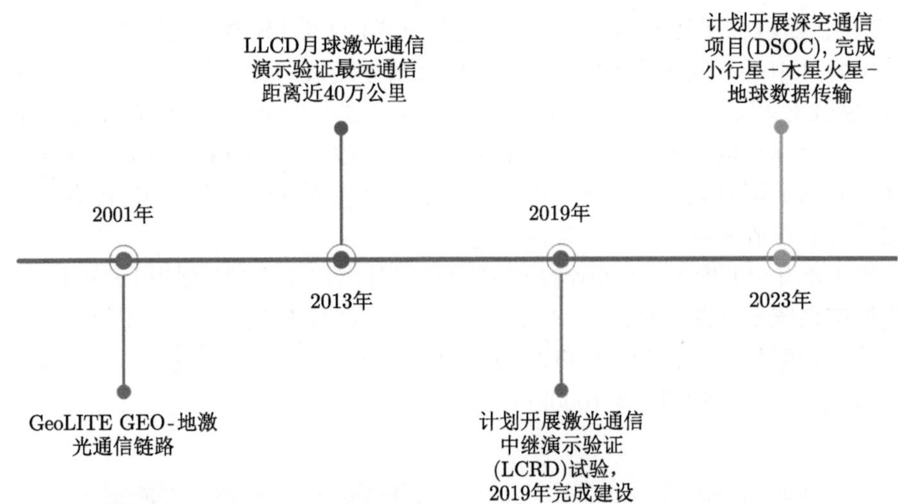

图 1-7 美国激光通信发展重大项目及未来计划

1995 年，STRV-2 星地激光通信计划在 BMDO 领导下开始实施，BMDO 利用低轨卫星 TSX-5 上的 STRV-2 光通信终端，与地面站进行了双向激光链路捕获试验，经过多次尝试后，最终宣布试验失败，但是为后续的卫星光通信终端研制和系统优化提供了宝贵经验。

2001 年 5 月 21 日，由美国国家侦察办公室 (National Reconnaissance Office, NRO) 主导成功开展了地球同步轻量化技术高速激光通信试验 (Geosynchronous Lightweight Technology Experiment，GeoLITE)，主要任务是在地球同步卫星和地面之间建立高速光通信链路试验，但是试验的结果没有公开报道。

2013 年 10 月，美国首次成功开展了 “月球激光通信演示验证”，主要目的是验证月地光通信关键技术和长距离激光通信的可行性。链路系统采用 1550nm 波段作为信号光，在月球人造卫星/地球地面站建立星地双向激光通信链路，链路距离达到 380000km，最大下行速率 622Mbps，上行速率 20Mbps，如图 1-8 所示。

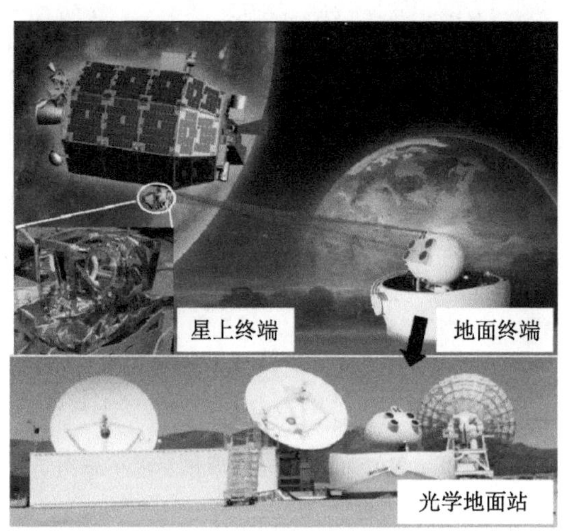

图 1-8 NASA 月地激光通信链路实验

美国于 2014 年 6 月开展了 “激光通信科学光学载荷” 试验，下行速率 50Mbps，传输距离 400km，从国际空间站利用激光链路将高清视频信息下传至地面接收站，取得了良好的演示效果。

为了未来深空探测通信网络以及下一代 TDRS 网络建设提供重要技术和优化依据，美国 2019 年开展激光通信中继演示验证试验，利用 GEO 卫星完成地面两个接收站间的激光中继通信，同时演示地球同步轨道卫星与地面接收站的高速双向通信。LCRD 卫星激光终端装载在商用卫星 SSL 上，在 LLCD 基础上，演示验证空间组网所需的编码技术、调制技术、DTN 网络协议和组网建立保持技术等。同时，针对前期在轨试验发现的问题，在 MIT 和 JPL 的两个地面光学站上增加自适应光学系统，进一步提高星地激光链路克服大气湍流的能力。

DSOC 计划利用激光实现从近地小行星开始向外到木星的数据传输，从火星回传数据的通信数率为 250Mbps，通信距离达 6.3 亿公里。DSOC 还计划突破超远链路距离链路技术、超大功率 (千瓦级) 光信号地面发射技术、单光子探测器阵列技术、在轨观星坐标系标定技术、超大提前瞄准角补偿技术等更多的深空激光通信关键技术。在 2020 年发射的火星探测器上安装轻重量 (小于 6kg)、低功耗 (50W) 的小型激光通信终端，实现火星探测器与火星轨道飞行器和地球地面站之间的通信速率分别设定为 200Mbps 和 200Kbps，如图 1-9 所示。

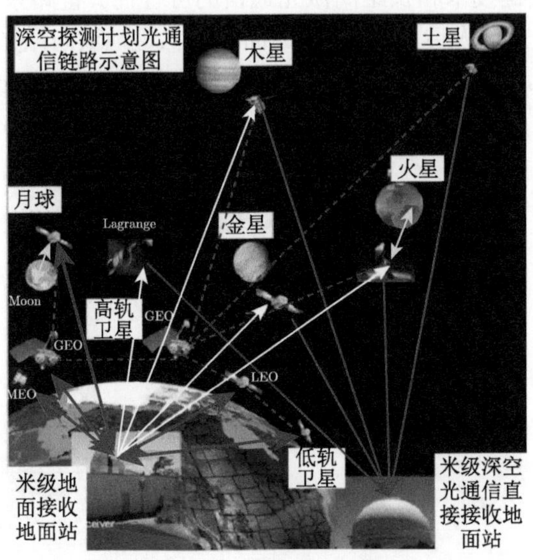

图 1-9　NASA 深空激光通信系统示意图

1.2.1.2　国内星地光通信链路

我国于 20 世纪 90 年代初着手空间激光通信的研究，经过“十一五”和“十二五”两个阶段的研发和技术攻关，许多空间激光通信的关键性技术取得了突破性进展，并且已完成了多个星地激光链路试验的在轨验证。目前，国内从事该领域研究的主要单位有：哈尔滨工业大学、武汉大学、长春理工大学、上海光机所、电子科技大学、中国电科 (中电) 34 所、北京大学、西安光学精密机械研究所等。

2011 年，海洋二号卫星 (LEO) 于太原发射成功，进行了我国第一次 LEO 卫星至地的直接探测激光链路试验，数据率为上行 2Mbps，下行 504Mbps，为我国空间激光通信事业迈出了重要的一步。2016 年，天宫二号 (LEO) 在酒泉发射成功，实现了 LEO 空间站至地的直接探测 (OOK) 激光通信，数据率为 1.6Gbps，刷新了我国星地激光通信速率的纪录。2016 年，墨子号卫星 (LEO) 在酒泉发射成功，实现了我国第一次 LEO 卫星至地的相干激光通信，上行采用 BPPM 方式，数据率为 20Mbps，下行采用二进制相移键控 (BPSK) 调制，数据率为 5.12Gbps，通信容量得到大大提升，这使得我国的空间激光通信由原先简单的直接探测上升到高难度、高复杂性的相干探测，这是一次工业化的变革。2017 年，实践 13 号卫星 (GEO) 于西昌发射成功，实现了我国第一次 GEO 卫星至地的相干激光通信试验，上行和下行数据传输率都为 2.5Gbps，通信距离和数据率大幅度提升，这使得我国的星地相干激光通信距离由原先 LEO 卫星至地上升到 GEO 卫星至地，为激光通信迈向真正应用奠定了重要基础 (表 1-1)。

表 1-1 国内空间光通信的发展史

链路类型	检测方案	通信链路	传输数据速率	时间
星地	直接探测	海洋二号卫星 (LEO) 与地面站	上行 2Mbps 上行 504Mbps	2011
		天宫二号与地面站	1.6 Gbps	2016
	下行相干探测 上行直接探测	墨子号卫星 (LEO) 与地面站	上行 20Mbps 下行 5.12Gbps	2016
	直接探测	实践十三号卫星 (GEO) 与地面站	5Gbps	2017
	相干探测	实践二十号卫星 (GEO) 与地面站	10Gbps	2020

1.2.2 空基激光链路

空基激光通信技术发展和应用的主要目标是实现全球范围内覆盖的数据通信链路网络，并和地面现有的网络连接，以便及时反馈和利用空间激光通信传输数据。空间激光通信链路技术从最初的点对点通信朝激光通信网络方向发展。天地一体化网络示意图如图 1-10 所示，空基平台激光通信是天地一体化网络建设中的重要组成部分。空基激光通信链路依据通信对象所在位置的不同分成三类：空基平台–卫星平台通信链路、空基平台–空基平台通信链路、空基平台–地面通信链路。围绕空基平台可以展开空–空、空–星、空–地、空–船等链路通信。

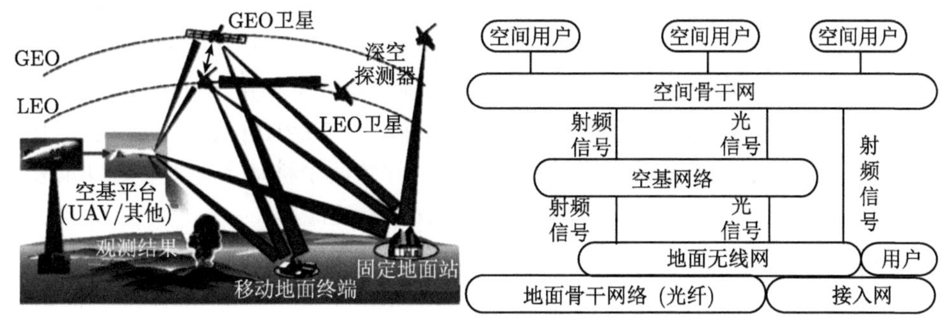

图 1-10 天地一体化网络示意图及拓扑结构

空基激光通信网络在军用和民用上有重要应用，很多国家在机载激光通信研究中投入大量资金、人力以及技术支持，期望能够在现代信息化战争中占据先机，提高信息化战斗能力，提升国家的国际地位。同时，在近几场高科技局部战争中，无人机在侦查、搜索、欺骗、干扰、定点清除等方面的突出表现令全世界对其潜在的军事价值有了更深刻的认识，以无人机为节点的激光通信链路已经成为研究热点。空基激光通信在民用方面也同样具有巨大的潜力。在大型民航客机飞行中，乘客依旧不能使用手机等移动通信设备进行通信。其中，第一个原因是乘客的手机信号会干扰到飞机与航站楼之间的通信，影响飞机飞行安全；第二个原因是机载的微波通信无法满足乘客通信速率的需求。在民航飞机上装载激光通信终端则可以解决以上两个问题。

空基激光通信系统由三个部分组成，分别是空间光收发单元、光束捕跟单元以及通信信号处理单元。空间光收发单元负责发射和接收在空间传输的信标光及信号光；光束捕跟单元利用粗精跟踪控制组件进行信标光和信号光指向、捕获和跟踪，以建立稳定的激光链路；通信信号处理单元负责激光信号的编解码、调制、解调和储存。

我国从 20 世纪 90 年代开始了激光通信的研究，前期主要研究重点是卫星激光通信技术，近些年来逐渐向空基、地基等方向的激光通信技术发展。长春理工大学侧重于机载激光通信，开展了多项外场试验，实现了飞机间百公里距离的 1Gbps 激光通信；武汉大学和中电 34 所主要研究地面点对点激光通信，实现了地面数公里至数十公里间的高速激光通信。

美国一些研究机构在激光器发明不久就针对激光通信技术展开了各类研究，其中美国的空军研究实验室 (AFRL) 从 20 世纪 70 年代开始就对激光通信技术在机载平台上的应用开展了研究。国外空基激光通信的主要研究试验情况如表 1-2 所示。

1980 年，美国 AFRL 在白沙靶场搭载 KC-135 飞机进行了试验，第一次成功演示了机载对地激光通信系统。通过脉冲间隔调制 (PIM)，实现了 20Kbps 信标通信，平均误码率小于 10^{-6}，20km 距离试验测量误码率在 10^{-3} 到 10^{-6} 之间。

1984 年，美国军方资助的 HAVELACE 项目实现了相距 160km 的两架 KC-135A 飞机之间的激光通信试验，获得了通信速率为 19.2Kbps，误码率优于 10^{-6} 的实验结果。由于该实验采用手动执行捕获，导致两个移动飞行平台之间的初始捕获异常困难，但是一旦捕获成功，链路便保持稳定跟踪。

1995 年，在 AFRL 支持下，Thermo Trex 公司研发了新一代机载激光通信系统 RILC。在 1996 年成功进行了飞机对地面站间 20~30km 的激光通信试验，通信传输速率 1Gbps，突破了空地激光通信关键技术。

1998 年，Thermo Trex 公司又实现了空基平台间 50~500km 距离、1Gbps 激光通信试验，突破了空空平台间激光通信关键技术。然而，由于管理及技术原因，研发遇到问题而陷入停滞，只是在 2004~2005 年之间进行了部分实验，在 2005 年该项目终止。

1998 年，美国海军实验室也开始光通信技术的研究，其制作的猫眼型调制反射镜 MRR 可以实现与其制作的双模光学询问器 (DMOI) 进行 7km 距离、45Mbps 的单向通信。在 2012 年开始开发微型 DMOI 模块用于安装在无人机上，该模块可以与地面进行 25km、155Mbps 的通信，还可以与 MRR 进行 1km、2Mbps 的通信，验证了单端捕跟控制实现低速激光通信的可行性。

表 1-2 国外一些重要的空基激光通信试验

时间	组织	国家	链路类型	空基平台	通信距离	通信速率
1980	AFRL	美国	空–地	飞机	20km	20Kbps
1984	AFRL	美国	空–空	飞机	160km	19.2Kbps
1996	AFRL	美国	空–地	飞机	20～30km	1Gbps
1998	AFRL	美国	空–空	飞机	50～500km	1Gbps
2003	JPL	美国	空–地	无人机	18～23km	2.5Gbps
2005	ESA	欧洲	空–地	热气球	64.3km	1.25Gbps
2006	军方	法国	星–空	飞机	40000km	50Mbps
2008	DLR	德国	空–地	飞机	10～85km	155Mbps
2009	AOptix	美国	空–地	飞机	25km	2.5Gbps
2009	MIT	美国	空–地	无人机	25km	2.5Gbps
2010	DLR	德国	空–地	飞机	10～100km	1.25Gbps
2011	AFRL	美国	空–空	飞机	94～132 km	2.5Gbps
2013	DLR	德国	空–地	飞机	50km	1.25Gbps
2017	ALCOS	美国	星–空	无人机	38000km	1.8Gbps
2018	约翰霍普金斯大学应用物理实验室、AFRL	美国	空–地	无人机	>200km	10～100Gbps
2018	南加州大学、武汉光电国家实验室、太空与海战系统中心、R-DEX、特拉维夫大学	美国、中国、以色列	空–地	无人机	100m	40Gbps
2019	电子与电信研究所	韩国	空–地	无人机	50m	1.25Gbps
2021	KAIST	韩国	空–地	无人机	104m	10Gbps

2003 年，AFRL 开始了一个全新的项目 ESTER。这个项目的目的是尽量利用商用技术和货架产品来研发机载激光通信终端。这个项目的终端被称为 FALCON，并在 2011 年完成飞机对飞机激光链路通信试验，通信速率 2.5Gbps，通信距离 94～132km。

2003 年，美国 NASA 下属的 JPL 实验室研制的第二代 OCD 系统进行了空对地激光通信链路演示验证试验。系统主要技术指标为：高空无人机的飞行高度为 18～23km，跟踪精度 18μrad，通信速率 2.5Gbps，通信波长 1550nm。该项试验验证了无人机平台下的小型化激光通信终端通信能力。

2003 年，欧洲也对空基激光通信积极研究，欧空局开始进行 CAPANINA 项目。在 2005 年的气球实验中第一次从高度 20km 的平流层向远处距离 64.3km 的地面发送 1.25Gbps 的数据，误码率低于 10^{-9}。该项试验对球载平台在大风干扰下的链路性能变化进行了评估。

2006 年，美国的 AOptix 公司将自适应光学引入激光通信，开展自由空间光学实验网络实验 (FOENEX) 项目，目标是使用带有自适应光学 (AO) 系统的 10cm 口径天线进行 50km 空–地和 200km 空–空激光通信组网实验研究。2009 年，完成了安装在 P68 式飞机和 LCT-5 地面站之间多频道数据 2.5Gbps 的通信。但在 2012 年的最终实验中，该系统在空–地和空–空通信中都出现时断时续的不稳定性。该项目证明 AO 系统可以提高通信性能，但在移动平台上使用 AO 系统需要更高的校正带宽和更高阶的像差校正。

2006 年，法国成功在静止轨道 Artemis 卫星与飞机间建立了空–星激光通信链路，空基平台飞行高度约 10km。利用激光通信，实现了 40000km 的双向 50Mbps 的激光通信链路。该实验验证了强度调制/直接探测在较强大气湍流条件下工作的可行性。

2008 年，德国宇航中心 DLR 的 ARGOS 项目利用了 Do-228 飞机与地面站之间进行了空间激光通信验证试验。通信距离为 10~85km，通信速率为 155Mbps。2010 年，进一步实现通信距离为 10~100km，通信速率为 1.25Gbps 的演示验证。激光载荷的安装位置如图 1-11 所示。

图 1-11 安装在 Do-228 飞机上的激光通信载荷

2009 年，美国麻省理工学院完成的飞机与地面站之间激光通信试验，飞行高度 3657m，通信速率 2.5Gbps，链路距离 2km。

2013 年，德国宇航中心在 DODfast 项目的支持下，完成了“狂风”战斗机与地面移动站之间的激光通信测试试验，如图 1-12 所示。其通信速率为 1.25Gbps、通信距离大于 50km，飞机速度大于 200m/s。

2016 年，Facebook 公司拟建设无人机无线光网络，以 Aquila 无人机为空中激光节点，预计建成之后可为全球十多亿人提供 WiFi 服务。该无人机飞行高度 18km，利用太阳能充电，滞空时间长达 3 个月。2016 年 6 月，Aquila 在第一次试飞降落时失败，2017 年 6 月，Aquila 在第二次飞行中成功降落。

2017 年，通用原子公司在空基激光通信系统演示 (ALCOS) 项目中的无人机激光通信载荷，安装在 MQ-9 Reaper 死神无人机上与 GEO 卫星进行高速激光通信，采用机身安装的方式将无人机安装在飞机的前部，安装如图 1-13 所示。在演示试验中，该项目实现了通信速率为 1.8Gbps，通信距离达到上千米的激光通信试验。无人机平台对激光通信终端重量和功耗要求严苛，且平台稳定性差，要实现数万公里的空星链路，技术难度极大。

图 1-12 “狂风” 战斗机搭载激光通信终端

图 1-13 死神无人机激光通信载荷安装位置

2018 年，美国约翰霍普金斯大学应用物理实验室与 AFRL 将自适应光学系统加入了机载系统，实现机载应用的长距离 (大于 200km) 和高速率 (10Gbps) 通信链路。特别是，除了倾斜/倾斜校正之外，还讨论了为机载系统实施高阶自适应光学校正的好处和要求。

2018 年，美国南加州大学、中国武汉光电国家实验室、美国太空与海战系统中心、美国 R-DEX 系统与以色列特拉维夫大学共同合作，通过回射悬停无人机在地面发射器和接收器之间的 100m 往返、40Gbps OAM 多路复用 FSO 链路中，使用 2×2MIMO 均衡实验证明湍流得到了改善。传输两种 OAM 模式，每种模式都实现误码率小于 3.8×10^{-3}。

2019 年，韩国电子与电信研究所提出了专为全双工自由空间光 (FSO) 通信设计的通用基于路径的光终端，同时考虑无人机的飞行问题精心设计，以应用于无人机 (UAV) 对地通信。简单而紧凑的 FSO 终端是通过集成用于传输和接收数据承载光束的光学组件和用于跟踪另一方 FSO 终端的信标光束来生产的。用固定位置安装的 FSO 终端进行的初步实验表明，1.25Gbps 全双工无差错通信链路在 50m 上的误码率大约在 10^{-12}。

2021 年，韩国 KAIST 提出了一种自适应光束控制技术，结合可变焦镜头的无信标瞄准、捕获、跟踪 (Pointing、Acquisition、Tracking，PAT)。通过使用焦距可以电调的透镜，通过扩大光束尺寸来促进粗 PAT，并通过根据链路条件自适应地调整光束发散角来减轻指向误差的不利影响。所提出方案的主要好处是可以以简单紧凑的方式实现光束控制，而无需依赖机械运动。实验中对超过 104m 的 10Gbps 自由空间光链路的拟议方案进行了实验演示。演示表明，使用所提出的方案可以大大提高 PAT 成功的概率，在目标误码率为 10^{-3} 的情况下，所提出的方案可以使系统损耗降低 6.4dB，并提高最高 500μrad 的指向误差的容忍度，测得镜头响应时间小于 211ms。

空基激光通信网络是天地一体化建设中的关键环节，将目前以地面信息网络为主的网络边界，扩张到空中领域的全方位覆盖。切实完成了“国家利益到哪里，信息网络覆盖到哪里”的战略需求。要想实现空基激光通信网络的建设目标，主要面临以下 6 个方面的难点。

(1) 空基平台振动扰动：空基平台具有低频扰动和高频振动的特性，这对激光通信系统的 PAT 都有不同程度的影响。机载平台的振动与卫星平台具有一定的相似之处，但也表现出其独有特点，相似之处体现在振动幅度都随着频率的增加而快速减小，其特点在于低频振动的振动幅度更为剧烈，对比效果如表 1-3 所示，这将严重影响系统的 PAT 效果。

(2) 强天空背景光：由于地表大气散射的影响，使得近地表面天空背景光光强远超星际通信天空背景光。通常情况下的星载激光通信终端接收到的恒星背景光功率约为 $10^{-13}\sim10^{-11}$W，而机载激光通信终端接收到的天空背景光强度受到天顶角、观测方向、观测时间以及大气光学长度的影响，背景光功率比星载终端接收到的光功率高 2~3 个量级，这样强的天空背景光将严重影响信标接收和通信接收单元的性能，使得接收信噪比很低，增加通信误码率并且降低了捕获概率。所以在终端设计中应该考虑滤除天空背景光的相关设计。

表 1-3 振动情况对比

平台	振动频率	振动幅度
卫星平台	1Hz	≈ 100μrad
	100Hz	≈ 4μrad
	200Hz	≈ 0.6μrad
机载平台	0.1Hz	≈ 100mrad
	1Hz	≈ 1mrad
	10Hz	≈ 10μrad
	100Hz	≈ 2μrad

(3) 高动态特性：首先空基激光链路相比于星地激光链路通信距离较短，相对运动角速度较大，使得动态跟踪难度增加，跟踪精度降低。我们应用 STK 进行数据仿真，得到的数据如图 1-14 所示，其中图 1-14(a) 为地面站与空载平台在跟踪状态下的方位俯仰轴跟踪速度和通信距离数据，空载平台选择速度为 700km/h 的民航飞机，飞行高度为 10km。图 1-14(b) 为地面站与卫星平台在跟踪状态下的方位俯仰轴跟踪速度和通信距离数据，卫星平台选择低轨卫星，轨道高度为 1200km。通过数据分析可以发现，机载平台下的动态跟踪速率是卫星平台下的 2 倍以上，因此需要优化跟踪策略，提高系统的跟踪能力。

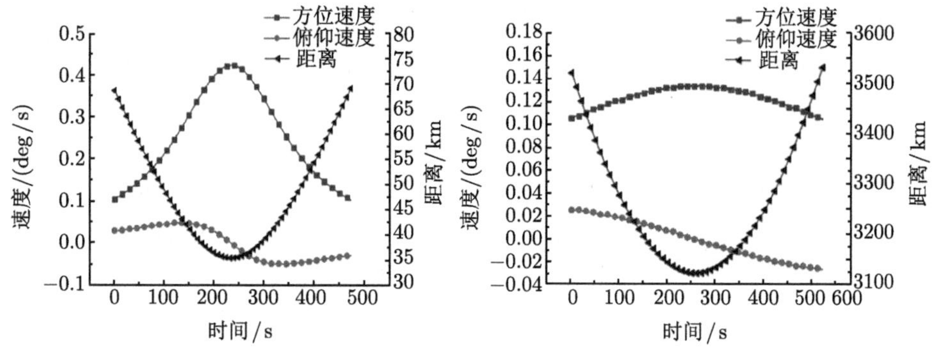

图 1-14 (a) 空载平台跟踪角速度和距离；(b) 卫星平台跟踪角速度和距离

(4) 大气影响：无论是空–地、空–空、空–星通信链路，大气信道特性是激光链路通信中需要面临的重要难题。不同的大气条件对激光具有不同程度的吸收、散射和衍射效应，使接收光斑产生严重的畸变，如图 1-15 所示，严重情况下将造成系统的跟踪精度下降。接收端光功率也会受到不同程度的严重衰减，同时会引起接收光功率波动，严重影响通信效果，使通信误码率增加。其次，激光通信解调器接收到的信号光强度浮动较大，需要动态调整接收机的光强探测范围，才能正确地解调出激光携带的信息数据。大气信道补偿技术：大气对空基激光通信链路会产生一定的干扰，主要体现在激光在大气中传输时受到的大气衰减、大气湍流效应，这是高数据率通信不可忽略的影响因素。由于大气衰减造成的光功率损耗无法避免，但可应用大功率发射及高灵敏度接收技术来弥补。应用自适应光学技术可以有效补偿由于大气湍流造成的光束强度起伏、相位起伏、光束扩展、光束漂移、像点抖动等现象的影响。该项技术可以有效补偿大气的各类影响，为空基激光通信信道传输提供了技术支持。

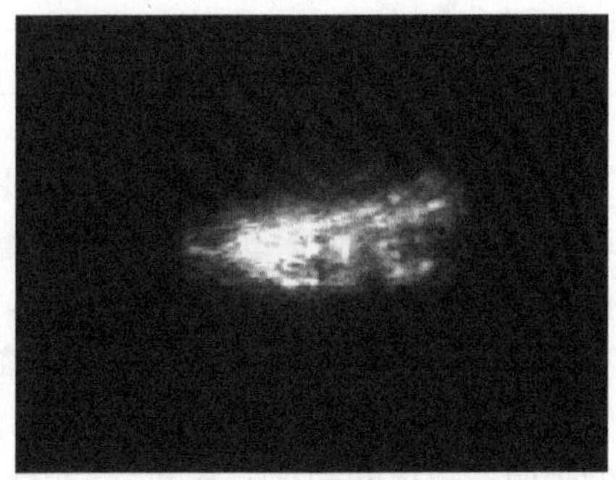

图 1-15 (a) 未经过大气传输的接收光斑；(b) 经过大气传输的接收光斑

(5) 捕获、跟踪难度：激光的波束非常窄，对于高速运动的目标来说，想要直接对准并保持稳定跟踪相当困难。应用粗精复合轴控制技术，将低频的大偏转量交给粗瞄准机构 (轴系电机) 进行补偿，把高频的小偏转量交给精瞄准机构 (压电陶瓷偏转镜) 进行快速调节，可有效提高 PAT 的效果。

(6) 小型化设计：空基平台的载重和功率都有限，特别是针对无人机平台，更需要加小型的终端以满足平台对重量和功率的限制。目前，国内外报道的无人机激光通信载荷重量已经降低到 10kg 以下，其主要技术途径是对终端进行静力学、动力学和热力学分析，采用叠层结构设计，实现紧凑的空间布局，选择轻型、抗机械形变的材料，并运用新型晶体结构替代传统的轴系结构完成粗瞄准过程，大大减少了结构的体积和重量。

随着空基激光通信技术的飞速发展，通信速率越来越快，如图 1-16 所示，通信速率已经从最初的 20Kbps 发展到了现在的 2.5Gbps，未来还要向太比特每秒的速度发展，将在高速通信领域逐步发挥出激光通信技术的优势。

空基激光通信可将侦察到的海量原始数据实时向中继卫星或地面站传输，如有战争或者局部冲突爆发可以快速布局，进行全方位立体侦察，搜集敌方作战相关信息，打击敌方部队。同时，也可以在敌方强磁干扰下快速建立通信，保证远程指挥和情报的实时传输，防止敌方窃听。

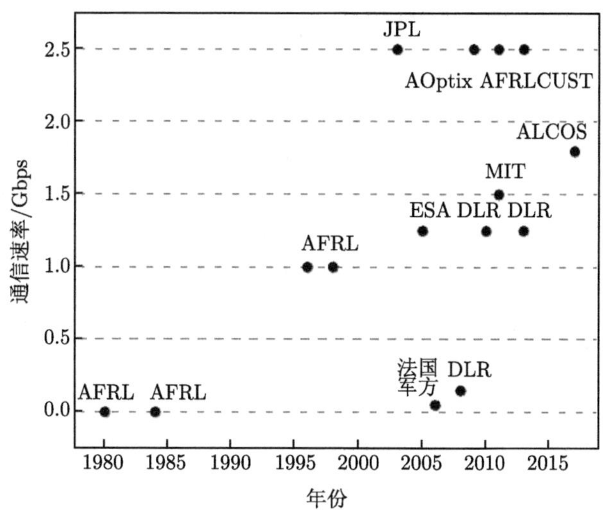

图 1-16 国内外历年空基通信试验传输速率

空基激光通信的发展趋势总结如下：

(1) 在终端研制技术方面，重点向小型化、轻量化和低成本方向发展，同时需要提前布局终端的批量化生产能力；

(2) 在链路方面，重点发展自适应光学补偿技术、AI 技术和多源信息融合技术，以提升空基激光链路和网络的可用度和稳定性；

(3) 在应用领域方面，将从空–空、空–地、空–星链路发展至天地一体化网络系统应用，在完成高速数据传输基础上，逐步向网络数据中继方面发展，将成为今后空天网络系统的重要组成单元。

在未来的空中骨干网络建设中，可在空基平台上采用激光通信和射频通信互补，与卫星平台、地面站共同组成天地一体化网络。该网络在军事上，应用于临近空间飞行器、预警机与地面或者其他指挥节点大数据传输，快速部署空基通信单元等。在民用上，可以满足大型客机网络通信需求，实现航行过程中无间断网络服务。同时，飞艇、系留气球等空基平台也可以作为星地激光通信的中继节点。

1.2.3 地海激光链路

潜艇具有隐蔽性强、高效打击和长时续航的优势，是国家现代化军事力量的重要组成部分。由于潜艇在海洋中的特殊工作环境，其在通信传输和导航定位方面都存在较多问题。电磁波信号穿透海水的能力极差，潜艇无法接收来自北斗卫星导航系统、全球卫星导航系统 (Global Navigation Satellite System, GNSS) 等的位置信息。针对潜艇通信和定位是未来空天地海一体化发展的重点发展方向。

早在 20 世纪 70 年代，美国就明确提出蓝绿激光对潜通信 (SLC) 计划，并将其纳入战略计划中，准备实现卫星中继光学潜艇通信 (OSCAR) 系统。20 世纪 80 年代后，美国全面开展蓝绿激光器和光滤波器等关键技术研究。同时，美国开始研制蓝绿激光对潜通信系统，并进行了多次海上实验。1981 年，美国首次在飞机与水下 300m 深处的潜艇之间进行了激光通信实验，昼夜 24 小时通信效果良好。1986 年在太平洋舰队训练中，成功进行了机载蓝绿激光对潜通信的战术表演。同年，在 P-3C 飞机上把蓝绿激光信号传送到冰层下的潜艇。1991 年，美国成功进行了机载激光对潜双向通信实验。结果表明，蓝绿激光能够通过云层和海洋被深海接收器接收，机载蓝绿激光能够在几乎是全天候的气象和各种海洋条件下向潜艇发送高速数据，这也证明蓝绿激光对潜通信良好的应用前景。2006 年，美国又提出并实施"潜艇飞机数据交换提升发展计划" (SEADEEP)，利用蓝绿激光作为无人机与潜艇之间的高速信息传输方式，并已在 2012 年环太平洋军演中进行了测试。

美国是主要研究海洋激光通信的国家，海军实验室 NRL (U.S. Naval Research Laboratory) 是主要的研究机构。据公开报道，NRL 开展了数次舰载激光通信的演示验证试验。OCCULT (Optical Covert Communications Using Laser Transceivers) 项目是可追溯的最早的演示系统，在该项目中完成了舰船间的双向激光通信。在 2006 年 TW06 (Trident Warrior 2006) 的演习中，NRL 研制了两个激光通信终端，一个终端安装在 Bonhomme Richard 号航空母舰 (LHD-06) 水面以上约 150 英尺 (1 英尺 = 0.3048 米) 处，另一个终端安装在丹佛号航空母舰 (LPD-09) 水面以上约 100 英尺处。在加利福尼亚圣地亚哥到夏威夷之间的途中实现了距离 17.5km 的激光通信，传输了预录视频和现场视频数据。激光通信终端通过控制准直器和发射光纤的位置实现发散角可调 (1~8mrad)。这套系统没有使用独立信标光，通信终端将接收到的 10% 的光能量用于捕获跟踪，其余能量则用来通信。粗跟踪采用惯性稳定，补偿船的扰动，精跟踪采用快速反射镜 (FSM)。当快速反射镜扫描发射的激光时，用瞄准相机和操纵杆手动将终端指向另一个终端的 1° 以内，演习中先通过人工操纵的方法进行 1° 左右的对准实现初始捕获，当链路的一端在探测器上检测到另一端的激光时，跟踪系统控制将光束锁定在视场的中心，建立系统的精确对准。一个终端对齐后，另一个终端也锁定并建立双向通信链路。Trident Warrior 2006 证明了对称终端之间的高带宽自由空间光链路是可能的。

2008 年 Trident Warrior 2008 的演习中，NRL 演示了舰船间非对称的主从式激光通信，采用可调制逆向反射镜 MRR (Modulating Retro-Reflector) 来实现。演习中在太平洋进行了链路测试，当时舰船在圣地亚哥和夏威夷之间航行。在 Comstoc 驱逐舰上安装了一个主动端 FSO 终端，称为 DMOI(Dual-Mode Optical Interrogator)，该终端是 TW06 使用的通信终端系统的升级版，更加紧凑。该终端的发射和接收孔径均为 10cm，在 1550nm 处发射功率可达 2.5W。终端使用的 MRR 系统由 5 个角立方体反射器件和 5 个小型光学接收机组成。这个阵列产生了一个 60° 的视场角，只需要在询问器的大致方向上指向就可以建立链路。这种方式的优点是从端重量轻、体积小等，缺点是通信速率较低，作用距离短。

2013 年，NRL 开展了 TALON (Tactical Line-of-sight Optical Network) 项目，TALON 终端是 Trident Warrior 2006 和 2008 使用的 FSO 终端的升级，具有独立的 7.5cm 发射和接收孔径。TALON 终端已经被用于直接链路和 MRR 链路的询问器。2013 年 6 月，NRL 测试了 TALON 终端在各种环境下以直接链路模式进行 100Mbps 的激光通信。在横跨切萨皮克湾的一条 16km 长的链路上进行了两周测试，验证了通信终端的自动化性能以及舰载捕获跟踪瞄准系统的性能。

约翰霍普金斯大学应用物理实验室 (JHU/APL) 为海上移动应用场景开发了一个紧凑的激光通信演示系统，其目标是演示具有稳健的舰对舰通信和舰对岸通信，以及未来空中实现的计划。激光通信终端一体化设计，在移动海上平台上运行。光学有效载荷被集成到惯性稳定的机架中，设计用于海上应用。由于激光通信链路具有很强的方向性，因此使用多级 PAT 来建立数据链路。采用两级定位系统，机架提供粗定位功能，快速反射镜 (FSM) 提供激光束的高速、高精度指向。粗定向利用全球定位系统 (GPS) 坐标在平台之间共享，并与惯性导航系统 (INS) 的本地姿态数据一起使用，以机架在相对终端的方向上进行惯性对准。在 2017 年，JHU/APL 紧凑型激光通信演示系统在当地测试了多次。该系统于 2017 年 4 月在 Cape May Lewes 渡船 (CMLF) 上进行了测试，建立了距离约 2km 和 16km 的通信链路。

我国公开报道舰载激光通信较少，主要包括：在 2007 年，长春理工大学进行了船–地的激光通信，属于国内首次实现链路距离达到 20km 的船–地激光链路；在 2011 年验证了飞艇与舰船间的高速通信链路，链路距离也达到了 20km。在 2013 年，武汉大学报道了船–岸激光通信链路试验。

1.3 空天地协同激光通信关键技术发展概述

激光通信和传统微波通信技术相比具有安全性高、数据传输速率高等优点，但也存在一定的局限性，主要体现在发射光束质量、动态跟踪角度偏差、空间传输介质以及系统瞄准跟踪性能要求上。由于发射光束质量、波相差会产生跟踪角度偏差，跟踪角度偏差的动态变化会导致接收光束远场特性的变化，影响链路的跟踪特性；星地激光链路中，由于云和雾等大气现象引起的吸收、散射、衍射等会导致激光光束质量发生显著的下降，可能会出现无激光连接可用的遮光时段。由于大气湍流的影响，激光通信地面站的位置选择存在局限性。激光束较窄，激光通信终端需要保持和目标端之间激光链路的瞄准精度。所需的瞄准精度对应于波束宽度的一小部分，为实现大部分光功率被目标端接收，激光通信提供的高数据速率是通过窄波束宽度实现的。因此，快速瞄准捕获、稳定跟踪以及高速通信条件下的高可用度通信，是保持激光通信链路可靠性的关键技术。

1.3.1 激光链路快速捕获技术

随着激光通信终端在欧洲数据中继系统 (EDRS) 中的商业化投入应用，以及中国未来建立空间激光通信网络的需求，卫星光通信链路的空间快速捕获以及长期持续稳定保持等关键技术变得越来越重要。卫星光通信链路建立的过程中，往往受到卫星轨道预测、卫星平台振动以及在轨姿态测量精度等因素的影响，捕获初始不确定域较大，捕获扫描时间较长。解决上述问题需要对链路系统初始瞄准偏差角进行修正，提高初始对准精度，以实现快速建立卫星光通信链路。在捕获完成之后，通过光束跟踪可以保证瞄准偏差对卫星光通信链路造成波动的情况下，两个终端之间可以建立长时间持续稳定的通信链路。

通常情况下，进行卫星光通信链路的两个光通信终端相互可见区域时段有限，为确保大容量数据传输时间，要求捕获尽可能快速完成。在卫星光通信链路捕获过程中，两个光终端之间的工作策略、捕获信号处理方式、扫描方式等的不同，决定了链路捕获性能的不同。卫星光通信链路捕获性能的研究，核心问题是一定捕获概率要求下缩短捕获时间或是一定捕获时间要求下提升捕获概率。

以色列科学家 M. Scheinfeild 等根据微波链路思想，提出了可应用于卫星激光通信捕获方式：凝视/凝视 (Stare/Stare)、凝视/扫描 (Stare/Scan)、扫描/扫描 (Scan/Scan) 以及扫描/凝视 (Scan/Stare) 等。此外，卫星光通信链路的捕获根据对捕获探测信号处理方式的不同，还可以分为快速全场扫描后判断、步进式扫描判断两种捕获探测信号处理方式。后来，J. E. Kaufmann 等分别对基于光栅扫描方式的快速全场扫描和步进式扫描两种捕获模式的捕获性能进行了研究分析，研究结果表明，步进式扫描捕获模式的捕获性能要优于快速全场扫描捕获模式。

决定捕获概率和捕获时间的关键主要因素是信标光扫描方式，M. Scheinfeild 等通过理论仿真对不同信标光扫描方式的优缺点进行了研究，包括光栅 (Raster) 扫描、螺旋 (Spiral) 扫描、光栅式螺旋 (Raster Spiral) 扫描、李萨如图形 (Lissajo) 扫描以及玫瑰形 (Rose) 扫描等。光栅 (Raster) 扫描优点是硬件上易于设计和实现，能够有效扫描整个区域，但是扫描效率低；螺旋 (Spiral) 扫描优点是从概率密度较高的中心开始扫描，扫描效率高，但是随着扫描圈数的增加，扫描死区越来越大；光栅式螺旋 (Raster Spiral) 扫描优点是从中心处开始扫描，扫描效率高，不存在扫描死区，但是由于存在多个拐点，硬件上实现起来难度较大；李萨如图形 (Lissajo) 扫描优点是能够有效扫描整个区域，但是存在扫描死区，且硬件设计与实现比较困难；玫瑰形 (Rose) 扫描优点是由于每组扫描都从中心处出发，因此受卫星平台振动的影响较小，缺点是存在扫描死区，且硬件设计与实现比较困难。于思源等对光栅扫描和螺旋扫描的捕获方法进行了研究，认为当瞄准偏差角在二维瞄准角方向的分布方差对称时，采用螺旋扫描优于光栅扫描，可获得更好的捕获性能。

1.3.2 激光链路稳定跟踪技术

卫星激光链路中，由于信标光束较窄，捕获视场角较大，对跟踪性能提出了很高要求，典型激光链路中，大部分使用瞄准跟踪装置来提高卫星激光链路的捕获跟踪精度，下面概述激光链路稳定跟踪技术研究现状。

1.3.2.1 国外星间链路跟踪在轨试验

SILEX 计划

2001 年，欧空局 SILEX 项目实现了世界首次星间激光通信。PASTEL 终端搭载法国的 SPOT-4 低轨卫星在 1998 年 3 月下旬发射入轨，OPALE 终端搭载欧空局 ARTEMIS 同步轨道卫星在 2001 年 7 月 12 日发射入轨。同年 11 月，欧空局还利用 OPALE 终端与地面站间建立了星地激光链路，并进行了系列在轨试验。

SPOT-4 和 ARTEMIS 激光通信链路中，SPOT-4 卫星的 PASTEL 终端 (LEO) 光学天线类型为卡塞格伦反射式，收发共用；接收天线口径和发射天线口径均为 250mm，天线接收视场角为 850μrad。ARTEMIS 卫星 OPALE 终端 (GEO) 的天线类型为卡塞格伦反射式，收发共用，接收天线口径为 250mm，发射天线口径为 125mm；信标光激光器为 19 个 AlGaAs LD (801nm)，输出功率为 900mW/LD，总功率 3.8W，发散角为 750μrad (平顶光束)，探测器类型为 Si-APD。

SPOT-4 和 ARTEMIS 激光通信，采用扫描–凝视捕获、复合轴粗–精跟瞄方式建立和保持链路。两终端的探测器类型均为 CCD，SPOT-4 卫星 PASTEL 终端 (LEO) 捕获探测器：像素数为 384×288pixels，像元尺寸为 23μm×23μm，视域为 8640μrad×8640μrad，帧频为 30Hz；跟踪探测器：像素数为 14×14pixels，像元尺寸为 23μm×23μm，视域为 238μrad×238μrad，帧频为 1k/4k/8kHz。ARTEMIS 卫星 OPALE 终端 (GEO) 捕获探测器：像素数为 70×70pixels，像元尺寸为 23μm×23μm，视域为 1050μrad×1050μrad，帧频为 130Hz；跟踪探测器：像元尺寸为 23μm×23μm，视域为 238μrad×238μrad，帧频为 4k/8kHz。

OICETS 计划

日本 JAXA 于 1985 年开始空间光通信技术的研究。OICETS 计划开始于 1992 年。2005 年 8 月 23 日，OICETS 成功发射并进入 610km 的太阳同步轨道。2005 年 12 月 9 日，ESA 和 JAXA 合作进行星间光通信工程试验。OICETS 卫星重 550kg，轨道倾角为 35°，轨道高度为 600km。LUCE 光学终端天线望远镜口径为 260mm，终端质量为 140kg，捕获和通信功耗分别为 310W 和 130W。激光器采用 GaAlAs 半导体激光二极管，发射平均功率为 100mW，波长为 830nm。

OICETS 星间计划，LUCE 光学终端由光学部分和电学部分组成。光学部分安装在背对地球一面，电学部分安装在光学天线和中继光学平台上。跟瞄系统由粗跟踪系统和精跟踪系统构成。两个控制系统相互独立，粗跟踪系统的控制频率带宽为 0.3Hz，精跟踪系统为 200Hz。瞄准方向由提前瞄准系统和精跟踪系统确定。首先，LUCE 终端等待 ARTEMIS 卫星的瞄准信标光，LUCE 能够通过轨道数学模型计算 ARTEMIS 和 OICETS 的方向，把卫星姿态误差信息发送给姿态控制系统进行修正。开环瞄准直驱电机驱动的方位轴和俯仰轴分别由单独的光学编码器控制。LUCE 的探测器视域的大小为 $\pm 0.2°$，一旦检测到 ARTEMIS 信标光就开始执行粗跟踪系统，ARTEMIS 信标光停止扫描，而后向 OICETS 发出信号光。粗跟瞄：控制带宽为 0.3Hz，跟踪精度为 ±174μrad，视场为 ±0.2mrad，粗瞄探测器为 CCD。精跟瞄：控制带宽为 200Hz，跟踪精度为 ±1μrad，视场为 200μrad，精瞄探测器为 QD。

1.3.2.2　国外星地链路跟踪在轨试验

STRV-2

1995 年，美国开展了 STRV-2 计划，星地的双向激光链路演示实验，但由于系统轨道和参数没满足预期要求，最终计划失败。

ETS-VI

1994 年 12 月，日本通信研究实验室 (CRL) 与 ETS-VI 的 LEC 终端建立了星地激光链路，实现了 ETS-VI 和地面站之间的双向激光通信，首次实现了星地激光通信试验。LCE 激光通信终端：质量为 22.4kg，功率 81W，望远镜直径 7.5cm，激光器为 AlGaAs，波长 830nm，输出功率为 30mW，光束发散角为 30μrad。接收探测器为 Si-APD，波长为 510nm；日本 CRL 地面站：波长为 514.5nm，发散角在 0.01~2.0mrad。美国地面站激光器波长为 514nm，光束发散角在 20~200μrad。

ETS-VI 计划中，LCE 激光通信终端：探测视域为 0.2mrad，探测器使用 CCD，其扫描视场角为 $\pm 15°$，捕获视场为 8mrad，捕获精度为 32μrad，跟踪视场角为 0.4mrad，跟踪范围为 ±0.4mrad；日本 CRL 地面站：扫描角度为 ±120mrad，精瞄准精度为 3μrad，接收视场角为 ±55μrad。该试验演示使用窄光束完成地面站在白天夜晚都能进行光传输。试验表明，闭环能够对卫星的抖动进行补偿，提高跟踪精度。

OICETS 星地链路

2006 年 3~5 月，日本进行了地面站和 OICETS 卫星之间的激光通信试验。OICETS 卫星的姿态控制系统有两种工作模式，其中正常模式进行姿态控制，惯

性参考模式 (IRM) 为反向姿态控制模式。在 IRM 模式下，卫星姿态被固定在一个惯性空间中，因此 OICETS 卫星指向地面站。

OICETS 星地激光链路试验中有一些关键问题，卫星过顶时间仅为 3~10min，相对距离的变化范围为 600~1500km，LUCE 的发射信标光束宽为 5mrad。因此，当在 1000km 的高度时，LUCE 指向地面站的光斑直径极限值为 5m，跟瞄角度为星间激光链路的 2~3 倍。开环瞄准精度 ±0.2°，粗跟踪视场角 0.4°，精跟踪视场角为 400μrad，精瞄准的角度范围为 ±500μrad，系统的提前瞄准范围大于 ±75μrad。CCD 探测灵敏度粗瞄准为 −85dBm，精瞄准为 −75dBm，捕获视场角为 7mrad。

LLCD

2013 年 9 月 6 日，NASA 成功发射了月球大气与尘埃环境探测器 (LADEE)，并成功进行了月地激光链路演示试验 (LLCD)，实现了太空飞船终端与地面的 362570~405410km 的双向激光通信。重量为 30kg，最大功率为 140W，天线口径为 10cm，传输功率为 0.5W，光束宽为 15μrad，LLGT 光学天线口径为 15cm，传输功率为 40W，光束宽为 10μrad。

美国月球激光演示试验中，激光通信链路建立前，LLST 和 LLGT 的位置不确定，因此需要瞄准、捕获和跟踪技术。首先 LLGT 发射光束束宽为 45μrad 的信标光，LLST 扫描视域，一旦捕获到信标光，LLST 的万向架和磁流体动力惯性参考单元 (MIRU) 驱动器会把光束置于四象限探测器的中心位置，然后瞄准 LLGT 返回的下行链路光束。由于两个激光通信终端存在相对运动，因此需要提前瞄准装置，系统使用光学模块发射光纤上的压电驱动器实现提前瞄准。

LLGT 利用焦平面阵列探测器探测下行链路信标光，其粗瞄准机构由万向架提供，精瞄准机构的校准由每个望远镜的快速控制反射镜完成。跟踪机构执行后，跟踪信标光汇聚光束约为 10μrad，能够产生足够大的功率，利用 LLST 跟踪器产生频率小于 5Hz 的跟踪误差信号，然后进入上行链路的精跟踪阶段，实现了双向跟踪过程。

1.3.2.3 国内外跟踪技术研究现状分析

根据目前已公布的在轨试验结果统计，跟踪技术主要分为无自主转台跟踪和自主转台跟踪技术，典型空间激光通信链路跟踪性能指标见表 1-4。

目前，典型的跟踪过程描述为：探测器接收到对向光束脱靶量，计算得到跟踪角度偏差。通过跟踪系统对跟踪角度偏差进行补偿，维持激光链路的稳定性。由于技术保密，通过现有资料分析典型激光链路跟踪性能并不是很理想。

有关文献提出了稳定跟踪约束条件，典型的空间激光链路可通过跟踪链路的收敛性判断链路的稳定性，但其收敛的约束条件太过宽泛，不能满足高跟踪精度的要求。通过分析目前链路跟踪技术现状可以看出，目前链路跟踪技术忽略了光束远场动态特性，导致在轨试验和地面动态模拟验证实验存在差距，进而导致激光通信保持时间短，有效数据传输效率低。

表 1-4 典型空间激光链路瞄准捕获跟踪性能指标

		LCE 终端	PASTEL 终端	OPALE 终端	LUCE 终端	OPTEL-25
粗跟瞄装置	捕跟方式	闭环跟踪压电陶瓷驱动	复合轴粗–精跟踪系统，粗跟瞄采用 L 型经纬仪结构	复合轴粗–精跟踪系统，粗跟瞄采用 L 型经纬仪结构	相互独立的粗跟踪和精跟踪系统，双向光束跟踪	单一反射镜正交轴光机械
	粗瞄跟踪范围	—	方位：±160° 俯仰：±90°	左同	方位： −10°～370° 俯仰：0～120°	方位：0～180° 俯仰：±5°
	瞄准精度	—	140μrad/209μrad	—	±174μrad	0.5mrad
	瞄准带宽	—	0.2Hz	—	0.3Hz	—
	扫描场视角	±15°	8.6mrad	8.6mrad	±0.2mrad	—
	捕获精度	32μrad	—	—	±1.58rad	—
精跟瞄装置	精瞄范围	±0.4mrad	±10mrad	±10mrad	200μrad	—
	跟踪带宽	—	2Hz	2Hz	200Hz	—
	跟踪精度	2μrad	< 0.07μrad	< 0.07μrad	±1μrad	—
	精瞄准精度	3μrad	—	—	—	—

1. 无自主转台跟踪技术

无自主转台跟踪模型如图 1-17 所示。卫星激光通信无自主跟踪转台状态下，两终端会按照预先计算好的轨道参数和瞄准角度发射和接收跟踪信标光，所以两终端之间不存在跟瞄角度偏差的检测和反馈，双向链路光束远场动态特性对链路跟踪稳定性无影响。

终端 A 会按照预先设定的轨道参数调整跟踪装置，终端 B 接收到 A 的跟踪信标光后，不会检测跟瞄角度误差，无跟瞄角度误差修正和反馈。同样，终端 B 会按照预先设定的轨道参数调整跟瞄装置，终端 A 接收到跟踪信标光后无反馈信息。因此，这种跟踪控制方式存在的缺点为：

(1) 跟踪精度较低；

(2) 抑制外界干扰性能较差；

(3) 对轨道参数的变化较为敏感。

无自主转台跟踪控制技术仅用于跟踪精度要求不高，近距离或相对静止的卫星激光链路中。例如，在近距离或两点静止的小卫星激光通信链路中，应用无自主转台跟踪技术具有较大的优势：

(1) 实现技术简单，适用于相对静止和通信距离可控的小卫星。发散角、视场角的不确定变化对跟踪链路的影响较小，在可容忍范围内，跟踪捕获的实现过程简单。

(2) 可实现小型化和轻量化的设计需求。无自主跟踪转台，不需要跟踪控制系统，跟踪会按照轨道运行参数提前计算好，可实现小型化和轻量化，终端的重量可减轻到几千克，可满足小卫星和未来卫星组网的需求。

2015 年，美国发射的 OCSD 无自主转台跟踪系统，利用自身姿轨信息实现星间和星地激光通信，尽管由于姿轨系统出现故障失败，但仍可为未来小型化轻量化卫星组网提供参考。为了克服无自主转台跟踪精度差的缺点，可通过安装探测器和卫星协同跟踪的方式提高小卫星无自主转台跟踪控制模式下的跟踪精度。

针对长距离、终端间存在相对运动的卫星激光链路，光束发散角和视场角的随机变化会产生跟踪角度偏差，扰动光束远场动态特性，影响卫星激光链路跟踪稳定性。此时需要考虑链路光束远场动态特性对链路跟踪稳定性的影响，以提高激光链路跟踪稳定性。

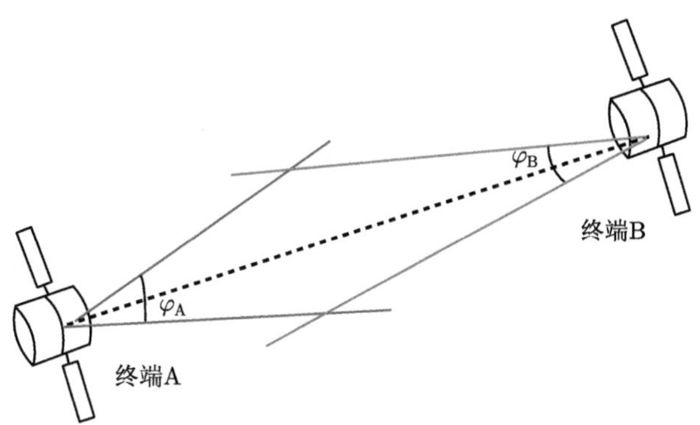

图 1-17 无自主转台跟踪系统

2. 自主转台跟踪技术

针对远距离、跟踪精度高的卫星激光链路采用自主转台跟踪技术检测跟瞄角度偏差，根据跟瞄角度误差，通过终端跟踪控制系统对跟瞄误差进行补偿。调整天线的对准方向，典型的自主转台跟踪控制系统包括粗跟踪和精跟踪两部分，如图 1-18 所示。

粗跟踪系统主要包括粗跟踪接收单元和粗信标发射单元。接收单元主要由 CCD 相机、信号处理单元、控制器以及二轴伺服平台组成。粗跟踪发射单元主要由激光器、光学单元组成。自主转台跟踪控制系统中，为了确保捕获概率大于

95%，它的视场覆盖率以及探测概率均要大于 98%，对 CCD 输出光斑信号的信噪比、像元个数和帧频、光斑检测精度和控制系统带宽提出更高的要求。跟踪技术是激光通信的核心技术，无自主转台跟踪具有原理简单，可实现性强等特点，但其跟踪稳定性不高。

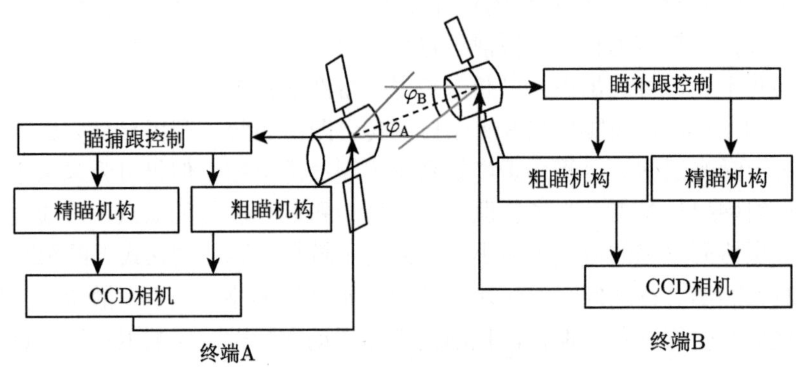

图 1-18　自主转台跟踪系统

相比于无自主转台跟踪技术，现有自主转台跟踪技术急需解决的问题如下：

(1) 跟踪稳定性研究大部分基于光束近场场景的研究，缺少光束远场特性的研究。尽管目前国内外已经成功地进行了自主转台跟踪技术试验，但现有系统在链路跟踪性能高要求以及未来卫星组网发展的趋势下，还需要对自主转台跟踪技术和整个跟踪结构进行优化和精细化分析，在典型激光链路下，分析跟踪光束远场动态特性影响因素，为跟踪稳定性的分析提供新的理论分析方法。

(2) 跟踪光电大系统参数过设计，缺乏链路跟踪稳定性量化分析。以往所涉及的跟踪性能指标，都是单一无限制的提高，要求做到现有水平的极限，因此会出现指标过设计的现象。目前大部分系统参数都是根据设计师的经验调节，缺乏对每个影响因素的量化分析。

(3) 跟踪地面等效优化验证方法较少，国内外缺乏对链路跟踪稳定性仿真模型的建立，技术更新较慢，难以满足卫星光通信高速的增长需求。

为解决现有自主转台跟踪技术缺少光束远场动态特性场景分析、跟踪大系统参数过设计、缺乏链路跟踪稳定性量化分析，以及跟踪地面无等效仿真等问题，需要分析光束远场特性的影响，综合考虑光束动态跟踪角度偏差以及大气湍流等对光束远场动态特性的影响。

目前，人们已经对激光链路跟踪约束条件做了部分研究，但尚无光束远场动态特性对链路跟踪稳定性方面的研究工作。因此，基于自主转台跟踪技术，在激光链路建立和大闭环跟踪场景下，研究链路光束远场动态特性，分析光束远场动态特性的影响因素，对激光链路跟踪稳定性的提高具有重要的应用价值。

1.3.2.4 窄信标捕跟技术研究现状分析

卫星激光通信终端今后的主要发展方向是小型化和轻量化，以往的宽信标 (信标光发散角在数百微弧度量级) 捕获跟踪技术，由于终端组成复杂和功耗大，已经很难满足上述要求。而在卫星光通信链路中采用窄信标 (信标光发散角在 50μrad 以内) 进行双向捕获和跟踪，可实现终端小型化，适合卫星激光通信终端的发展方向。由于卫星光通信链路距离长、光束散角小和能量受限，同时存在相对角运动、卫星平台振动等因素的干扰，采用窄信标进行捕获跟踪难度极大，需要专门研究相应的捕获和跟踪方法，以确保高速激光通信数据传输。由于技术保密原因，国外对窄信标捕获跟踪技术实现方式无公开报道，国内近些年来刚刚开展研究，尚无突出进展。

为了适应今后空间光通信组网应用需求，光通信终端目前正向着小型化、轻量化的方向发展，卫星光通信链路捕获策略的设计也在趋于简单化，主要表现为不再设立单独的捕获信标光，如图 1-19 所示。

1998 年，由美国弹道导弹防御组织基金 (BMDO) 支持的 STRV-2 试验，卫星激光通信计划的目标是验证卫星有效载荷与其他平台之间空间的高数据速率激光通信，下行数据率为 155Mbps，在弯管模式下重复上行至下行链路传输数据率分别以 155~1240Mbps 的数据速率，链路距离为 1500km，链路时间为 4~10min，信标光捕获机制为宽信标捕获机制，束散角为 2550μrad；2001 年，欧空局的 SILEX 计划实现了世界上首次高轨和低轨星间激光链路通信，信标和信号波长均在 800nm 波段，通信体制为强度调制/直接探测，信标光捕获机制为宽信标捕获机制，束散角为 1275μrad；2006 年日本宇宙航空研究开发机构 (JAXA) 和通信技术研究所 (NICT) 展开合作，在 OICETS 卫星和 NICT 位于 Tokyo 光学地面站开展名为 Kirari 双向星地激光通信试验。在天气多云或有雨，但天空部分晴空占主导的试验条件下都取得了成功，下行链路的误码率优于 10^{-5}，信标光捕获机制为宽信标捕获机制，束散角为 500μrad；2008 年，欧空局在两个 LEO 卫星 NFIRE(US) 和 TerraSAR-X(德国) 之间开展了星间 BPSK 相干光调制的激光通信双向链路在轨验证试验，数据率为 5.625Gbps，且误码率优于 10^{-9}，链路系统首次采用了无信标捕获机制，可在 20s 内快速全面通信，激光束散角仅为 14μrad；2009 年，美国 JPL 和日本 JAXA 展开合作，在 OICETS 卫星和美国加利福尼亚州 OCTL 光学地面站之间进行 OICETS/OCTL 低轨星地双向链路试验，下行链路发射功率为 80mW，速率为 50Mbps，信标光捕获机制为宽信标捕获机制，束散角为 500μrad；2011 年，哈尔滨工业大学研制的激光通信终端搭载“海洋二号”(HY-2) 低轨卫星成功发射，并开展中国首次 HY-2/长春光学地面站星地激光通信链路试验，数据率下行数据率高达 504Mbps，平均误码率优于 10^{-9}，信标光捕获机制为宽信标捕获机制，束散角为 100μrad，为我国卫星激光通信技术的后续发展和应用奠定了良好基础；2013 年，美国首次成功开展了“月球激光通信演示验证”，在月球人造卫星/地球地面站建立星地双向激光通信链路，链路距离达到 380000km，最大下行速率 622Mbps，上行速率 20Mbps，链路系统采用 1550nm 波段作为信号光，信标光捕获机制为宽信标捕获机制，束散角为 110μrad；2014 年，欧空局、德国航空航天中心 (DLR)、TESAT Spacecom 公司等机构展开合作，在 Sentinel-1A 低轨卫星 LEO 和 Alphasat TDP 地球同步轨道卫星 GEO 之间成功建立星间双向激光链路，具有高达 1.8Gbps 的数据率，LEO-GEO 链路距离最大可达到 45000km，GEO-GEO 设计的链路距离最大可以实现 75000km 的链路，信标光捕获机制采用无信标捕获机制，束散角约为 14μrad；2015 年，德国航空航天中心 (DLR) 建立了车载自适应光学通信地面站 (TAOGS)，与第一和第二代 Tesat's 激光通信终端进行了通信，链路系统采用 1064 nm 波段和二进制相移键控 (BPSK) 调制，验证 EDRS 高轨和低轨卫星的星间/星地激光通信终端的性能。车载自适应激光通信终端实现了与低轨卫星 (5.625Gbps 高速率通信)、地球同步卫星 (Alphasat) 激光通信终端之间的双向激光通信 (光学数据率 2.8125Gpbs，有效数据率 1.8Gbps)，信标光捕获机制采用无信标捕获机制，束散角约为 12μrad；2017 年，哈尔滨工业大学研制的激光通信终端随“实践十三号”卫星发射入轨，实现了高轨卫星对地 5Gbps 双向激光通信数据传输、实时转发和存储转发在轨试验，捕获时间仅为 2.5s，信标光捕获机制采用窄信标捕获机制，束散角为 30μrad。

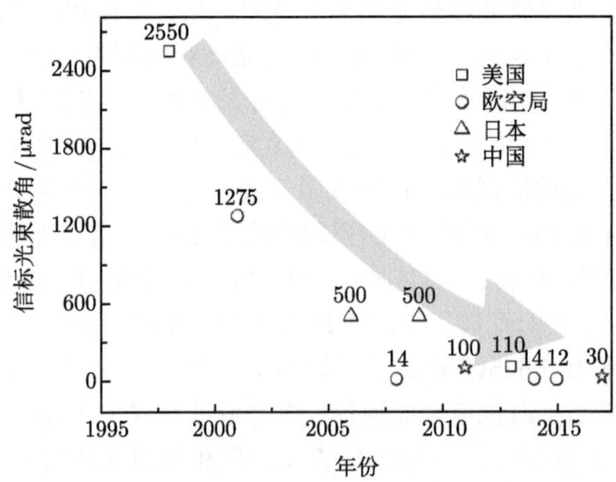

图 1-19 激光通信终端捕获信标光束散角发展趋势

可以看出，激光通信试验的信标光束散角从 1998 年来逐渐在减小，从 2008 年开始，星间激光通信的通信终端均采用无信标光 (Beaconless) 捕获机制，即用信号光代替信标光进行空间扫描，从而对光通信系统进行简化。例如 2014 年和 2015 年欧洲 EDRS 系统中的高轨星地和高低轨星间试验无信标捕获束散角仅为 14μrad 和 12μrad。2017 年中国“实践十三号”高轨星地激光通信在国内首次采用了窄信标捕获机制，捕获信标束散角为 30μrad，平均捕获时间达到了 2.5s，走到了世界的前列。

捕获信标光束散角的减小，意味着可以用跟踪信标光同时完成捕获信标功能，终端体积重量显著降低，可适用于组网应用的光通信终端。相对于宽信标捕获，窄信标的捕获更易受到卫星平台的振动以及姿态漂移情况等因素的影响。相对于平台振动而言，卫星姿态的漂移对窄信标捕获影响更大，同时随着扫描时间的增加，偏差也会逐渐累积，影响更为复杂，现有的捕获扫描策略显然无法满足要求，需要研究新的捕获模型和方法。同时，为进一步实现终端小型化、低功耗，跟踪信标光的发散角相对于现有状态也要大幅度减小。原有的双向跟踪模型中，设置较大光束发散角以确保跟踪稳定。对于窄信标双向跟踪，为实现链路稳定保持，还需要重点考虑跟踪控制算法优化、跟踪角偏差光信号测量优化等问题，需要研究新的跟踪模型和方法。此外，由于捕获难度和跟踪精度要求提高，还需对捕跟坐标系和捕跟探测切换方法进行在轨修正，以确保窄信标条件下卫星光通信链路性能满足数据传输要求。

为满足空间激光通信未来组网的应用需求，充分发挥空间激光通信技术高数据速率、高安全性等优势，现有基于光束近场研究的链路跟踪稳定性的方法还存在一些需要解决的问题：未考虑光束远场动态场景；基于单一参数影响分析，缺乏链路跟踪稳定性量化分析优化方法；地面实验等效性较差，难以实现跟踪策略的有效优化。针对上述关键技术突破需求。

1.3.3 激光链路高速高可用度通信技术

在实际空地激光通信链路中，大气湍流层是空地激光通信信道的一部分，大气湍流对通信性能造成的影响是一个动态的过程，它不仅与光束的传输参数、大气湍流状态有关，而且与激光链路的动态特性相关。光束在湍流大气层传输过程中，将产生种种湍流效应，包括：大气闪烁、光束漂移、光束扩展等。上述因素会导致空地链路的信噪比恶化的可能，使用 LDPC 码、Turbo 码等信道纠错编码可以补偿这些环境因素对系统性能的影响。然而，当大气环境进一步恶化时，接收机译码后会形成长串的突发连续错误，称为突发误码群。这种突发误码群超出一般信道纠错编码的纠错能力。为了纠正由各种大气湍流效应产生的突发连续误码，空地激光通信系统还会使用交织编码技术。交织编码通过置换，能够将突发差错离散，转化为纠错编码能够处理的随机差错或突发差错。对于交织编码，交织深度越深，系统抗突发差错能力越强。然而交织深度越深，系统的通信时延也越长，占用内存空间也越大，那么高交织深度就势必造成不必要的通信时延和内存占用。因此有必要采用自适应交织技术，根据信道特点实时动态调整交织深度，保证误码率性能要求的前提下，减少通信时延和节省内存。

此外，还可以考虑使用喷泉码来同时保证空地激光通信系统的可靠性和时效性。喷泉码的编码过程是随机的，并不依赖固定的生成矩阵，这就使喷泉码可以产生任意数量的输出符号，而译码端只要接收到足够数量的输出符号就可以完成译码。由于喷泉码没有固定码率，其相比于传统的前向纠错 (FEC) 编码更容易获得高效传输的特性，因而被广泛地称作无率码 (Rateless Codes)。相比于传统的 FEC 编码，喷泉码编码参数灵活的特点，使其可以提供分级传输的能力；而无固定码率的特点又使喷泉码可以在通信链路信噪比不稳定的条件下确保数据的可靠高效传输。相比于传统的基于反馈信息的 ARQ 机制，喷泉码可以灵活地应对，且对反馈信息的依赖性很小，这同样令喷泉码具备了在复杂大气湍流环境中确保数据高效、可靠传输的潜力。

参考文献

[1] 赵志鹏. 机载激光通信系统发展现状与趋势探讨 [J]. 电子世界, 2019(10): 85-86.

[2] Jiang H L, Liu Z G, Tong S F, et al. Analysis for the environmental adaptation and key technologies of airborne laser communication system[J]. Infrared and Laser Engineering, 2007, 54(1): 91.

[3] Popoola W O, Ghassemlooy Z, Ahmadi V. Performance of sub-carrier modulated free-space optical communication link in negative exponential atmospheric turbulence environment [J]. International Journal of Autonomous & Adaptive Communications Systems, 2017, 1(1): 342-355.

[4] Gangl M E, Fisher D S, Zimmermann J, et al. Airborne laser communication terminal for intelligence, surveillance and reconnaissance[C]//Ricklin J C, Voelz D G. Denver, CO: 2004: 92.

[5] Rabinovich W S, Moore C I, Mahon R, et al. Free-space optical communications research and demonstrations at the US Naval Research Laboratory[J]. Applied Optics, 2015, 54(31): F189.

[6] 付强, 姜会林, 王晓曼, 等. 空间激光通信研究现状及发展趋势 [J]. 中国光学, 2012, 5(02): 116-125.

[7] Juarez J C, Young D W, Venkat R A, et al. Analysis of link performance for the FOENEX laser communications system[C]//Baltimore, Maryland: 2012: 838007-838007-11.

[8] Meng L, Zhang L, Li X, et al. Airborne laser communication technology and flight test[C]//Liu S, Zhuang S, Petelin M I, et al. Hefei, Suzhou, and Harbin, China: 2015: 97950E.

[9] Vilcheck M J, Burris H R, Moore C I, et al. Miniature lasercomm module for integration into a small unmanned aerial platform[C]//Baltimore, Maryland: 2012: 838003-838003–14.

[10] Horwath J, Knapek M, Epple B, et al. Broadband backhaul communication for stratospheric platforms: the stratospheric optical payload experiment (STROPEX)[C]//San Diego, California, USA: 2006: 63041N.

[11] Zeng F, Gao S, San X, et al. Development status and trend of airborne laser communication terminals[J]. Chinese Optics, 2016, 9(1): 65-73.

[12] Fuchs C, Schmidt C, Rödiger B, et al. DLR's free space experimental laser terminal for optical aircraft downlinks[C]// Hemmati H, Boroson D M. San Francisco, California, United States: 2017: 1009610.

[13] Chen C, Grier A, Malfa M, et al. High-speed optical links for UAV applications[C]// Hemmati H, Boroson D M. San Francisco, California, United States: 2017: 1009615.

[14] Li X M , Zhang L Z , Meng L X . Airborne space laser communication system and experiments[C]// Selected Papers of the Photoelectronic Technology Committee Conferences Held June–July. International Society for Optics and Photonics, 2015.

[15] 马晶, 韩琦琦, 于思源, 等. 卫星平台振动对星间激光链路的影响和解决方案 [J]. 激光技术, 2005, 29(3): 228-232.

[16] 刘相君, 晁建刚, 何宁. 太空场景光照仿真方法研究 [J]. 计算机仿真, 2011, 028(011): 82-86.

[17] 韩琦琦, 马晶, 谭立英, 等. 恒星背景噪声对星间激光链路跟瞄系统影响的仿真分析 [J]. 光学技术, 2006, 032(003): 444-448.

[18] 黄建余. 白天天空背景亮度仿真研究 [J]. 飞行器测控学报, 2008, 1: 61-64.

[19] 左海成. 大气湍流影响下卫星光通信探测光斑分布与定位算法研究 [D]. 哈尔滨：哈尔滨工业大学，2010.

[20] 翟超, 武凤, 杨清波, 等. 自由空间光通信中大气光束传输数值模拟研究 [J]. 中国激光, 2013, 040(005): 157-162.

[21] 王楷为, 王烁. 基于浮空平台的天地一体化网络激光中继设计 [J]. 通讯世界, 2019, 26(09): 32-33.

[22] Ramdhan N, Sliti M, Boudriga N. Codeword-based data collection protocol for optical Unmanned Aerial Vehicle networks[C]//2016 HONET-ICT. Nicosia, Cyprus: IEEE, 2016: 35-39.

[23] Wang Y, Liu W, Fu H, et al. Design of laser communication optical system with off-axis common aperture [J]. Laser & Optoelectronics Progress, 2018, 55(1): 010602.

[24] Iwamoto K , Komatsu H , Ohta S , et al. Experimental results on in-orbit technology demonstration of SOLISS[C]// Free-Space Laser Communications XXXIII. 2021.

[25] Juarez J C, Goers A J, Malowicki J E, et al. Evaluation of curvature adaptive optics for airborne laser communication systems[C]//Laser Communication and Propagation through the Atmosphere and Oceans VII. International Society for Optics and Photonics, 2018, 10770: 107700U.

[26] Li L, Zhang R, Liao P, et al. MIMO equalization to mitigate turbulence in a 2-Channel 40-Gbit/s QPSK free-space optical 100-m round-trip orbital-angular-momentum-multiplexed link between a ground station and a retro-reflecting UAV[C]//2018 European Conference on Optical Communication (ECOC). IEEE, 2018: 1-3.

[27] Chan I Y , Heo Y S , Kang H S , et al. Common-path optical terminals forGbps full-duplex FSO communications between a ground and UAVs[C]// Advanced Solid State Lasers. 2019.

[28] Mai V V, Kim H. Beaconless PAT and adaptive beam control using variable focus lens for free-space optical Communication Systems [Invited paper][J]. APL Photonics, 2021, 6(2): 020801-1-8.

第二章　空天地激光链路快速建立技术

空间激光通信通信容量大、体积小、保密性好，本质原因是极高的频率和极小的通信光束束散角。因而，相对传统的微波链路，建立、维持激光通信链路难点包括以下方面：① 波束视域极窄，寻找目标信号难，建立链路困难；② 平台相对运动对链路影响大，需要实时补偿；③ 链路波长短，受大气影响更严重；④ 链路受到随机干扰时更容易断链。这就意味着空间激光通信依赖高精度的瞄准、捕获和跟踪 (Pointing Acquisition and Tracking，PAT) 系统来建立、维持发射天线与接收天线之间高精度的对准。

进行空间激光通信链路的两个光通信终端在进入工作模式后，首先需要计算初始瞄准角度，由平台将本星和目标星的星历表及轨道参数传递给终端，终端根据轨道数据来计算目标终端的位置。经过坐标转换得到俯仰、方位轴位置数据。由于通信距离通常较远，考虑到传输延迟，往往需要对轨道位置进行推算。机载激光通信一般通过射频链路将自身位置、速度、时间信息发送给对方，在时间校准情况下，双终端同时通过旋转矩阵求解指向对方的方位和俯仰轴信息，星地、空地激光通信，由于地面站在地心赤道坐标系下为固定点，机载或星上终端根据自身位置和地面站位置，计算瞄准角度。瞄准角度计算的精确度提高，可以减小捕获不确定区域，提高捕获效率。

本章主要研究空天地激光链路快速建立技术。首先系统性阐述激光瞄准原理，并给出瞄准坐标系的建立以及瞄准角的数学表达形式。对瞄准误差进行分析，重点研究方位轴对瞄准精度的影响以及俯仰轴对瞄准精度的影响。研究窄信标光束条件下的扫描捕获原理和方式，建立扫描捕获模型，分析捕获概率、平均捕获时间和扫描时间函数。对窄信标光束扫描捕获特性进行分析，重点研究平台姿态漂移影响下的捕获概率特性和捕获时间特性。最后，结合实际的航天工程应用，针对不同的链路条件，分析在限定的扫描时间内扫描捕获概率的大小，为了在有限的捕获时间内获得更好的捕获概率。

2.1　激光通信瞄准技术及误差分析

典型的空天地激光瞄准装置通常包括粗瞄装置、精瞄装置、提前瞄准装置和探测器四部分。粗瞄装置包括万向转台、粗瞄控制器和粗瞄探测器，用于捕获和粗跟踪。在捕获阶段，粗瞄控制器根据平台的轨道和姿态参数调整万向转台的瞄准方向，然后以一定的方式进行天线扫描捕获。利用粗瞄探测器判断捕获是否成功及测定对方光束到达的方向，并通过进一步调整万向转台使入射光斑进入精瞄探测器视域范围。

精瞄装置包括精瞄镜、精瞄控制器和精瞄探测器。精瞄装置主要用于补偿粗瞄装置的瞄准误差及跟踪过程中星上微振动的干扰。提前瞄准装置包括提前瞄准镜、提前瞄准控制器和提前瞄准探测器，主要用于补偿链路过程中在光束弛豫时间内所发生的平台间的附加移动。在图 2-1 系统中采用提前瞄准探测器与精瞄探测器共用，在有些系统中也可以是分离的。

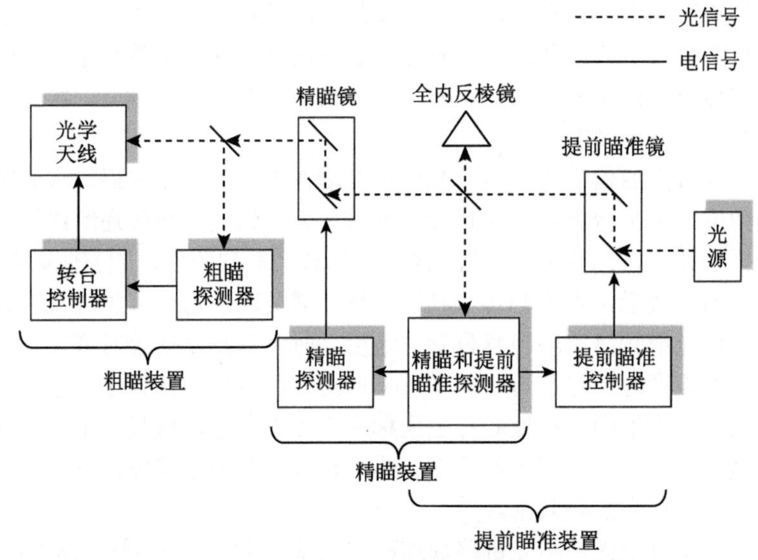

图 2-1　激光瞄准原理框图

在瞄准捕获跟踪系统的设计和仿真实验过程中，对于粗瞄装置，需要了解由于平台轨道运动和姿态控制造成的动态链路偏差；对于精瞄装置，需要了解星上微振动的变化情况及影响；对于提前瞄准装置，则需要了解提前瞄准角度的变化。

在粗瞄系统的万向转台驱动方面，一般采用伺服电机或步进电机，通过齿轮传动实现对万向转台的控制。美国的 OCD、日本的 LUCE 和 LCE 都选用伺服电机驱动万向转台。伺服电机系统的瞄准速度快，控制精度较高，但控制过程较复杂。ESA 的 SILEX 选用步进电机驱动万向转台，并通过减速器细分提高步进电机的控制精度。步进电机系统的控制过程较简单，但瞄准速度和控制精度受到一定的限制。上述系统都存在着无法消除的齿轮传动误差，为此美国在 STRV-2 上采用中空无刷直流电机驱动万向转台，避免了由于齿轮传动造成的瞄准偏差。在 STRV-2 中，望远镜和光路安装在直流电机的中空部分，通过电机直接进行驱动。

这项技术通过了地面试验测试，但由于在轨实验中捕获没有成功，其跟踪性能目前还无法验证。

在精瞄系统的偏转镜驱动方面，通常有压电驱动和电磁驱动两种方式。日本的平台光通信终端精瞄反射镜多采用压电驱动，而美国和 ESA 的平台光通信终端精瞄反射镜大多采用电磁驱动。压电驱动器的控制精度很高，但存在非线性和磁滞效应；而电磁驱动器虽然加有位置传感器反馈，其控制精度仍然较低 (几十个微弧度)。因此，无论采用哪一种驱动器，都要进行光学闭环控制，这时两种方式的精瞄控制均可达到 1μrad 的瞄准精度。在其他方面，压电驱动器的偏转范围较小 (1~3mrad)，而电磁驱动器的偏转范围较大 (大于 7mrad)。较大的偏转范围有利于跟踪，并且通过精瞄镜扫描来部分代替粗瞄装置扫描还可以缩短捕获时间。压电驱动器具有较高的响应频率 (大于 1kHz)，而目前的电磁驱动器的响应频率只有几百 Hz。为了更好地补偿星上的高频微振动，电磁驱动器的响应频率还需提高。此外，在体积和重量方面，压电驱动器相比电磁驱动器有一定的优势。

在瞄准捕获跟踪光学探测器方面，目前主要采用电荷耦合器件 (CCD) 和四象限探测器 (QD)。日本的平台光通信终端，以及美国和 ESA 早期的平台光通信终端大都采用 CCD 作为粗瞄和捕获探测器，采用 QD 作为精瞄跟踪探测器。在 ESA 的 SILEX 和美国的 OCD 中，采用 CCD 同时作为粗瞄和精瞄探测器。通过控制 CCD 输出像素面阵的大小改变探测视域和采样频率，捕获过程中使用大视域和较低采样频率，跟踪过程中则使用小视域和较高采样频率。上述两种信标光信号探测方式中，第一种处理电路较简单，但采用的光学元器件较多；第二种处理电路较复杂，但整个瞄准捕获跟踪系统的光路大大简化。

2.1.1 瞄准坐标系的建立

选取地心赤道坐标系 IJK 作为惯性坐标系来描述平台轨道 (图 2-2)。地心赤道坐标系的原点在地心，基准面为赤道平面，X 轴指向春分点 (春季第一天日心和地心的连线)，Z 轴指向北极。单位矢量 $\vec{I}$，$\vec{J}$ 和 $\vec{K}$ 分别沿 X，Y 和 Z 轴，用于描述地心赤道坐标系中的矢量。图 2-2 中，$\vec{r}$ 为平台的位置矢量；$\vec{h}$ 为角动量矢量，垂直于平台轨道平面；$\vec{p}$ 为近拱点 (平台轨道长轴的两个端点称为拱点，离主焦点近的称为近拱点) 方向矢量；$\vec{n}$ 为升交点 (平台朝北穿过基准平面点) 方向矢量。通过 5 个独立的轨道参数可以确定平台轨道的大小、形状和方位。如要精确地确定平台沿着轨道在某特定时刻的位置，则需要第 6 个轨道参数。

经典的 6 个轨道参数定义如下：半长轴 a，确定轨道大小的常数；偏心率 e，确定圆锥曲线形状的常数；轨道倾角 i，单位矢量 $\vec{K}$ 和角动量矢量 $\vec{h}$ 间的夹角；升交点黄经 Ω，单位矢量 $\vec{I}$ 和升交点方向矢量 $\vec{n}$ 间的夹角；近拱点角距 ω，升交点方向矢量 $\vec{n}$ 和近拱点方向矢量 $\vec{p}$ 间的夹角；过近拱点时刻 t_0，即平台在近拱点的时刻。为了推导方便，有时用平台位置矢量 $\vec{r}$ 和近拱点方向矢量 $\vec{p}$ 在某一时刻的夹角 ν 来代替 t_0，称为真近点角，用半正交弦 p 代替 a，变换关系为 $p = a(1-e^2)\nu$。

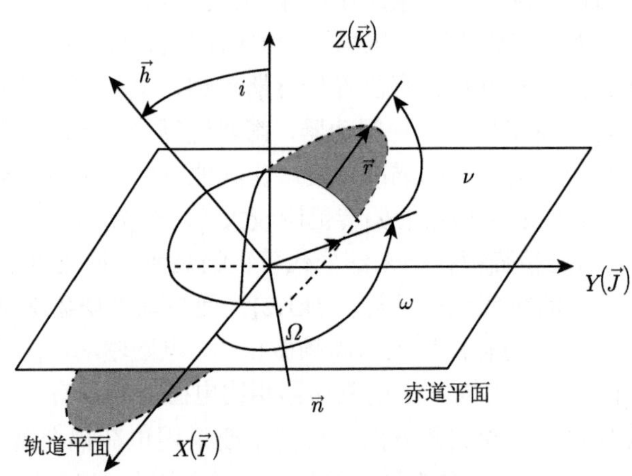

图 2-2　平台的轨道参数

在平台轨道动力学分析中，通常采用近焦点坐标系描述平台的轨道运动。近焦点坐标系的基准面是平台的轨道平面，X 轴指向近拱点，在轨道平面内按运动方向从 X 轴转过 90° 就是 Y 轴，Z 轴沿 $\vec{h}$ 方向。X，Y 和 Z 方向的单位矢量分别为 $\vec{P}$，$\vec{Q}$ 和 $\vec{W}$。

将平台的轨道运动简化为二体问题，即假设地球和平台都是球对称的，并且除了地球和平台中心连线作用的引力外，没有其他外力或内力作用。以三轴稳定姿态控制平台为例，在近焦点坐标系中，利用平台轨道参数可以给出平台的位置矢量和速度矢量

$$\vec{r} = \frac{p}{1-e\cos\nu}\left(\cos\nu\vec{P} + \sin\nu\vec{Q}\right) \tag{2-1}$$

$$\vec{v} = \sqrt{\frac{\mu}{p}}\left[-\sin\nu\vec{P} + (e+\cos\nu)\,\vec{Q}\right] \tag{2-2}$$

其中，$\mu = GM$ 为引力参数，G 为万有引力常数，M 为地球的质量。考虑两星之间的链路时，需要将两星在各自的近焦点坐标系中的 $\vec{r}$ 和 $\vec{v}$ 变换到地心赤道坐标系，变换矩阵为

$$\tilde{R} = \begin{bmatrix} \vec{I}\cdot\vec{P} & \vec{I}\cdot\vec{Q} & \vec{I}\cdot\vec{W} \\ \vec{J}\cdot\vec{P} & \vec{J}\cdot\vec{Q} & \vec{J}\cdot\vec{W} \\ \vec{K}\cdot\vec{P} & \vec{K}\cdot\vec{Q} & \vec{K}\cdot\vec{W} \end{bmatrix} = \begin{bmatrix} R_{11} & R_{12} & R_{13} \\ R_{21} & R_{22} & R_{23} \\ R_{31} & R_{32} & R_{33} \end{bmatrix} \tag{2-3}$$

利用前面定义的轨道参数，可求出变换矩阵 $\tilde{R}$ 的各个分量

$$
\begin{aligned}
R_{11} &= \cos\Omega\cos\omega - \sin\Omega\sin\omega\cos i \\
R_{12} &= -\cos\Omega\sin\omega - \sin\Omega\cos\omega\cos i \\
R_{13} &= \sin\Omega\sin i \\
R_{21} &= \sin\Omega\cos\omega + \cos\Omega\sin\omega\cos i \\
R_{22} &= -\sin\Omega\sin\omega + \cos\Omega\cos\omega\cos i \\
R_{23} &= -\cos\Omega\sin i \\
R_{31} &= \sin\omega\sin i \\
R_{32} &= \cos\omega\sin i \\
R_{33} &= \cos i
\end{aligned}
\tag{2-4}
$$

可见，$\tilde{R}$ 与升交点黄经、近拱点角距和轨道倾角三个轨道参数有关。利用变换矩阵 $\tilde{R}$，可将平台的位置矢量 $\vec{r}$ 和速度矢量 $\vec{v}$ 由近焦点坐标系变换到地心赤道坐标系

$$\vec{r}_{IJK} = \tilde{R}\,\vec{r}_{PQW} \tag{2-5}$$

$$\vec{v}_{IJK} = \tilde{R}\,\vec{v}_{PQW} \tag{2-6}$$

瞄准控制过程中主要考虑激光光束的角方向，因此我们选取星上水平俯仰坐标系 SEZ 来分析瞄准：原点在瞄准平台上，基准面为平台轨道平面，X 轴指向地心，Z 轴垂直于平台轨道平面且与平台运动的角动量矢量平行。单位矢量 $\vec{S}$，$\vec{E}$ 和 $\vec{Z}$ 分别沿 X，Y 和 Z 轴，用于描述水平俯仰坐标系中的矢量。如图 2-3 所示，设任意位置矢量与基准面的夹角为俯仰角 θ_v，在基准面上的投影与单位矢量 $\vec{S}$ 的夹角为方位角 θ_h，大小为斜距 ρ。

在进行瞄准捕获跟踪控制过程中，通常需要将已知的 $\vec{r}_p$ 和 $\vec{v}_p$ 在地心赤道坐标系内的 IJK 分量变换成非惯性坐标系中的 SEZ 分量，该非惯性坐标系以平台 A(或平台 B) 为中心。坐标系变换过程为：首先，IJK 坐标系绕 $\vec{K}$ 旋转 Ω 角，对应变换矩阵为

$$\vec{K}(\Omega) = \begin{bmatrix} \cos\Omega & \sin\Omega & 0 \\ -\sin\Omega & \cos\Omega & 0 \\ 0 & 0 & 1 \end{bmatrix} \tag{2-7}$$

然后，IJK 坐标系绕 $\vec{I}$ 旋转 i 角，对应变换矩阵为

$$\vec{I}(i) = \begin{bmatrix} 1 & 0 & 0 \\ 0 & \cos i & \sin i \\ 0 & -\sin i & \cos i \end{bmatrix} \tag{2-8}$$

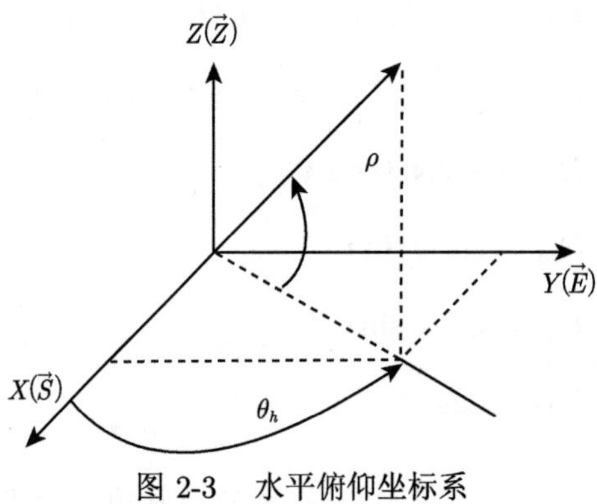

图 2-3　水平俯仰坐标系

最后，IJK 坐标系再绕 $\vec{K}$ 旋转 ω 角，对应变换矩阵为

$$\vec{K}(\omega) = \begin{bmatrix} \cos\omega & \sin\omega & 0 \\ -\sin\omega & \cos\omega & 0 \\ 0 & 0 & 1 \end{bmatrix} \tag{2-9}$$

将上述三个旋转操作合并，可得最终的变换矩阵

$$\tilde{D} = \vec{K}(\omega)\,\vec{I}(i)\,\vec{K}(\varOmega) = \begin{bmatrix} D_{11} & D_{12} & D_{13} \\ D_{21} & D_{22} & D_{23} \\ D_{31} & D_{32} & D_{33} \end{bmatrix} \tag{2-10}$$

其中变换矩阵 $\tilde{D}$ 的各分量为

$$D_{11} = \cos\varOmega\cos\omega - \sin\varOmega\cos i\sin\omega$$

$$D_{12} = \sin\varOmega\cos\omega + \cos\varOmega\cos i\sin\omega$$

$$D_{13} = \sin i\sin\omega$$

$$D_{21} = -\cos\varOmega\sin\omega - \sin\varOmega\cos i\cos\omega$$

$$
\begin{aligned}
D_{22} &= -\sin\Omega\sin\omega + \cos\Omega\cos i\cos\omega \\
D_{23} &= \sin i\cos\omega \\
D_{31} &= \sin\Omega\sin i \\
D_{32} &= -\cos\Omega\sin i \\
D_{33} &= \cos i
\end{aligned} \tag{2-11}
$$

利用变换矩阵 $\tilde{D}$，可将平台的位置矢量 $\vec{r}$ 和速度矢量 $\vec{v}$ 由地心赤道坐标系变换到水平俯仰坐标系

$$\vec{r}_{SEZ} = \tilde{D}\,\vec{r}_{IJK} \tag{2-12}$$

$$\vec{v}_{SEZ} = \tilde{D}\,\vec{v}_{IJK} \tag{2-13}$$

以上推导得出的变换矩阵 $\tilde{R}$ 和 $\tilde{D}$ 将在后面的理论分析和计算机仿真中用到。

2.1.2 瞄准角的数学表达

由于平台间光通信是在两个高速运动的平台之间进行，并且通信距离较远，因此瞄准控制过程中必须考虑加一个提前瞄准量。下面将由平台的轨道参数推导出提前瞄准角更为精确的表达式。

在平台间光通信过程中，通常可通过某种手段获得平台的轨道运动参数。设链路的两颗平台分别为平台 A 和平台 B。在近焦点坐标系中，设平台的位置矢量分别为 $\overrightarrow{r'}_{PQW1}(t)$ 和 $\overrightarrow{r''}_{PQW2}(t)$。由于近焦点坐标系为非惯性坐标系，两颗平台的位置矢量之间不能进行矢量运算。利用上一节给出的变换矩阵 $\tilde{R}$，将两颗平台的位置矢量分别由近焦点坐标系变换到地心赤道惯性坐标系。这样就可以通过简单的矢量运算求出平台 A 和平台 B 之间的相对位置矢量

$$\vec{r}_{IJK}(t) = \tilde{R}_2\overrightarrow{r''}_{PQW2}(t) - \tilde{R}_1\overrightarrow{r'}_{PQW1}(t) \tag{2-14}$$

式中 $\vec{r}_{IJK}(t)$ 表示平台 A 瞄准平台 B 的瞄准矢量；而 $-\vec{r}_{IJK}(t)$ 则表示平台 B 瞄准平台 A 的瞄准矢量。注意到上面是在地心赤道惯性坐标系中给出的瞄准矢量，而在实际的瞄准过程中，平台 A 和平台 B 需要获得在各自的星上水平俯仰坐标系 SEZ 中的瞄准矢量。利用上一节给出的变换矩阵 $\tilde{D}$ 可实现这一变换，平台 A 和平台 B 上瞄准终端的瞄准矢量分别为

$$\overrightarrow{r'}_{SEZ1}(t) = \tilde{D}_1\,\vec{r}_{IJK}(t) \tag{2-15}$$

$$\overrightarrow{r''}_{SEZ2}(t) = \tilde{D}_2\,[-\vec{r}_{IJK}(t)] \tag{2-16}$$

下面以平台 A 上瞄准装置为例，推导平台 A 的提前瞄准角表达式。我们设瞄准矢量 $\overrightarrow{r'}_{SEZ1}(t)$ 在星上水平俯仰坐标系中的三个以 SEZ 矢量表示的分量为 $r'_S(t)$、$r'_E(t)$ 和 $r'_Z(t)$，则与瞄准直接有关的俯仰角 $\theta_v(t)$，水平角 $\theta_h(t)$ 和斜矩 $\rho(t)$ 的表达式分别为

$$\theta_v(t) = \arctan\left[\frac{r'^2_Z(t)}{\sqrt{r'^2_S(t) + r'^2_E(t)}}\right] \tag{2-17}$$

$$\theta_h(t) = \arctan\left[\frac{r'_E(t)}{r'_S(t)}\right] \tag{2-18}$$

$$\rho(t) = \sqrt{r'^2_S(t) + r'^2_E(t) + r'^2_Z(t)} \tag{2-19}$$

当两颗平台间发生相对运动时，平台 A 上的瞄准装置必须将信号光实际指向平台 B 的前方以进行接收。也就是说，平台 A 上的瞄准装置必须考虑到在光束弛豫时间 Δt 内所发生的附加移动，并瞄准到所预计的点。显然，若 t 时刻平台 A 检测到平台 B 发射的光束，对应的提前瞄准角在俯仰和方位两个角方向上的分量为

$$\zeta_{v,h}(t) = \theta_{v,h}(t + \Delta t) - \theta_{v,h}(t) \tag{2-20}$$

其中 Δt 的求解方程为

$$\Delta t = \frac{\rho(t)}{c} + \frac{\rho(t + \Delta t)}{c} + t_{\mathrm{A}} \tag{2-21}$$

式中 c 为光速，t_{A} 为平台 A 上瞄准终端的信号响应和处理时间。由于该式为非线性方程，通常需要通过迭代法求解 Δt。考虑到平台间光通信的瞄准过程中，光束弛豫时间内链路的距离改变很小，可作如下近似

$$\rho(t) \approx \rho(t + \Delta t) \tag{2-22}$$

则可直接得到弛豫时间 Δt 的表达式

$$\Delta t = \frac{2\rho(t)}{c} + t_{\mathrm{A}} \tag{2-23}$$

这时，提前瞄准角在俯仰和方位两个角方向上的分量可表示为

$$\zeta_{v,h}(t) = \theta_{v,h}\left[t + \frac{2\rho(t)}{c} + t_{\mathrm{A}}\right] - \theta_{v,h}(t) \tag{2-24}$$

同理可推出平台 B 的提前瞄准角表达式。

2.1.3 捕跟坐标系下的瞄准角度计算方法

根据坐标系的定义，当粗瞄准角为 $(\theta_{Az},\theta_{El})$ 时，光终端在基准坐标系下的瞄准光束的矢量 $A_{\text{out\_}XYZ}$ 可以表示为

$$A_{\text{out\_}XYZ}=\begin{pmatrix}\sin\theta_{Az}\sin\theta_{El}\\-\cos\theta_{Az}\sin\theta_{El}\\\cos\theta_{El}\end{pmatrix}\tag{2-25}$$

在平台基准坐标系 C2$(X_SY_SZ_S)$ 下，瞄准角度矢量方向 $A_{\text{out\_}X_SY_SZ_S}$ 可以表示为

$$\begin{aligned}A_{\text{out\_}X_SY_SZ_S}&=\begin{pmatrix}1&\gamma&-\beta\\-\gamma&1&\alpha\\\beta&-\alpha&1\end{pmatrix}\cdot\begin{pmatrix}\sin\theta_{Az}\sin\theta_{El}\\-\cos\theta_{Az}\sin\theta_{El}\\\cos\theta_{El}\end{pmatrix}\\&=\begin{pmatrix}\sin\theta_{Az}\sin\theta_{El}-\gamma\cos\theta_{Az}\sin\theta_{El}-\beta\cos\theta_{El}\\-\cos\theta_{Az}\sin\theta_{El}-\gamma\sin\theta_{Az}\sin\theta_{El}+\alpha\cos\theta_{El}\\\cos\theta_{El}\sin\theta_{Az}+\beta\sin\theta_{El}+\alpha\cos\theta_{Az}\sin\theta_{El}\end{pmatrix}\end{aligned}\tag{2-26}$$

这里假定装星后终端坐标系的误差导致的通信终端瞄准角度误差——方位角误差和俯仰角误差，分别为 $\Delta\theta_{Az}$ 和 $\Delta\theta_{El}$，如图 2-4 所示。

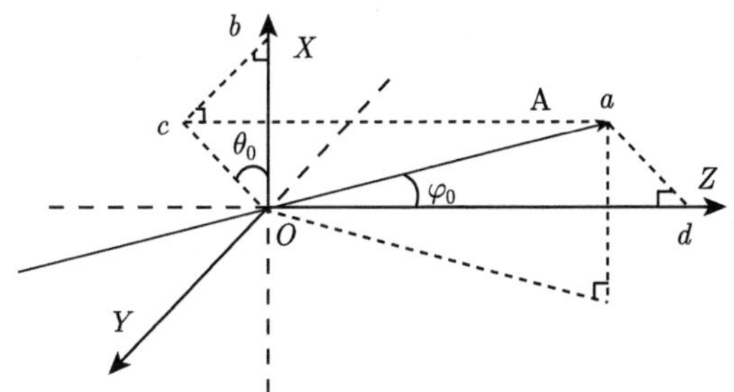

图 2-4 激光通信终端坐标系下瞄准角度

根据坐标系的定义，可以得到捕跟坐标系下粗瞄准角度为

$$\begin{cases}\theta_{El}=\varphi_0\\\theta_{Az}=\dfrac{\pi}{2}+\theta_0\end{cases}\tag{2-27}$$

2.1.4 方位轴对捕跟瞄准精度影响

首先评估沿方位轴的静态误差对激光终端瞄准角度的影响。图 2-5 为方位轴和方位角之间的变换关系。光通信终端在方位轴轴系的误差角度 ϕ_{Az_xy} 将造成

终端瞄准误差，可以表示为

$$\Delta\theta_{Az} = \phi_{Az\_xy} \tag{2-28}$$

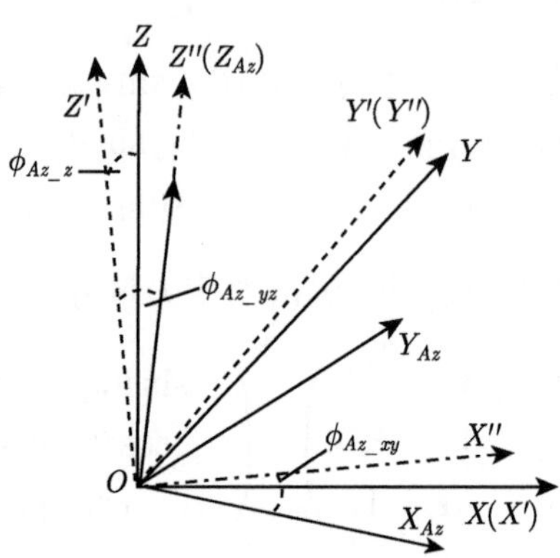

图 2-5　方位轴误差与瞄准角度关系

这里，$\Delta\theta_{Az}$ 为终端方位轴瞄准误差。考虑 ϕ_{Az_z} 和 ϕ_{Az_yz} 的定义，有如下坐标系变换矩阵关系：

$$\begin{aligned} R_{Az} &= S_y^{-1}(\phi_{Az\_yz}) \cdot S_x^{-1}(-\phi_{Az\_z}) \\ &= \begin{pmatrix} \cos\phi_{Az\_yz} & \sin\phi_{Az\_z}\cdot\sin\phi_{Az\_yz} & \cos\phi_{Az\_z}\cdot\sin\phi_{Az\_yz} \\ 0 & \cos\phi_{Az\_z} & -\sin\phi_{Az\_z} \\ -\sin\phi_{Az\_yz} & \sin\phi_{Az\_z}\cdot\cos\phi_{Az\_yz} & \cos\phi_{Az\_z}\cdot\cos\phi_{Az\_yz} \end{pmatrix} \end{aligned} \tag{2-29}$$

可以对 R_{Az} 矩阵进行小角度近似 (方位轴轴系误差本身属于微小变量)，获得方位轴轴系误差作用矩阵：

$$R_{Az} = \begin{pmatrix} 1 & 0 & \phi_{Az\_yz} \\ 0 & 1 & -\phi_{Az\_z} \\ -\phi_{Az\_yz} & \phi_{Az\_z} & 1 \end{pmatrix} \tag{2-30}$$

望远镜入射至终端粗瞄装置的光束矢量形式在终端基准坐标系中可以表述为

$$A_{\text{out\_0}} = (0\ \ 0\ \ 1)^{\mathrm{T}} \tag{2-31}$$

进而可以根据方位轴误差作用矩阵来求得入射到终端粗瞄装置的光束矢量 $A_{\text{out\_1}}$ 在终端方位轴坐标系中的表达式：

$$A_{\text{out\_1}} = R_{Az} \cdot A_{\text{out\_0}}$$

$$= (\phi_{Az\_yz} \quad -\phi_{Az\_z} \quad 1)^{\mathrm{T}} \tag{2-32}$$

而出射粗瞄装置的光束矢量 $A_{\text{out\_2}}$ 表示为：

$$\begin{aligned}
A_{\text{out_2}} &= S_Z(\theta_{Az})\cdot S_X(\theta_{El})\cdot T_{El_0}\cdot S_X^{-1}(\theta_{El})\cdot S_Z^{-1}(\theta_{Az})\cdot S_Z(\theta_{Az})\cdot T_{Az_0} \\
&\quad \cdot S_Z^{-1}(\theta_{Az})\cdot A_{\text{out_1}} \\
&= S_Z(\theta_{Az})\cdot S_X(\theta_{El})\cdot T_{El_0}\cdot S_X^{-1}(\theta_{El})\cdot T_{Az_0}\cdot S_Z^{-1}(\theta_{Az})\cdot A_{\text{out_1}} \\
&= \begin{pmatrix}
(\cos\theta_{Az}\cos(\theta_{Az}-\theta_{El})+\sin\theta_{Az}\cos\theta_{El}\sin(\theta_{Az}-\theta_{El}))\phi_{Az_yz} \\
-(\cos\theta_{Az}\sin(\theta_{Az}-\theta_{El})-\sin\theta_{Az}\cos\theta_{El}\cos(\theta_{Az}-\theta_{El}))\phi_{Az_z} \\
+\sin\theta_{Az}\sin\theta_{El} \\
(\sin\theta_{Az}\cos(\theta_{Az}-\theta_{El})-\cos\theta_{Az}\cos\theta_{El}\sin(\theta_{Az}-\theta_{El}))\phi_{Az_yz} \\
-(\sin\theta_{Az}\sin(\theta_{Az}-\theta_{El})+\cos\theta_{Az}\cos\theta_{El}\cos(\theta_{Az}-\theta_{El}))\phi_{Az_z} \\
-\cos\theta_{Az}\sin\theta_{El} \\
(-\sin\theta_{El}\sin(\theta_{Az}-\theta_{El}))\phi_{Az_yz}-(\sin\theta_{El}\cos(\theta_{Az}-\theta_{El}))\phi_{Az_z} \\
+\cos\theta_{El}
\end{pmatrix}
\end{aligned} \tag{2-33}$$

在方位轴坐标系中绕 Z 轴旋转角度 θ_{Az} 的矢量旋转矩阵表示为 $S_Z(Az)$，绕 X 轴旋转角度 θ_{El} 的矢量旋转矩阵表示为 $S_X(El)$。在无误差情况下，在方位轴坐标系中方位轴和俯仰轴 45° 平面镜的反射面作用矩阵表示为 T_{Az_0} 和 T_{El_0}。出射光终端的光束矢量在终端方位轴坐标系中为 $A_{\text{out\_2}}$。进而在终端基准坐标系中计算终端瞄准误差，将 $A_{\text{out\_2}}$ 矢量变换到终端基准坐标系中得到

$$A_{\text{out}} = R_{Az}^{-1}\cdot A_{\text{out_2}}
\begin{pmatrix}
(\cos\theta_{Az}\cos(\theta_{Az}-\theta_{El})+\sin\theta_{Az}\cos\theta_{El}\sin(\theta_{Az}-\theta_{El}) \\
-\cos\theta_{El})\phi_{Az_yz} \\
+(\sin\theta_{Az}\cos\theta_{El}\cos(\theta_{Az}-\theta_{El})-\cos\theta_{Az}\sin(\theta_{Az}-\theta_{El})) \\
\phi_{Az_z}+\sin\theta_{Az}\sin\theta_{El} \\
(\sin\theta_{Az}\cos(\theta_{Az}-\theta_{El})-\cos\theta_{Az}\cos\theta_{El}\sin(\theta_{Az}-\theta_{El})) \\
\phi_{Az_yz} \\
-(\sin\theta_{Az}\sin(\theta_{Az}-\theta_{El})+\cos\theta_{Az}\cos\theta_{El}\cos(\theta_{Az}-\theta_{El}) \\
-\cos\theta_{El})\phi_{Az_z}-\cos\theta_{Az}\sin\theta_{El} \\
(\sin\theta_{Az}\sin\theta_{El}-\sin\theta_{El}\sin(\theta_{Az}-\theta_{El}))\phi_{Az_yz} \\
+(\cos\theta_{Az}\sin\theta_{El}-\sin El\cos(\theta_{Az}-\theta_{El}))\phi_{Az_z}+\cos\theta_{El}
\end{pmatrix} \tag{2-34}$$

当在终端基准坐标系中控制终端粗瞄角度分别为 θ_{Az} 和 θ_{El} 时，求得在终端基准坐标系中出射终端粗瞄装置的光束的矢量表达形式：

$$A'_{\text{out}} = \begin{pmatrix} \sin(\theta_{Az} + \Delta\theta_{Az})\sin(\theta_{El} + \Delta\theta_{El}) \\ -\cos(\theta_{Az} + \Delta\theta_{Az})\sin(\theta_{El} + \Delta\theta_{El}) \\ \cos(\theta_{El} + \Delta\theta_{El}) \end{pmatrix} \tag{2-35}$$

其中，$\Delta\theta_{Az}$ 和 $\Delta\theta_{El}$ 为相应条件下粗瞄装置瞄准角度误差。矢量 A_{out} 应平行于矢量 A'_{out}，终端瞄准误差与方位轴轴系误差关系表示如下：

$$\begin{cases} \sin\Delta\theta_{Az} = \sin\theta_{Az}\phi_{Az\_yz} + \cos\theta_{Az}\phi_{Az\_z} \\ \sin\Delta\theta_{El} = \begin{pmatrix} \sin(\theta_{Az} - \theta_{El}) \\ -\sin\theta_{Az} \end{pmatrix}\phi_{Az\_yz} + \begin{pmatrix} \cos(\theta_{Az} - \theta_{El}) \\ +\cos\theta_{Az} \end{pmatrix}\phi_{Az\_z} \end{cases} \tag{2-36}$$

综合方程 (2-28) 和 (2-36)，进行小角度近似可获得下式：

$$\begin{cases} \Delta\theta_{Az} = \sin\theta_{Az}\phi_{Az\_yz} + \cos\theta_{Az}\phi_{Az\_z} + \phi_{Az\_xy} \\ \Delta\theta_{El} = \begin{pmatrix} \sin(\theta_{Az} - \theta_{El}) \\ -\sin\theta_{Az} \end{pmatrix}\phi_{Az\_yz} + \begin{pmatrix} \cos(\theta_{Az} - \theta_{El}) \\ +\cos\theta_{Az} \end{pmatrix}\phi_{Az\_z} \end{cases} \tag{2-37}$$

当方位轴存在角度为 ϕ_{Az_z}、ϕ_{Az_yz} 和 ϕ_{Az_xy} 轴系误差时，方程 (2-37) 表示方位轴轴系误差与光终端瞄准误差之间的关系。

2.1.5　俯仰轴对捕获瞄准精度影响

利用类似于研究方位轴轴系精度对瞄准角度研究的方法，如图 2-6 所示。这里终端俯仰轴坐标系与终端基准坐标系之间的偏差表示为 ϕ_{El_x}，$-\phi_{El\_xy}$ 和 ϕ_{El_yz}，即为终端俯仰轴坐标系轴系误差角度。绕俯仰轴电机旋转轴发生的偏转为俯仰轴轴系误差角，记为 ϕ_{El_yz}，终端俯仰轴瞄准误差为 $\Delta\theta_{El}$，仅考虑 ϕ_{El_x} 和 ϕ_{El_xy} 的影响时它们之间的关系可以表示为

$$\Delta\theta_{El} = \phi_{El\_yz} \tag{2-38}$$

则由终端基准坐标系到终端俯仰轴坐标系的变换矩阵表示为

$$R_{El} = \begin{pmatrix} 1 & \phi_{El\_x} & \phi_{El\_xy} \\ -\phi_{El\_x} & 1 & 0 \\ -\phi_{El\_xy} & 0 & 1 \end{pmatrix} \tag{2-39}$$

其中，R_{El} 为俯仰轴轴系误差作用矩阵。粗瞄装置的光束矢量在终端基准坐标系中可以表述为

$$A_{\text{out\_0}} = (0 \quad 0 \quad 1)^{\mathrm{T}} \tag{2-40}$$

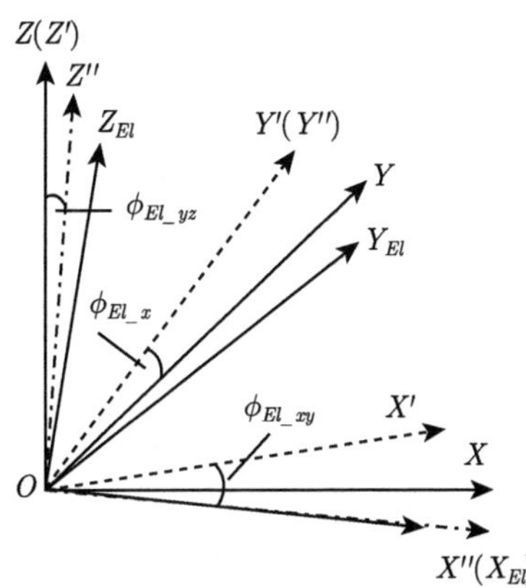

图 2-6 瞄准角度与俯仰轴误差关系

根据光束传递关系，可以获得在终端基准坐标系中经过俯仰轴轴系误差作用后的光束矢量：

$$\begin{aligned} A_{\text{out}} &= {R_{El}}^{-1} S_Z(\theta_{Az}) \cdot S_X(\theta_{El}) \cdot T_{El\_0} \cdot S_X^{-1}(\theta_{El}) \cdot S_Z^{-1}(\theta_{Az}) \\ &\quad \cdot R_{El} \cdot S_Z(\theta_{Az}) \cdot T_{Az\_0} \cdot S_Z^{-1}(\theta_{Az}) \cdot A_{\text{out\_0}} \\ &= (a_1 \quad a_2 \quad a_3)^{\mathrm{T}} \end{aligned} \tag{2-41}$$

这里，俯仰轴坐标系到终端基准坐标系的变换矩阵可以由俯仰轴轴系误差作用矩阵逆矩阵 R_{El}^{-1} 来实现；方位轴、俯仰轴角度变换矩阵分别记为 $S_z(Az)$ 和 $S_x(El)$；理想的方位轴/俯仰轴的 45° 平面镜反射矩阵分别记为 T_{Az_0} 和 T_{El_0}。这里 a_i 可以表示为如下方程式：

$$\left\{\begin{aligned} a_1 &= \sin\theta_{Az}\sin\theta_{El} + \left(2\cos\theta_{Az}\sin\theta_{El} + \sin\theta_{Az}\cos^2\theta_{El}\right)\Delta\phi_{El\_x} \\ &\quad - \left(\cos^2\theta_{Az}\cos\theta_{El} + \cos\theta_{El} - \sin\theta_{Az}\cos\theta_{Az}\sin\theta_{El}\cos\theta_{El}\right)\Delta\phi_{El\_xy} \\ a_2 &= -\cos\theta_{Az}\sin\theta_{El} + \left(2\sin\theta_{Az}\sin\theta_{El} - \cos\theta_{Az}\cos^2\theta_{El}\right)\Delta\phi_{El\_x} \\ &\quad - \left(\sin\theta_{Az}\cos\theta_{Az}\cos\theta_{El} + \cos^2\theta_{Az}\sin\theta_{El}\cos\theta_{El}\right)\Delta\phi_{El\_xy} \\ a_3 &= \cos\theta_{El} - (\sin\theta_{El}\cos\theta_{El})\Delta\phi_{El\_x} \\ &\quad + \left(\sin\theta_{Az}\sin\theta_{El} - \cos\theta_{Az}\sin^2\theta_{El}\right)\Delta\phi_{El\_xy} \end{aligned}\right. \tag{2-42}$$

在假定光终端在终端基准坐标系中的粗瞄角度为 θ_{Az}、θ_{El} 和瞄准误差角度分别为 $\Delta\theta_{Az}$、$\Delta\theta_{El}$ 的条件下，则出射光终端粗瞄装置的光束的矢量如式 (2-35)

所示，由 (2-41) 和 (2-35) 联立可以得到

$$\begin{cases} \sin \Delta\theta_{Az} = 2\phi_{El\_x} - \dfrac{2\cos\theta_{Az}\cdot\cos\theta_{El}}{\sin\theta_{El}}\phi_{El\_xy} \\ \sin \Delta\theta_{El} = \cos\theta_{El}\cdot\phi_{El\_x} + (\cos\theta_{Az}\cdot\sin\theta_{El} - \sin\theta_{Az})\,\phi_{El\_xy} \end{cases} \tag{2-43}$$

进而，可以获得在小角度近似后的俯仰轴静态轴系误差与光终端瞄准误差间的关系式为

$$\begin{cases} \Delta\theta_{Az} = 2\phi_{El\_x} - \dfrac{2\cos\theta_{Az}\cdot\cos\theta_{El}}{\sin\theta_{El}}\phi_{El\_xy} \\ \Delta\theta_{El} = \cos\theta_{El}\cdot\phi_{El\_x} + (\cos\theta_{Az}\cdot\sin\theta_{El} - \sin\theta_{Az})\,\phi_{El\_xy} + \phi_{El\_yz} \end{cases} \tag{2-44}$$

上式给出了当俯仰轴系误差分别为 ϕ_{El_x}、ϕ_{El_xy} 和 ϕ_{El_yz} 时，光终端的瞄准角度误差随着光终端姿态角度变化关系。

捕获主要用于平台光通信链路的初期建立，以及链路异常中断后的恢复，捕获完成后方能开展链路跟踪和通信。通常情况下，由于地球遮挡等原因平台光通信链路的时段是有限的，捕获的快速完成可以在有限的链路时间内完成尽可能多的信息传输。链路捕获过程中，发射端用信标光扫描不确定域 (接收端平台可能出现的二维角度域)，一旦实现信标光有效覆盖，接收端向发射端回应反馈光信号，两终端利用对方光束分别进行锁定，最终建立双向光束探测闭环的激光链路。捕获过程中，捕获不确定域大小、扫描策略及捕获探测方法等都会对捕获性能造成影响。研究上述相关参量与捕获性能间的制约关系，可以为平台光通信链路捕获方法的优化设计提供参考。考虑到平台光通信链路中各参量相互制约的特性，窄信标在捕获策略的设计中具有一定的局限性，需要进一步优化。

针对小型化、轻量化激光通信终端设计要求的窄信标捕获技术，本章内容旨在解决考虑平台姿态漂移对捕获扫描策略的影响补偿问题。首先建立了窄信标光束扫描捕获理论模型，给出了有限测试次数下的捕获性能评价方法。通过进行窄信标扫描捕获特性仿真分析，研究在平台不同漂移情况下的窄信标捕获概率和平均捕获时间。最后，提出用多场扫描策略来补偿平台姿态漂移对窄信标光捕获概率的影响。

2.2 窄信标光束扫描捕获理论模型

由于平台姿态测量误差、平台角振动、平台轨道预测误差、时钟校准精度、激光终端瞄准坐标系误差和瞄准控制误差等不确定因素，激光链路发射端 (Transmitter) 信标光 (Laser Beacon) 的初始瞄准方向与两平台连线 (Line of Sight, LOS) 间存在一个夹角；同时，激光链路接收端 (Receiver) 探测视场 (Field of View, FOV) 的初始瞄准方向也与两平台连线 (Line of Sight, LOS) 间存在一个夹角。如图 2-7 所示，上述两个夹角均称为捕获不确定角 (Angle of Uncertainty, AOU)，而在多次捕获过程中不确定角 AOU 的统计变化范围称为捕获不确定范围 (Range of Uncertainty, ROU)。

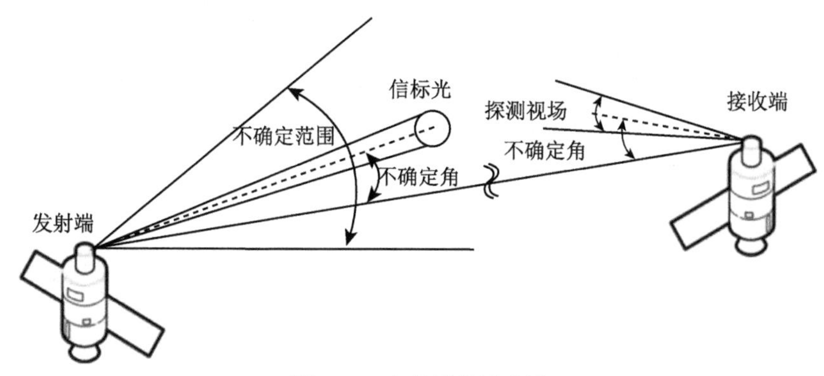

图 2-7 光束捕获示意图

一般情况下，捕获不确定范围 ROU 要大于信标光发散角或探测视场，需要通过捕获扫描来建立激光链路：对于激光链路发射端，称为信标光束捕获扫描；对于激光链路接收端，称为接收天线捕获扫描。在激光链路建立过程中，如果捕获不确定范围 ROU 既大于信标光发散角，又大于探测视场，则需要进行信标光束和接收天线双向捕获扫描；如果捕获不确定范围 ROU 仅大于信标光发散角和探测视场中的一个，则需要进行信标光束和接收天线单向捕获扫描。

2.2.1 扫描捕获工作原理和方式

空间捕获 (Acquisition) 要求将平台间光通信系统的接收透镜瞄准在对面平台发射光场到达的方向，即根据光束的到达角度来调节接收端光阑平面的法向量。捕获用于平台间光通信的建立和通信中断后的恢复，要求在尽可能短的时间里以较高的捕获概率来完成。

在捕获过程中，通常认为调节到与光束到达角度在某一立体角范围内即是可以接受的，称该立体角为捕获分辨角 (或分辨束宽)，以 Ω_r 标记。显然，最小捕获分辨角为衍射极限视场，但在实际系统设计时的分辨角通常要大一些，这样可以使入射光束有更多的模式进入捕获探测器，并对瞄准误差和其他不确定因素进行补偿。

捕获可分为单向和双向两种过程，图 2-8 为两种方式的单向捕获示意图。平台 A 上的发射端向平台 B 上的接收端发射信标光，如果信标光的束宽大于发射端的瞄准误差，接收端将位于信标光光场的有效功率范围内。在某些不确定性下，根据平台 A 的瞄准误差以及相关的参数，接收端可获悉信标光束的角方向位于以接收机位置定义的立体角 Ω_u 内。接收机期望其天线法向量与到达光场的角方向矢量的夹角在某一预先设定的分辨立体角 Ω_r 内。通常 $\Omega_r \ll \Omega_u$，因此接收端必须在 Ω_u 内进行扫描捕获，以使发送端位于所希望的分辨角 Ω_r 内。

如果信标光的束宽不大于发射端的瞄准误差，即无法直接通过瞄准使接收端位于信标光光场的有效功率范围内，这时要求接收端的捕获视域应大于不确定角范围 Ω_u，通过发射端扫描信标光束，由接收端进行捕获。接收端捕获到信标光后，根据信标光场到达的方向调整接收天线，以使天线法向量与到信标光场的角方向矢量的夹角在分辨立体角 Ω_r 内。

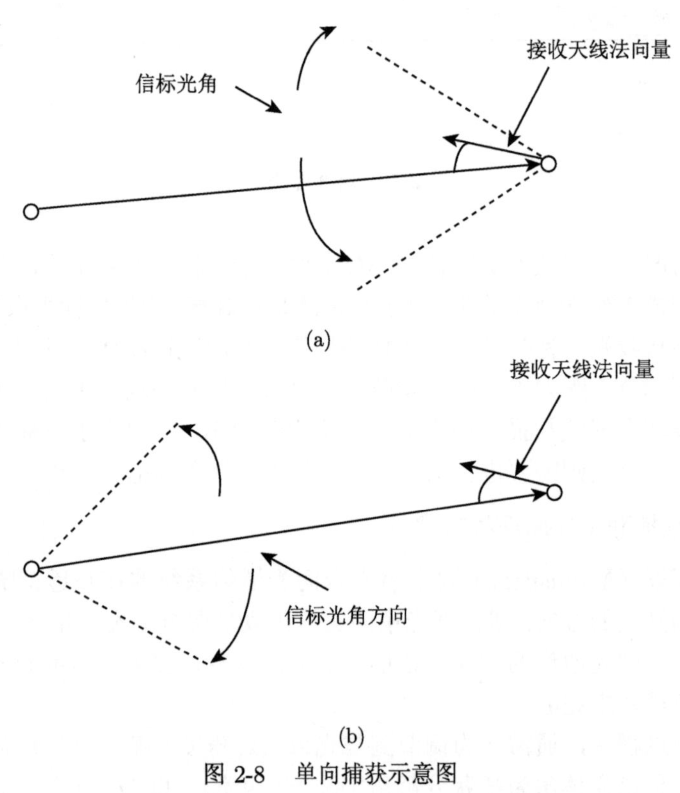

图 2-8　单向捕获示意图

双向捕获时，两个终端都进行信标光的发射和接收，要求两个终端都必须进行空间捕获以建立双向通信链路。在典型情况下，终端 A 向终端 B 瞄准，同时发送出一个束宽较大的光束以覆盖其瞄准误差。终端 B 以一定的捕获分辨角完成捕获后，根据终端 A 光束到达的方向，以较窄的束宽向终端 A 瞄准。这时，终端 B 完成了瞄准捕获操作，终端 A 开始以一定的捕获分辨角来捕获终端 B 发射的光束。若终端 A 完成捕获，则两终端进入跟踪操作。如果需要的话，还可用更窄的光束重复上述过程以改善捕获精度。双向捕获可以提高平台间光通信系统的捕获性能，但在操作上比单向捕获要复杂。

在保证一定的捕获概率的前提下，捕获应在尽可能短的时间内完成。根据捕获装置的不同结构和相应的操作方式，常用的捕获方式有以下两种。

(1) 天线扫描。在不确定范围内旋转接收天线 (或发射天线) 以实现捕获。根据天线的不同运动方式，天线扫描捕获还可分为分行 (列) 扫描，锯齿扫描、螺旋扫描和分行式螺旋扫描等。天线扫描捕获系统结构简单，但扫描过程中转动惯量较大，对平台的姿态控制要求较高。

(2) 焦平面阵列扫描。接收天线和发射天线，接收天线具有很宽的视场。用探测器阵列在焦平面覆盖接收视场，来定位信标光束。显然，采用焦平面阵列可实现无机械扫描，不会给平台的姿态控制造成影响。然而，较大面阵的探测器会增加接收系统的复杂性，而且受背景光噪声的影响也较为严重。

可见，天线扫描和焦平面阵列扫描各有优缺点。在实际操作中，应根据具体情况进行选择。从国外的地面模拟和空间实验的相关报道来看，目前大多采用上述两种方式结合使用来实现空间捕获。

捕获完成的判断方式可以有阈值测试和存储比较两种：

(1) 阈值测试是指在扫描过程中，对捕获探测器的输出信号进行连续的监测，当接收到的光信号功率大于某一预设的阈值时，认为信标光束已经被捕获到；

(2) 存储比较是指对光电探测器收集到的信号进行存储的同时，扫描器将对整个视场进行扫描，捕获完成判决推迟到扫描结束之后进行，这时可能性最大的位置被选择为信标光束到达的角度。

显然，相同捕获概率要求下，采用存储比较的捕获过程平均捕获时间较长。但在采用阈值测试的捕获过程中，必须预先知道噪声水平以便正确地设置阈值，若采用存储比较则没有这方面的要求。

以欧空局 SILEX 激光通信系统为例介绍平台激光链路捕获扫描的工作模式，该系统采用了主从 (Master/Slave) 双向捕获扫描捕获方式。在捕获过程中，携带信标光的 OPALE 光通信终端 (搭载于高轨平台 ARTEMIS) 为主动方 (Master)，将信标光束按照一定的方式在捕获不确定范围 ROU 内进行捕获扫描；而不携带信标光的 PASTEL 光通信终端 (搭载于低轨平台 SPOT-4) 为从动方 (Slave)，由于其捕获探测器的视场 FOV 要大于捕获不确定范围 ROU，在 OPALE 终端信标光扫描过程中，PASTEL 终端不进行接收天线捕获扫描，仅通过轨道和姿态数据凝视 OPALE 终端方向，等待 OPALE 终端的信标光信号并对其进行应答。图

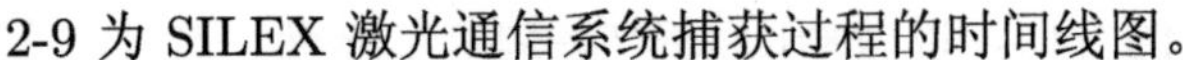
2-9 为 SILEX 激光通信系统捕获过程的时间线图。

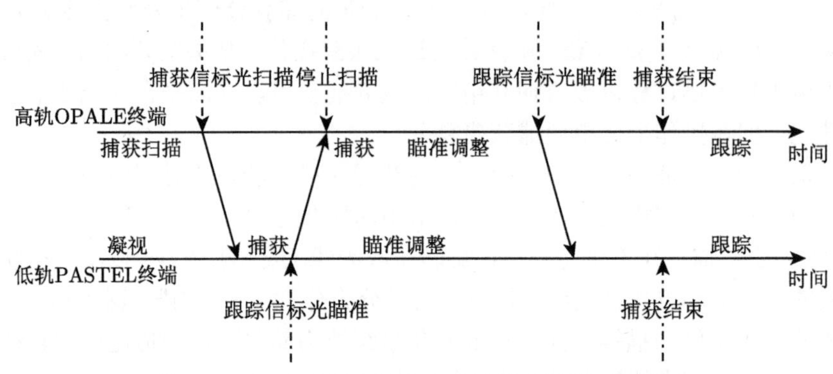

图 2-9　SILEX 激光通信系统捕获过程的时间线图

SILEX 激光通信系统在轨试验的捕获过程如下。

(1) 在捕获开始之前，OPALE 终端和 PASTEL 终端均按平台轨道参数在各自的坐标系下向对方终端进行开环瞄准。

(2) 在捕获开始时刻，OPALE 终端控制捕获信标光束在捕获不确定范围 ROU 内进行扫描。上述捕获扫描中，设置最优扫描参数 (扫描范围、扫描速率和扫描重叠度等) 可以确保在最短的时间内完成对 PASTE 终端的光束覆盖，同时还需补偿两个平台之间的相对角运动。由于 PASTEL 终端的捕获探测视场大于 ROU，在 OPALE 终端捕获扫描的同时只进行瞄准，以补偿两个平台之间的相对角运动。

(3) OPALE 终端发射的捕获信标光覆盖 PASTEL 终端后，PASTEL 终端即可探测到光信号。PASTEL 终端根据捕获探测器检测出的入射光角度，调整瞄准装置控制跟踪信标/信号光束向 OPALE 终端瞄准。

(4) OPALE 终端接收到 PASTEL 终端的跟踪信标光后，停止捕获信标光扫描，并根据探测到的光信号调整瞄准角度，当稳定在一定范围内时关闭捕获信标光，发射跟踪信标/信号光束向 PASTEL 终端瞄准。

(5) 两终端通过多次瞄准调整 (包括粗瞄大角度卸载)，实现跟踪信标光相互稳定闭环瞄准后，捕获过程结束，链路系统进入跟踪模式。

在 SILEX 激光通信系统中，星间链路 ROU 为 8000μrad 左右。OPALE 终端捕获信标光的发散角为 750μrad，跟踪信标光 (同时作为信号光) 的发散角为 16μrad；PASTEL 终端捕获探测视场为 8640μrad，跟踪信标光 (同时作为信号光) 的发散角为 10μrad。通过上面的捕获扫描过程可以看出，捕获信标光和跟踪信标光分别用于激光链路系统中的捕获和跟踪。捕获信标光发散角较大，在捕获过程中的作用主要表现在以下两个方面。

(1) 通过较大发散角的捕获信标光可以在短时间内实现对捕获不确定角的功

率覆盖，有效缩短捕获时间。

(2) 在扫描结束阶段，两个激光链路终端分别捕获对方的光信号后，需要快速进行大角度对准和粗瞄卸载，对链路系统的控制稳定性要求较高。如利用较大发散角的捕获信标光，对大角度控制精度的要求可适当降低，有利于避免链路建立初期粗瞄大角度卸载造成的意外中断。

可见，较大发散角的捕获信标光对捕获性能的提升发挥了重要的作用。然而，单独设置较大发散角的捕获信标光有如下缺点。

(1) 捕获信标光只是在捕获阶段使用，其余的链路时间内均关闭。以典型的 GEO-LEO 星间链路为例，捕获信标光的使用时间仅为链路时间的 2%~5%，使用效率较低。

(2) 为了实现较大的发散角，要求捕获信标光的输出功率较高，一般是信号光的 10~20 倍。在捕获信标光输出过程中，对于激光链路终端引入了一个较大峰值功耗，对平台供电和终端二次电源提出了较高要求。

(3) 信标光源本身的重量一般为 2~3kg，在终端中还需专门增加上位控制、电源、整形光路和分光光路，重量约为 1~2kg，系统体积、重量和复杂度明显增大，不利于今后激光通信载荷向小型化发展。

在未来的网络中，从整个激光链路系统综合性能和未来进行天基组网的在轨载荷需求角度看，小型化、轻量化且易于集成的光学通信终端是未来发展的趋势。在保证链路捕获性能要求的情况下，去掉较大发散角的捕获信标光，采用较小发散角的跟踪信标光或信号光完成捕获可实现激光链路终端的简化，降低对平台的要求，提升平台光通信网络综合性能。窄信标捕获技术主要通过信号光束实现链路建立，在不对平台提出更高的姿态和轨道精度要求的情况下实现光束的快速捕获和锁定。

在小型化、轻量化激光通信终端发展的趋势下，窄信标捕获可以有效地减少光终端有效载荷和功耗，然而，进行窄信标捕获主要需解决以下关键技术。

(1) 在轨捕获不确定角校准技术。窄光束信号光覆盖范围较小，为了控制捕获时间，需要通过有效的方法缩小捕获不确定角。

(2) 平台扫描影响的主动补偿技术。窄信标束散角仅为 20~50μrad，平台振动和姿态漂移对捕获影响较大，需要重新考虑扫描策略。

(3) 窄光束快速捕获锁定技术。对于窄信标光，捕获锁定阶段的大角度瞄准控制有可能造成失锁，需重点考虑控制策略的优化问题。

2.2.2 扫描捕获模型建立

在以往的信标光空间捕获跟踪过程中，平台光通信终端通常设置两束信标光来分别完成捕获和跟踪过程，其中用于捕获的信标光的束散角要大于跟踪过程中所用的信标光束散角。这种设计由于增加了额外的光路和激光源等器件，必然会增加平台光通信终端的重量和体积。在窄信标光空间捕获设计中，仅利用一路窄信标来同时完成捕获和跟踪过程。现有的捕获模型中，由于捕获信标光束一般在数百微弧度，对于平台姿态漂移的影响可以忽略。而对于窄信标光空间捕获，平台姿态漂移的影响是需要重点考虑的重要因素。扫描过程中，平台的漂移将使螺旋扫描偏离中心，并且这种偏差随时间增加而变大，将导致漏扫问题，使得捕获时间变得更长。

在平台光通信链路的捕获过程中，相对于平台的振动而言 (平台振动始终在一个微小区间内周期性振动)，平台的漂移会使得捕获扫描中心误差随着捕获时间的增加而累积，对窄信标捕获扫描性能影响更大。

为了深入分析平台姿态漂移影响下窄信标光捕获概率，首先建立相应的理论模型。在发射器 T 和接收器 R 上建立坐标系 $O\text{-}XYZ$ 和 $O\text{-}\theta_v\theta_h$ (图 2-10)，以在不确定性区域 (FOU) 中建立激光通信链路。与以往的捕获理论模型相比，主要增加了平台姿态漂移条件下的捕获扫描特性参数。

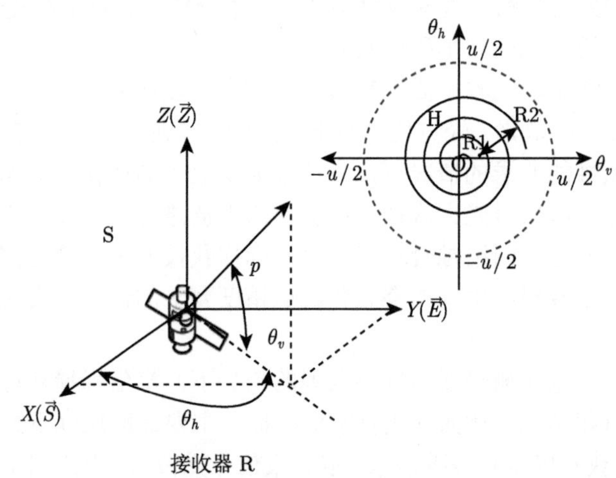

图 2-10 窄信标捕获模型坐标系

为了方便起见，将坐标系 $O\text{-}XYZ$ 简化为 S，称为平台上的方位和俯仰角的非惯性的坐标系。定义终端 T 的中心和轨道平面是 S 坐标系的中心和基本平面。因此，S 的 X 轴指向地球的中心，Z 轴垂直于平台的轨道平面。在这个基本平面中，定义俯仰角 θ_v 为位置矢量和基本平面之间的角度，方位角 θ_h 为 X 轴单位矢量与位置矢量在基本平面投影之间的角度。为了简化模型，将捕获坐标系 $O\text{-}\theta_v\theta_h$ 简化为坐标 H，分别具有俯仰角 θ_v 和方位角 θ_h 的角矢量取向作为水平和垂直坐标轴。

在窄信标光捕获系统中，选用典型平台光通信终端更容易实现的螺旋扫描方式。螺旋扫描的轨迹可以在坐标 H 转换的极坐标中描述为 $\rho = I_\theta/(2\pi\theta)$，其中 I_θ 表示扫描的步长。螺旋扫描的半径受扫描不确定域 FOU (μ) 的大小限制，其中 $\rho \leqslant \mu$。窄捕获概率模型中，坐标系 H 为具有不同速度平台姿态漂移的接收机 R 的坐标系。可以看出，虚线圆区域是直径为 u 的不确定性场 (FOU)。点 R1 表示扫描过程中接收机 R 的初始位置，R2 表示扫描时间 t 秒之后接收器 R 的坐标点位置。由于通信终端受到各种星历轨道扰动因素和姿态特性因素的影响，可假设接收器 R 的轨迹是均匀的线性漂移运动，其与水平方向成 α 角。当由检测器发射机 T 发射的窄信标光落在接收器 R 的目标点上时，开始计算信标光捕获概率，这里螺旋扫描的时间等于平台的漂移时间。初始瞄准固定偏移量可以描述为在实际激光链路中的水平和垂直的高斯分布随机变量，水平和垂直指向误差遵循相同的对称分布，其中方差为 δ^2 的零均值高斯变量。

1. 平台无漂移情况

在星上捕获跟踪坐标系中，信标光束 (或探测视场光轴) 的瞄准矢量为

$$\vec{r}(t) = \begin{pmatrix} \theta_v \\ \theta_h \end{pmatrix} \tag{2-45}$$

在平台无漂移、无振动的理想情况下，方位角 θ_h 和俯仰角 θ_v 为相互独立且均值为 0 的高斯变量。根据中心极限定理，δ_i 在二维瞄准角度方向的分量独立且符合标准正态分布，概率密度分别为

$$f(\theta_{v,h}) = \frac{1}{\sqrt{2\pi}\delta_{v,h}} \exp\left(-\frac{\theta_{v,h}^2}{2\delta_{v,h}^2}\right) \tag{2-46}$$

由此可得出固定偏移量的二维分布函数

$$f(\theta_v, \theta_h) = f(\theta_v) f(\theta_h) = \frac{1}{2\pi\delta_v\delta_h} \exp\left[-\frac{1}{2}\left(\frac{\theta_v^2}{\delta_v^2} + \frac{\theta_h^2}{\delta_h^2}\right)\right] \tag{2-47}$$

为了简化分析，可假设在俯仰和方位两个角方向的分布函数对称，即 $\delta_v = \delta_h = \delta$。这时，固定偏移量的二维分布函数可简化为

$$f(\theta_v, \theta_h) = \frac{1}{2\pi\delta^2} \exp\left(-\frac{\theta_v^2 + \theta_h^2}{2\delta^2}\right) \tag{2-48}$$

在特定情况下，上述二维分布函数也可能是非对称的，我们这里仅考虑具有较普遍意义的对称分布情况。

2. 平台有漂移情况

根据平台的实测数据统计分析，考虑以下建模初始条件：在捕获扫描时段内平台姿态漂移按照一个方向匀速 (速率为 v) 漂移。在平台漂移过程中，不考虑平台姿态漂移状态影响下的瞄准矢量为

$$\vec{r}(t)=\begin{pmatrix}\theta_v(t)\\ \theta_h(t)\end{pmatrix} \tag{2-49}$$

在坐标系 $O\text{-}\theta_v\theta_h$ 下，平台姿态漂移带来的偏离捕获中心的位置偏差矢量为

$$\vec{D}(t)=\begin{pmatrix}vt\cos(\alpha)\\ vt\sin(\alpha)\end{pmatrix} \tag{2-50}$$

对于瞄准矢量 $\vec{r}(t)$，方位角 $\theta_h(t)$ 和俯仰角 $\theta_v(t)$ 是相对独立的高斯变量，可以化为均值为 0 的高斯分布：

$$\vec{r}(t)-\vec{D}(t)=\begin{pmatrix}\theta_v-vt\cos(\alpha)\\ \theta_h-vt\sin(\alpha)\end{pmatrix} \tag{2-51}$$

其中，方位角 θ_v 和俯仰角 θ_h 为捕获中心点的方位俯仰角度。因而，$\theta_v-vt\sin(\alpha)$ 和 $\theta_h-vt\cos(\alpha)$ 应该服从高斯分布：

$$f\left(\theta_v\right)=\frac{1}{\sqrt{2\pi}\delta}\exp\left(-\frac{(\theta_v-vt\cos(\alpha))^2}{2\delta^2}\right) \tag{2-52}$$

$$f\left(\theta_h\right)=\frac{1}{\sqrt{2\pi}\delta}\exp\left(-\frac{(\theta_h-vt\sin(\alpha))^2}{2\delta^2}\right) \tag{2-53}$$

窄信标概率密度函数 (PDF) 可以由式 (2-52) 和式 (2-53) 变换为

$$f\left(\theta_v,\theta_h\right)=\frac{1}{2\pi\delta^2}\exp\left(-\frac{(\theta_v-vt\cos(\alpha))^2+(\theta_h-vt\sin(\alpha))^2}{2\delta^2}\right) \tag{2-54}$$

其中，v 表示平台姿态漂移的速度，vt 表示捕获扫描期间平台姿态漂移的位移量。由于在水平和垂直方向上的相同高斯分布的假设，垂直和水平的方差是 $\delta=\delta_v=\delta_h$。进而可得到

$$f\left(\rho\right)=\frac{\rho}{2\pi\delta^2}\exp\left(-\frac{(\rho)^2+(vt)^2}{2\delta^2}\right)\int_0^{2\pi}\exp\left(-\frac{\rho vt\cos(\varphi-\alpha)}{2\delta^2}\right)\mathrm{d}\varphi \tag{2-55}$$

由于在捕获过程中，方位和俯仰角分量是相互独立的，分别服从正态分布 $(vt\cos(\alpha),\delta^2)$ 和 $(vt\sin(\alpha),\delta^2)$。式中的积分部分可以简化为具有零阶第一类型修正贝塞尔函数 I_0，则：

$$f(\rho)=\frac{\rho}{\delta^2}\exp\left(-\frac{(\rho)^2+(vt)^2}{2\delta^2}\right)I_0\left(\frac{\rho vt}{\delta^2}\right) \tag{2-56}$$

从式中可以看出，这是一个莱斯分布密度函数，因而我们可以认为基于平台姿态漂移状态下的窄概率密度函数 (PDF) 的概率密度函数遵从 $\text{Rice}(vt,\delta^2)$。这里需要注意的是，如果平台姿态漂移速率为 0，则莱斯分布模型转化为瑞利分布模型，也和我们最初的假设是一致的。

此外，当扫描范围较大或者固定瞄准偏差非常小的时候，贝塞尔函数可以化为

$$I_0(z)\approx\frac{\exp(z)}{\sqrt{2\pi z}},\quad |z|\gg 1 \tag{2-57}$$

因而，平台姿态漂移影响下捕获密度函数式 (2-56) 进一步可以化为

$$f(\rho)=\frac{1}{\delta}\sqrt{\frac{\rho}{2\pi vt}}\exp\left(-\frac{(\rho-vt)^2}{2\delta^2}\right),\quad \left|\frac{\rho vt}{\delta^2}\right|\gg 1 \tag{2-58}$$

莱斯模型是一种描述接收信号包络统计时变特性的分布模型，其中莱斯因子 K 是反映信道质量的重要参数。定义 K 为主信号的功率与多径分量功率之比，记为 $K=(vt)^2/(2\delta^2)$，可以反映捕获系统的捕获质量。

在窄信标捕获模型中，考虑采用螺旋扫描的方式进行捕获。设 R2 是在接收器 R 从 R1 经过时间 t 之后成功捕获的位置，$T(\rho)$ 表示从发射器 T 发射的螺旋扫描的扫描时间，可以得到捕获时间：

$$t=T(\rho)=\frac{\pi\rho^2}{I_\theta F_{\text{ac}}} \tag{2-59}$$

其中，F_{ac} 是捕获扫描装置的控制频率，决定于扫描速率、粗瞄 (CPA) 的性能、传感器响应频率和信号的处理速度。

将式 (2-59) 代入式 (2-58)，得到基于平台姿态漂移条件下的捕获概率密度函数：

$$f(\rho)=\frac{\rho}{\delta^2}\exp\left(-\frac{(\rho)^2+(vT(\rho))^2}{2\delta^2}\right)I_0\left(\frac{\rho vT(\rho)}{\delta^2}\right) \tag{2-60}$$

进而，平均期望捕获时间如下：

$$\int_0^u T(\rho)f(\rho)\,\mathrm{d}\rho=\int_0^u T(\rho)\frac{\rho}{\delta^2}\exp\left(-\frac{(\rho)^2+(vT(\rho))^2}{2\delta^2}\right)I_0\left(\frac{\rho vT(\rho)}{\delta^2}\right)\mathrm{d}\rho \tag{2-61}$$

对于多场扫描的情况，考虑当接收器 R 在多场扫描模式下出现在发射器 T 的 FOU 中时捕获成功，设涉及 FOU 的第 i 次捕获为初始瞄准偏差。多场捕获扫描中，每场扫描之间都是相对独立的，捕获概率可以描述为

$$P_{\mathrm{M}}=\sum_{i=1}^{n}P_{\mathrm{s}}(1-P_{\mathrm{s}})^{i-1} \tag{2-62}$$

其中，P_{s} 为单场扫描的捕获概率，P_{M} 为多次扫描的捕获概率，n 表示完成多场扫描的次数。至此，基于平台姿态漂移条件下的窄信标捕获模型已经建立，包括窄信标捕获概率、捕获时间方程以及多场扫描捕获概率模型等。

2.2.3　捕获概率和平均捕获时间

对于每一场扫描，设固定偏移量 $\vec{\sigma}_i$ 取值的二维概率分布函数为 $f(\theta_v,\theta_h)$，捕获天线的扫描时间函数为 $T(\theta_v,\theta_h)$。$T(\theta_v,\theta_h)$ 与二维随机角度偏移量 $\vec{\delta}_i$ 及捕获控制系统的性能有关。这时，单场天线扫描捕获的捕获概率和平均捕获时间分别为

$$P_{\mathrm{S}}=\iint\limits_{\Omega_u}f(\theta_v,\theta_h)\,\mathrm{d}\theta_v\mathrm{d}\theta_h \tag{2-63}$$

$$ET_{\mathrm{S}}=ET(\theta_v,\theta_h)=\iint\limits_{\Omega_u}T(\theta_v,\theta_h)\,f(\theta_v,\theta_h)\,\mathrm{d}\theta_v\mathrm{d}\theta_h \tag{2-64}$$

通常情况下，捕获过程中需要进行多场扫描以满足实际的需要。以 A_i 表示第 i 场扫描捕获成功的事件，$\bar{A}_i$ 表示第 i 场扫描捕获失败的事件，则多场扫描捕获成功的事件为

$$B_n=A_1+\bar{A}_1A_2+\cdots+\bar{A}_1\bar{A}_2\cdots\bar{A}_{n-1}A_n \tag{2-65}$$

利用概率的有限可加性，可得到多场扫描捕获成功的概率为

$$P_{\mathrm{M}}=P(B_n)=P(A_1)+P\left(\bar{A}_1A_2\right)+\cdots+P\left(\bar{A}_1\bar{A}_2\cdots\bar{A}_{n-1}A_n\right) \tag{2-66}$$

由于多场扫描中各个场次的捕获过程是相互独立，上式还可以表示为

$$P_{\mathrm{M}}=P(A_1)+P\left(\bar{A}_1\right)P(A_2)+\cdots+P\left(\bar{A}_1\right)P\left(\bar{A}_2\right)\cdots P\left(\bar{A}_{n-1}\right)P(A_n) \tag{2-67}$$

我们设各个场次扫描的范围和方式相同，最终可得出多场扫描捕获成功概率的表达式

$$P_{\mathrm{M}}=\sum_{i=1}^{n}P_{\mathrm{S}}\,(1-P_{\mathrm{S}})^{i-1} \tag{2-68}$$

同理，多场扫描的平均捕获时间为

$$\begin{aligned} ET_{\mathrm{M}} = & E\left(T_1 | A_1\right) P_{\mathrm{S}} + E\left(T_2 | \bar{A}_1, A_2\right)\left(1 - P_{\mathrm{S}}\right) + \cdots \\ & + E\left(T_n | \bar{A}_1, \bar{A}_2, \cdots, \bar{A}_{n-1}, A_n\right)\left(1 - P_{\mathrm{S}}\right)^{n-1} \end{aligned} \tag{2-69}$$

若单场的全场扫描时间为 T_u，则

$$ET_{\mathrm{M}} = ET_{\mathrm{S}} P_{\mathrm{S}} + \left(T_u + ET_{\mathrm{S}}\right)\left(1 - P_{\mathrm{S}}\right) + \cdots + \left[(n-1) T_u + ET_{\mathrm{S}}\right]\left(1 - P_{\mathrm{S}}\right)^{n-1} \tag{2-70}$$

整理上式，最终可得多场扫描平均捕获时间的表达式

$$ET_{\mathrm{M}} = ET_{\mathrm{S}} P_{\mathrm{S}} + \sum_{i=2}^{n}\left[ET_{\mathrm{S}} + (i-1) T_u\right]\left(1 - P_{\mathrm{S}}\right)^{i-1} \tag{2-71}$$

当扫描场次 $n \to \infty$ 时，多场扫描的捕获成功概率 $P_{\mathrm{M}} \to 1$，扫描平均捕获时间的表达式为

$$ET_{\mathrm{M}} = ET_{\mathrm{S}} P_{\mathrm{S}} + \sum_{i=2}^{\infty}\left[ET_{\mathrm{S}} + (i-1) T_u\right]\left(1 - P_{\mathrm{S}}\right)^{i-1} \tag{2-72}$$

由于 $0 < 1 - P_{\mathrm{S}} < 1$，上式中的级数是收敛的，因此

$$ET_{\mathrm{M}} = ET_{\mathrm{S}}\left(\frac{1 - P_{\mathrm{S}} + P_{\mathrm{S}}^2}{P_{\mathrm{S}}}\right) + T_u\left(\frac{1 - P_{\mathrm{S}}}{P_{\mathrm{S}}^2}\right) \tag{2-73}$$

2.2.4 捕获扫描方式及扫描时间函数

在平台间光通信过程中，应选择最佳的扫描方式以在最短的时间内完成捕获。激光波束属于针状波束，按扫描时波束在空间的运动规律，较为典型的扫描方式有分行扫描、螺旋扫描和分行式螺旋扫描等。在外部环境和系统参数相同的条件下，不同的扫描方式关系到平均捕获时间的长短。图 2-11 为分行扫描和螺旋扫描过程中捕获视场中心的扫描轨迹示意图。

以扫描范围的中心为原点，以扫描在俯仰和方位两个方向的角位移为坐标轴，建立平面直角坐标系。在该坐标系中，分行扫描在两个角方向上的扫描范围分别为 $\pm\theta_{uv}/2$ 到 $\pm\theta_{uh}/2$。当捕获探测器视域中心的坐标为 (θ_v, θ_h) 时，对应的分行扫描的角度路程可表示为

$$L_1\left(\theta_v, \theta_h\right) \approx \begin{cases} \dfrac{1}{2}\left[\dfrac{\theta_{uv} + 2\theta_v}{I_\theta}\theta_{uh} + \theta_{uh} - 2\theta_h\right] & \theta_h \downarrow \\ \dfrac{1}{2}\left[\dfrac{\theta_{uv} + 2\theta_v}{I_\theta}\theta_{uh} + \theta_{uh} + 2\theta_h\right] & \theta_h \uparrow \end{cases} \tag{2-74}$$

其中的 $\theta_h\downarrow$ 和 $\theta_h\uparrow$ 分别表示当前时刻方位角减少和增加两种情况。根据扫描的角度路程，可得分行扫描的扫描时间函数为

$$T_1\left(\theta_v,\theta_h\right)=\frac{L_1\left(\theta_v,\theta_h\right)}{I_\theta F_{AC}} \tag{2-75}$$

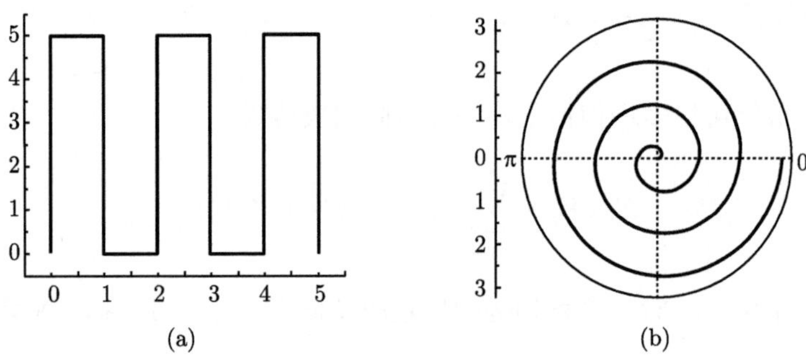

(a)　(b)

图 2-11　扫描轨迹示意图

为了方便分析螺旋扫描，将讨论分行扫描过程中建立的平面直角系变换为极坐标系，取 $\rho_{Sc}=\sqrt{\theta_v^2+\theta_h^2}$，$\theta_{Sc}=\arcsin\theta_h/\rho$。这时，螺线扫描的轨迹方程为

$$\rho_{Sc}=\frac{I_\theta}{2\pi}\theta_{Sc} \tag{2-76}$$

当捕获探测器视域中心的坐标为 (ρ_{Sc},θ_{Sc}) 时，对应的螺旋扫描的角度路程可表示为

$$L_2\left(\rho_{Sc}\right)\approx\int_0^{\theta_{Sc}}\rho\mathrm{d}\theta'=\frac{\pi\rho_{Sc}^2}{I_\theta} \tag{2-77}$$

由式 (2-74) 和 (2-75) 可得螺旋扫描的扫描时间函数为

$$T_2\left(\rho_{Sc}\right)=\frac{L_2\left(\rho_{Sc}\right)}{I_\theta F_{AC}}=\frac{\pi\rho_{Sc}^2}{I_\theta^2 F_{AC}} \tag{2-78}$$

在实际的扫描捕获操作过程中，有时采用分行式螺旋扫描取代螺旋扫描进行捕获 (图 2-12)。

与螺旋扫描相比，分行式螺旋扫描在扫描过程中捕获视域间隔的重叠浪费较小。考虑到很难求出精确的扫描时间解析表达式，对分行式螺旋扫描的分析将在后面的计算机仿真和实验室模拟实验中进行。

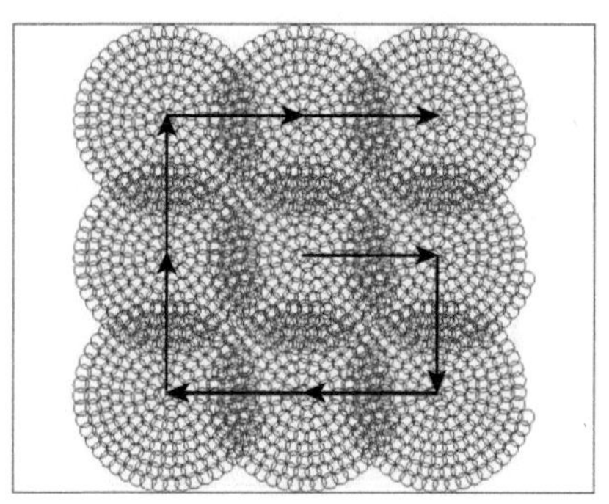

图 2-12 分行式螺旋扫描示意图

2.3 窄信标扫描捕获特性分析

2.3.1 平台姿态漂移影响下捕获概率特性分析

为了研究平台姿态漂移状态下，窄信标单场扫描捕获概率问题，首先分析平台姿态漂移对固定不确定扫描域 FOU 下单场扫描概率的影响。图 2-13 给出了扫描不确定域 FOU 大小为 10mrad，捕获控制系统带宽 10Hz，最大固定偏移量 1mrad 条件下单场扫描概率在平台姿态漂移速率不同的条件下 (1μrad/s、10μrad/s 和 100μrad/s) 仿真结果。首先，随着扫描步长值从 20 到 50μrad 变化，扫描步长值 I_θ 增加，单场扫描捕获概率也会增加，直到接近于 1。而随着平台姿态漂移速率的增加，单场扫描捕获概率降低比较明显，尤其在窄信标区间。当扫描步

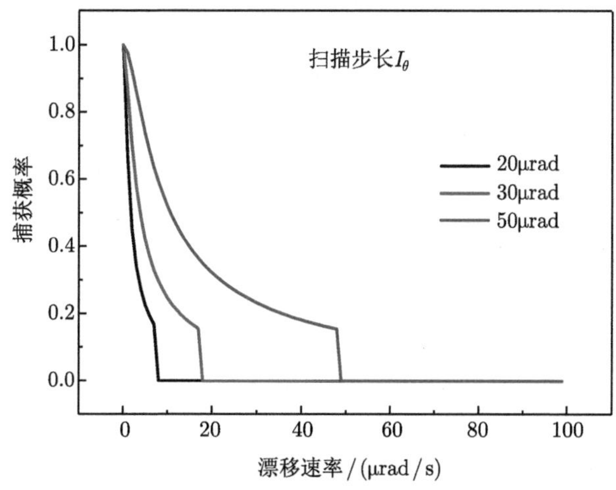

图 2-13 不同平台姿态漂移条件下单场扫描捕获概率随扫描步长值变化曲线

长值 I_θ 为 100μrad 和平台姿态漂移速率为 100μrad/s 的情况下，10mrad 扫描范围内单场扫描捕获概率降低到 0.2 左右，而相对于平台姿态漂移速率为 1μrad/s 和 10μrad/s 的情况下，单场扫描捕获概率分别为 99.8% 和 89.4%。综上，平台姿态漂移对单场扫描的捕获概率影响非常明显。

不同固定偏移量条件下平台姿态漂移速率对单场扫描捕获概率的影响如图 2-14 所示，仿真的初始条件设为扫描区域 10mrad，扫描步长值为 30μrad，捕获控制系统带宽 10Hz。最大固定偏移量从 1mrad 变化到 3.25mrad 变化。

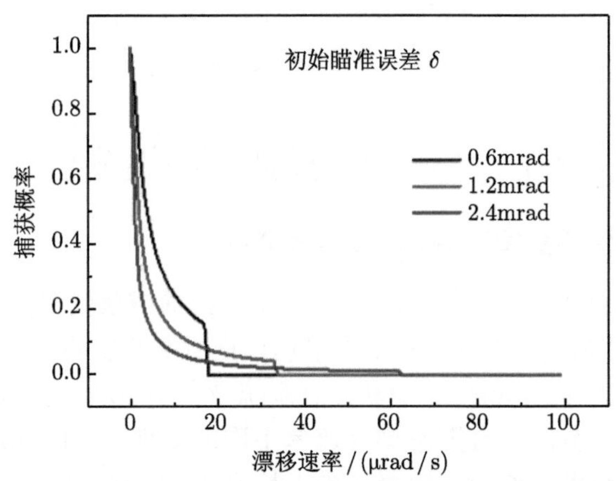

图 2-14　不同平台姿态漂移条件下单场扫描捕获概率随初始瞄准误差变化曲线

从图中可以看出，最大偏移量增加，导致单场扫描捕获概率减小，当扫描步长值 I_θ 为 30μrad 和平台姿态漂移速率为 1μrad/s 的情况下，最大偏移量为 1mrad 的时候，捕获概率为 99.8%；而当最大偏移量增大到 3mrad 的时候，单场扫描捕获概率降低到 72.3%。随着平台姿态漂移速率的变大，单场扫描捕获概率也在变小，在平台姿态漂移速率分别为 10μrad/s 和 100μrad/s 条件下，最大扫描偏移量为 3mrad 的时候，单场扫描捕获概率分别降低到 14.9% 和 1.85%。

下面考虑在不同扫描范围条件下，平台姿态漂移速率大小对单场扫描捕获概率影响问题。仿真结果如图 2-15 所示。

仿真的初始条件分别为：扫描步长值设为 30μrad，控制系统带宽为 10Hz，最大偏移量为 1mrad，平台姿态漂移速率从 1μrad/s 到 100μrad/s，扫描范围为从 2mrad 增大到 10mrad。仿真结果表明，随着扫描范围的增加，单场扫描捕获概率也会增加，在 2mrad 扫描范围和平台姿态漂移速率为 1μrad/s 的条件下，单场扫描捕获概率为 36%。当范围增大到 10mrad 的时候，捕获概率将会增加到 99%，相应在平台姿态漂移速率为 100μrad/s 的情况下，捕获概率为 50% 左右。而随着平台姿态漂移速率增大，单场扫描捕获概率也将显著降低。

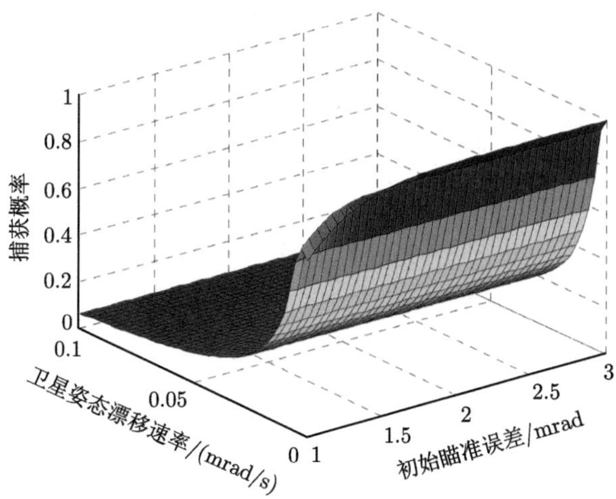

图 2-15 不同平台姿态漂移条件下单场扫描范围大小对捕获概率的影响

2.3.2 平台姿态漂移影响下平均捕获时间特性分析

平均捕获时间是与捕获概率相关联的捕获性能评价指标，本节研究的平台姿态漂移对单场扫描平均捕获时间的影响，采用的仿真公式是基于前面已经建立的平台姿态漂移下扫描捕获概率模型。仿真初始条件分别为：扫描范围从 1mrad 到 10mrad，平台姿态漂移速率从 0μrad/s 到 10μrad/s，最大固定偏移量为 0.6mrad，捕获系统带宽为 10Hz，扫描步长值为 30μrad。

图 2-16 给出了不同平台姿态漂移速率对单场扫描平均捕获时间的影响。仿真结果表明，随着扫描范围的增大，平均捕获时间也在增加，当扫描范围增大到一定程度，平均捕获时间将不再增加。例如，在平台姿态漂移为 1μrad/s 的条件下，当扫描范围增大到约 4mrad，平均捕获时间从 22s 增大到 225s，当继续增大扫描范围，平均捕获时间将不再增大。随着平台姿态漂移速率的变大，所期望的最大平均捕获时间将会减小，对应 5μrad/s 和 10μrad/s 平台姿态漂移速率条件下，期望的最大平均捕获时间将会降低到 81s 和 37s。这是很容易理解的。这是因为当平台姿态漂移速率变大，扫描捕获的概率仅在很小的扫描范围内捕获概率较大，所以为了实现最大捕获概率，需要在较短的时间内完成扫描，以克服平台姿态漂移带来的影响，来达到最大捕获概率。

下面分析在平台姿态漂移条件下，最大偏移量对最大期望捕获时间的影响。仿真的初始条件为：扫描范围从 1mrad 到 10mrad，平台姿态漂移速率为 1μrad/s，最大固定偏移量从 0.6mrad 到 2.4mrad，捕获系统带宽为 10Hz，扫描步长值为 30μrad，仿真结果如图 2-17 所示。

图 2-17 给出了在平台姿态漂移为 1μrad/s 的条件下，随着最大偏移量和扫

描范围的增大，最大单场扫描捕获平均时间的变化。可以看出，随着最大偏移量的增加，最大平均单场扫描捕获时间也将急剧增大。在 1mrad 最大偏移量条件下，最大平均单场捕获时间仅为 225s，当最大偏移量增大到 2mrad 和 3mrad 时，最大平均单场捕获时间分别增大到约 10s 和 150s。同时，相应所期望的扫描范围也将增大。1mrad 最大偏移量条件下，所期望的扫描范围仅为 3mrad，而当最大偏移量增大到 2mrad 和 3mrad 时，所期望的扫描范围将分别增大到 5.5mrad 和 7.5mrad。

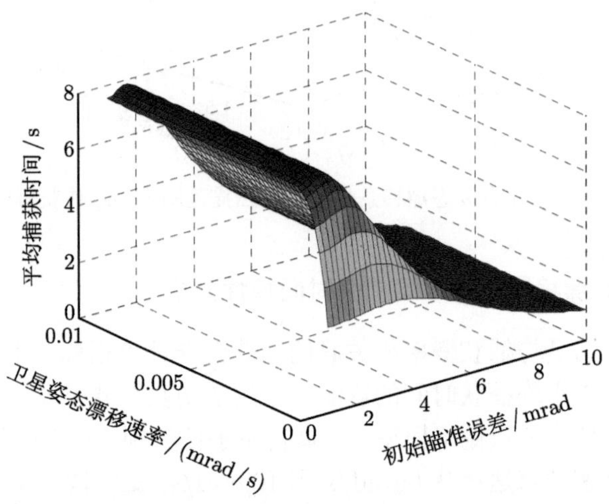

图 2-16 不同平台姿态漂移条件下单场扫描范围大小对捕获时间的影响

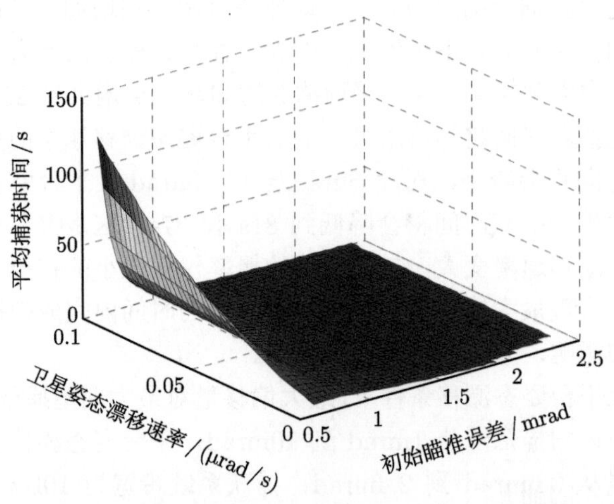

图 2-17 不同平台姿态漂移速率下最大偏移量对单场扫描范围对捕获时间影响

2.4 限定时间下扫描捕获分析

2.4.1 限定时间下单场扫描捕获仿真与分析

在实际航天工程应用中，考虑不同链路情况，人们更关心的是在限定的扫描时间内扫描捕获概率的大小，即在有限的捕获时间内获得更好的捕获概率。图 2-18 给出了 100s、200s 和 500s 捕获时间内单场扫描捕获概率的变化曲线。仿真的初始条件设定为：扫描步长值设定为 100μrad，最大偏移量为 0.6mrad，平台姿态漂移速率从 1μrad/s 到 100μrad/s，控制系统带宽为 10Hz。可以看出：100s 的捕获时间内最大的捕获概率为 38%，而当捕获时间增大后，捕获概率也将变大，200s 和 500s 的捕获时间可以实现最大的捕获概率分别为 59% 和 89.8%。然而，随着平台姿态漂移速率的增大，捕获概率有一个最大值，当平台姿态漂移速率继续增大时，捕获概率也将变小。

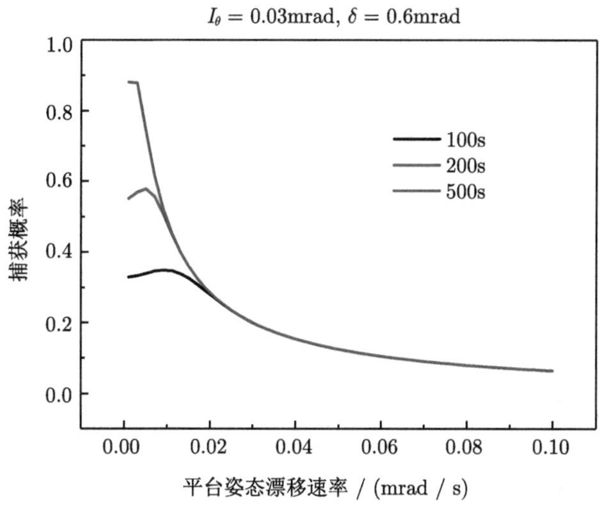

图 2-18 不同平台姿态漂移速率下限定捕获时间对单场扫描捕获概率的影响

在有限的捕获时间内，受信标光束散角大小制约的扫描步长也对捕获概率有显著的影响。如图 2-19 所示的仿真初始条件设定：捕获时间为 500s，最大偏移量为 0.6mrad，平台姿态漂移速率从 1μrad/s 到 100μrad/s，控制系统带宽为 10Hz。在 I_θ 为 30μrad 和最大偏差为 0.6mrad 的条件下，当平台姿态漂移速率低于约 20μrad/s 时，500s 的捕获概率可以保持在 40% 以上。

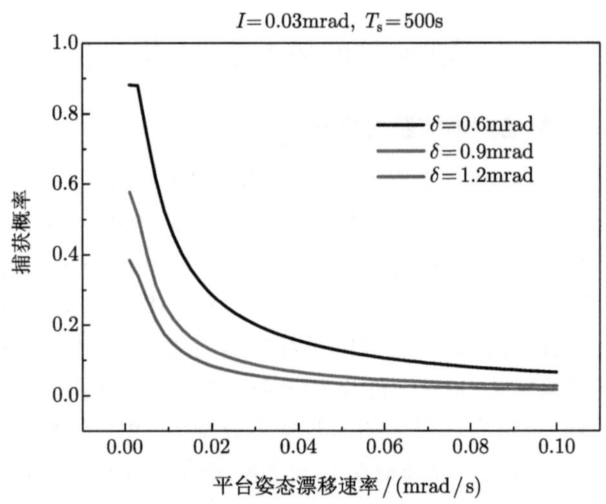

图 2-19 限定 500s 时间内不同平台姿态漂移速率下扫描步长对单场扫描捕获概率影响

2.4.2 限定时间下多场扫描捕获仿真与分析

一般来说，为了获得更高扫描捕获概率，需要增加扫描区域的大小或增加扫描时间。而对于窄信标波束空间光扫描捕获，由于扫描的时间较长，简单的增加扫描区域和增加扫描时间很难有效提高捕获概率。为此，本节分析采用多场扫描策略能否提升平台姿态漂移情况下窄信标扫描捕获的概率。基于前面建立的模型，当接收器 R 在多场扫描模式下出现在发射器 T 的扫描区域 FOU 中时，可以认为捕获成功，设涉及扫描区域的扫描捕获的第 i 次是相对于其初始瞄准误差，则对于扫描捕获从基于星历的初始捕获瞄准开始。在多场扫描仿真中，仿真的初始条件分别为：多场扫描捕获时间限定为 100s、200s 和 500s；扫描步长值为 20～50μrad；最大偏移量为 0.6mrad；控制系统带宽为 10Hz；平台姿态漂移的速率从 1μrad/s 到 100μrad/s；多场扫描 n 范围从 1 到 4。

从图 2-20 可以看出，多场扫描的最大捕获概率虽然比单场扫描最大捕获概率略低，但是多场扫描平均捕获概率要高于单场平均捕获概率。例如，当多场扫描捕获时间限制为 100s 时，尽管与单场扫描相比，最大捕获概率在平台姿态漂移速率为 0～20μrad/s 的小速率范围内，单场扫描捕获概率要略高于多场扫描捕获概率。造成上述现象的原因是，由于多场扫描为了完成在限定时间内完成扫描次数，则每一次的扫描区域必然要小于单场扫描区域，这就导致了最大捕获概率要略低。当平台姿态漂移速率变大的情况下，单场扫描捕获概率的就会急剧下降，而多场扫描在平台姿态漂移速率大的情况下依然可以达到比较高的捕获概率。

如图 2-21 所示，随着限定捕获扫描完成时间的增加，无论单场扫描还是多场扫描，最大捕获概率都将变大。在平台姿态漂移为 100μrad/s 的条件下，200s 的多场扫描可以实现高于 75% 的捕获概率，而单场扫描捕获概率仅为 30%。因而，在平台漂移速率较大时，采用多场扫描将会增大窄信标捕获概率。

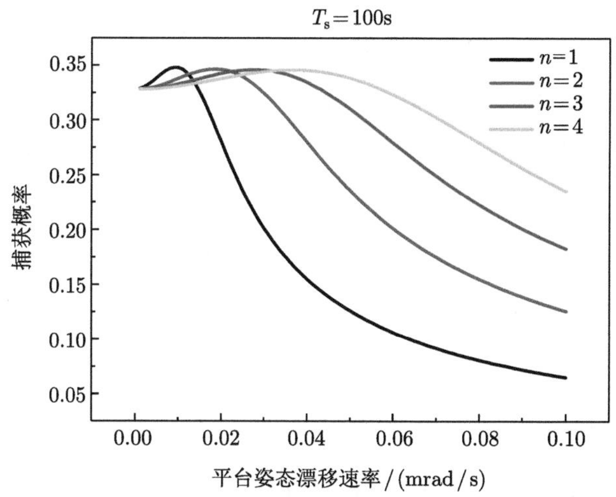

图 2-20 限定 100s 时间内不同平台姿态漂移速率/条件下多场扫描捕获概率变化曲线

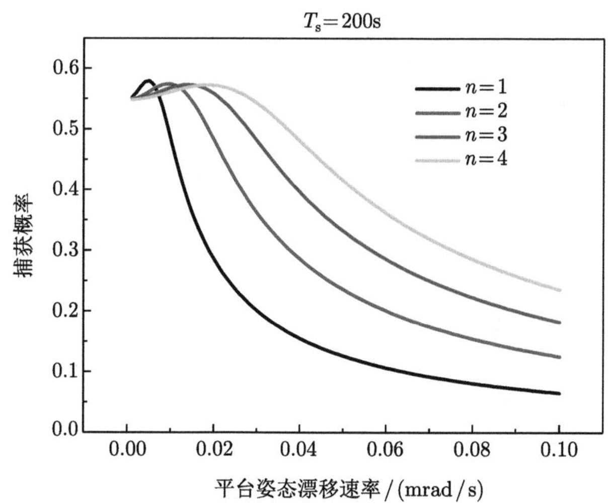

图 2-21 限定 200s 时间内不同平台姿态漂移速率/条件下多场扫描捕获概率变化曲线

图 2-22 给出了限定 500s 时间内不同平台姿态漂移条件下多场扫描捕获概率变化曲线。随着限定捕获扫描完成时间的增加，无论单场扫描还是多场扫描，最大捕获概率都将变大。在平台姿态漂移速率为 100μrad/s 的条件下，500s 的多场扫描也可以实现高于 75% 的捕获概率，而单场扫描捕获概率仅为 30%。因而，在平台漂移速率较大时，采用多场扫描将会增大窄信标捕获概率。

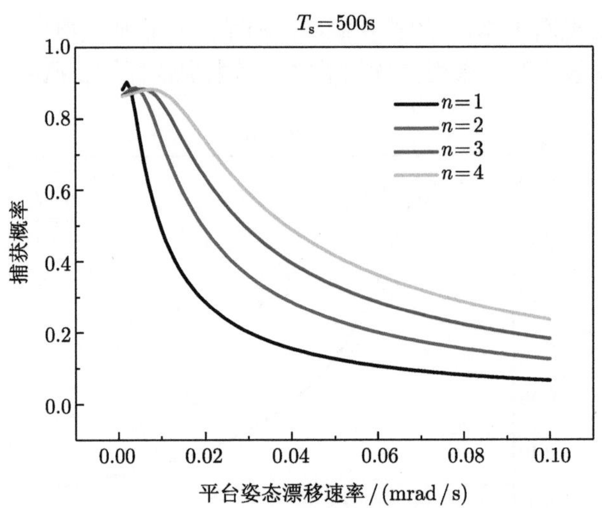

图 2-22　限定 500s 时间内不同平台姿态漂移条件下多场扫描捕获概率变化曲线

进一步研究发现，利用建立的窄信标捕获模型还可以建立多场扫描的次数和期望多场捕获扫描完成时间之间的关联。一旦确定了所期望的多场捕获扫描完成限定时间，可以针对不同平台姿态漂移速率，确定所需要进行的多场扫描捕获最佳扫描场次，进而在给定的链路系统条件下实现更高的窄信标捕获概率。扫描步长值为 20~50μrad，平台姿态漂移速率仍然在 1~100μrad/s 区间内，如图 2-23 所示。

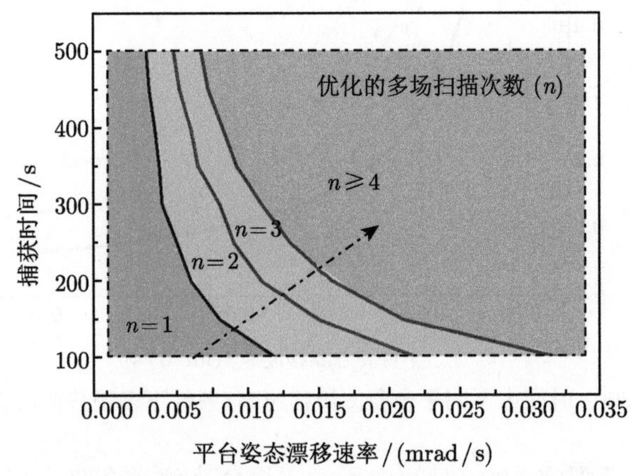

图 2-23　不同平台姿态漂移速率下限定扫描时间和最佳扫描场次的关系

从图 2-23 中可以看出，每个多扫描的分界线已经在图中清楚地示出。不同的颜色带对应优化的多场扫描次数。例如，如果我们需要设备在 100s 内完成扫描的话，当平台姿态漂移速率在 15~23μrad/s 区间内时，最佳扫描次数为 2。依此类推。我们还可以得到在窄信标光束散角从 40μrad 到 100μrad 变化的情况下，最佳扫描捕获时间 (Demarcation of Acquisition Time，DOAT) 和平台姿态漂移的分界带边缘线可以利用以下幂指数关系来确定：

$$\mathrm{DOATs}(n) = 10 + 390 \cdot \exp\left(-\frac{v - 0.0025 \cdot n}{0.002 \cdot n}\right) \tag{2-79}$$

在确定多场扫描捕获完成限定时间和平台姿态漂移速率区间情况下，利用此公式可以确定多场扫描的最佳场次，实现链路系统捕获的最优性能。以限定 500s 的扫描捕获时间为例，平台姿态漂移速率小于 12μrad/s 的条件下适合单场扫描捕获，在 12~19μrad/s 区间的时候适合 2 场扫描捕获，在 19~26μrad/s 区间的时候适合 3 场扫描捕获，大于 26μrad/s 的条件下更适合 4 场多场扫描捕获。其中，平台姿态漂移速率在 100μrad/s 条件下，4 场多场扫描捕获可以获得 40% 以上的捕获概率，而单场扫描仅为 10% 左右，极大地提高了窄信标捕获概率。

本节得到的结论对于窄信标捕获具有一定的普适性。在具体应用过程中，根据平台光通信链路系统的捕获完成限定时间要求、扫描步长设置、扫描速率设置和捕获不确定范围等参数，可利用本节方法给出多场扫描策略，实现快速捕获。

参 考 文 献

[1] Chan S. Optical satellite networks[C]. Optical Fiber Communication Conference. IEEE, 2003.

[2] Sodnik H . Optical intersatellite communication[J]. Selected Topics in Quantum Electronics, 2010, 16(5): 1051-1057.

[3] Lesh J R, Chen C C, Ansari H. Lasercom system architecture with reduced complexity[J]. National Aeronautics and Space Administration Report, 1996.

[4] Smutny B , Kaempfner H , Muehlnikel G , et al. 5.6Gbps optical intersatellite communication link[J]. Proceedings of SPIE - The International Society for Optical Engineering, 2009: 7199.

[5] Fidler, F. Knapek, M. Horwath, J. Leeb, W. R. Optical communications for high-altitude platforms[J]. Selected Topics in Quantum Electronics, 2010, 16(5): 1058-1070.

[6] Chen W, Zhang J F, Gao M Y, et al. Performance improvement of 64-QAM coherent optical communication system by optimizing symbol decision boundary based on support vector machine[J]. Optics Communications, 2018, 410(1): 1-7.

[7] Endo H, Fujiwara M, Kitamura M, Ito T, et al. Free-space optical channel estimation for physical layer security[J]. Optics Express, 2016, 24(8): 8940-8955.

[8] Wilson K E, Kovalik J, Biswas A, et al. Development of laser beam transmission strategies for future ground-to-space optical communications[J]. Proc. of SPIE, 2007: 1-11.

[9] Sodnik Z, Furch B, Lutz H. Free-space laser communication activities in Europe: SILEX and beyond[J]. Proc. IEEE, 2006: 78-79.

[10] 李鑫. 星间激光通信中链路性能及通信性能优化研究 [D]. 哈尔滨：哈尔滨工业大学，2013: 3-12.

[11] Scheinfeild M, Kopeika N S. Acquisition system for microsatellites laser communication in space[C]. Proc. of SPIE, 2000, 3932: 166-175.

[12] Gomez A, Shi K, Quintana C, et al. A 50Gb/s transparent indoor optical wireless communications link with an integrated localization and tracking system[J]. Journal of Lightwave Technology, 2016, 34(10): 2510-2517.

[13] 吴世臣. 潜望式光终端瞄准误差建模及补偿方法研究 [D]. 哈尔滨：哈尔滨工业大学，2012: 17-35.

[14] Guo Z P, Xie C M, Xiao Y J. Research of sliding mode control in electro-optical tracking system[J]. Advanced Materials Research, 2012, 756-759: 403-406.

[15] 许博谦. 空间力学环境对光通信终端高速偏转镜动态特性影响研究 [D]. 哈尔滨：哈尔滨工业大学, 2008, 21(2): 10-17.

[16] 李少辉, 陈小梅, 倪国强. 高精度卫星激光通信地面验证系统 [J]. 光学精密工程, 2017, 25 (5): 1149-1158.

[17] Shi Y, Zhang J, Zhang Z. Experimental analysis of beam pointing system based on liquid crystal optical phase array[J]. Photonic Sensors, 2016, 6(4): 1-6.

[18] Chen Y F, Kong M W, Ali T, et al. 26 m/5.5 Gbps air-water optical wireless communication based on an OFDM-modulated 520-nm laser diode[J]. Optics Express, 2017, 25(13): 14760-14765.

[19] 周洁. 星间光链路双向光束稳定跟踪约束条件研究 [D]. 哈尔滨：哈尔滨工业大学，2013: 31-46.

[20] Leonhard N, Berlich R, Minardi S, et al. Real-time adaptive optics testbed to investigate point-ahead angle in pre-compensation of Earth-to-GEO optical communication[J]. Optics Express, 2016, 24(12): 13157-13172.

[21] Yan F F, Chang W G, Zhang Q L, et al. Analysis and validation of transmitter's beam footprint detection and tracking for noncooperative bistatic SAR[J]. IEEE Journal of Selected Topics in Applied Earth Observations and Remote Sensing, 2017, 10(6): 2754-2767.

第三章 空天地激光链路稳定保持技术

在激光通信链路系统中，双向光束跟踪可以补偿轨道和定位精度的限制，用于实现长期稳定的激光链路保持。2005 年，日本航天局和欧空局在 OICETS 和 ARTEMIS 卫星之间成功地建立世界上第一个双向跟踪光通信试验链路，链路跟踪保持时间为 10 分钟。2013 年，ESA 进行激光链路试验，通信数据速率 1.8～2.8Gbps。由于卫星光通信链路光束束散角较窄，接收器光的能量非常弱，光束瞄准误差较大时将严重影响通信质量，通常需要高性能跟踪以确保链路对准精度和稳定度。此外，两个终端的跟踪瞄准和偏差探测误差通常相互关联，对于采用窄信标进行跟踪的卫星光通信链路提出了更为严苛的挑战。因此如何提升窄信标双向跟踪的精度要求下对跟踪的约束等问题，对于优化卫星光通信链路系统综合性能具有至关重要的作用。

链路光束波面的变化对激光链路光束远场动态特性的扰动也不容忽视。由于光学元件表面的加工误差，光学系统装调误差以及空间环境等影响，使得光学天线发射的激光为具有波前畸变的高斯光束。现有研究分析了波前畸变对链路瞄准性能的影响，建立了波前畸变分析模型，给出了波前畸变对跟瞄角度偏差、天线接收功率和通信误码率的影响，但并没有针对波前畸变对光束远场动态特性的影响进行分析。由于技术保密原因，国外对星间激光链路跟踪信标光束远场动态特性的分析尚无公开报道。

首先，本章基于激光通信终端的动态模型，利用线性矩阵不等式分别为粗跟踪单元和精跟踪单元设计了满足 H_∞ 性能指标的偏差比例、积分和微分 (Proportion Integral Differential, PID) 控制器，通过仿真验证了所设计的 PID 控制器的有效性。在上述跟踪模型基础上，研究了双向跟踪系统的稳定性和跟踪精度要求之间的关联问题，指出了系统补偿比是影响跟踪精度和跟踪稳定性的关键因素，完善了已有的关于稳定跟踪补偿条件的理论模型。基于典型的二阶动态系统理论，给出了超调量与补偿比的关系，提出了跟踪补偿比的计算方法，并进行了窄信标稳定跟踪方法的仿真验证，给出了双向光束跟踪优化方法。

其次，考虑卫星光通信系统在轨实际工作状态，建立星间激光链路信标光束远场动态理论分析模型，重点分析跟踪角度偏差及光束波相差对光束远场动态特性的影响。对于星地激光链路，在星间激光链路基础上，加入大气湍流扰动影响条件，建立星地信标光束远场动态特性分析模型，重点分析光束漂移、光束扩展及到达角起伏对光束远场动态特性的影响。

最后，本章对章动耦合技术在卫星激光通信中的应用问题进行研究。近年来，研究者们提出采用章动耦合的技术方法来实现空间光到单模光纤的高耦合效率以及保持链路稳定性。其核心思想是使用快速反射镜提供圆锥扫描，根据能量反馈判断光束与光纤相对偏差，并加以修正。这种结构具有体积小、结构简单、精度高等优点，在激光链路稳定保持方面具有很大的应用价值。

3.1　空天地窄信标光束跟踪理论模型

为了实现窄信标稳定双向跟踪，光通信终端通常由粗跟踪单元和精跟踪单元两部分配合实现光束跟踪。粗跟踪单元用于完成对信标光束的扫描、捕获和粗跟踪，由二维转台 (含伺服电机、角位置编码器、光学望远镜)、控制器、电机驱动电路和 CCD 等组成，如图 3-1 所示。

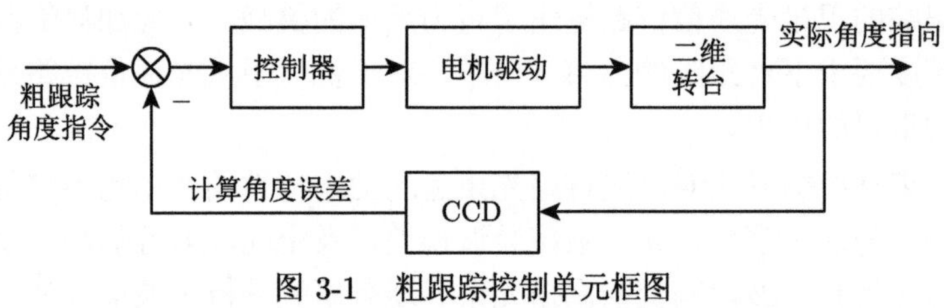

图 3-1　粗跟踪控制单元框图

图中二维转台、控制器、电机驱动电路构成小控制闭环，再通过 CCD 构成光电大控制闭环。粗跟踪单元具有较大的转动范围，能够在较大角度范围内进行光束的低速跟踪。

精跟踪单元 (Fast Steering Mirror, FSM) 由压电陶瓷驱动的摆镜、控制器、压电驱动电路和 CCD 构成，如图 3-2 所示。其中，摆镜、控制器和压电驱动电路构成小控制闭环，再通过 CCD 构成光电大控制闭环。精跟踪单元具有闭环带宽高、响应速度快的特点，能够实现对信标光束在小范围内的精确瞄准和稳定跟踪。

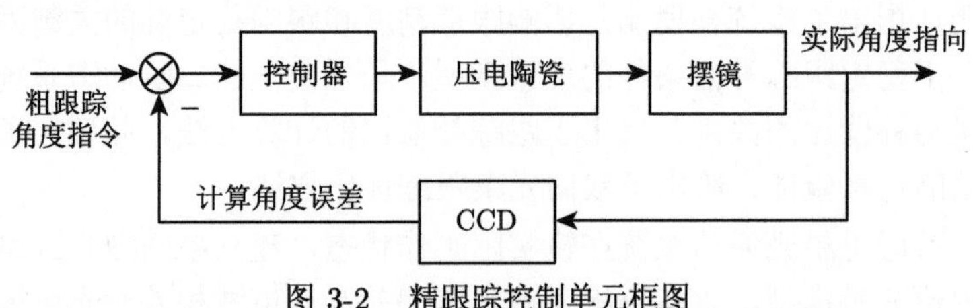

图 3-2　精跟踪控制单元框图

平台光通信终端的粗、精跟踪单元的控制性能会受到在轨温度、辐射等在空间环境的影响。另一方面，由于精跟踪系统搭载于平台上，在轨的调整、维修成本很高。因此，必须选择结构简单、稳定、可靠的控制器，如 PID 控制器。本章将对光通信终端的粗跟踪和精跟踪单元的控制问题进行研究，为二者设计满足性能要求的 PID 控制器。事实上，由于粗、精跟踪单元的带宽相差较大 (通常情况下，粗跟踪系统的带宽在 10Hz 左右，而精跟踪系统的带宽能达到 1kHz 以上)，两者的控制器设计问题可以解耦，即分别进行控制器设计。为了建立稳定的平台光通信链路，仅为单个光通信终端设计控制器是远远不够的，还需要对双向跟踪链路系统的稳定性问题进行研究，分析两个链路终端角度跟踪补偿比、信标束散角、CCD 测量误差与双向跟踪稳定性之间的内在联系。

3.1.1 单向跟踪

在信号接收端上建立星上坐标系，设 $(\theta_v(t), \theta_h(t))$ 分别为信标光束的俯仰角和方位角，$(\phi_v(t), \phi_h(t))$ 分别为接收端光阑平面法向量的俯仰角和方位角。接收端与发送端间的瞬时角度误差可表示为

$$\Psi_{v,h}(t) = \theta_{v,h}(t) - \phi_{v,h}(t) \tag{3-1}$$

分别以 $\varepsilon_v(t)$ 和 $\varepsilon_h(t)$ 表示由光学传感器得到的俯仰角和方位角方向的误差信号，这些误差信号经处理后用于瞄准控制系统对 $(\phi_v(t), \phi_h(t))$ 进行修正。因此，式 (3-1) 还可以表示为

$$\Psi_{v,h}(t) = \theta_{v,h}(t) - \overline{\varepsilon_{v,h}(t)} \tag{3-2}$$

其中上横线表示环路滤波器的平均效应。式 (3-2) 为一组单向跟踪过程中瞄准角度误差的耦合方程。考虑到方程中的误差信号依赖于瞬时瞄准角度误差和环路中的探测器噪声等因素，于是

$$\overline{\varepsilon_{v,h}(t)} = F\left[\bar{g}eaP_{\mathrm{r}}S\left(\Psi_{v,h}(t)\right) + n_{v,h}(t)\right] \tag{3-3}$$

$F[\cdot]$ 表示信号处理操作，P_{r} 为探测器接收到的信号平均功率，$S(x)$ 为角度误差到误差电压的转换函数，$n_v(t)$ 和 $n_h(t)$ 分别表示各环路中合成的探测器噪声，$\bar{g}$ 为探测器的平均增益，e 为电子电荷，a 的定义为

$$a = \frac{\eta}{hf} \tag{3-4}$$

其中的 η 为光电转换量子效率，h 为普朗克常数，f 为激光光场的频率。由式 (3-2) 和 (3-3) 可得单向跟踪的光束跟踪方程

$$\Psi_{v,h}(t) + F\left[\bar{g}eaP_{\mathrm{r}}S\left(\Psi_{v,h}(t)\right) + n_{v,h}(t)\right] = \theta_{v,h}(t) \tag{3-5}$$

上式为一对非线性随机方程，描述了 PAT 系统在方位角和俯仰角方向上的联合跟踪操作。跟踪探测器的输出为散弹噪声过程，每个跟踪环路的输入噪声谱电平为

$$N_{0L}=\overline{g^2}e^2a\left(P_{\mathrm{r}}+P_{\mathrm{b}}\right)+eI_{\mathrm{dc}}+N_{\mathrm{oc}} \tag{3-6}$$

其中，$\overline{g^2}$ 为探测器的均方增益，P_{b} 为背景光功率，I_{dc} 为暗电流，N_{oc} 为热噪声谱电平。当跟踪的角度很小时，可认为角度误差到误差电压的转换函数 $S(x)$ 为线性函数，设 $S(\Psi)=K_c\Psi$。采用线性跟踪环路对式 (3-5) 的跟踪操作进行建模 (图 3-3)，图中的 G_L 和 $F(\omega)$ 分别表示环路增益和环路滤波，显然 $G_L=\bar{g}eaP_{\mathrm{r}}K_c$。

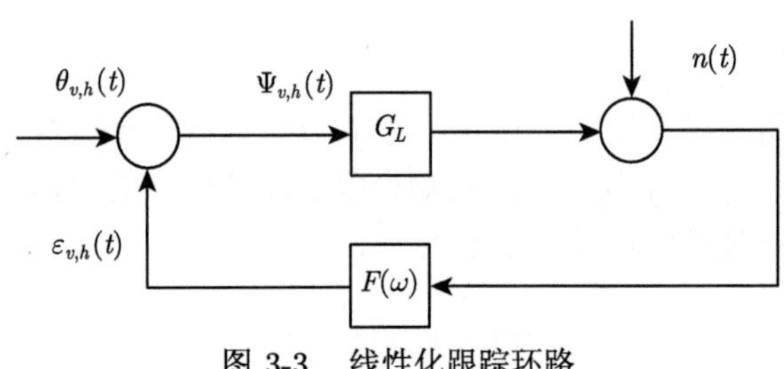

图 3-3　线性化跟踪环路

该线性化跟踪环路可用下面的闭环传递函数来描述

$$H_L(\omega)=\frac{S_\varepsilon(\omega)}{S_\theta(\omega)}=\frac{G_LF(\omega)}{1+G_LF(\omega)} \tag{3-7}$$

$S_\varepsilon(\omega)$ 为输出控制电压信号 $\overline{\varepsilon_{v,h}(t)}$ 的频谱，$S_\theta(\omega)$ 为输入角度移动 $\theta_{v,h}(t)$ 的频谱。若环路噪声的频谱为 $S_n(\omega)$，则环路噪声的闭环传递函数为

$$H_N(w)=\frac{S_\varepsilon(\omega)}{S_n(\omega)}=\frac{F(\omega)}{1+G_LF(\omega)}=\frac{H_L(\omega)}{G_L} \tag{3-8}$$

在俯仰角方向或方位角方向上，总的跟踪误差的方差为

$$\sigma_e^2=\frac{1}{2\pi}\int_{-\infty}^{\infty}S_\theta(\omega)\left|1-H_L(\omega)\right|^2\mathrm{d}\omega+\frac{1}{2\pi}\int_{-\infty}^{\infty}N_{0L}\left|\frac{H_L(\omega)}{G_L}\right|^2\mathrm{d}\omega \tag{3-9}$$

其中，右边第一项为视线移动引起的未经补偿的误差的方差。若所有的角度偏差信号均在环路带宽 (满足 $H_L(\omega)\approx 1$ 的 ω 范围) 内，该项为零。式 (3-9) 中右边第二项为由环路噪声引起的跟踪角度误差的方差。定义环路噪声带宽为

$$B_L=\frac{1}{2\pi}\int_0^{\infty}\left|H_L(\omega)\right|^2\mathrm{d}\omega \tag{3-10}$$

则由噪声引起的误差的方差可表示为

$$\sigma_n^2=\frac{2N_{0L}B_L}{G_L^2}=\frac{2B_L\left[\overline{g^2}e^2a\left(P_{\mathrm{r}}+P_{\mathrm{b}}\right)+eI_{\mathrm{dc}}+N_{\mathrm{oc}}\right]}{\left(\bar{g}eaP_{\mathrm{r}}K_{\mathrm{c}}\right)^2} \tag{3-11}$$

可见，单向跟踪过程中由噪声引起的误差与探测器接收到的信号平均功率、探测器背景功率、暗电流、热噪声、探测器响应、环路噪声带宽和转换函数 $S\left(x\right)$ 等参量有关。由式 (3-11) 可知，在所有影响跟瞄误差的因素中，提高光信号功率 (提高 P_{r}) 和改善角度偏差信号检测精度 (提高 K_{c})，可以更为有效地降低噪声对跟瞄的影响。

3.1.2 双向跟踪

双向光束跟踪时，两个光通信终端同时对来自另一个终端的光束进行跟踪，平台光通信系统的两端都将产生瞄准角度误差且一端的瞄准精度将影响另一端的误差。因此，两个终端上的瞄准角度误差均为时间和统计上的联合随机变量。

在两颗链路的平台上分别建立星上坐标系，对于各自的坐标系，设终端 A 探测到的入射光束的角方向为 $\alpha_{v,h}(t)$，终端 B 探测到的入射光束的角方向为 $\beta_{v,h}(t)$。取 $\Psi_{v,h}(t)$，$\Phi_{v,h}(t)$ 分别为终端 A 和终端 B 的瞄准角度误差，设

$$\Psi_e\left(t\right)=\sqrt{\Psi_v^2\left(t\right)+\Psi_h^2\left(t\right)} \tag{3-12}$$

$$\Phi_e\left(t\right)=\sqrt{\Phi_v^2\left(t\right)+\Phi_h^2\left(t\right)} \tag{3-13}$$

为简化分析，暂不考虑跟踪中的提前瞄准过程，并且假定每个终端采用相同的光源、跟踪环路和转换函数 $S\left(\Psi\right)$。t 时刻终端 A 和终端 B 接收到的总功率分别为

$$P_{\mathrm{T1}}=P_{\mathrm{r0}}G\left(\Phi_e\left(t-t_{\mathrm{d}}\right)\right) \tag{3-14}$$

$$P_{\mathrm{T2}}=P_{\mathrm{r0}}G\left(\Psi_e\left(t-t_{\mathrm{d}}\right)\right) \tag{3-15}$$

其中 P_{r0} 为跟踪误差为零时的接收功率，$G\left(x\right)$ 为光功率损失函数，t_{d} 为光束在两颗链路平台间传输的时延。终端 B 在 t_{d} 秒之前的瞄准误差将影响终端 A 在 t 时刻的接收功率；同样，终端 A 在 t_{d} 秒之前的瞄准误差将影响终端 B 在 t 时刻的接收功率。两终端在双向跟踪时的瞄准角度误差的耦合方程分别为

$$\Psi_{v,h}(t)+F\left[\bar{g}eaP_{\mathrm{r}}G\left(\Phi_e(t-t_{\mathrm{d}})\right)S\left(\Psi_{v,h}(t)\right)+n_{v,h}(t)\right]=\alpha_{v,h}(t) \tag{3-16}$$

$$\Phi_{v,h}(t)+F\left[\bar{g}eaP_{\mathrm{r}}G\left(\Psi_e(t-t_{\mathrm{d}})\right)S\left(\Phi_{v,h}(t)\right)+n_{v,h}(t)\right]=\beta_{v,h}(t) \tag{3-17}$$

方程 (3-16) 和 (3-17) 表示一对互相关联的随机光束跟踪方程组，该方程组将双向跟踪过程中的联合瞄准误差联系了起来。方程组通过瞄准系统的动态特性和接收端噪声等参数建立，可以用稳定性的观点进行分析，以确定瞬时解的存在范围和条件。

下面以终端 1 为例分析跟踪误差的统计特性。假定跟踪环路为具有高斯型噪声、线性化和在俯仰角和方位角上无耦合情况。为讨论方便，取

$$x = \Phi_e(t - t_{\mathrm{d}}) \tag{3-18}$$

$$y = \Psi_e\left(t\right) \tag{3-19}$$

考虑式 (3-11)，t 时刻终端 1 上由噪声引起的跟踪误差的条件方差为

$$\sigma_n^2\big| x = \frac{2B_L\left[\overline{g^2}e^2aP_{\mathrm{r}}G\left(x\right) + \overline{g^2}e^2aP_{\mathrm{b}} + eI_{\mathrm{dc}} + N_{\mathrm{oc}}\right]}{\left[\bar{g}eaP_{\mathrm{r}}G\left(x\right)K_c\right]^2} \tag{3-20}$$

当 $\overline{g^2}e^2aP_{\mathrm{r}}G\left(x\right) \gg \overline{g^2}e^2aP_{\mathrm{b}} + eI_{\mathrm{dc}} + N_{\mathrm{oc}}$ 时，称为接收探测器量子极限情况，这时

$$\sigma_n^2|x = \frac{2B_L}{aP_{\mathrm{r}}K_c^2}G^{-1}\left(x\right) \tag{3-21}$$

当 $\overline{g^2}e^2aP_{\mathrm{r}}G\left(x\right) \ll \overline{g^2}e^2aP_{\mathrm{b}} + eI_{\mathrm{dc}} + N_{\mathrm{oc}}$ 时，称为接收探测器噪声极限情况，这时

$$\sigma_n^2\big| x = \frac{2B_L\left[\overline{g^2}e^2aP_{\mathrm{b}} + eI_{\mathrm{dc}} + N_{\mathrm{oc}}\right]}{\left(\bar{g}eaP_{\mathrm{r}}K_c\right)^2}G^{-2}\left(x\right) \tag{3-22}$$

实际的情况应该介于上述两种情况之间，故可通过使 $G\left(x\right)$ 的指数在 -1 和 -2 间变化而得到式 (3-20) 一般化的表达式

$$\sigma_e^2|x = \sigma_n^2G^{-q}\left(x\right) \tag{3-23}$$

指数 q 位于 1 和 2 之间，σ_n^2 为终端 B 在 $t - t_{\mathrm{d}}$ 时刻准确瞄准终端 A 时的跟踪误差的方差，其表达式为前面的式 (3-22)。由前面的假设，终端 A 上的瞄准误差振幅 $\Psi_e\left(t\right)$ 应为条件瑞利分布，概率密度为

$$p\left(y|x\right) = \frac{y}{\sigma_n^2G^{-q}\left(x\right)}\exp\left[-\frac{y^2}{2\sigma_n^2G^{-q}\left(x\right)}\right] \tag{3-24}$$

误差振幅变量 x 和 y 的联合概率密度可表示为

$$p\left(x, y\right) = p\left(y|x\right)p\left(x\right) \tag{3-25}$$

$p(x)$ 可以通过假定终端 2 上的瞄准误差在 $t-t_{\mathrm{d}}$ 时刻之前已达到稳态来进行近似。通过分析跟踪误差方差的变化，可以对稳态条件进行估计。如果达到稳态，则在一个循环中方差不再增加。取迭代的间隔为 t_{d}，在 $(i+1)t_{\mathrm{d}}$ 时刻的方差应为 it_{d} 时刻方差的平均值

$$\sigma_{i+1}^2=\int_0^{\infty}\left(\sigma_n^2\middle|x\right)p_i(x)\mathrm{d}x=\sigma_0^2\int_0^{\infty}G^{-q}(x)\,p_i(x)\,\mathrm{d}x \tag{3-26}$$

$p_i(x)$ 为 $x=\Phi_e(it_{\mathrm{d}})$ 的概率密度，取其为瑞利分布

$$p_i(x)=\frac{x}{\sigma_i^2}\exp\left(-\frac{x^2}{2\sigma_i^2}\right) \tag{3-27}$$

对于束宽为 θ_{b} 的激光束，光功率损失函数为：

$$G(x)=\exp\left(-\frac{8x^2}{\theta_{\mathrm{b}}^2}\right) \tag{3-28}$$

将式 (3-27) 和 (3-28) 代入式 (3-26) 可得

$$\sigma_{i+1}^2=\frac{\sigma_n^2}{\sigma_i^2}\int_0^{\infty}x\exp\left[\left(\frac{8q}{\theta_{\mathrm{b}}^2}-\frac{1}{2\sigma_i^2}\right)x^2\right]\mathrm{d}x \tag{3-29}$$

由该式可知，σ_{i+1}^2 为有限值的条件是

$$\sigma_i^2\leqslant\frac{\theta_{\mathrm{b}}^2}{16q} \tag{3-30}$$

这时，我们有

$$\sigma_{i+1}^2=\frac{\theta_{\mathrm{b}}^2\sigma_n^2}{\theta_{\mathrm{b}}^2-16q\sigma_i^2} \tag{3-31}$$

如果存在稳态解，要求 $\sigma_{i+1}^2=\sigma_i^2\triangleq\sigma_{ss}^2$，代入式 (3-31) 可得

$$16q\sigma_{ss}^4-\theta_{\mathrm{b}}^2\sigma_{ss}^2+\theta_{\mathrm{b}}^2\sigma_n^2=0 \tag{3-32}$$

该式为关于 σ_{ss}^2 的一元二次方程，具有实数解的条件是

$$\sigma_n^2\leqslant\frac{\theta_{\mathrm{b}}^2}{64q} \tag{3-33}$$

求解式 (3-32) 可得

$$\sigma_{ss}^2 = \frac{1 \pm \sqrt{1 - 64q\sigma_n^2\theta_{\mathrm{b}}^{-2}}}{32q\theta_{\mathrm{b}}^{-2}} \tag{3-34}$$

若取正号的解则 σ_{ss}^2 总不为零，不符合收敛控制条件，因此只取负号的解，这时有

$$\sigma_{ss}^2 = \frac{\theta_{\mathrm{b}}^2 - \theta_{\mathrm{b}}\sqrt{\theta_{\mathrm{b}}^2 - 64q\sigma_n^2}}{32q} \leqslant \frac{\theta_{\mathrm{b}}^2}{32q} \tag{3-35}$$

该式为稳态跟踪方差的条件表达式，其中 σ_{ss}^2 为双向跟踪过程中的稳态方差。图 3-4 为不同 q 值下，最大稳态跟踪方差随发射光束宽的变化情况。从中可以看出，增大跟踪光束的束宽，可降低对系统跟踪精度的要求。

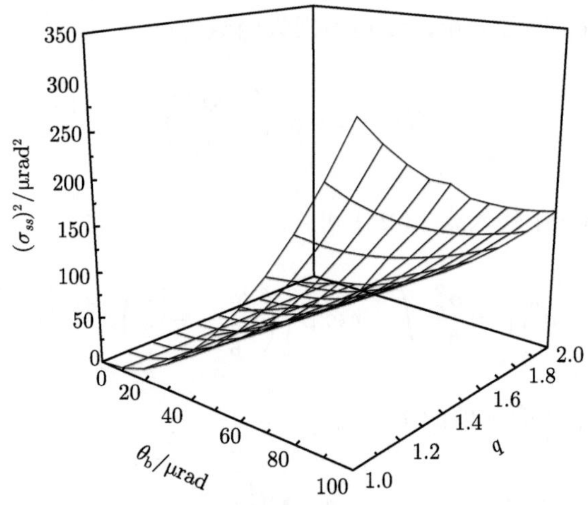

图 3-4　θ_{b}、q 与最大稳态跟踪方差的关系曲线

将稳态跟踪方差代入式 (3-27) 可得

$$p(x) = \frac{x}{\sigma_{ss}^2}\exp\left(-\frac{x^2}{2\sigma_{ss}^2}\right) \tag{3-36}$$

综上，考虑式 (3-28) 的高斯型光功率损失函数，最终可得双向跟踪过程中误差振幅变量 x 和 y 的联合概率密度为

$$p(x,y) = \frac{xy}{\sigma_n^2\sigma_{ss}^2}\exp\left(-\frac{8qx^2}{\theta_{\mathrm{b}}^2}\right)\exp\left[-\frac{y^2}{2\sigma_n^2}\exp\left(-\frac{8qx^2}{\theta_{\mathrm{b}}^2}\right) - \frac{x^2}{2\sigma_{ss}^2}\right] \tag{3-37}$$

其中，σ_{ss}^2 为稳态跟踪误差方差，θ_{b} 为跟踪光束的束宽，q 与光功率接收电平有关。可见，上述参量决定了平台间光通信中双向跟踪误差振幅的分布情况。

3.1.3 窄信标双向稳定跟踪控制系统

将平台光通信链路系统的光束粗、精跟踪单元简化为线性系统，相关符号表示如下：$\Re^n$ 表示 n 维欧几里得空间；$\Re^{m\times n}$ 代表 $m\times n$ 矩阵；$\boldsymbol{0}$ 和 $\boldsymbol{I}$ 表示适当维数的零矩阵和单位矩阵；对于一个 $n\times n$ 矩阵 $\boldsymbol{P}\in\Re^{n\times n}$，$\boldsymbol{P}^{\text{T}}$ 表示 $\boldsymbol{P}$ 的转置，$\boldsymbol{P}>\boldsymbol{0}$ 表示 $\boldsymbol{P}$ 是一个对称正定矩阵；L_2 空间表示所有定义在区间 $[0,\infty)$ 上的 Lebesgue 可测积分函数的全体，即 $\boldsymbol{f}(t)\in\Re^p$，$t\in[0,\infty)$，$\displaystyle\int_0^{\infty}\boldsymbol{f}^{\text{T}}(t)\boldsymbol{f}(t)\text{d}t<\infty$。

线性系统可以写成如下的状态空间形式：

$$\begin{bmatrix}\dot{\boldsymbol{x}}\\ \boldsymbol{z}\\ \boldsymbol{y}\end{bmatrix}=\begin{bmatrix}\boldsymbol{A} & \boldsymbol{B}_1 & \boldsymbol{B}_2\\ \boldsymbol{C}_1 & \boldsymbol{D}_1 & \boldsymbol{0}\\ \boldsymbol{C}_2 & \boldsymbol{0} & \boldsymbol{0}\end{bmatrix}\begin{bmatrix}\boldsymbol{x}\\ \boldsymbol{w}\\ \boldsymbol{u}\end{bmatrix} \tag{3-38}$$

其中，$\boldsymbol{x}\in\Re^n$ 是状态空间向量，$\boldsymbol{z}\in\Re^{n_z}$ 是控制输出向量，$\boldsymbol{y}\in\Re^{n_y}$ 是可测输出向量；$\boldsymbol{w}\in\Re^{n_w}$ 和 $\boldsymbol{u}\in\Re^{n_u}$ 分别代表干扰输入和控制器输出；$\boldsymbol{A}\in\Re^{n\times n}$、$\boldsymbol{B}_1\in\Re^{n\times n_w}$、$\boldsymbol{B}_2\in\Re^{n\times n_u}$、$\boldsymbol{C}_1\in\Re^{n_z\times n}$、$\boldsymbol{D}_1\in\Re^{n_z\times n_w}$，和 $\boldsymbol{C}_2\in\Re^{n_y\times n}$ 是具有适当维数的系统矩阵。

窄信标光束跟踪控制器设计任务描述如下：给定一个 H_∞ 性能设计指标 $\gamma>0$，设计一个 PID 控制器，使得闭环系统稳定，并同时使从 $\boldsymbol{w}$ 到 $\boldsymbol{z}$ 的通道满足如下的 L_2 范数指标：

$$\int_0^{\infty}\boldsymbol{z}^{\text{T}}\boldsymbol{z}\text{d}t\bigg/\int_0^{\infty}\boldsymbol{w}^{\text{T}}\boldsymbol{w}\text{d}t\leqslant\gamma^2 \tag{3-39}$$

其中，$\boldsymbol{w}\in L_2[0,\infty)$，$\boldsymbol{w}\neq 0$。

对于平台光通信的粗跟踪和精跟踪单元，二者的时域模型 (3-38) 可以通过输入输出数据进行辨识得到。在研究满足 H_∞ 性能的 PID 控制器设计问题中，H_∞ 性能代表了系统抗干扰能力的强弱。从式 (3-39) 可以看出，γ 值越小表示系统的抗干扰能力越强。对于粗跟踪单元，其干扰主要来自终端轴承的动摩擦和静摩擦不均匀性、平台姿态变化产生的干扰力矩等因素；对于精跟踪单元，其干扰主要来自粗跟踪的残留误差和平台的振动等因素。

3.1.3.1 双向稳定跟踪控制器时域形式

本小节将给出 PID 控制器的一个时域表示形式，其优势在于可以结合式 (3-38) 将控制器设计问题都在时域中解决。通常情况下，一个 PID 控制器的频域形式如下：

$$\boldsymbol{u}(s)=\boldsymbol{K}^{\mathrm{P}}+\frac{\boldsymbol{K}^{\mathrm{I}}}{s}+\frac{\boldsymbol{K}^{\mathrm{D}}s}{\tau s+1}=\frac{\boldsymbol{Q}_2s^2+\boldsymbol{Q}_1s+\boldsymbol{Q}_0}{\tau s^2+s} \tag{3-40}$$

其中，$\boldsymbol{K}^{\mathrm{P}}$、$\boldsymbol{K}^{\mathrm{I}}$ 和 $\boldsymbol{K}^{\mathrm{D}}$ 是要设计的 PID 参数；τ 是一个已知的时间常数，通常设置为 $0.001\sim0.01$；$\boldsymbol{Q}_2=\boldsymbol{K}^{\mathrm{D}}+\tau\boldsymbol{K}^{\mathrm{P}}$，$\boldsymbol{Q}_1=\boldsymbol{K}^{\mathrm{P}}+\tau\boldsymbol{K}^{\mathrm{I}}$，$\boldsymbol{Q}_0=\boldsymbol{K}^{\mathrm{I}}$。

根据线性系统理论，可以将频域表示的 PID 控制器转换为如下的状态空间形式，

$$\begin{bmatrix}\dot{\boldsymbol{x}}_c\\ \boldsymbol{u}\end{bmatrix}=\begin{bmatrix}\boldsymbol{A}^{\mathrm{PID}} & \boldsymbol{B}^{\mathrm{PID}}\\ \boldsymbol{C}^{\mathrm{PID}} & \boldsymbol{D}^{\mathrm{PID}}\end{bmatrix}\begin{bmatrix}\boldsymbol{x}_c\\ \boldsymbol{y}\end{bmatrix} \tag{3-41}$$

其中，$\boldsymbol{x}_c$ 是 PID 控制器的状态向量，$\boldsymbol{u}$ 是控制器输出，$\boldsymbol{y}$ 是控制器输入；状态矩阵具有如下表示

$$\boldsymbol{A}^{\mathrm{PID}}=\mathrm{diag}\underbrace{\left\{\begin{bmatrix}-\tau^{-1} & 0\\ 1 & 0\end{bmatrix},\begin{bmatrix}-\tau^{-1} & 0\\ 1 & 0\end{bmatrix},\cdots,\begin{bmatrix}-\tau^{-1} & 0\\ 1 & 0\end{bmatrix}\right\}}_{n_y} \tag{3-42}$$

$$\boldsymbol{B}^{\mathrm{PID}}=\mathrm{diag}\underbrace{\left\{\begin{bmatrix}1\\ 0\end{bmatrix},\begin{bmatrix}1\\ 0\end{bmatrix},\cdots,\begin{bmatrix}1\\ 0\end{bmatrix}\right\}}_{n_y} \tag{3-43}$$

$$\boldsymbol{C}^{\mathrm{PID}}=\begin{bmatrix}\tau^{-1}\boldsymbol{Q}_1-\tau^{-2}\boldsymbol{Q}_2 & \tau^{-1}\boldsymbol{Q}_0\end{bmatrix}\boldsymbol{T},\boldsymbol{D}^{\mathrm{PID}}=\tau^{-1}\boldsymbol{Q}_2 \tag{3-44}$$

$$\boldsymbol{T}=\underbrace{\begin{bmatrix}[1\ \ 0] & & \\ & \ddots & \\ & & [1\ \ 0]\\ [0\ \ 1] & & \\ & \ddots & \\ & & [0\ \ 1]\end{bmatrix}}_{n_y} \tag{3-45}$$

其中，$\boldsymbol{T}$ 称为交换矩阵。如果能够得到系统矩阵的具体值，就能通过下式给出的关系得到具体的 PID 参数：

$$\begin{cases}\boldsymbol{K}_j^{\mathrm{P}}=\tau\boldsymbol{C}_1^{\mathrm{PID}}+\boldsymbol{D}^{\mathrm{PID}}-\tau^2\boldsymbol{C}_2^{\mathrm{PID}}\\ \boldsymbol{K}_j^{\mathrm{I}}=\tau\boldsymbol{C}_2^{\mathrm{PID}}\\ \boldsymbol{K}_j^{\mathrm{D}}=\tau^3\boldsymbol{C}_2^{\mathrm{PID}}-\tau^2\boldsymbol{C}_1^{\mathrm{PID}}\end{cases} \tag{3-46}$$

其中，$\left[\boldsymbol{C}_1^{\rm PID}\ \ \boldsymbol{C}_2^{\rm PID}\right]=\left[\tau^{-1}\boldsymbol{Q}_1-\tau^{-2}\boldsymbol{Q}_2\ \ \tau^{-1}\boldsymbol{Q}_0\right]^{\rm T}$。

3.1.3.2 双向稳定跟踪控制器等价转换关系

利用矩阵扩展技术，将 PID 控制器设计问题等价地转换为静态输出反馈设计问题。首先定义如下的变量：$\tilde{\boldsymbol{x}}=[\boldsymbol{x}^{\rm T}\ \ \boldsymbol{x}_c^{\rm T}]^{\rm T}$、$\tilde{\boldsymbol{y}}=\left[\boldsymbol{x}_c^{\rm T}\ \ \boldsymbol{y}^{\rm T}\right]^{\rm T}$ 以及 $\tilde{\boldsymbol{u}}=\left[\dot{\boldsymbol{x}}_c^{\rm T}\ \ \boldsymbol{u}^{\rm T}\right]^{\rm T}$。由式 (3-1) 和 (3-3) 可以得到等价变换形式:

$$\begin{bmatrix}\dot{\tilde{\boldsymbol{x}}}\\ \boldsymbol{z}\\ \tilde{\boldsymbol{y}}\end{bmatrix}=\begin{bmatrix}\tilde{\boldsymbol{A}}_{\rm tmp} & \tilde{\boldsymbol{B}}_{\rm 1tmp} & \tilde{\boldsymbol{B}}_{\rm 2tmp}\\ \tilde{\boldsymbol{C}}_{\rm 1tmp} & \tilde{\boldsymbol{D}}_{\rm 1tmp} & \boldsymbol{0}\\ \tilde{\boldsymbol{C}}_{\rm 2tmp} & \boldsymbol{0} & \boldsymbol{0}\end{bmatrix}\begin{bmatrix}\tilde{\boldsymbol{x}}\\ \boldsymbol{w}\\ \tilde{\boldsymbol{u}}\end{bmatrix} \tag{3-47}$$

$$\tilde{\boldsymbol{u}}=\tilde{\boldsymbol{F}}_{\rm tmp}\tilde{\boldsymbol{y}} \tag{3-48}$$

其中，

$$\tilde{\boldsymbol{A}}_{\rm tmp}(h)=\begin{bmatrix}\boldsymbol{A} & \boldsymbol{0}\\ \boldsymbol{0} & \boldsymbol{0}\end{bmatrix},\tilde{\boldsymbol{B}}_{\rm 1tmp}(h)=\begin{bmatrix}\boldsymbol{B}_1\\ \boldsymbol{0}\end{bmatrix},\tilde{\boldsymbol{B}}_{\rm 2tmp}=\begin{bmatrix}\boldsymbol{0} & \boldsymbol{B}_2\\ \boldsymbol{I} & \boldsymbol{0}\end{bmatrix}$$

$$\tilde{\boldsymbol{C}}_{\rm 1tmp}(h)=\begin{bmatrix}\boldsymbol{C}_1 & \boldsymbol{0}\end{bmatrix},\tilde{\boldsymbol{D}}_{\rm 1tmp}=\boldsymbol{D}_1,$$

$$\tilde{\boldsymbol{C}}_{\rm 2tmp}=\begin{bmatrix}\boldsymbol{0} & \boldsymbol{I}\\ \boldsymbol{C}_2 & \boldsymbol{0}\end{bmatrix},\tilde{\boldsymbol{F}}_{\rm tmp}=\begin{bmatrix}\boldsymbol{A}^{\rm PID} & \boldsymbol{B}^{\rm PID}\\ \boldsymbol{C}^{\rm PID} & \boldsymbol{D}^{\rm PID}\end{bmatrix}$$

注意到 $\boldsymbol{A}^{\rm PID}$ 和 $\boldsymbol{B}^{\rm PID}$ 是常数矩阵，PID 控制器的参数 $\boldsymbol{K}_j^{\rm P}$、$\boldsymbol{K}_j^{\rm I}$ 和 $\boldsymbol{K}_j^{\rm D}$ 仅仅包含在 $\boldsymbol{C}^{\rm PID}$ 和 $\boldsymbol{D}^{\rm PID}$ 中，因此我们还可以将 $\boldsymbol{A}^{\rm PID}$ 和 $\boldsymbol{B}^{\rm PID}$ 从式 (3-46) 中提取出来。将矩阵 $\tilde{\boldsymbol{B}}_{\rm 2tmp}$ 和 $\tilde{\boldsymbol{F}}_{\rm tmp}$ 进行如下划分，

$$\tilde{\boldsymbol{B}}_{\rm 2tmp}=\begin{bmatrix}\tilde{\boldsymbol{B}}_{\rm 2tmp}^1 & \tilde{\boldsymbol{B}}_{\rm 2tmp}^2\end{bmatrix}=\begin{bmatrix}\begin{bmatrix}\boldsymbol{0}\\ \boldsymbol{I}\end{bmatrix} & \begin{bmatrix}\boldsymbol{B}_2\\ \boldsymbol{0}\end{bmatrix}\end{bmatrix} \tag{3-49}$$

$$\tilde{\boldsymbol{F}}_{\rm tmp}=\begin{bmatrix}\tilde{\boldsymbol{F}}_{\rm known}\\ \tilde{\boldsymbol{F}}\end{bmatrix}=\begin{bmatrix}\begin{bmatrix}\boldsymbol{A}^{\rm PID} & \boldsymbol{B}^{\rm PID}\end{bmatrix}\\ \begin{bmatrix}\boldsymbol{C}^{\rm PID} & \boldsymbol{D}^{\rm PID}\end{bmatrix}\end{bmatrix} \tag{3-50}$$

其中，

$$\tilde{\boldsymbol{B}}_{\rm 2tmp}^1=\begin{bmatrix}\boldsymbol{0} & \boldsymbol{I}\end{bmatrix}^{\rm T},\ \tilde{\boldsymbol{B}}_{\rm 2tmp}^2=\begin{bmatrix}\boldsymbol{B}_2^{\rm T} & \boldsymbol{0}\end{bmatrix}^{\rm T}$$

$$\tilde{\boldsymbol{F}}_{\rm known}=\begin{bmatrix}\boldsymbol{A}^{\rm PID} & \boldsymbol{B}^{\rm PID}\end{bmatrix},\ \tilde{\boldsymbol{F}}=\begin{bmatrix}\boldsymbol{C}^{\rm PID} & \boldsymbol{D}^{\rm PID}\end{bmatrix}$$

定义如下的矩阵变量，

$$\begin{aligned}\tilde{\boldsymbol{A}} &= \tilde{\boldsymbol{A}}_{\text{tmp}} + \tilde{\boldsymbol{B}}^1_{2\text{tmp}}\tilde{\boldsymbol{F}}_{\text{known}}\tilde{\boldsymbol{C}}_{2\text{tmp}} \\ &= \begin{bmatrix} \boldsymbol{A} & \boldsymbol{0} \\ \boldsymbol{0} & \boldsymbol{0} \end{bmatrix} + \begin{bmatrix} \boldsymbol{0} \\ \boldsymbol{I} \end{bmatrix} \begin{bmatrix} \boldsymbol{A}^{\text{PID}} & \boldsymbol{B}^{\text{PID}} \end{bmatrix} \begin{bmatrix} \boldsymbol{0} & \boldsymbol{I} \\ \boldsymbol{C}_2 & \boldsymbol{0} \end{bmatrix} \\ &= \begin{bmatrix} \boldsymbol{A} & \boldsymbol{0} \\ \boldsymbol{B}^{\text{PID}}\boldsymbol{C}_2 & \boldsymbol{A}^{\text{PID}} \end{bmatrix}\end{aligned}$$

$$\tilde{\boldsymbol{B}}_1 = \tilde{\boldsymbol{B}}_{1\text{tmp}} = \begin{bmatrix} \boldsymbol{B}_1 \\ \boldsymbol{0} \end{bmatrix}$$

$$\tilde{\boldsymbol{B}}_2 = \tilde{\boldsymbol{B}}^2_{2\text{tmp}} = \begin{bmatrix} \boldsymbol{B}_2 \\ \boldsymbol{0} \end{bmatrix},\ \tilde{\boldsymbol{C}}_1 = \tilde{\boldsymbol{C}}_{1\text{tmp}}(h) = \begin{bmatrix} \boldsymbol{C}_1 & \boldsymbol{0} \end{bmatrix}$$

$$\tilde{\boldsymbol{D}}_1 = \tilde{\boldsymbol{D}}_{1\text{tmp}} = \boldsymbol{D}_1,\ \tilde{\boldsymbol{C}}_2 = \tilde{\boldsymbol{C}}_{2\text{tmp}}(h) = \begin{bmatrix} \boldsymbol{0} & \boldsymbol{I} \\ \boldsymbol{C}_2 & \boldsymbol{0} \end{bmatrix}$$

其中，

$$\tilde{\boldsymbol{A}} = \begin{bmatrix} \boldsymbol{A}_i & \boldsymbol{0} \\ \boldsymbol{B}^{\text{PID}}\boldsymbol{C}_2 & \boldsymbol{A}^{\text{PID}} \end{bmatrix},\ \tilde{\boldsymbol{B}}_1 = \begin{bmatrix} \boldsymbol{B}_1 \\ \boldsymbol{0} \end{bmatrix},\ \tilde{\boldsymbol{B}}_2 = \begin{bmatrix} \boldsymbol{B}_2 \\ \boldsymbol{0} \end{bmatrix}$$

$$\tilde{\boldsymbol{C}}_1 = \begin{bmatrix} \boldsymbol{C}_1 & \boldsymbol{0} \end{bmatrix},\ \tilde{\boldsymbol{D}}_1 = \boldsymbol{D}_1$$

$$\tilde{\boldsymbol{C}}_2 = \begin{bmatrix} \boldsymbol{0} & \boldsymbol{I} \\ \boldsymbol{C}_2 & \boldsymbol{0} \end{bmatrix}$$

由式 (3-45) 和式 (3-48)，可以得到如下结果，

$$\begin{aligned}\dot{\tilde{\boldsymbol{x}}} &= \tilde{\boldsymbol{A}}_{\text{tmp}}\tilde{\boldsymbol{x}} + \tilde{\boldsymbol{B}}_{1\text{tmp}}\boldsymbol{w} + \tilde{\boldsymbol{B}}_{2\text{tmp}}\tilde{\boldsymbol{u}} \\ &= \tilde{\boldsymbol{A}}_{\text{tmp}}\tilde{\boldsymbol{x}} + \tilde{\boldsymbol{B}}_{1\text{tmp}}\boldsymbol{w} + \begin{bmatrix} \tilde{\boldsymbol{B}}^1_{2\text{tmp}} & \tilde{\boldsymbol{B}}^2_{2\text{tmp}} \end{bmatrix} \begin{bmatrix} \tilde{\boldsymbol{F}}_{\text{known}} \\ \tilde{\boldsymbol{F}} \end{bmatrix} \tilde{\boldsymbol{C}}_{2\text{tmp}}\tilde{\boldsymbol{x}} \\ &= (\tilde{\boldsymbol{A}}_{\text{tmp}} + \tilde{\boldsymbol{B}}^1_{2\text{tmp}}\tilde{\boldsymbol{F}}_{\text{known}}\tilde{\boldsymbol{C}}_{2\text{tmp}})\tilde{\boldsymbol{x}} + \tilde{\boldsymbol{B}}_{1\text{tmp}}(h)\boldsymbol{w} + \tilde{\boldsymbol{B}}^2_{2\text{tmp}} \\ &\quad \times \tilde{\boldsymbol{F}}(h)\tilde{\boldsymbol{C}}_{2\text{tmp}}\tilde{\boldsymbol{x}} \\ &= \tilde{\boldsymbol{A}}\tilde{\boldsymbol{x}} + \tilde{\boldsymbol{B}}_1\boldsymbol{w} + \tilde{\boldsymbol{B}}_2\boldsymbol{u} \end{aligned} \tag{3-51}$$

$$\boldsymbol{z} = \tilde{\boldsymbol{C}}_{1\text{tmp}}\tilde{\boldsymbol{x}} + \tilde{\boldsymbol{D}}_{1\text{tmp}}\boldsymbol{w} = \tilde{\boldsymbol{C}}_1\tilde{\boldsymbol{x}} + \tilde{\boldsymbol{D}}_1\boldsymbol{w} \tag{3-52}$$

$$\tilde{\boldsymbol{y}} = \tilde{\boldsymbol{C}}_{2\text{tmp}}(h)\tilde{\boldsymbol{x}} = \tilde{\boldsymbol{C}}_2(h)\tilde{\boldsymbol{x}} \tag{3-53}$$

将式 (3-50)~(3-52) 写成如下状态空间形式，

$$\begin{bmatrix} \dot{\tilde{\boldsymbol{x}}} \\ \boldsymbol{z} \\ \tilde{\boldsymbol{y}} \end{bmatrix} = \begin{bmatrix} \tilde{\boldsymbol{A}} & \tilde{\boldsymbol{B}}_1 & \tilde{\boldsymbol{B}}_2 \\ \tilde{\boldsymbol{C}}_1 & \tilde{\boldsymbol{D}}_1 & \boldsymbol{0} \\ \tilde{\boldsymbol{C}}_2 & \boldsymbol{0} & \boldsymbol{0} \end{bmatrix} \begin{bmatrix} \tilde{\boldsymbol{x}} \\ \boldsymbol{w} \\ \boldsymbol{u} \end{bmatrix} \tag{3-54}$$

$$\boldsymbol{u} = \tilde{\boldsymbol{F}}(h)\tilde{\boldsymbol{y}} \tag{3-55}$$

其中，$\tilde{\boldsymbol{F}} = \begin{bmatrix} \boldsymbol{C}^{\text{PID}} & \boldsymbol{D}^{\text{PID}} \end{bmatrix}$。

上面的推导过程将 PID 控制器的设计问题转化为静态输出反馈控制器设计问题。但值得说明的是，二者在设计上是等价的，即二者具有同样的稳定性和性能。下面的定理证明了两者的等价性。

PID 控制系统 (由被控对象式 (3-38) 和 PID 控制器式 (3-40) 组成) 与静态输出反馈控制系统 (由被控对象式 (3-53) 和静态输出反馈控制器式 (3-54) 组成) 具有相同的稳定性和 H_∞ 性能。对于稳定性的证明，需要假定干扰 $\boldsymbol{w} \equiv 0$。可以得到

$$\begin{bmatrix} \dot{\boldsymbol{x}} \\ \dot{\boldsymbol{x}}_c \end{bmatrix} = \begin{bmatrix} \boldsymbol{A} + \boldsymbol{B}_2\boldsymbol{D}^{\text{PID}}\boldsymbol{C}_2 & \boldsymbol{B}_2\boldsymbol{C}^{\text{PID}} \\ \boldsymbol{B}^{\text{PID}}\boldsymbol{C}_2 & \boldsymbol{A}^{\text{PID}} \end{bmatrix} \begin{bmatrix} \boldsymbol{x} \\ \boldsymbol{x}_c \end{bmatrix} \tag{3-56}$$

另一方面，将式 (3-54) 代入到式 (3-55)，可以得到

$$\begin{aligned} \begin{bmatrix} \dot{\boldsymbol{x}} \\ \dot{\boldsymbol{x}}_c \end{bmatrix} &= \dot{\tilde{\boldsymbol{x}}} = \tilde{\boldsymbol{A}}\tilde{\boldsymbol{x}} + \tilde{\boldsymbol{B}}_2\tilde{\boldsymbol{F}}\tilde{C}_2\tilde{\boldsymbol{x}} \\ &= \begin{bmatrix} \boldsymbol{A} & \boldsymbol{0} \\ \boldsymbol{B}^{\text{PID}}\boldsymbol{C}_2 & \boldsymbol{A}^{\text{PID}} \end{bmatrix} \begin{bmatrix} \boldsymbol{x} \\ \boldsymbol{x}_c \end{bmatrix} + \begin{bmatrix} \boldsymbol{B}_2 \\ \boldsymbol{0} \end{bmatrix} \begin{bmatrix} \boldsymbol{C}^{\text{PID}} & \boldsymbol{D}^{\text{PID}} \end{bmatrix} \\ &\quad \cdot \begin{bmatrix} \boldsymbol{0} & \boldsymbol{I} \\ \boldsymbol{C}_2 & \boldsymbol{0} \end{bmatrix} \begin{bmatrix} \boldsymbol{x} \\ \boldsymbol{x}_c \end{bmatrix} \\ &= \begin{bmatrix} \boldsymbol{A} + \boldsymbol{B}_2\boldsymbol{D}^{\text{PID}}\boldsymbol{C}_2 & \boldsymbol{B}_2\boldsymbol{C}^{\text{PID}} \\ \boldsymbol{B}^{\text{PID}}\boldsymbol{C}_2 & \boldsymbol{A}^{\text{PID}} \end{bmatrix} \begin{bmatrix} \boldsymbol{x} \\ \boldsymbol{x}_c \end{bmatrix} \end{aligned} \tag{3-57}$$

式 (3-56) 与式 (3-57) 一致，二者等价，故变换前后的闭环系统具有相同的稳定性。

对于 H_∞ 性能，二者同样是等价的，因为从 $\boldsymbol{w}$ 到 $\boldsymbol{z}$ 的通道在变换前后没有改变，即 $\boldsymbol{z} = \tilde{\boldsymbol{C}}_1\tilde{\boldsymbol{x}} + \tilde{\boldsymbol{D}}_1\boldsymbol{w} = \boldsymbol{C}_1\boldsymbol{x} + \boldsymbol{D}_1\boldsymbol{w}$。

下面，我们给出了静态反馈控制器的设计方法。如果存在矩阵 $\boldsymbol{P}>0$、$\boldsymbol{X}>0$ 以及 $\tilde{\boldsymbol{F}}$，使得下述条件成立，

$$\boldsymbol{\Xi}=\begin{bmatrix} \tilde{\boldsymbol{A}}^{\mathrm{T}}\boldsymbol{P}+\boldsymbol{P}\tilde{\boldsymbol{A}}-\boldsymbol{P}\tilde{\boldsymbol{B}}_2\tilde{\boldsymbol{B}}_2^{\mathrm{T}}\boldsymbol{X}-\boldsymbol{X}\tilde{\boldsymbol{B}}_2\tilde{\boldsymbol{B}}_2^{\mathrm{T}}\boldsymbol{P}+\boldsymbol{X}\tilde{\boldsymbol{B}}_2\tilde{\boldsymbol{B}}_2^{\mathrm{T}}\boldsymbol{X} & * & * & * \\ \tilde{\boldsymbol{B}}_1^{\mathrm{T}}\boldsymbol{P} & -\gamma^2\boldsymbol{I} & * & * \\ \boldsymbol{C}_1 & \tilde{\boldsymbol{D}}_1 & -\boldsymbol{I} & * \\ \tilde{\boldsymbol{B}}_2\boldsymbol{P}+\tilde{\boldsymbol{F}}\tilde{\boldsymbol{C}}_2 & \boldsymbol{0} & \boldsymbol{0} & -\boldsymbol{I} \end{bmatrix}<\boldsymbol{0} \tag{3-58}$$

则静态输出反馈控制系统闭环系统渐近稳定，并且具有 H_∞ 性能 $\gamma>0$，可得闭环系统动态方程为

$$\begin{bmatrix} \dot{\tilde{\boldsymbol{x}}} \\ \boldsymbol{z} \end{bmatrix}=\begin{bmatrix} \tilde{\boldsymbol{A}}(h)+\tilde{\boldsymbol{B}}_2(h)\tilde{\boldsymbol{F}}(h)\tilde{\boldsymbol{C}}_2(h) & \tilde{\boldsymbol{B}}_1(h) \\ \tilde{\boldsymbol{C}}_1(h) & \tilde{\boldsymbol{D}}_1(h) \end{bmatrix}\begin{bmatrix} \tilde{\boldsymbol{x}} \\ \boldsymbol{w} \end{bmatrix} \tag{3-59}$$

选用二次型 Lyapunov 函数 $V=\tilde{\boldsymbol{x}}^{\mathrm{T}}\boldsymbol{P}\tilde{\boldsymbol{x}}$ 作为分析工具，其中 $\boldsymbol{P}>0$。沿着式 (3-59) 的轨迹方向，V 的导数可以表示为

$$\begin{aligned} \dot{V}&=\dot{\tilde{\boldsymbol{x}}}^{\mathrm{T}}\boldsymbol{P}\tilde{\boldsymbol{x}}+\tilde{\boldsymbol{x}}^{\mathrm{T}}\boldsymbol{P}\dot{\tilde{\boldsymbol{x}}} \\ &=\tilde{\boldsymbol{x}}^{\mathrm{T}}(\tilde{\boldsymbol{A}}+\tilde{\boldsymbol{B}}_2\tilde{\boldsymbol{F}}\tilde{\boldsymbol{C}}_2)^{\mathrm{T}}\boldsymbol{P}\tilde{\boldsymbol{x}}+\boldsymbol{w}^{\mathrm{T}}\tilde{\boldsymbol{B}}_1^{\mathrm{T}}\boldsymbol{P}\tilde{\boldsymbol{x}} \\ &\quad+\tilde{\boldsymbol{x}}^{\mathrm{T}}\boldsymbol{P}(\tilde{\boldsymbol{A}}+\tilde{\boldsymbol{B}}_2\tilde{\boldsymbol{F}}\tilde{\boldsymbol{C}}_2)\tilde{\boldsymbol{x}}+\tilde{\boldsymbol{x}}^{\mathrm{T}}\boldsymbol{P}\tilde{\boldsymbol{B}}_1\boldsymbol{w} \end{aligned} \tag{3-60}$$

静态输出反馈控制器满足性能指标的一个充分条件是

$$\dot{V}+\boldsymbol{z}^{\mathrm{T}}\boldsymbol{z}-\gamma^2\boldsymbol{w}^{\mathrm{T}}\boldsymbol{w}<0 \tag{3-61}$$

将式 (3-60) 代入到式 (3-61) 中，可以得到

$$\begin{aligned} &\dot{V}+\boldsymbol{z}^{\mathrm{T}}\boldsymbol{z}-\gamma^2\boldsymbol{w}^{\mathrm{T}}\boldsymbol{w} \\ &=\begin{bmatrix} \tilde{\boldsymbol{x}} \\ \boldsymbol{w} \end{bmatrix}^{\mathrm{T}}\begin{bmatrix} \tilde{\boldsymbol{A}}^{\mathrm{T}}\boldsymbol{P}+\boldsymbol{P}\tilde{\boldsymbol{A}}+\tilde{\boldsymbol{B}}_2\tilde{\boldsymbol{F}}\tilde{\boldsymbol{C}}_2\boldsymbol{P}+\boldsymbol{P}\tilde{\boldsymbol{C}}_2^{\mathrm{T}}\tilde{\boldsymbol{F}}^{\mathrm{T}}\tilde{\boldsymbol{B}}_2^{\mathrm{T}}+\tilde{\boldsymbol{C}}_1^{\mathrm{T}}\tilde{\boldsymbol{C}}_1 & * \\ \tilde{\boldsymbol{B}}_1^{\mathrm{T}}\boldsymbol{P}+\tilde{\boldsymbol{D}}_1^{\mathrm{T}}\tilde{\boldsymbol{C}}_1 & -\gamma^2\boldsymbol{I}+\tilde{\boldsymbol{D}}_1^{\mathrm{T}}\tilde{\boldsymbol{D}}_1 \end{bmatrix} \\ &\quad\cdot\begin{bmatrix} \tilde{\boldsymbol{x}} \\ \boldsymbol{w} \end{bmatrix}<0 \end{aligned} \tag{3-62}$$

注意到式 (3-62) 等价于

$$\begin{bmatrix} \tilde{\boldsymbol{A}}^{\mathrm{T}}\boldsymbol{P}+\boldsymbol{P}\tilde{\boldsymbol{A}}+\tilde{\boldsymbol{B}}_2\tilde{\boldsymbol{F}}\tilde{\boldsymbol{C}}_2\boldsymbol{P}+\boldsymbol{P}\tilde{\boldsymbol{C}}_2^{\mathrm{T}}\tilde{\boldsymbol{F}}^{\mathrm{T}}\tilde{\boldsymbol{B}}_2^{\mathrm{T}}+\tilde{\boldsymbol{C}}_1^{\mathrm{T}}\tilde{\boldsymbol{C}}_1 & * \\ \tilde{\boldsymbol{B}}_1^{\mathrm{T}}\boldsymbol{P}+\tilde{\boldsymbol{D}}_1^{\mathrm{T}}\tilde{\boldsymbol{C}}_1 & -\gamma^2\boldsymbol{I}+\tilde{\boldsymbol{D}}_1^{\mathrm{T}}\tilde{\boldsymbol{D}}_1 \end{bmatrix}<\boldsymbol{0} \tag{3-63}$$

对式 (3-63) 使用 Schur 补，可得

$$\begin{bmatrix} \tilde{\boldsymbol{A}}^{\mathrm{T}}\boldsymbol{P}+\boldsymbol{P}\tilde{\boldsymbol{A}}+\tilde{\boldsymbol{B}}_2\tilde{\boldsymbol{F}}\tilde{\boldsymbol{C}}_2\boldsymbol{P}+\boldsymbol{P}\tilde{\boldsymbol{C}}_2^{\mathrm{T}}\tilde{\boldsymbol{F}}^{\mathrm{T}}\tilde{\boldsymbol{B}}_2^{\mathrm{T}} & * & * \\ \tilde{\boldsymbol{B}}_1^{\mathrm{T}}\boldsymbol{P} & -\gamma^2\boldsymbol{I} & * \\ \tilde{\boldsymbol{C}}_1 & \tilde{\boldsymbol{D}}_1 & -\boldsymbol{I} \end{bmatrix} < \boldsymbol{0} \tag{3-64}$$

因为 $\tilde{\boldsymbol{C}}_1^{\mathrm{T}}\tilde{\boldsymbol{F}}^{\mathrm{T}}\tilde{\boldsymbol{F}}\tilde{\boldsymbol{C}}_1 > \boldsymbol{0}$，式 (3-64) 可以由下式保证，

$$\begin{aligned} &\begin{bmatrix} \tilde{\boldsymbol{A}}^{\mathrm{T}}\boldsymbol{P}+\boldsymbol{P}\tilde{\boldsymbol{A}}+\tilde{\boldsymbol{B}}_2\tilde{\boldsymbol{F}}\tilde{\boldsymbol{C}}_2\boldsymbol{P}+\boldsymbol{P}\tilde{\boldsymbol{C}}_2^{\mathrm{T}}\tilde{\boldsymbol{F}}^{\mathrm{T}}\tilde{\boldsymbol{B}}_2^{\mathrm{T}}+\tilde{\boldsymbol{C}}_1^{\mathrm{T}}\tilde{\boldsymbol{F}}^{\mathrm{T}}\tilde{\boldsymbol{F}}\tilde{\boldsymbol{C}}_1 & * & * \\ \tilde{\boldsymbol{B}}_1^{\mathrm{T}}\boldsymbol{P} & -\gamma^2\boldsymbol{I} & * \\ \tilde{\boldsymbol{C}}_1 & \tilde{\boldsymbol{D}}_1 & -\boldsymbol{I} \end{bmatrix} \\ &= \begin{bmatrix} \tilde{\boldsymbol{A}}^{\mathrm{T}}\boldsymbol{P}+\boldsymbol{P}\tilde{\boldsymbol{A}}-\boldsymbol{P}\tilde{\boldsymbol{B}}_2\tilde{\boldsymbol{B}}_2^{\mathrm{T}}\boldsymbol{P}+(\tilde{\boldsymbol{B}}_2^{\mathrm{T}}\boldsymbol{P}+\tilde{\boldsymbol{F}}\tilde{\boldsymbol{C}}_2)^{\mathrm{T}}(\tilde{\boldsymbol{B}}_2^{\mathrm{T}}\boldsymbol{P}+\tilde{\boldsymbol{F}}\tilde{\boldsymbol{C}}_2) & * & * \\ \tilde{\boldsymbol{B}}_1^{\mathrm{T}}\boldsymbol{P} & -\gamma^2\boldsymbol{I} & * \\ \tilde{\boldsymbol{C}}_1 & \tilde{\boldsymbol{D}}_1(h) & -\boldsymbol{I} \end{bmatrix} \\ &< \boldsymbol{0} \end{aligned} \tag{3-65}$$

再次对式 (3-65) 使用 Schur 补，可以得到

$$\begin{bmatrix} \tilde{\boldsymbol{A}}^{\mathrm{T}}\boldsymbol{P}+\boldsymbol{P}\tilde{\boldsymbol{A}}-\boldsymbol{P}\tilde{\boldsymbol{B}}_2\tilde{\boldsymbol{B}}_2^{\mathrm{T}}\boldsymbol{P} & * & * & * \\ \tilde{\boldsymbol{B}}_1^{\mathrm{T}}\boldsymbol{P} & -\gamma^2\boldsymbol{I} & * & * \\ \tilde{\boldsymbol{C}}_1 & \tilde{\boldsymbol{D}}_1 & -\boldsymbol{I} & * \\ \tilde{\boldsymbol{B}}_2^{\mathrm{T}}\boldsymbol{P}+\tilde{\boldsymbol{F}}\tilde{\boldsymbol{C}}_2 & \boldsymbol{0} & \boldsymbol{0} & -\boldsymbol{I} \end{bmatrix} < \boldsymbol{0} \tag{3-66}$$

利用不等式如下：

$$-\boldsymbol{P}\tilde{\boldsymbol{B}}_2(h)\tilde{\boldsymbol{B}}_2^{\mathrm{T}}(h)\boldsymbol{P} \leqslant -\boldsymbol{P}\tilde{\boldsymbol{B}}_2(h)\tilde{\boldsymbol{B}}_2^{\mathrm{T}}(h)\boldsymbol{X}-\boldsymbol{X}\tilde{\boldsymbol{B}}_2(h)\tilde{\boldsymbol{B}}_2^{\mathrm{T}}(h)\boldsymbol{P}+\boldsymbol{X}\tilde{\boldsymbol{B}}_2(h)\tilde{\boldsymbol{B}}_2^{\mathrm{T}}(h)\boldsymbol{X}$$

可知式 (3-66) 可以由不等式 (3-58) 保证。

注意到式 (3-58) 实际上是一个双线性矩阵不等式，其中存在矩阵 $\boldsymbol{P}$ 和 $\boldsymbol{X}$ 的乘积项，不能用常用的优化方法求解。下面应用迭代线性矩阵不等式方法进行求解，该算法的核心思想是迭代，即首先给定 $\boldsymbol{X}$ 的一个初值，对 $\boldsymbol{P}$ 进行求解，再将求解的结果作为 $\boldsymbol{P}$ 的值求解 $\boldsymbol{X}$，如此迭代，直到存在 $\boldsymbol{P}$ 和 $\boldsymbol{X}$ 的值满足不等式 (3-58)。具体算法如下：

步骤 (1) 设定迭代数 $k=1$，选择初始值 $\boldsymbol{X}_k=\lambda\boldsymbol{I}$，其中 λ 是给定一个大于 0 的实数；

步骤 (2) 对下面的广义特征值最小化问题 P1 进行求解，如果 $\alpha_k < 0$，则停止迭代，$\tilde{\boldsymbol{F}}$ 找到；如果 $\alpha_k \geqslant 0$，则继续迭代；

P1: 求解满足下述不等式的最小 α_k 值，

$$\begin{bmatrix} \tilde{\boldsymbol{A}}^{\mathrm{T}}\boldsymbol{P}_k + \boldsymbol{P}_k\tilde{\boldsymbol{A}} - \boldsymbol{P}_k\tilde{\boldsymbol{B}}_2\tilde{\boldsymbol{B}}_2^{\mathrm{T}}\boldsymbol{X}_k - \boldsymbol{X}_k\tilde{\boldsymbol{B}}_2\tilde{\boldsymbol{B}}_2^{\mathrm{T}}\boldsymbol{P}_k + \boldsymbol{X}_k\tilde{\boldsymbol{B}}_2\tilde{\boldsymbol{B}}_2^{\mathrm{T}}\boldsymbol{X}_k - \alpha_k\boldsymbol{P}_k & * & * & * \\ \tilde{\boldsymbol{B}}_{1i}^{\mathrm{T}}\boldsymbol{P}_k & -\gamma^2\boldsymbol{I} & * & * \\ \boldsymbol{C}_{1i} & \tilde{\boldsymbol{D}}_1 & -\boldsymbol{I} & * \\ \tilde{\boldsymbol{B}}_2\boldsymbol{P}_k + \tilde{\boldsymbol{F}}\tilde{C}_2 & \boldsymbol{0} & \boldsymbol{0} & -\boldsymbol{I} \end{bmatrix} < \boldsymbol{0} \tag{3-67}$$

步骤 (3) 对下面的优化问题 **P2** 进行求解；

P2: 求解 $\boldsymbol{P}_k$ 和 $\tilde{\boldsymbol{F}}$ 满足不等式 (3-67)，其中 $\alpha_k = \alpha_k^*$。

步骤 (4) 将 **P2** 问题的解记为 $\boldsymbol{P}_k^*$。如果 $\|\boldsymbol{X}_k - \boldsymbol{P}_k^*\| \leqslant \delta$，其中 $\delta > 0$ 为人为设定的误差容限，则停止迭代，说明该算法没有找到合适的解；否则，令 $k = k+1$，$\boldsymbol{X}_k = \boldsymbol{P}_{k-1}^*$，跳转到步骤 (2)。

当通过该算法得到静态输出反馈控制器后，可以通过式 (3-46) 解出 PID 控制器的参数。

3.2 空天地窄信标光束双向跟踪稳定性研究

光束跟踪过程中，平台光通信终端同时要参考平台的实时轨道和姿态变化测量数据，跟踪机制现在类似于典型的平台姿态控制系统 (陀螺仪 + 星跟踪器的姿态控制系统)，包括两个跟踪控制环，其中一个是基于信标跟踪的快跟踪环，另一个是基于平台姿态测量数据的慢跟踪环。下面分别对双向跟踪不补偿效应和 CCD 测角误差进行描述，进而分析跟踪误差稳定性问题。

3.2.1 窄信标光束双向跟踪补偿效应描述

平台激光通信的双向跟踪过程中，通过一系列控制单元来满足系统参数的设定值，以保持跟瞄通信动态过程中高度稳定性。在图 3-5 中，对于终端 A 来说，θ_1^* 代表接收到的终端 B 发射光束的指向角；θ_1 代表经过 CCD 测量后所得到的指向角；终端 A 根据测量得到的指向角 θ_1，经过由 $G_1(s)$ 和 $H_1(s)$ 组成的跟踪系统调整输出角 $\theta_{1\mathrm{out}}$，使其和指向角 θ_1 保持一致。终端 B 以同样的方式进行工作。

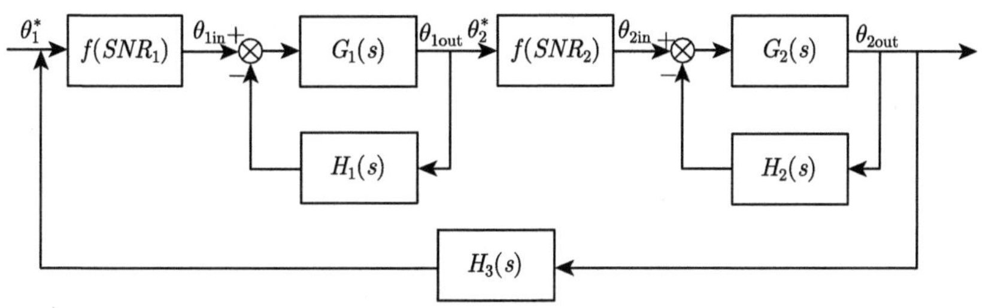

图 3-5　星间通信终端双向光束跟踪控制系统

对于通信终端 A 而言，瞄准角度 θ_1^* 为通信终端 A 接收到的通信终端 B 发出的信标光位置信息，θ_1 为通信终端 A 控制单元通过负反馈得到近似实际值的给定值，机械结构将会按照控制系统给定信息改变 CCD 图像传感器瞄准点位置来保证跟踪的稳定性。

一般情况下，通过光电码盘对角度 $\theta_{1\text{out}}$ 进行测量，测得的位置数字量乘以一个固定的系数很容易得到系统的实际角度，所以可以将 $H_1(s)$ 和 $H_2(s)$ 看作是常值为 1 的传递函数。$G_1(s)$ 与 $G_2(s)$ 是含 PID 控制器的系统开环传递函数。进一步，可以将每个终端的跟踪系统简化为图 3-6 所示的系统，其中 θ^* 代表实际指向角度，θ_{in} 代表 CCD 所测量得到的角度，θ_{out} 是实际的输出角度指向。一般而言，由于噪声造成瞄准角度误差，会使得激光通信终端瞄准角度的测量值与实际值不一致。瞄准角度的输出值 θ_{out} 是根据测量瞄准角度 θ_{in} 通过负反馈计算得到，$F(s)$ 为具有处理功能的滤波器和 PID 控制器。

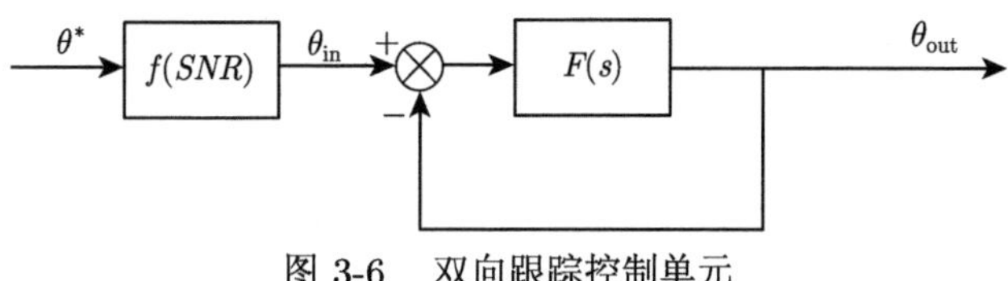

图 3-6　双向跟踪控制单元

在进行双向光束跟瞄通信过程中，控制系统是一个光开环系统，每一单独部件都为一阶惯性元件，按照给定值来完成跟瞄位置工作。当所有元件整合到一起，跟瞄控制系统将会演化为一个经典二阶系统。从图 3-6 可以看出，终端控制单元可以控制 θ_{out} 趋近 θ_{in} 作为跟踪系统对指向角的补偿。因而，假定输入的信号速度很快，则补偿效应 η 可表示为

$$\eta = \frac{\theta_{\text{out}}}{\theta_{\text{in}}} = 1 - \lim_{S \to 0} \frac{1}{s(1 + F(s))} \tag{3-68}$$

当信噪比 SNR 非常大的时候，可忽略噪声的影响，补偿效应 η 演变成一个

仅与运行频率 ω_0 相关的方程式，即可以实现补偿效应的量化确定。

3.2.2 双向跟踪 CCD 测角误差数学描述

在跟踪过程中，瞄准角度测量误差与跟踪误差直接相关联。下面选用典型的 CCD 测量瞄准角度误差，对平台光通信链路双向光束跟踪相互影响的迭代过程进行建模，分析稳定跟踪的约束条件。

如图 3-7 所示，坐标系 $(X_{\mathrm{A}}, O_{\mathrm{A}}, Y_{\mathrm{A}})$ 和 $(X_{\mathrm{B}}, O_{\mathrm{B}}, Y_{\mathrm{B}})$ 分别代表通信终端 A 和 B 的瞄准坐标系。$\varPhi_{\mathrm{A}}$ 和 $\varPhi_{\mathrm{B}}$ 分别为 A 和 B 终端探测到的瞄准角度误差。瞄准角度误差分为方位角和俯仰角两个方向，由于两方向变化独立，下面的分析中不特别指定方位角和俯仰角瞄准误差的区别，均表示为 $\varPhi_{\mathrm{A}}$ 和 $\varPhi_{\mathrm{B}}$。

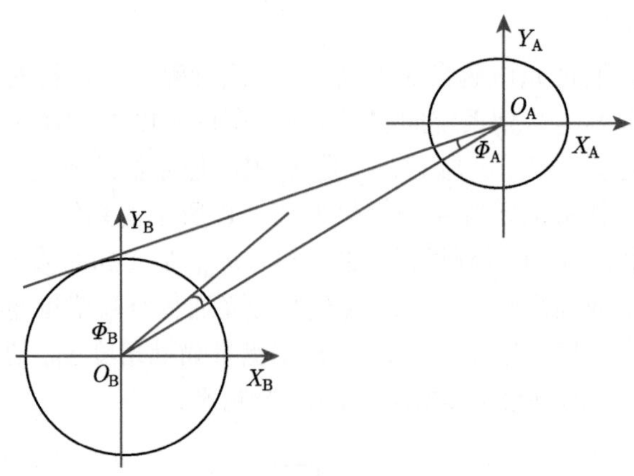

图 3-7　跟踪误差示意图

在跟踪过程中，通信终端 A 和 B 分别向对面终端发出窄信标光束，并在探测器 CCD 上成像。在跟踪过程中，通信终端 CCD 成像光斑位置随着信标光入射角度变化而变化，通过计算光斑的位置可实时确定当前瞄准误差 $\varPhi_{\mathrm{A}}$ 和 $\varPhi_{\mathrm{B}}$ 的大小。利用得到的 $\varPhi_{\mathrm{A}}$ 和 $\varPhi_{\mathrm{B}}$，经过坐标变换后得出控制系统的控制角度信息，通过粗瞄装置和精瞄装置修正终端的瞄准误差，从而达到光束跟踪的目的。

得到 CCD 光斑的质心位置，前瞄准误差 $\varPhi_{\mathrm{A}}$ 和 $\varPhi_{\mathrm{B}}$ 可由下式得出

$$\varPhi = \arctan\left[\frac{1}{f}\sqrt{(\widehat{x})^2 + (\widehat{y})^2}\right] \tag{3-69}$$

其中，f 为通信终端接收光路等效透镜焦距，$(\widehat{x}, \widehat{y})$ 为 CCD 探测光斑的质心二维坐标。设信标光和噪声的灰度值分别为 S_i 和 N_i，光斑在 CCD 质心坐标为

$$\hat{x}=\frac{\sum\limits_{i}^{n}x_i(S_i+N_i)}{\sum\limits_{i}^{n}(S_i+N_i)}=\frac{\sum\limits_{i=1}^{n}x_iS_i}{\sum\limits_{i=1}^{n}S_i}\left(1-\frac{\sum\limits_{i=1}^{n}N_i}{\sum\limits_{i=1}^{n}(S_i+N_i)}\right)+\frac{\sum\limits_{i=1}^{n}x_iN_i}{\sum\limits_{i=1}^{n}(S_i+N_i)} \tag{3-70}$$

则信噪比可以表示为

$$SNR=\frac{\sum\limits_{i=1}^{n}S_i}{\sum\limits_{i=1}^{n}N_i} \tag{3-71}$$

利用上面两式，可以得到跟踪过程中的质心误差为

$$\begin{cases}\Delta x=\dfrac{1}{1+SNR}(\bar{x}-\bar{x}')\\ \Delta y=\dfrac{1}{1+SNR}(\bar{y}-\bar{y}')\end{cases} \tag{3-72}$$

其中，$\bar{x}$ 代表无噪声时光斑质心坐标，$\bar{x}'$ 代表有噪声时的光斑质心坐标，$\bar{x}$ 和 $\bar{x}'$ 可由下式进行计算

$$\bar{x}=\frac{\sum\limits_{i=1}^{n}x_iS_i}{\sum\limits_{i=1}^{n}S_i},\quad \bar{x}'=\frac{\sum\limits_{i=1}^{n}x_iN_i}{\sum\limits_{i=1}^{n}N_i},\quad \bar{y}=\frac{\sum\limits_{i=1}^{n}y_iS_i}{\sum\limits_{i=1}^{n}S_i},\quad \bar{y}'=\frac{\sum\limits_{i=1}^{n}y_iN_i}{\sum\limits_{i=1}^{n}N_i} \tag{3-73}$$

将 (3-72) 式换成角度关系为

$$\Delta\Phi=\frac{\Phi}{1+SNR_0G(\Phi)} \tag{3-74}$$

下面讨论由于跟踪角度误差 Φ 变化造成的 CCD 测角误差 $\Delta\Phi$ 变化，其中 $G(\Phi)$ 为光功率损失函数，可以表示为

$$G(\Phi)=\exp\left(-\frac{8\Phi^2}{\theta_{\rm b}^2}\right) \tag{3-75}$$

此时 CCD 对指向角的测量误差可以表示为

$$\Delta\Phi=\Phi\left[1+SNR_0\exp\left(-\frac{8\Phi^2}{\theta_{\rm b}^2}\right)\right]^{-1} \tag{3-76}$$

其中 Φ 表示指向角误差，θ_b 代表光束发散角。图 3-8 为在信标光束散角一定的条件下，测角误差和瞄准角度误差的关系。

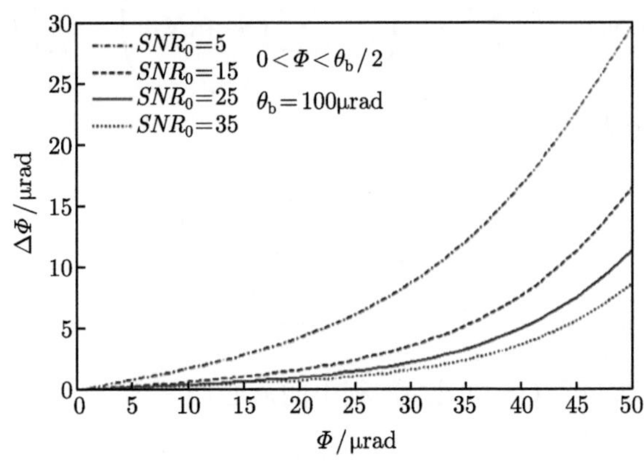

图 3-8　瞄准角度误差与测角误差之间的关系

可以看出，在同样终端瞄准角度偏差的条件下，信噪比 SNR_0 越大，CCD 测角误差越小。例如，当 θ_b 为 100μrad 的时候，SNR_0 为 5、15、25 和 35 时，分别对应终端瞄准角度误差 10μrad 会导致的 CCD 测角偏差约 1.8μrad、0.7μrad、0.4μrad 和 0.3μrad，CCD 测角误差对终端瞄准角度误差影响由 17.8% 降低到仅为 3%。图 3-9 给出了当信噪比一定时，对应不同的信标光发散角、CCD 测角误差与终端瞄准角度误差的关系。

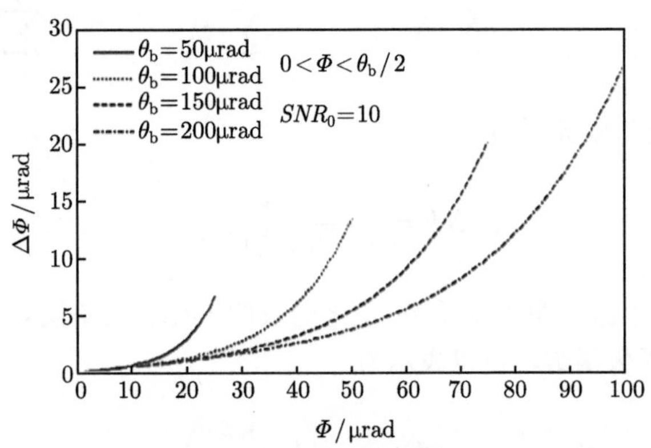

图 3-9　不同光束束散角条件下瞄准角度误差与测角误差之间的关系

当终端瞄准角度误差为 20μrad，信噪比 10，信标光束散角 θ_b 为 50μrad、100μrad、150μrad 和 200μrad 时，分别对应测角偏差约 5.3μrad、2.4μrad、2.1μrad 和 2μrad，测角误差对终端瞄准角度误差的影响由 26.5% 降低到 10%。

3.2.3 跟踪误差对窄信标双向跟踪稳定性影响分析

双向光束跟踪时，两个光通信终端同时对来自另一个终端的光束进行跟踪，光通信终端的瞄准控制精度和去耦能力决定了双向跟踪的精度。因此，两个终端上的瞄准角度误差相互影响。根据文献的结果，双向跟踪时，为确保跟踪稳定每一端上可以承受的最大跟踪均方差为

$$\sigma_1 \leqslant \frac{\theta_{\mathrm{b}}}{4\sqrt{2q}} \tag{3-77}$$

其中，$q=1$ 和 $q=2$ 分别代表量子极限跟踪和背景噪声极限运动情况跟踪，q 主要依赖于功率电平，功率电平与信噪比有关。通常 $q=1.5$，由激光束功率和信噪比 SNR_0 决定。然而具体的 q 值并不容易确定。

在跟踪过程中，可采用补偿比 η 表示系统对瞄准角度误差的补偿效果。假设 Φ_{in} 表示瞄准角度误差，Φ_{out} 表示经过 PAT 系统补偿后的瞄准角度误差。补偿比 η 是一个取值为 0 到 1 范围内的量。当 $\eta=1$ 时，代表理想系统，此时没有瞄准角度误差。

双向跟踪过程为一个不断对瞄准角度误差进行迭代收敛的过程。双向跟踪过程的理论模型为

$$\begin{cases} \Phi_{\mathrm{A}}(t)=(1-\eta)[\Phi_{\mathrm{A}}(t-T)+\Phi_{\mathrm{A}}(t)] \\ \Phi_{\mathrm{B}}(t)=(1-\eta)[\Phi_{\mathrm{B}}(t-T)+\Phi_{\mathrm{B}}(t)] \end{cases} \tag{3-78}$$

考虑 CCD 测角误差后的跟踪误差约束条件为

$$\Phi_{\mathrm{A,B}} < \left\{\frac{1}{8}\ln\left[SNR_0\cdot\left(\frac{\eta^2}{1-2\eta^2}\right)\right]\right\}^{\frac{1}{2}}\cdot\theta_{\mathrm{b}} \tag{3-79}$$

最大瞄准角度误差与信标光束散角的关系为

$$\omega=\frac{\Phi}{\theta_{\mathrm{b}}}=\left\{\frac{1}{8}\ln\left[SNR_0\cdot\left(\frac{\eta^2}{1-2\eta^2}\right)\right]\right\}^{\frac{1}{2}} \tag{3-80}$$

对于稳定的双向光束跟踪系统，要求跟踪误差补偿逐渐收敛。当存在一个瞄准角度 Φ 时，收敛时间为

$$T=\log_{k(1-\eta)}\left(\frac{\xi}{\Phi}\right)\cdot t_{\mathrm{total}} \tag{3-81}$$

其中，k 为 CCD 测得的瞄准角度与实际瞄准角度误差的比值，一般情况下 $1<k<1.5257$，这里 k 取中间值，其中，

$$t_{\mathrm{total}}=t_{\mathrm{CCD}}+t_{\mathrm{process}}+t_{\mathrm{controller}} \tag{3-82}$$

假设：

$$\mu=\left[\log_{k(1-\eta)}\left(\frac{\xi}{\Phi}\right)\right],\xi=1\mu\text{rad} \tag{3-83}$$

双向光束跟踪可认为是在迭代过程中收敛，跟瞄角度误差的补偿效应也将逐渐收敛，因而，跟踪方差约束条件为

$$\sigma_2=\Phi\cdot\left[\frac{1}{\mu}\cdot\frac{1}{1-\eta^2}-\frac{1}{\mu^2}\cdot\frac{1}{(1-\eta)^2}\right]^{\frac{1}{2}} \tag{3-84}$$

或者

$$\sigma_2<\left\{\frac{1}{8}\ln\left[SNR_0\cdot\left(\frac{\eta^2}{1-2\eta^2}\right)\right]\left(\frac{1}{n(1-\eta^2)}-\frac{1}{n^2(1-\eta)^2}\right)\right\}^{\frac{1}{2}}\cdot\theta_{\mathrm{b}} \tag{3-85}$$

可以看出，在双向光束跟瞄通信过程中，跟瞄方差约束与信噪比、CCD 测量误差以及补偿效应相关。由于去除噪声的方法太理想，信噪比 SNR_0 比实际值大，因而跟瞄角度误差对角度测量误差的精度几乎不产生影响。如果忽略测量误差，补偿效应将会演变成影响双向光束跟瞄通信稳定性的最主要因素。

图 3-10 为最大均方差 σ_2 和 θ_{b}，图 3-11 为 η 与 SNR_0 仿真曲线，可以看出，θ_{b} 和补偿效应 η 大小对 σ_2 的影响很大，当 θ_{b} 为一个固定值时，补偿效应 η 越好，可容许的最大均方差 σ_2 也就越大。

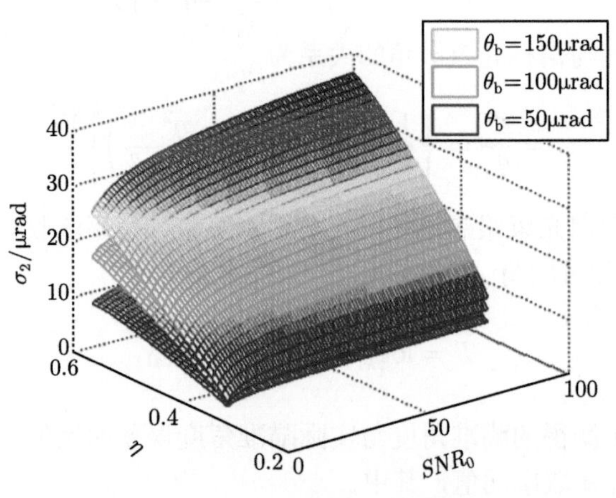

图 3-10　σ^2 与 θ_{b} 的关系

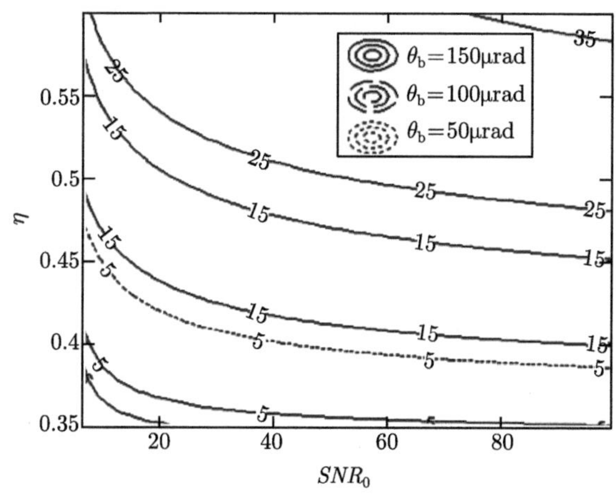

图 3-11 η 与 SNR_0 的关系

为了可以通过几个简单的参数来实时监测补偿效应，可采用经典的控制理论来描述窄信标光束稳定双向跟踪。一般而言，二级控制系统是一个最基本的系统，高级系统都可以在特定条件下简化为二级系统。正如前面控制原理所分析的，双向光束跟瞄控制系统可以简化为一个经典二级控制系统，其中，开环函数 $F(s)$ 近似为

$$F(s)=\frac{\omega_n^2}{s(s+2\xi\cdot\omega_n)} \tag{3-86}$$

对于典型二阶系统，系统的超调量和响应时间 t_s 可由下式表示

$$M_p=e^{-\frac{\pi\xi}{\sqrt{1-\xi^2}}} \tag{3-87}$$

$$t_s=\frac{3}{\xi\omega_n} \tag{3-88}$$

其中，ξ 是阻尼系数，ω_n 代表系统的自然振荡频率。可得补偿比为

$$\eta=1-\frac{2t_s\cdot\ln^2(M_p)}{3\left(\ln^2(M_p)+\pi^2\right)} \tag{3-89}$$

利用上式，我们建立了窄信标光束稳定跟踪补偿效应与控制系统中的超调量 M_p、响应时间 t_s 之间的关系，数值仿真结果如图 3-12 所示。

各类激光链路系统对窄信标光束双向跟踪的稳定性需求不同，对应不同的补偿比要求。图中描绘了不同补偿比要求下，窄信标光束双向跟踪系统的响应时间和超调量的对应关系。根据上述关系，可将链路系统指标分解至单机控制指标，在单机研制阶段提前实现对系统级指标的估计和质量保证。

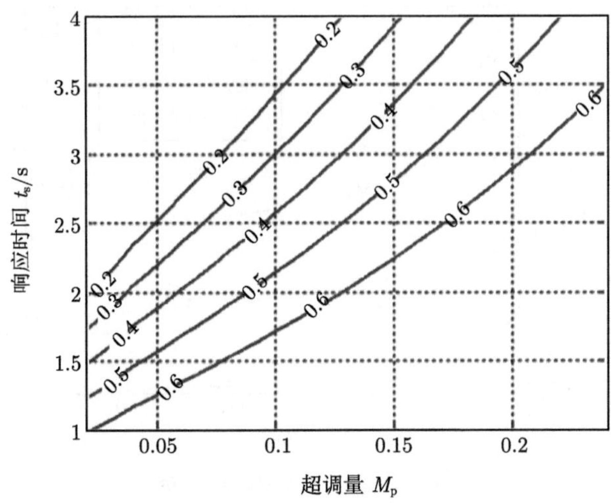

图 3-12 不同 η 情况下 M_p 与 t_s 的关系

3.2.4 窄信标稳定跟踪仿真与分析

本节以用户平台与中继平台之间的光通信链路跟踪过程为例，建立仿真模型，进行仿真。用户平台轨道数据参照法国 SPOT4 平台，中继平台轨道数据参照欧空局 ARTEMIS 同步轨道平台，链路距离变化范围 35000~45000km。在仿真过程中，还需同时考虑通过提前瞄准抑制平台间相对运动产生的时延误差。

窄信标双向光束跟踪仿真系统主要包括信号发生模块、CCD 探测器模块、控制模块、时间延迟模块和噪声模块。

(1) 信号发生模块：两终端的瞄准角度误差作为信号源模块的输出量。由于瞄准角度误差的大小主要与两平台间的相对运动速度有关，因此可根据不同的相对运动速度设置信号源模块输出值。

(2) CCD 探测器模块：CCD 计算两终端的瞄准角度误差。由于信噪比、系统补偿效果等原因，导致 CCD 在测量过程中存在测角误差，因此在探测器模块中加入不同条件下对应的误差值。

(3) 控制模块：控制器对 CCD 测得的瞄准角度误差进行补偿。对于不同的系统性能、平台间的相对运动速度以及平台微振动的振幅和频率，控制模块对瞄准角度误差的补偿效果 η 不同。

(4) 时间延迟模块：由于光束传播距离较远，用户平台与中继平台之间存在 0.12~0.15s 的时间延迟，利用该模块进行光束传输延时动态模拟。

(5) 噪声模块：使用噪声模块模拟平台微振动对跟踪系统的影响。平台的角振动的主要特点为低幅高频、高幅低频。

选取 5 组正弦变化的期望角度信号，幅值为 50μrad，频率 1~5Hz，模拟双向跟踪中粗瞄残差和提前瞄准角度变化。同时，在每个输入的正弦波上加入低幅高频随机扰动，模拟平台振动。该扰动的频谱与 NASDA 设计参考曲线接近，可实现等效模拟，如图 3-13 所示。

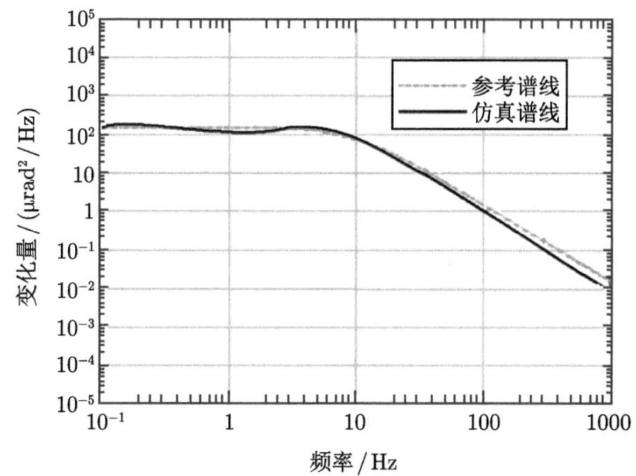

图 3-13 振动模拟频谱与 NASDA 频谱对比

跟踪过程开始时，用户平台与中继平台之间同时开始对存在的瞄准角度误差进行补偿，使两终端之间的瞄准角度误差保持在系统允许的范围内。在仿真过程中，分别取 θ_b 为 50μrad 和 100μrad。

表 3-1 为光束稳定跟踪状态下，不同跟踪探测信噪比 SNR_0 和跟踪补偿比 η 时，跟踪链路系统允许的最大瞄准角误差 ω (表中数据为信标光发散角的倍数) 的仿真结果。为保证跟踪过程稳定的最大均方差的仿真结果与理论值的对比，仿真实验中系统保持稳定的均方差均取值在理论值的范围内。可以看出，随着跟踪探测信噪比 SNR_0 和跟踪补偿比 η 的提高，窄信标光束跟踪链路的系统允许的最大瞄准角误差 ω 越大，对激光通信终端控制性能的要求可适当降低。该结论对平台激光链路系统航天工程化、终端小型化、高可靠性和产品化研究具有重要意义。

表 3-1 ω, η 和 SNR_0 关系

η	0.25	0.3	0.35	0.4	0.45	0.5	0.55	0.6
$SNR_0 = 5$	—	—	—	0.14	0.25	0.33	0.38	0.38
$SNR_0 = 10$	—	0.10	0.24	0.32	0.39	0.41	0.41	0.41
$SNR_0 = 20$	0.21	0.31	0.38	0.42	0.43	0.43	0.43	0.43
$SNR_0 = 40$	0.36	0.43	0.45	0.45	0.45	0.45	0.45	0.45

在图 3-14 中，横轴为跟瞄探测信噪比 SNR_0，纵轴为跟踪链路系统允许的最大瞄准角误差的方差。

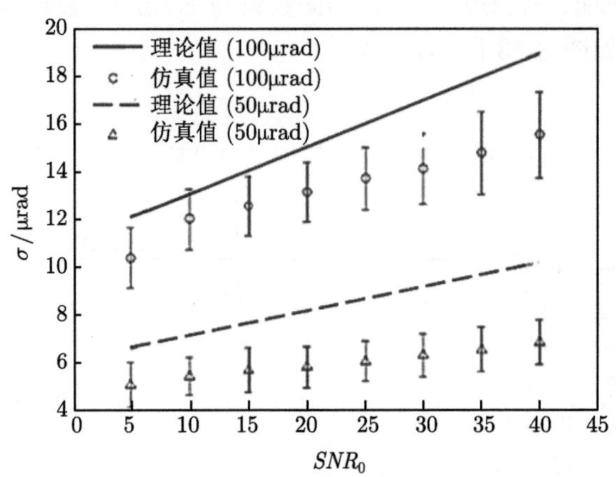

图 3-14　不同条件下仿真结果与理论值的比较

可以看出，当 q 值在 1~2 区间的时候，理论值与仿真值的变化趋势基本一致，但是仿真得到的结果普遍小于理论值。这是由于在跟踪过程中，存在发射端瞄准角度误差 $\Delta\Phi$，导致接收端 CCD 测得的瞄准角度误差偏大，当测得的瞄准角度误差大于 $0.5\theta_b$ 时，进行跟踪会导致对方终端探测信噪比严重下降，甚至使跟踪链路中断。根据表 3-1 对最大瞄准角度误差进行修正，以 100μrad 为例，修正后的结果如图 3-15 所示。

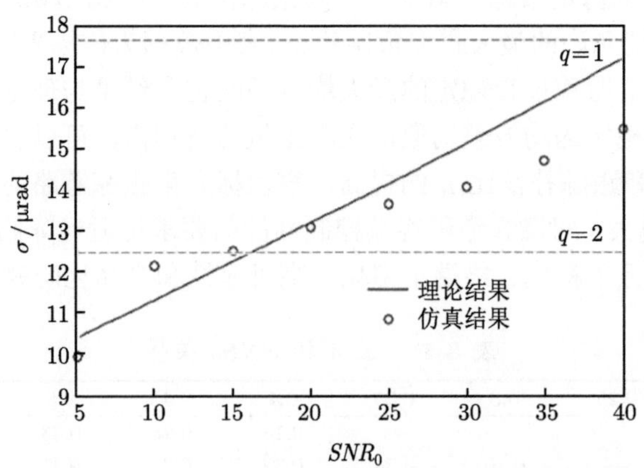

图 3-15　修正后的理论值与仿真结果的比较

从图 3-15 中可以看出，按照以往文献中的理论结果，得出的 $q = 1$ 与 $q = 2$

两条曲线表示的光束稳定跟踪的约束条件范围比较宽泛，没有反映出跟踪过程的稳定特性与信噪比的具体关系，与实际的窄信标双向捕获情况存在较大偏差。在仿真试验中，如果按上述理论结果设计跟踪策略，有可能导致系统的跟踪方差过大，超过系统允许的最大方差，会导致跟踪过程发散，使通信链路中断。修正后的理论值和仿真结果比较接近，基本介于两种极限情况 ($q=1$ 与 $q=2$) 之间。随着跟瞄探测信噪比 SNR_0 的增加，跟踪链路对跟踪误差的容忍度提升，跟踪状态趋于稳定。

表 3-2 为按照以往文献中的约束条件和本文得到的约束条件分别进行的链路仿真实验。

表 3-2 链路保持时间比较

η	文献报道结果	优化后结果
0.10	—	—
0.20	—	—
0.30	3.5s	20s
0.35	4.5s	45s
0.40	12s	200s
0.45	350s	750s
0.50	455s	1105s
0.55	700s	2500s
0.60	5400s	5400s
0.70	5400s	5400s
0.80	5400s	5400s
0.90	5400s	5400s

从表中可以看出，当补偿效率 η 在 $0.3<\eta<0.6$ 时，按照本章提出的双向稳定跟踪方法实现的链路保持时间，明显优于文献中的结果。补偿效果很差 ($\eta<0.3$) 时，系统难以保证链路的稳定状态。当 $\eta>0.6$ 时，系统对瞄准角度误差具有很好的补偿效果，系统可以保持长时间的稳定状态。以补偿比 η 为 0.55 时为例，双向稳定跟踪方法实现的链路保持时间从优化前的 700s 提升到了 2500s，极大地提高了窄信标链路稳定性。

3.3 空天地捕跟探测快速切换在轨优化方法研究

在现有的平台光通信链路系统捕跟切换中，由于需要对光斑位置进行大范围快速调整，导致信标光强突变。同时，捕跟切换过程中还受到光强闪烁和波前畸变等干扰，导致光信号丢失概率大，链路建立时间长，甚至无法建立链路。对于数十微弧度发散角的窄信标激光链路捕获到跟踪切换，上述问题更为突出。针对上述技术难题，本节提出了多阈值分割捕跟探测和控制方法，可实现远距离窄信标激光链路的快速稳定捕跟切换。

3.3.1 图像阈值分割法

多阈值分割捕跟探测和控制方法是指在捕获和跟踪探测过程中，根据光斑成像的位置，实时分割调整探测阈值，通过多参量反馈控制实现最优光束角度偏差探测和校准。在链路建立阶段，为了提高阈值分割精度，进一步提高信标光的探测概率，可根据链路的实际变化状态，进行阈值、帧频自适应调整，实现快速检测信标光的位置，确保从捕获视域向跟踪视域平稳切换。

全局阈值分割法，又称单阈值分割法，实现比较简单，在分割图像过程中，只需要设置一个固定的阈值即可，适用于目标和背景交界处两边的像素在灰度值上有很大差别的情况。局部阈值分割法，又称多阈值分割法，将区域分为多个子区域，对每个子区域采用不同的阈值进行分割处理，实现比较复杂，适用于目标和背景在边界处差别不大的情况。

通常平台光通信系统中常用的分割方法是全局阈值分割法，实现比较简单。但是如果考虑激光链路中的大气湍流、平台微振动等因素的影响，该方法的分割精度可能会受影响。因此，为了提高阈值分割的精度，我们提出了一种新的阈值分割方法即自适应优化阈值分割法，可根据链路的实际环境变化，自适应进行调整，以便实现较高的分割精度。

3.3.2 自适应最优分割值理论模型

图 3-16 为平台光通信系统通信链路示意图。在不考虑微振动时，接收平面的中心点为 O；考虑平台微振动时，接收平面的中心点由 O 点变为 A 点，光束发生了抖动，接收平面的中心发生了偏移，有如下公式：

$$\Delta\theta = \frac{r_A}{z} = \alpha \tag{3-90}$$

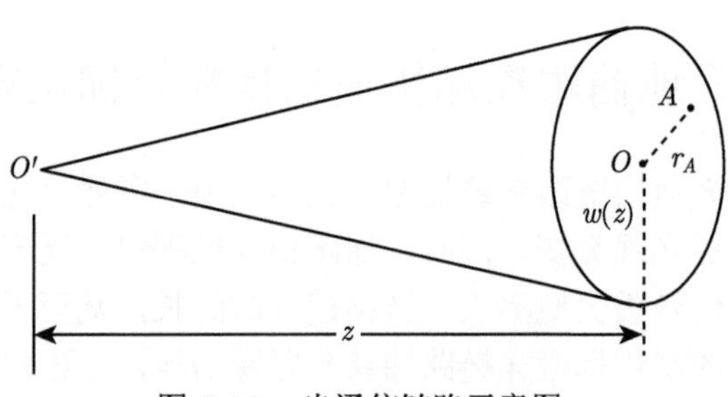

图 3-16　光通信链路示意图

对于大气湍流效应影响，到达角起伏可由下列公式得到

$$\alpha_i = \frac{d\sqrt{(X_i - \bar{X})^2 + (Y_i - \bar{Y})^2}}{M \times f_{\mathrm{L}}} \tag{3-91}$$

其中，α_i 为第 i 帧图像所计算得到的到达角，d 为 CMOS 图像传感器的像素尺寸，f_{L} 为接收光学系统的焦距，M 为光学系统的放大系数，X_i 和 Y_i 分别表示光斑 X 方向和 Y 方向的质心坐标，$\bar{X}$ 和 $\bar{Y}$ 分别表示光斑 X 方向和 Y 方向的质心坐标平均值。

对于高斯光束有如下公式：

$$\psi(\mathrm{r}, z) = \frac{w_0}{w(z)} \exp\left[-\frac{r^2}{w^2(z)}\right] \exp\left\{-\mathrm{i}\left[k_1\left(z + \frac{r^2}{2R(z)}\right) - \arctan\frac{z}{f}\right]\right\} \tag{3-92}$$

$$w(z) = w_0\left[1 + \left(\frac{\lambda z}{\pi w_0^2}\right)^2\right]^{\frac{1}{2}} \tag{3-93}$$

$$I(r, z) = |\psi(r, z)|^2 = \frac{w_0^2}{w^2(z)} \exp\left(-\frac{2r^2}{w^2(z)}\right) \tag{3-94}$$

其中，$\psi(r, z)$ 为基模高斯 (TEM_{00}) 光束光场分布函数，w_0 为高斯光束的束腰半径，f 为焦距，$R(z)$ 为曲率半径，λ 为激光波长，$k_1 = 2\pi/\lambda$。激光捕跟链路接收终端可接收到的光功率为

$$P_{\mathrm{r}} = \iint I(r, z)\mathrm{d}r \tag{3-95}$$

在远场情况下，可作如下近似：

$$w(z) \approx \frac{z\theta_{\mathrm{b}}}{2} \tag{3-96}$$

$$\pi w^2(z) \gg A_{\mathrm{r}} \tag{3-97}$$

其中，A_{r} 为接收终端的接收面积，θ_{b} 为光束束散角，z 为两个光终端之间的距离。

基于上述公式，我们可以计算出接收终端可接收到光功率，这是近似结果，如下面公式所示

$$P_{\mathrm{r}} \approx \frac{4w_0^2 A_{\mathrm{r}}}{z^2\theta_{\mathrm{b}}^2} \exp\left(-\frac{8\alpha^2}{\theta_{\mathrm{b}}^2}\right) \tag{3-98}$$

这里需要计算接收终端中的 CCD 所接收的光功率与 CCD 输出的灰度值之间的关系 (这里只考虑 8 阶灰度值的情况)。

$$P_{\mathrm{r}} = f(x) \tag{3-99}$$

可以近似认为接收光功率与 CCD 输出的灰度值之间为线性关系，即：

$$P_{\mathrm{r}} = k_2 x \tag{3-100}$$

其中 k_2 为比例系数，x 为 CCD 输出灰度值。

由于空间背景光以及 CCD 传感器自身噪声的影响，使得 CCD 在捕获信标光的过程中虚警率和漏检率无法避免，因此需要对 CCD 捕获过程中的虚警率和漏检率进行讨论。假设 CCD 每个像素服从正态分布，而且每个像素独立，此时基于上述模型的假设条件，我们可以得到 CCD 的单帧虚警概率，如下式所示。

$$P_{\mathrm{b}} = \frac{1}{\sqrt{2\pi}\sigma}\int_{nTh}^{255}\exp\left[-\frac{(X-D_{\mathrm{b}})^2}{2\sigma^2}\right]\mathrm{d}X = \frac{1}{2}\left(1-\mathrm{erf}\left(\frac{nTh-D_{\mathrm{b}}}{\sqrt{2}\sigma}\right)\right) \tag{3-101}$$

其中，P_{b} 为 CCD 单帧虚警概率，σ 为 CCD 像素输出值的标准方差，nTh 为处理阈值，X 为 CCD 每个像素的灰度值，D_{b} 为背景噪声平均灰度值。

同理，可以得到 CCD 单帧漏检概率为

$$\begin{aligned} P_{\mathrm{T}} &= \frac{1}{\sqrt{2\pi}\sigma}\int_{0}^{nTh}\exp\left\{-\frac{1}{2\sigma^2}\left[\left(X-\frac{X_1}{n}\right)-D_{\mathrm{b}}\right]^2\right\}\mathrm{d}X \\ &= \frac{1}{2}\left[1-\mathrm{erf}\left(\frac{\dfrac{X_1}{n}+D_{\mathrm{b}}-nTh}{\sqrt{2}\sigma}\right)\right] \end{aligned} \tag{3-102}$$

其中，P_{T} 为 CCD 单帧漏检概率，X_1 为 CCD 接收到的光功率所对应的灰度值，n 为信标光斑在 CCD 上所分布的像素个数。

最后得到，CCD 成功捕获信标光的概率为

$$P_{\mathrm{CCD}} = [1-(P_{\mathrm{T}})^n](1-P_{\mathrm{b}})^{m_2(N^2-n)} \tag{3-103}$$

其中，P_{CCD} 为 CCD 成功捕获信标光的概率，m_2 为 CCD 采集的帧数，N^2 为 CCD 采集窗的总像素个数。

综上，我们可以得到 CCD 最大捕获概率情况下，捕获信标光的边界条件。根据 $P_{\mathrm{T}}\to 0$，$P_{\mathrm{b}}\to 0$ 和 $\mathrm{erf}(2)=0.9953$，我们可以得到边界条件如下：

$$2 \leqslant \frac{1}{\sqrt{2}\sigma}(nTh-D_{\mathrm{b}}) \tag{3-104}$$

$$2 \leqslant \frac{1}{\sqrt{2}\sigma}\left(\frac{X_1}{n} + D_{\mathrm{b}} - nTh\right) \tag{3-105}$$

$$D_{\mathrm{b}} + 2\sqrt{2}\sigma \leqslant nTh \leqslant \frac{X_1}{n} + D_{\mathrm{b}} - 2\sqrt{2}\sigma \tag{3-106}$$

由此，我们可以得到自适应最优分割阈值，用于区分信标光和背景噪声，保证 CCD 捕获信标光的捕获概率最大。

下面对前面的理论模型进行仿真分析。首先对公式 (3-106) 进行讨论，令 $K = \dfrac{nTh - D_{\mathrm{b}}}{\sigma}$，$Q = \dfrac{1}{\sqrt{2}\sigma}(X_1/n + D_{\mathrm{b}} - nTh)$，其中变量 K 由处理阈值与平均背景噪声量之差决定。因此，合理设置图像处理阈值可以极大地消除背景光的影响。变量 Q 主要由 CCD 所接收到的光功率和 K 之差决定，我们可以得到 CCD 捕获信标光的概率与 K、Q 之间的关系，如图 3-17 所示。

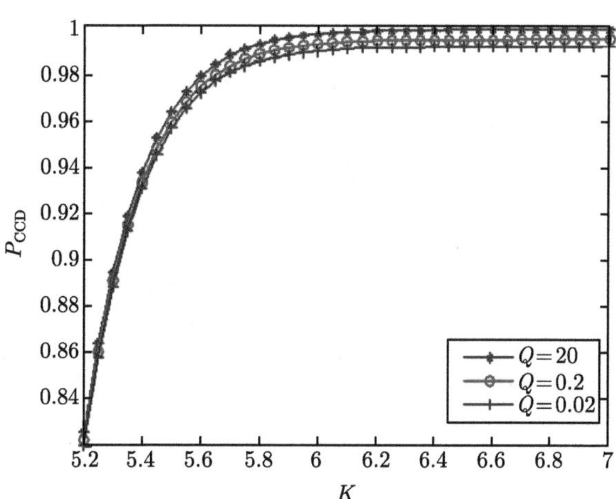

图 3-17 CCD 捕获概率与 K 的关系图

从图中可以看出，在相同的条件下，Q 越大则 CCD 成功捕获的概率会增大。因此，为提高 CCD 捕获概率，需要增大 CCD 接收的光功率，提高信标光捕获过程中的信噪比。

下面分析 CCD 输出灰度值与 α 的关系。初始条件设置如下：信标光波长 806nm，$\dfrac{4w_0^2 A_{\mathrm{r}}}{z^2\theta_{\mathrm{b}}^2} = 1$，$w_0^2 = 1\mathrm{cm}^2$，$A_{\mathrm{r}} = 3.14\times(0.25/2)^2 = 0.049\mathrm{m}^2$，$\theta_{\mathrm{b}} = 80\mu\mathrm{rad}$，$k_2 = \dfrac{1}{25500}$，通过前面的公式，我们可以得到 CCD 输出的灰度值与 α 的关系如图 3-18 所示。

从图中可以看出，CCD 输出的灰度值受 α 的影响较大，而且随着 α 的增大，会造成 CCD 灰度值的下降。对于 CCD 探测器来讲，随着 CCD 的输出灰度值的增大而对信标光的捕获概率会提高。因此，如果保证较高的捕获概率，必须需要减少 α，而对信标光斑的精确识别也是一个有效途径。

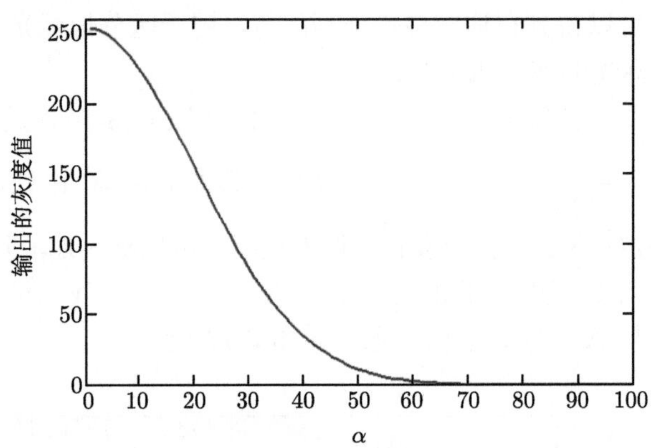

图 3-18　CCD 输出的灰度值与 α 的关系图

3.3.3　自适应最优分割值优化算法实现

自适应最优分割阈值实现算法流程如图 3-19 所示。首先采集一帧图像，计算 σ 和 D_{b}，并设置一个初始的阈值，用于初步区分信标光和背景。如果成功捕获信标光后，则开始计算信标光平均灰度值，可以得到自适应优化分割阈值，对图像重新进行二值化处理，并计算信标光的质心坐标位置，转入跟踪状态。σ 和 D_{b} 可以分别用下式计算。

$$\sigma = \frac{1}{N}\sqrt{\sum_{i=1}^{N^2}(Y_i - \bar{Y})^2} \tag{3-107}$$

$$\bar{Y} = \frac{1}{N^2}\sum_{i=1}^{N^2} Y_i \tag{3-108}$$

式中 Y_i 为 CCD 采样值，$\bar{Y}$ 为采样值的平均值。在没有信标光出现在 CCD 视域中时，此时为探测得到的全部为背景光，因此 $D_{\mathrm{b}} = \bar{Y}$。信标光的平均灰度值为

$$\bar{X} = \frac{1}{n}\sum_{i=1}^{n} K_i \tag{3-109}$$

式中，K_i 为信标光的灰度采样值，K_i 不小于设置的初始阈值。

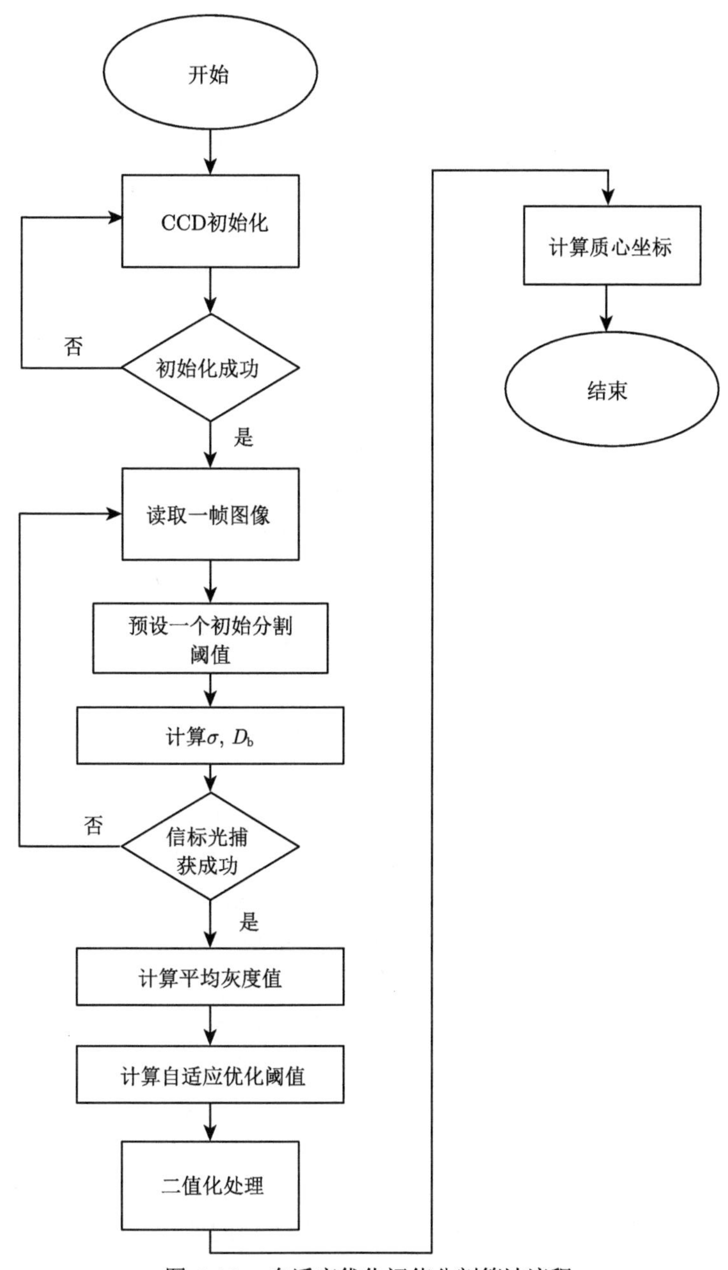

图 3-19 自适应优化阈值分割算法流程

硬件电路由 DSP、CPLD、FLASH、SDRAM 和 SRAM 等组成，采用嵌入式系统来实现上述算法，如图 3-20 所示。DSP 选用美国 TI 公司浮点运算处理器 C6000 系列 DSP，主频可达 300MHz，可以达到 2400 百万次指令数/秒 (MIPS)

的运算能力，完全满足实验中图像实时处理要求。CPLD 用于实现硬件电路地址译码功能，大约为 50 万门；FLASH 用于存储程序代码，FLASH 容量为 1M bit；SDRAM 用于缓存数据，容量为 8M×32 位字节，它由两个 2M×4×16 位的电子元器件构成，SDRAM 可以与 C6000 的 EMIF 接口直接连接；SRAM 用于 CCD 采集数据的缓存，器件采用 ISSI 公司的 IS61LV51216。CCD 采集的图像数据将依次存入两个 SRAM 之中。使用了两块 SRAM 芯片流水作业方式。采集到的奇数帧图像存入 SRAM1 中，偶数帧图像存入 SRAM2 中，保证不会出现丢帧现象，极大地提高了存储系统的工作效率。

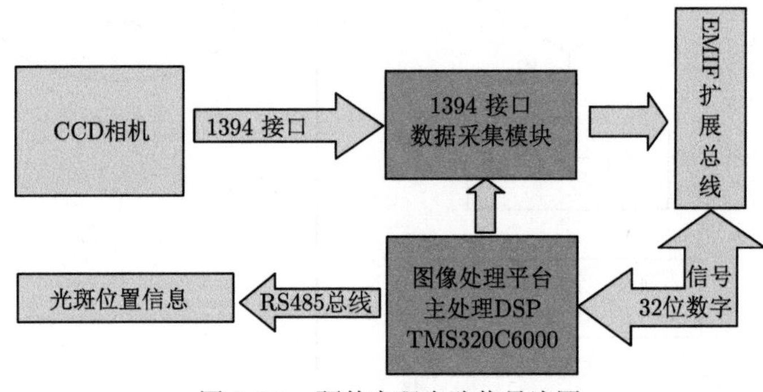

图 3-20　硬件实现电路信号流图

图像处理系统与 CCD 的接口为 IEEE 1394 接口，用于实现与 CCD 的通信以及数据传输。1394 接口具有高速率的特点，因此应用广泛。采用了符合 IEEE 1394a 标准的芯片 TSB41AB3 和 TSB12LV32 来实现 IEEE 1394 通信接口，可支持 400MHz 的数据传输速率，满足实时图像处理要求。图像处理系统与控制系统的接口为 RS485 串口通信，最大传输速率可达 10Mbps，最远可传输距离为 1.2km，能够实现多点对多点的通信。其接口信号类型为差分信号。RS485 接口是高速串行通信接口，而且具有较高的可靠性，适用于图像高速数据的可靠性传输。

硬件系统工作流程为：首先由 CCD 采集信标光图像，并将 CCD 输出的灰度值在系统的存储区进行存储，存储方式采用乒乓式存储方法，有 2 个 SRAM 芯片用于 CCD 输出的灰度值的缓存，采用交替存储方式，防止 CCD 输出数据的丢失，保证数据后续处理的实时性要求。SRAM 中的数据可由 DSP 随时进行读取和处理，DSP 用于实现自适应最优分割值优化算法，SDRAM 用于辅助 DSP 缓存 CCD 灰度值信息以及中间计算结果等。另外，DSP 可对 CCD 进行参数设置，如曝光时间、增益等，保证 CCD 工作模式状态稳定。DSP 通过计算可以得到信标光的实时位置信息，并通过 RS485 串行总线进行实时传输给控制系统，作为系统跟踪信息的反馈。控制系统根据反馈的信标光位置信息，调整粗瞄准系统和精瞄准系统，最终实现对信标光的捕跟快速切换和稳定跟踪。

3.4 空天地激光链路章动跟踪技术研究

基于激光章动的主动耦合技术是一种使用快速反射镜 (FSM) 作为执行器件，单模光纤作为探测器的空间光到单模光纤的主动耦合技术。该技术最初由美国麻省理工学院 (MIT) 的 Swanson 等提出。具有体积小、结构简单、精度高等优点，近年来在国内受到重视。激光章动技术可以与传统的跟踪方案组合工作，进一步减小传统激光通信跟踪残差，包含章动跟踪的三级跟踪设计是未来激光通信提高跟踪性能的可行方案。

章动耦合系统包括快速反射镜，在章动耦合系统中可以称为章动镜，章动镜执行任务的原理与精瞄镜相似，都是通过压电陶瓷驱动坡脚 ξ，锲角 ϕ 变化，完成圆锥扫描和位置优化任务；高斯光束扩束–准直光学系统，用于空间光准直；耦合透镜和单模光纤；用于检测耦合效率的光电探测器，通常为雪崩二极管，连接在单模光纤后端。图 3-21 所示为简化的章动结构。

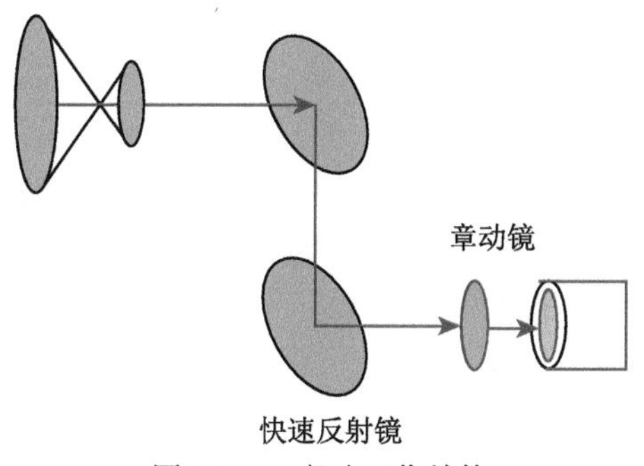

图 3-21 章动工作结构

章动耦合方案较为简单，原理图见图 3-22，流程如下：

(1) 非工作状态，FSM 处于零偏转状态，光链路建立后，耦合光斑在单模光纤探头端面的位置即为初始扫描中心位置，记为 X_{start} 和 Y_{start}。

(2) 按照预设的章动半径 r、单周期采样数目 n，章动镜驱动光束进行圆锥扫描，第 m 个光斑位置为：$X_m = X_{\text{start}} + r\cos(2\pi m/n)$，$Y_m = Y_{\text{start}} + r\cos(2\pi m/n)$。单模光纤探测器对耦合进入光纤的能量采样记录。

(3) 控制器根据采样结果判断最优迭代方向。章动镜按照预设的迭代步长 d，控制光斑位置移动。假设最优点为第 i 个点，则光斑移动后位置为：$X = X_{\text{start}} + d\cos(2\pi i/n)$，$Y = Y_{\text{start}} + d\cos(2\pi i/n)$。

(4) 重复迭代过程，保持光斑始终在最佳耦合点附近。

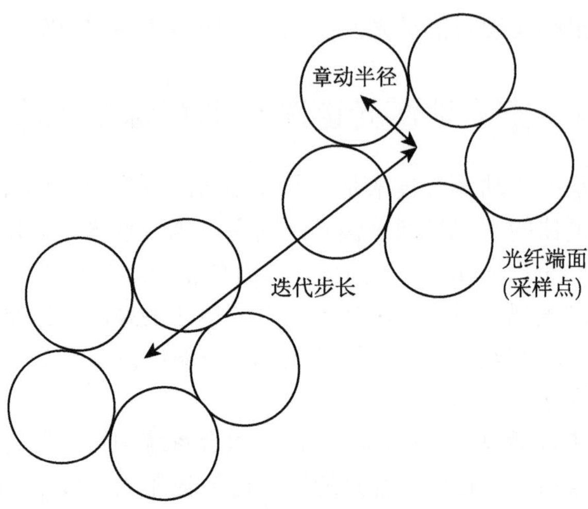

图 3-22　章动扫描原理

由上述过程可以看出，单模光纤耦合为闭环流程，主要参数包括章动半径 r、单周期采样数目 n 和迭代步长 d，按照预设数值反复迭代达到提高耦合效率的目标。合理的设定这三个参数是提高章动耦合系统性能的关键之处。平台光通信中的空间光–单模光纤耦合与其他应用不同点在于，保持耦合效率在合适的数值上稳定可靠比追求更高的耦合效率意义更大。平台光通信中接收光信号的最终目的是为了解码，只要接收光能量满足阈值解调基本阈值划分要求，我们更需要避免耦合不稳定引起的耦合效率突降，造成误码率增加。

3.4.1　空间光到单模光纤耦合理论

平台光通信终端中的光学透镜对接收光场聚焦，在焦平面上产生衍射场，衍射场中央的亮斑称为艾里斑，是目标耦合点位置，通常希望艾里斑部分与单模光纤端面重合。将接收光学系统等效为直径为 D、焦距为 f 的衍射极限薄透镜，如图 3-23 所示。

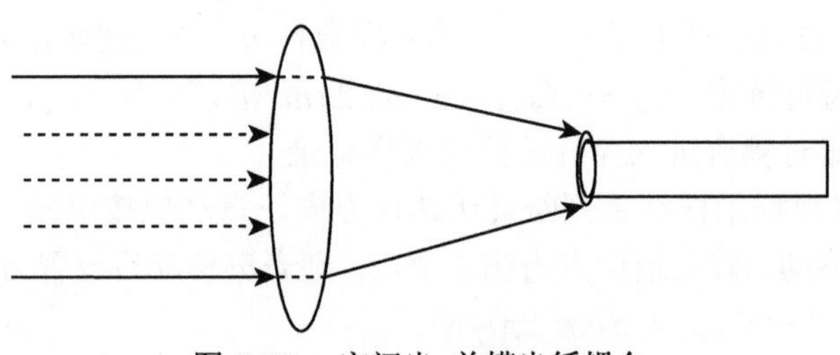

图 3-23　空间光–单模光纤耦合

空间光到单模光纤的耦合基于光场与单模光纤间模场匹配原理，表示为

$$\eta_c = \frac{\left|\iint\limits_A E_A^*(r)F(r)\mathrm{d}s\right|^2}{\iint\limits_A |E_A(r)|^2\,\mathrm{d}s\cdot\iint\limits_A |F_A(r)|^2\,\mathrm{d}s} \tag{3-110}$$

$E_A(r)$ 为焦平面 A 上入射的空间光光场，$F_A(r)$ 为单模光纤反向传输到焦平面 A 处的模场且满足归一化条件：$\iint\limits_A |F_A(r)|^2\mathrm{d}r = 1$。

焦平面上单模光纤后向传输模场分布可表示为

$$F_A(r) = \sqrt{\frac{2}{\pi\omega_a^2}}\exp\left(-\frac{r^2}{\omega_a^2}\right) \tag{3-111}$$

式中，r 为距光轴中心的距离，ω_a 为光纤后向传输模场半径，ω_a 与焦平面内单模光纤模场半径 ω_0 的关系为：$\omega_a = \dfrac{\lambda f}{\pi\omega_0}$。

平台光通信没有大气湍流的干扰,通信条件相对理想。耦合效率可简化为 $\eta_c = 2[1-\exp(-\beta^2)/\beta]^2$，式中 $\beta = \pi D\omega_0/2\lambda f$，定义为光纤光瞳半径与光纤后向传输模场半径的比值，为光纤耦合参数。$\beta = 1.121$ 时，η_c 达到理论最大值 0.8145。

在平台光通信中，最常见的干扰是由于跟踪误差造成艾里斑与光纤端面的径向偏差 r_b，这种径向偏差可以等效为入射光束与接收光轴之间的角偏差 θ_b，转换关系为 $r_\mathrm{b} = \theta_\mathrm{b}\cdot f$，单模光纤耦合效率与角偏差关系记为

$$\eta_{\theta_\mathrm{b}} = \frac{\left|\int_\varepsilon^1 \sqrt{8\pi}\beta\exp(-\beta^2\rho^2)J_0(2\beta f\theta_b\rho/\omega_0)\rho\mathrm{d}\rho\right|^2}{\pi(1-\varepsilon^2)} \tag{3-112}$$

根据式 (3-112) 进行仿真，得到耦合效率与角偏差关系图，见图 3-24。由图可以发现，不考虑其他干扰因素，正对准 (无角偏差) 耦合效率即为理想最大值 81.45%。存在角偏差后，耦合效率迅速下降。但在 0.25 倍 ω_0/f，存在较为平缓的区域，控制角偏差在该范围内即可获得良好的耦合效果。该理论使空间光到单模光纤的耦合效率与激光通信跟踪精度之间建立了联系，高耦合效率对应高跟踪精度。

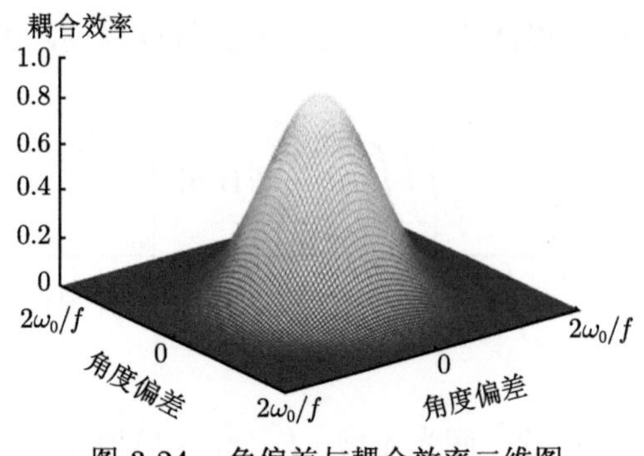

图 3-24　角偏差与耦合效率二维图

3.4.2　章动跟踪系统理论分析

光通信任务开始后，PAT 系统按照传统方式建立光链路，并由跟踪系统维持链路稳定，现阶段精跟踪结构跟踪极限在 1μrad 左右，通过前两级跟踪后光束对准依旧存在残差。空间光正对准单模光纤时，耦合效率最高，当存在对准偏差时，耦合效率会明显降低。这种敏感性使得章动耦合精度高于使用 CCD 探测器的精跟踪系统精度，理论上章动耦合系统可以成为传统跟踪结构的补充。

因此，我们结合传统平台光通信 PAT 系统和空间光–单模光纤章动耦合系统，设计三级激光通信 PAT 系统，如图 3-25 所示。图中实线为光路，虚线为电路。

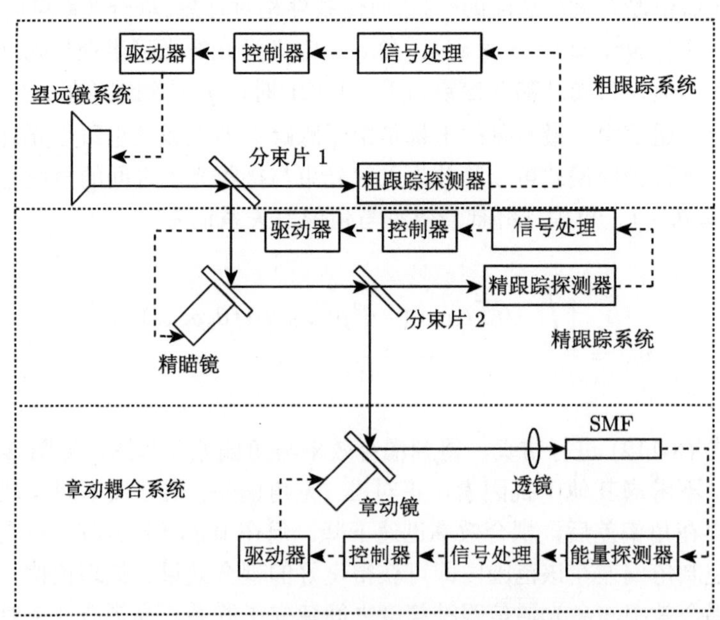

图 3-25　章动耦合与 PAT 组合工作原理图

望远镜系统用于收发信标光和信号光；各个分束片用于实现各光路的合束和分束；精瞄镜用于提高捕获精度和跟踪时对干扰误差的修正；章动镜用于提供圆锥扫描和章动迭代；耦合透镜将空间光耦合到单模光纤。

3.4.3 章动跟踪建模

传统的 PAT 结构使用一片 FSM 作为精跟踪执行器件，光束控制相对简单。在加入章动环节后，精跟踪部分实际形成以 FSM1，FSM2 为主体的双镜结构。确定双镜结构中 FSM 偏转对光束的影响是解决章动耦合与精跟踪配合工作的基础。如图 3-26 所示，对双镜结构设定参考系，建立数学模型。使用镜面反射公式：$A=(E-2NN^{\mathrm{T}})A_0=RA_0$，描述镜面反射作用。式中，$A_0$ 为入射向量，A 为出射向量，N 为镜面法向量，E 为单位向量，R 为反射矩阵。当 $N=[N_x,N_y,N_z]$ 时，

$$R=\begin{bmatrix} 1-2N_x^2 & -2N_xN_y & -2N_xN_z \\ -2N_xN_y & 1-2N_y^2 & -2N_yN_z \\ -2N_xN_z & -2N_yN_z & 1-2N_z^2 \end{bmatrix} \tag{3-113}$$

反射镜具有两个自由度，分别是绕 X 轴和绕向量 $\left[0,-\dfrac{\sqrt{2}}{2},\dfrac{\sqrt{2}}{2}\right]$ 的旋转自由度，绕 X 轴旋转角称为坡角，绕向量 $\left[0,-\dfrac{\sqrt{2}}{2},\dfrac{\sqrt{2}}{2}\right]$ 的旋转角称为楔角，角度正负与向量满足右手定理。我们引用向量旋转公式：$B=S_{P\xi}B_0$ 描述 FSM 转动运动。式中，$S_{P\xi}$ 为矢量 B_0 绕向量 P 的旋转矩阵，当 $P=[P_x,P_y,P_z]$ 时，有

$$S_{P\xi}=\begin{bmatrix} \cos\xi+2P_x^2\sin^2\dfrac{\xi}{2} & -P_z\sin\xi+2P_x & P_y\sin^2\dfrac{\xi}{2}P_y\sin\xi+2P_xP_z\sin^2\dfrac{\xi}{2} \\ P_z\sin\xi+2P_xP_y\sin^2\dfrac{\xi}{2} & \cos\xi+2P_y^2\sin^2\dfrac{\xi}{2} & P_x\sin\xi+2P_yP_z\sin^2\dfrac{\xi}{2} \\ -P_y\sin\xi+2P_xP_z\sin^2\dfrac{\xi}{2} & P_x\sin\xi+2P_yP_z\sin^2\dfrac{\xi}{2} & \cos\xi+2P_y^2\sin^2\dfrac{\xi}{2} \end{bmatrix} \tag{3-114}$$

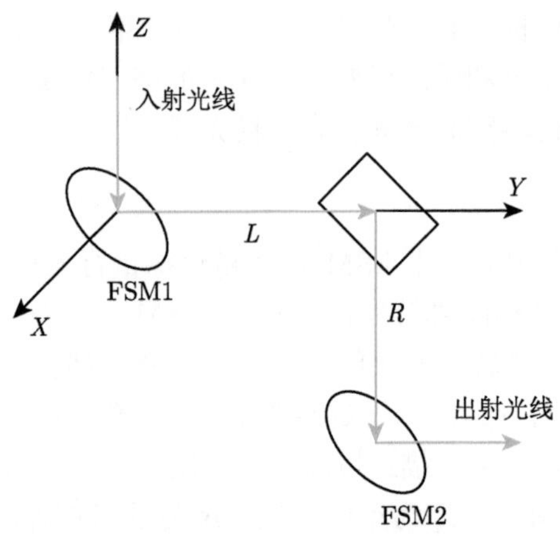

图 3-26　快速反射镜建模

如图 3-27 所示，FSM1 初始位置法线方向为 $\left[0, \frac{\sqrt{2}}{2}, \frac{\sqrt{2}}{2}\right]$，分束镜在该模型中作用相当于平面反射镜，法线方向 $\left[0, -\frac{\sqrt{2}}{2}, -\frac{\sqrt{2}}{2}\right]$。我们使用镜面反射公式和矢量转动公式。FSM 有两个自由度的旋转运动，设 FSM1 绕单位向量 $[1,0,0]$ 旋转角度 ξ，绕 $\left[0, \frac{\sqrt{2}}{2}, -\frac{\sqrt{2}}{2}\right]$ 旋转角度 ϕ，旋转方向与向量方向关系遵循右手法则，解得旋转后 FSM1 法向量为

$$\begin{bmatrix} \cos\xi\sin\phi \\ \frac{\sqrt{2}}{2}\cos\xi\cos\phi - \frac{\sqrt{2}}{2}\sin\xi\cos\phi \\ \frac{\sqrt{2}}{2}\cos\xi\cos\phi + \frac{\sqrt{2}}{2}\sin\xi\cos\phi \end{bmatrix} \tag{3-115}$$

理想状态下，入射光线方向向量为 $[0,0,-1]$，经过 FSM1 和分束镜反射后，计算并化简可得射向 FSM2 光束方向向量为

$$\begin{bmatrix} \sqrt{2}\cos\xi\cos\phi\sin\phi(\cos\xi+\sin\xi) \\ 1-\cos^2\xi\cos^2\phi \\ -\cos^2\xi\cos^2\phi \end{bmatrix} \tag{3-116}$$

理想状态下，只要令 $\xi=\phi=0$，易得出射光束方向向量为 $[0,0,-1]$，FSM1 不需要进行转动可以保持理想方向。我们讨论非理想状态下偏差量。

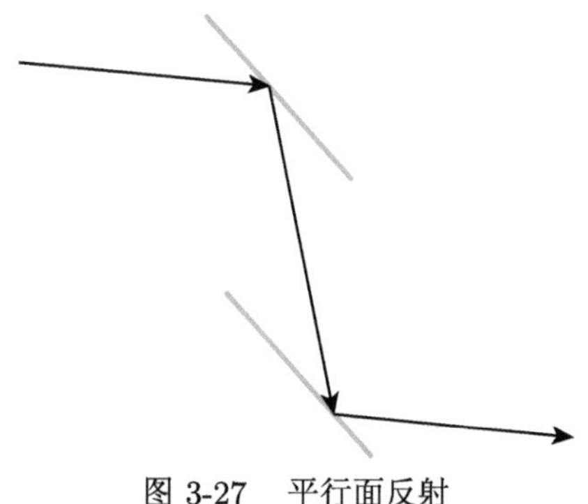

图 3-27 平行面反射

非理想状态下，入射光线方向向量为 $[\sigma,\nu,-1]$，σ 和 ν 是极小量。计算并化简可得，射向 FSM2 的光束方向向量为

$$\begin{bmatrix} \sqrt{2}\cos\xi\cos\phi\sin\phi(\cos\xi+\sin\xi)+\sigma\left(1-2\cos^2\xi\sin^2\phi\right) \\ -\sqrt{2}\nu\cos\xi\cos\phi\sin\phi(\cos\xi-\sin\xi) \\ 1-\cos^2\xi\cos^2\phi+\sqrt{2}\sigma\cos\xi\cos\phi\sin\phi(\cos\xi+\sin\xi)+\nu\cos^2\xi\cos^2\phi \\ -\cos^2\xi\cos^2\phi+\sqrt{2}\sigma\cos\xi\cos\phi\sin\phi(\cos\xi+\sin\xi)+\nu\left(\cos^2\xi\cos^2\phi-1\right) \end{bmatrix} \tag{3-117}$$

X 方向附加偏差量为 $\sigma\left(1-2\cos^2\xi\sin^2\phi\right)-\sqrt{2}v\cos\xi\cos\phi\sin\phi(\cos\xi-\sin\xi)$，其中 $1-2\cos^2\xi\sin^2\phi\approx 1$，故 X 方向附加偏差主要与 σ 值相关。

Y 方向附加偏差量为 $\sqrt{2}\sigma\cos\xi\cos\phi\sin\phi(\cos\xi+\sin\xi)+\nu\cos^2\xi\cos^2\phi$, $\sqrt{2}\cos\xi\cos\phi\sin\phi(\cos\xi+\sin\xi)\approx 0$, $\cos^2\xi\cos^2\phi\approx 1$ 主要与 ν 相关。

Z 方向附加偏差量为 $\sqrt{2}\sigma\cos\xi\cos\phi\sin\phi(\cos\xi+\sin\xi)+\nu\left(\cos^2\xi\cos^2\phi-1\right)$，同时受 σ 和 ν 两个值影响，但由于 ξ 和 ϕ 均为极小的值，通过近似计算可得: $\sqrt{2}\cos\xi\cos\phi\sin\phi(\cos\xi+\sin\xi)\approx 0, \cos^2\xi\cos^2\phi-1\approx 0$, 故 σ 和 ν 的系数均是较小的值，Z 方向受干扰较小。当 $\xi=\phi=0$ 时，出射光束法向量仍为 $[\sigma,\nu,-1]$，偏差被直接传递。FSM1 接收探测器返回的控制信号开始补偿工作后，在一定程度上减小偏差。

章动系统作为传统精跟踪的补充，需要考虑工作时与精瞄系统配合问题。我们从空间域和时间域两个方面进行考虑。

空间上，光路经过 FSM1 反射，在分束镜处一部分光进入精跟踪探测器，经过精跟踪控制系统反馈作用校正光路。校正直接结果是控制光束尽量靠近精跟踪探测器标的目标位置 (如 CCD 的标定通信中心点)。我们希望章动耦合系统在工作的时候可以完全“保留”一级精跟踪工作成果，在此基础上开展工作。根据光束传播原理和镜面反射理论，当 FSM2 与分束镜反射面完全平行时，经 FSM2 反射的出射光束方向向量与经 FSM1 反射的出射光束方向向量完全相同：

$$A_2 = \begin{bmatrix} \frac{\sqrt{2}}{2}\cos\phi\cos\xi\sin\phi \\ \cos^2\phi(\cos\xi - \sin\xi) \\ \sin 2\xi + \cos^2\phi - 1 \end{bmatrix} \tag{3-118}$$

因此，为实现章动耦合与 PAT 的配合工作，空间上有以下要求：(1) FSM2 的零偏转镜面与分束镜反射面应当空间平行；(2) 精跟踪探测器距分束镜距离等于章动耦合透镜焦距，即在满足条件 (1) 情况下，精跟踪探测器探测的角偏差与光束在光纤端面上角偏差对应轴向位移是相同的。满足空间适配条件下，聚焦光斑在位移与坡角楔角关系为：$l = \sqrt{\xi^2+\theta^2}\cdot f$。光纤端面上方向与角度关系为

$$\begin{cases} l_x = \frac{\sqrt{2}}{2}\cos\phi\cos\xi\sin\phi\cdot l \\ l_y = (\sin 2\xi + \cos^2\phi - 1)\cdot l \end{cases} \tag{3-119}$$

由于章动存在时间迟滞产生的扫描偏差，这种偏差主要由精瞄控制光束的运动产生。我们尝试将精瞄控制器发出的控制信号同时传递给章动控制器，章动控制器“预知”接下来光束的变化，提前在扫描时加以补偿。抵消迟滞效应造成的章动扫描偏差。为了达到该目标，时间上，我们要求精瞄与章动具有同步性。精瞄工作一周期 (包括 CCD 采样、控制器处理信号、精瞄镜执行命令) 应当等于或者是章动迭代周期用时的整倍数。

3.4.4 章动参数研究

确定章动参数对耦合系统工作性能的影响，是该技术应用到实际工程中的关键。本文对章动耦合提出以下性能指标：① 耦合快速性，即从初始点开始到章动控制光斑达到耦合效率稳定的用时；② 耦合稳定性，耦合进入稳态后每次采样得到的最优点偏差是否大，用稳态方差来描述该指标；③ 耦合精确性，即稳态耦合能量值，耦合能量越大，说明章动耦合精确度越高。本章对单模光纤耦合结果做归一化处理，即所有值均除以理论最大值 (81.45%)，耦合精度指标最大为 100%。

3.4.4.1 章动耦合性能验证

使用软件编程功能模拟空间光经过聚焦透镜形成的艾里斑，然后对章动系统性能进行仿真。程序流程图见图 3-28，艾里斑见图 3-29。图中工作参数指：章动扫描半径，迭代步长，单周期采样点数。

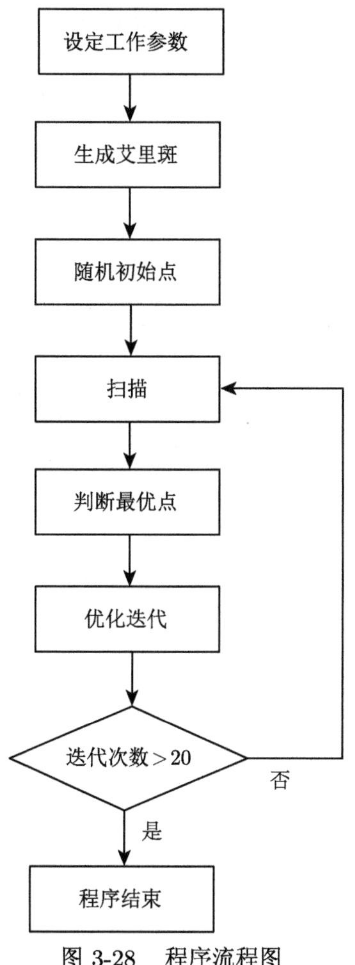

图 3-28 程序流程图

设定：仿真波长 1550nm，耦合透镜等效焦距 750mm，透镜直径 8cm。根据公式 $x = 1.22\dfrac{\lambda f}{d}$，计算艾里斑直径约为 17μm，单模光纤直径一般为 10μm，使仿真符合实际应用。在研究章动参数与耦合性能具体联系之前，我们对章动耦合系统是否能有效提高耦合效率并维持稳定进行仿真验证。采用随机初始位置的方法对系统进行测试。艾里斑图形对应 100×100 的矩阵，激光章动是在精跟踪的基础上运行，因此扫描初始点在艾里斑范围内，可以用 X, Y 值描述初始点在艾里斑上的位置。设定循环次数为 20 次，固定扫描半径和迭代步长均为 0.85μm，即艾里斑直径的百分之五。对每次扫描得到的最大耦合能量点数据记录并进行归一化处理，为随机初始点的迭代优化过程记录。随机仿真重复 50 次，记录耦合系统工作结果如表 3-3 所示。仿真结果如图 3-30 所示。

图 3-29　艾里斑仿真

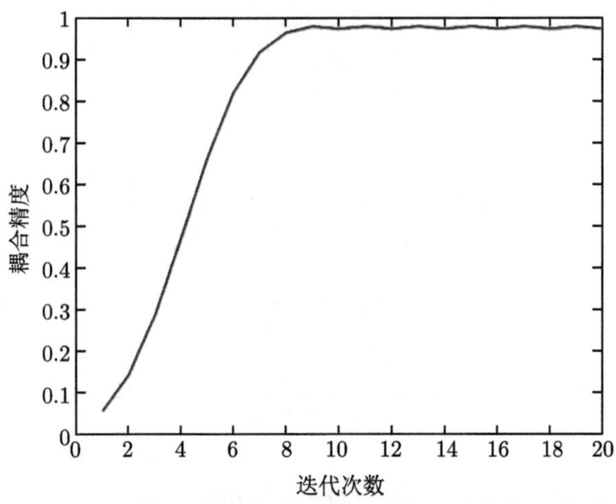

图 3-30　初始点 (92，44) 迭代曲线图

表 3-3　随机初始位置耦合系统仿真记录表

起始横坐标	起始纵坐标	耦合结果	优化次数	初始精度	稳态精度
8	4	成功	12	0.0025	0.9779
45	62	成功	5	0.9771	0.9782
25	15	成功	10	0.6049	0.9782
28	17	成功	10	0.1818	0.9779
41	73	成功	6	0.8789	0.9767
51	9	成功	10	0.0598	0.9786

续表

起始横坐标	起始纵坐标	耦合结果	优化次数	初始精度	稳态精度
32	5	成功	11	0.0228	0.9708
41	35	成功	8	0.8284	0.9771
80	65	成功	9	0.5089	0.9782
39	72	成功	8	0.8875	0.9779
12	32	成功	10	0.1752	0.9779
75	74	成功	7	0.6203	0.9779
58	50	成功	4	0.9750	0.9767
28	75	成功	9	0.6846	0.9782
10	59	成功	9	0.1691	0.9779
52	67	成功	4	0.9554	0.9782
32	60	成功	6	0.8848	0.9767
67	26	成功	8	0.5101	0.9782
45	79	成功	7	0.7343	0.9767
44	27	成功	8	0.5921	0.9779
50	29	成功	8	0.6665	0.9782
61	34	成功	7	0.8072	0.9782
40	56	成功	6	0.9678	0.9779
78	27	成功	9	0.3585	0.9771
68	60	成功	6	0.8848	0.9782
77	3	成功	10	0.0078	0.9782
29	54	成功	8	0.8198	0.9673
23	19	成功	10	0.1854	0.9779
57	50	成功	4	0.9771	0.9782
48	53	成功	5	0.9735	0.9782
4	28	成功	11	0.0385	0.9767
37	20	成功	8	0.3131	0.9776
58	69	成功	6	0.9367	0.9782
23	59	成功	8	0.6298	0.9782
12	67	成功	8	0.2191	0.9782
12	48	成功	8	0.2237	0.9786
30	65	成功	7	0.8351	0.9985
41	40	成功	7	0.9230	0.9767
71	29	成功	9	0.5585	0.9860
36	78	成功	9	0.7350	0.9839
4	78	成功	10	0.0468	0.9771

续表

起始横坐标	起始纵坐标	耦合结果	优化次数	初始精度	稳态精度
16	54	成功	8	0.3591	0.9767
47	55	成功	6	0.9771	0.9771
29	50	成功	7	0.8201	0.9782
65	2	成功	9	0.0115	0.9771
7	78	成功	10	0.0816	0.9786
53	19	成功	8	0.2875	0.9771
33	10	成功	9	0.0669	0.9767
22	21	成功	9	0.2174	0.9786
27	13	成功	10	0.0967	0.9767

由上表可见，选择合适的参数情况下，章动耦合系统可以很好地提高耦合效率，本质上提高了平台光通信的链路精度。稳态精度是由稳定 (耦合精度不变或是小幅度振荡，如图中第六次之后，图中第九次之后) 时平均耦合效率计算得出。比较随机初始点情况下，到达稳态的迭代次数不同，可以发现以下三点：

(1) 表中可以看出，稳态耦合效率基本都达到了理想值的 97% 以上，根据角偏差与单模光纤耦合效率的关系，可以推算偏差在 0.1μrad 以内。

(2) 到达稳态迭代次数基本在 4 到 10 次之间，说明章动耦合系统可以有效处理各种初始情况下的耦合优化问题，初始位置会较低程度上造成迭代周期变长。

(3) 最终耦合精度与初始位置没有直接联系，可以看到最终耦合精度基本集中在几个固定值，说明耦合系统稳定的点基本在固定几个点。较差的初始位置不会直接导致耦合精度降低。

综上所述，章动耦合系统可以有效提高空间光–单模光纤耦合效率，即提高了总体系统跟踪精度，对传统 PAT 的精跟踪性能依赖不大。精跟踪精度低会造成章动系统工作快速性轻微下降。

3.4.4.2 章动参数与无干扰系统性能研究

章动参数是指章动半径 r、单周期采样数目 n 和迭代步长 d。其中单周期采样数目受限于采样频率和扫描周长。在工程应用中，系统采样频率由 APD 和控制器工作频率决定，采样频率确定后，章动半径 r 可以决定单周期采样数目。本小节重点研究章动半径 r，迭代步长 d 和二者大小对章动耦合系统的工作影响。

1. 章动半径与耦合性能研究

选择具有代表性的五个不同初始点，固定迭代步长 0.85μm，切换章动半径分别为 0.51μm，0.68μm，0.85μm，1.02μm，1.19μm，1.36μm。进行仿真，记录是否成功，如果成功，计算稳态精度和稳态方差。结果见表 3-4。

从表 3-4 可以得出以下三点：

(1) 章动半径对耦合快速性影响不大，相同初始点仿真结果快速性变化均在一次迭代内。在初始位置较差的点，提高章动半径可以提高耦合快速性，在比较理想的 (60, 40) 初始点，较大的章动半径反而降低了耦合快速性。

(2) 章动半径对稳态耦合精度有重要影响，从章动工作原理可知，章动达到稳态是围绕末位置在一个小范围内持续扫描，而章动半径直接影响到稳态光斑运动范围，从而对稳态精度产生影响。

(3) 章动半径与系统稳定性有一定关系，可以看到当章动半径较小 (如 0.51μm，0.68μm) 时，稳态方差均处于较小值，说明稳态波动极小，系统稳定性高。章动半径增大以后，稳态方差变化不规律，总体相对较小的章动半径呈变大趋势。

综上所述，章动半径同时关系到稳态精度和稳定性两个指标，从表 3-4 可以看出，章动半径较小时稳态精度相对较高，且章动半径较小可以一定程度上提高系统工作稳定性。同时，当光斑较接近理想位置时，较小的章动半径可以提高系统快速性。因此，在自适应章动控制器设计中，当接收到的反馈能量较大 (高于某一阈值时)，可以适当减小章动半径，主要提高稳态精度，稳定性指标对快速性也可以起到优化作用。

表 3-4 章动半径与耦合性能仿真表 单位 (μm)

初始坐标 \ 迭代步长	0.51	0.68	0.85	1.02	1.19	1.36	
(10, 10)	9	9	8	8	8	8	迭代次数
	0.9782	0.9786	0.9683	0.9771	0.9721	0.9786	稳态精度
	0.0001	0.0014	0.0029	0.0048	0.0022	0.0044	稳态方差
(90, 90)	9	9	9	9	9	9	迭代次数
	0.9786	0.9750	0.9682	0.9771	0.9721	0.9682	稳态精度
	0.0002	0.0019	0.0011	0.0036	0.0020	0.0046	稳态方差
(20, 80)	7	7	5	6	6	6	迭代次数
	0.9786	0.9786	0.9682	0.9771	0.9721	0.9682	稳态精度
	0.0002	0.0019	0.0026	0.0046	0.0021	0.0036	稳态方差
(70, 30)	6	6	6	6	6	6	迭代次数
	0.9786	0.9786	0.9682	0.9771	0.9721	0.9682	稳态精度
	0.0002	0.0013	0.0000	0.0041	0.0020	0.0026	稳态方差
(60, 40)	3	3	3	4	4	4	迭代次数
	0.9786	0.9786	0.9682	0.9771	0.9721	0.9682	稳态精度
	0.0002	0.0015	0.0025	0.0046	0.0022	0.0026	稳态方差

2. 迭代步长与耦合性能研究

固定章动半径 0.85μm，切换迭代步长分别为 0.51μm，0.68μm，0.85μm，1.19μm，1.70μm，2.55μm。记录是否成功，如果成功，计算迭代次数、稳态精度和稳态方差。结果见表 3-5。

表 3-5 迭代步长与耦合性能仿真表 单位 (μm)

初始坐标 \ 迭代步长	0.51	0.68	0.85	1.19	1.70	2.55	
(10, 10)	16	12	8	7	5	4	迭代次数
	0.9750	0.9771	0.9783	0.9767	0.9786	0.9786	稳态精度
	0.0016	0.0026	0.0001	0.0002	0.0002	0.0054	稳态方差
(90, 90)	13	11	9	8	6	4	迭代次数
	0.9747	0.9771	0.9782	0.9779	0.9786	0.9786	稳态精度
	0.0016	0.0026	0.0001	0.0002	0.0002	0.0054	稳态方差
(20, 80)	11	8	5	5	4	3	迭代次数
	0.9750	0.9786	0.9786	0.9771	0.9786	0.9786	稳态精度
	0.0015	0.0026	0.0001	0.0002	0.0002	0.0054	稳态方差
(70, 30)	6	7	6	4	2	2	迭代次数
	0.9682	0.9771	0.9771	0.9779	0.9786	0.9682	稳态精度
	0.0015	0.0026	0.0001	0.0002	0.0002	0.0054	稳态方差
(60, 40)	9	5	4	3	2	2	迭代次数
	0.9767	0.9747	0.9782	0.9771	0.9786	0.9786	稳态精度
	0.0017	0.0026	0.0001	0.0002	0.0002	0.0054	稳态方差

由表 3-5 可以看出以下三点：

(1) 章动迭代半径对系统工作快速性有明显影响，迭代半径增加时，可以有效减少到达稳态的迭代次数。尤其是从 0.51μm 到 1.19μm 范围内，到达稳态所需的迭代次数明显减小。而当快速性提高到一定程度后，再提高迭代步长不会进一步提高系统快速性。

(2) 迭代半径对稳态精度影响不大，在固定章动半径情况下，迭代半径取不同值，最终的稳态精度均在 0.97 左右，且没有明显规律性变化。我们认为迭代半径对系统稳态精度有较小的影响，稳态精度总体还是由章动半径决定。

(3) 迭代半径与系统稳定性关系密切，可以看到，取不同的迭代半径值时，最终的稳态方差基本是固定的。当迭代半径小于章动半径时，稳态方差偏大，逐渐增加迭代半径，稳态方差减小。而当迭代半径过大之后，稳态方差急剧变大。说明系统到达稳态出现严重的振荡。

综上所述，迭代半径与章动耦合系统快速性指标和稳定性指标均有关系，我们认为系统快速性主要由迭代半径决定，系统精确度主要由章动半径决定，而系统稳定性与两个参数均有关系，应当有进一步研究。在章动控制器设计过程中，选择合适的迭代半径可以提高耦合系统快速性，同时结合章动半径，限制迭代半径上限，可以防止产生剧烈的稳态振荡。

3. 章动半径与迭代步长相对大小与耦合性能研究

由前面研究可得，章动半径主要影响耦合稳态精度，迭代步长主要影响耦合快速性，而稳定性与二者皆有关系。由表 3-5 可以看出，迭代步长从小到大增加过程中，稳定性先减小后变大。我们推测，维持章动半径与迭代步长处于一个合理的大小关系是提高耦合系统稳定性的重要方法。本部分我们针对这个推测进行研究。固定初始点 (10, 10)，章动半径 0.68μm、1.02μm、1.19μm。迭代步长在比章动半径小、等于章动半径和大于章动半径的范围内选取 (表 3-6)。

表 3-6(a)　章动半径与迭代步长相对大小与耦合性能

章动半径	迭代次数	稳态精度	稳态方差	迭代步长
0.68	15	0.9767	0.0019	0.51
	12	0.9721	0.0011	0.68
	9	0.9786	0.0001	0.85
1.02	10	0.9771	0.0046	0.85
	7	0.9755	0.0026	1.02
	6	0.9755	0.0010	1.19
1.19	9	0.9678	0.0046	1.02
	6	0.9755	0.0036	1.19
	6	0.9786	0.0080	1.36

改变初始点到 (20, 80)，仿真结果如下。

表 3-6(b)　章动半径与迭代步长相对大小与耦合性能

章动半径	迭代次数	稳态精度	稳态方差	迭代步长
8	11	0.9755	0.0019	0.51
	7	0.9711	0.0010	0.68
	7	0.9786	0.0002	0.85
1.02	7	0.9771	0.0046	0.85
	5	0.9755	0.0026	1.02
	4	0.9751	0.0003	1.19
1.19	7	0.9678	0.0046	1.02
	4	0.9755	0.0036	1.19
	4	0.9786	0.0080	1.36

由表 3-6 可以发现，章动半径处于较小值时，迭代步长略高于章动半径，可以有效降低稳态振荡。而章动半径本身较大，再增大迭代步长会引起剧烈的振荡。由上述分析可知，章动半径较小可以提高系统稳态精确度，由上述分析可知，迭代步长适当提高可以提高系统快速性。

3.4.4.3　章动参数对有干扰系统性能研究

根据前面研究，我们得到在无干扰情况下章动参数对耦合性能的影响，在实际平台光通信过程中，由于恒星背景光干扰，平台工作振动和激光器自身性能影响，聚焦的艾里斑不可能呈现理想的高斯分布，光斑易出现抖动、畸变等情况，此时章动耦合可能出现两种情况：① 耦合失锁，因为干扰太大，艾里斑与光纤端面完全分离，接收不到信号。系统判定耦合失败，应当退回 PAT 过程重新捕跟。② 耦合陷入局部最优，光场出现不规则高低能量分布，在某些局部高能量位置，章动系统控制光斑环绕其周围运动。这种情况下，APD 接收到的能量也会逐步迭代优化并进入稳态，但实际上处于局部最优，并没有将耦合效率提到最高，针对这两种情况，分别研究规避的方案。

1. 光斑抖动干扰下工作参数研究

从原理上，可以推测光斑抖动造成的耦合失败情况为耦合失锁。通过仿真对推论加以验证。在程序中增加抖动扰动，研究章动耦合系统工作性能，在流程图中，每次通过章动扫描得到优化方向并迭代完成后，引入一次随机方向的抖动干扰，即让优化的点朝随机方向移动随机距离。固定迭代步长 0.85μm；切换初始位置 (20, 20), (30, 70), (60, 50)；切换章动半径分别为 0.51μm，0.85μm，1.02μm，1.36μm；切换抖动幅度为 0.68μm，0.85μm，1.02μm，1.19μm。进行仿真并观察是否完成优化任务。程序报错则说明光斑在运动过程中进入了单模光纤端面之外，认为该次耦合优化任务失败，每组参数重复仿真 10 次，记录成功次数，制作统计表格，如表 3-7。

表 3-7(a)　初始位置 (20, 20) 抖动干扰下章动耦合不失锁次数与章动半径关系

章动半径 / 抖动幅度	0.51	0.85	1.02	1.36
0.68	10	10	10	9
0.85	10	9	8	8
1.02	10	9	7	5
1.19	9	7	5	2

表 3-7(b)　初始位置 (30, 70) 抖动干扰下章动耦合不失锁次数与章动半径关系

章动半径 / 抖动幅度	0.51	0.85	1.02	1.36
0.68	10	10	10	10
0.85	10	10	10	10
1.02	10	10	9	8
1.19	10	9	9	6

表 3-7(c) 初始位置 (60, 50) 抖动干扰下章动耦合不失锁次数与章动半径关系

抖动幅度 \ 章动半径	0.51	0.85	1.02	1.36
0.68	10	10	10	10
0.85	10	10	10	10
1.02	10	10	10	10
1.19	10	10	10	10

比较表 3-7 中统计结果，可以得到以下结论。

(1) 当光斑处于离单模光纤中心位置较远处时，章动过程中更容易出现失锁现象，而光斑本身离单模光纤中心位置较近时，不容易出现失锁。

(2) 章动耦合系统章动半径与失锁有一定的关系，当固定初始点时，章动半径越大，越容易出现失锁现象。

(3) 抖动是造成章动失锁的主要原因，抖动幅度越大，越容易造成失锁。

综上所述，平台光通信系统为了避免出现失锁，应当从设计上引入抖动的被动或主动补偿方法，尽量抑制抖动。在 CCD 探测到抖动实际存在后，应当适当减小章动半径，避免失锁发生。

同理，固定章动半径 0.85μm；切换初始位置 (20, 20), (30, 70), (60, 50)；切换迭代半径分别为 0.85μm，1.02μm，1.36μm，1.70μm；切换抖动幅度为 0.68μm，0.85μm，1.02μm，1.19μm。同样每组参数搭配重复仿真 10 次，记录成功次数，制作统计表格表 3-8。

表 3-8(a) 初始位置 (20, 20) 抖动干扰下章动耦合不失锁次数与迭代步长关系

抖动幅度 \ 迭代步长	0.85	1.02	1.36	1.70
0.68	10	10	10	10
0.85	9	10	10	10
1.02	9	10	10	10
1.19	8	9	10	10

表 3-8(b) 初始位置 (30, 70) 抖动干扰下章动耦合不失锁次数与迭代步长关系

抖动幅度 \ 迭代步长	0.85	1.02	1.36	1.70
0.68	10	10	10	10
0.85	10	10	10	10
1.02	10	10	10	10
1.19	9	9	10	10

表 3-8(c)　初始位置 (60, 50) 抖动干扰下章动耦合不失锁次数与迭代步长关系

抖动幅度 \ 迭代步长	0.85	1.02	1.36	1.70
0.68	10	10	10	10
0.85	10	10	10	10
1.02	10	10	10	10
1.19	10	10	10	10

比较表 3-8 中统计结果，可以认为，适当增加迭代步长可以避免失锁发生。综合表 3-7 和表 3-8，有以下结论：由于引入抖动干扰，使得章动耦合在扫描过程中可能出现章动镜驱动光束离开光纤端面的现象，造成任务失败。该现象出现前提是由于抖动影响，光斑已经位于离光纤端面中心较远的位置。在光斑未畸变情况下，抖动并不会造成迭代方向误判，因此，增大迭代步长，让光斑可以更快速地回到光纤端面中心，可以减少失锁发生概率。

2. 光斑畸变情况下章动参数研究

平台光通信没有大气湍流影响，光斑畸变主要因为杂散光干扰和收发光路自身噪声干扰。为了模拟这种情况，我们对艾里斑仿真参数进行调整，使艾里斑呈椭圆分布，同时在艾里斑上人为添加亮点，形成局部最优区域。畸变后的艾里斑见图 3-31。推测这种畸变会导致耦合稳态进入局部最优，通过仿真加以验证。

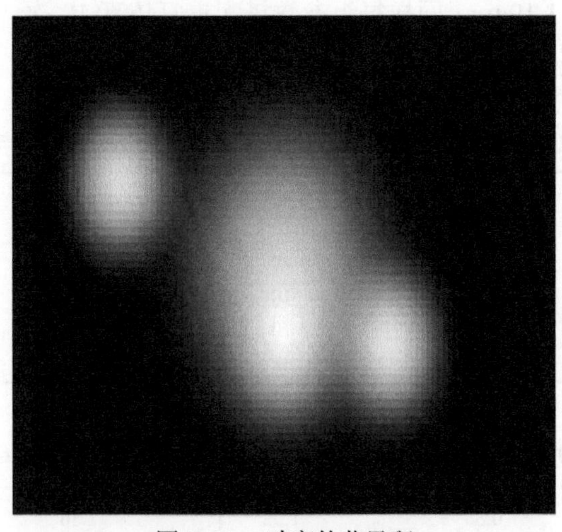

图 3-31　畸变的艾里斑

固定迭代步长 0.85μm；切换多个初始位置 (20, 20), (20, 80), (40, 30), (70, 80), (90, 90)；每个点切换章动半径分别为 0.51μm，0.85μm，1.02μm，1.36μm；切换抖动幅度为 0.68μm，0.85μm，1.02μm，1.19μm。进行仿真并观察是否完成优

化任务。仿真中记录稳态精度这一指标数据，对照光斑矩阵，计算局部最优区域稳态精度应当在 80% 上下，仿真见统计表 3-9。

表 3-9(a) 初始点 (20, 20) 光斑畸变干扰下章动耦合性能研究

章动半径 \ 迭代步长	0.85	1.02	1.36	1.70
0.68	0.8261	0.8261	0.8261	0.8261
0.85	0.8157	0.8157	0.8157	0.8112
1.02	0.8057	0.8061	0.8061	0.8043
1.19	0.7956	0.7926	0.7943	0.7926

表 3-9(b) 初始点 (20, 80) 光斑畸变干扰下章动耦合性能研究

章动半径 \ 迭代步长	0.85	1.02	1.36	1.70
0.68	0.9786	0.9771	0.9755	0.9732
0.85	0.9771	0.9771	0.9732	0.9732
1.02	0.9755	0.9755	0.9732	0.9678
1.19	0.9755	0.9732	0.9678	0.9664

表 3-9(c) 初始点 (40, 30) 光斑畸变干扰下章动耦合性能研究

章动半径 \ 迭代步长	0.85	1.02	1.36	1.70
0.68	0.8261	0.8261	0.8261	0.8261
0.85	0.8157	0.8157	0.8157	0.9732
1.02	0.9755	0.9755	0.9732	0.9678
1.19	0.9755	0.9732	0.9678	0.9664

表 3-9(d) 初始点 (70, 80) 光斑畸变干扰下章动耦合性能研究

章动半径 \ 迭代步长	0.85	1.02	1.36	1.70
0.68	0.8243	0.8243	0.8243	0.8163
0.85	0.8157	0.8157	0.8161	0.8163
1.02	0.8057	0.8057	0.8057	0.9678
1.19	0.9755	0.9732	0.9678	0.9664

表 3-9(e) 初始点 (90, 90) 光斑畸变干扰下章动耦合性能研究

章动半径 \ 迭代步长	0.85	1.02	1.36	1.70
0.68	0.8243	0.8243	0.8243	0.8163
0.85	0.8157	0.8157	0.8161	0.8163
1.02	0.8057	0.8057	0.8057	0.9678
1.19	0.9755	0.9732	0.9678	0.9664

分析比较图表 3-9 中各表格，可以得出以下结论。

(1) 比较表 3-9 (a) 和表 3-9 (b)，可以发现扫描初始点对局部最优现象有重要影响，当初始位置处于干扰亮点附近时 (图中左上方干扰亮点)，耦合很容易进入局部最优。表 3-9 (a) 对应的 (20, 20) 处干扰亮点与实际艾里斑中心位置距离较远，单靠章动扫描很难跳出局部最优，实际工程中，应当通过对接收光束的准直、缩束、滤波。尽量避免这种干扰点的出现。表 3-9 (b) 中仿真全部进入正确的耦合位置，原因是初始点附近没有干扰，向艾里斑中心移动的方向上也没有干扰。

(2) 表 3-9 (c) 对应的仿真，光斑初始位置是干扰光斑与实际光斑的中间位置，耦合系统需要在正确的迭代方向和错误的迭代方向之间做判断。从数据中发现，增大章动半径可以使迭代朝正确方向进行。当章动半径较小时，每次扫描取得的信息区域较小，离初始位置近的干扰亮点更容易 “吸引” 聚焦光斑，使章动迭代方向判断出错。增大扫描半径可以获得更大区域的光场信息，更有利于判断出正确的迭代方向。

(3) 表 3-9 (d) 和表 3-9 (e) 数据对应的仿真是模拟光斑进入局部最优后跳出能力。两组仿真初始位置到艾里斑中心均经过图右下方的干扰亮点。该处亮点与艾里斑中心距离较近，存在跳出的可能性。比较数据可得，较大的章动半径可以使耦合跳出局部最优。扫描半径大使系统更容易获得局部最优区域之外的光场信息，有利于跳出干扰亮点带来的局部最优。

综上所述，光斑存在的畸变和亮点干扰应当通过接收光路的准直、缩束、滤波尽量减弱，单纯通过章动耦合的方法难以消除分散独立的亮点干扰。当光斑缩束后，光场较为集中时，增大章动半径可以使系统获取的光场信息面积更大，降低迭代方向误判的概率，提高了章动跳出局部最优的能力，增强了系统抗畸变干扰的能力。

基于仿真对章动耦合的两个重要参数——章动半径和迭代步长对章动性能的影响进行的研究，根据实际应用提出评价耦合系统性能所考虑的三个方面和对应指标。通过三个部分的仿真，验证了章动耦合的可行性；研究了理想状态下章动参数与系统性能的关系；研究了实际工程中可能遇到干扰的情况下，如何通过调节参数避免耦合系统工作失败的问题。

研究结果如下：

(1) 章动半径参数的选择主要与稳态精度、稳定性、抗干扰性能有关，章动半径较小时，系统的稳态精度更高，也不容易在抖动干扰下失锁。但系统抗干扰亮点的能力下降。同时，单周期采样数目与章动半径相关，在正常工作条件下，采样频率应当是不变的。因此章动半径大，单周期采样数目增加，单周期用时变长。工程中应当设计可变章动半径参数，当光斑离耦合中心较远时采用大章动半径，光斑离耦合中心较近时采用小章动半径。

(2) 迭代步长参数选择主要与系统快速性、稳定性有关。迭代步长在合理范围内可以提高系统工作快速性，在较少的迭代周期内完成进入稳态的优化工作。但一旦迭代步长过大，会导致到达稳态后每一次迭代都出现超调，从而造成稳态振荡，降低系统稳定性。

(3) 统筹考虑章动半径与迭代步长时，在合理范围内，迭代步长等于或大于章动半径可以同时提高系统快速性、稳定性和稳态精度。具体迭代步长可选取的上限值应当在工程应用中通过实验的方法测量。

通过本章研究，自适应章动控制器设计可以进行如下考虑：初始阶段，采用小章动半径 + 大迭代步长组合，可以起到防止系统失锁，调节光斑快速向艾里斑中心位置移动的作用；中间阶段，大章动半径 + 大迭代步长组合，对光斑偏中心位置较大范围的扫描，保持系统快速性的同时提高系统抗干扰亮点的能力；稳态阶段，小章动半径 + 小迭代步长组合，提高系统稳态精确度，保持对偏差的持续修正能力。

3.4.5 自适应章动算法

通过前面的研究，章动参数对章动耦合的影响，在快速性、稳定性、稳态精度、抗失锁性能和抗局部最优性能五个方面具有相关联影响，聚焦艾里斑在光纤端面不同位置上时也有不同的要求。使用固定的章动参数，单纯提高或减小参数数值均不能达到较好的章动耦合效果。因此，本章采用可变参数的自适应章动参数控制器控制章动耦合系统。

章动扫描过程中的主要参数——章动半径的设置，应当考虑精瞄镜工作造成的迟滞效应、失锁问题和光斑质量，这几种信息可以从 CCD 探测器上直接得到。在精瞄系统控制器可以对这些信息进行预处理后发送给章动系统，具体包括：① 精瞄控制器将下个周期执行的光束偏转动作传递给章动系统，使章动可以适当对迟滞畸变进行补偿；② 当光斑出现明显抖动干扰时，应当立刻减小章动半径，抖动干扰剧烈程度可以以精瞄镜补偿值作为评价标准；光斑在 CCD 上像质优良则不需要加大章动半径，像质分散则需要适当提高章动半径，像质评价可以用经过阈值滤波后光场在 CCD 上的分布情况来描述。

在光斑与标定通信中心距离通过 CCD 章动迭代过程中，主要参数迭代步长与优化位置有关，可以从 APD 探测到的能量得出。当扫描得到的能量低时，说明优化位置距艾里斑中心较远，可以使用大迭代步长；当扫描得到的能量高时，说明优化位置距艾里斑中心较近，可以适当减小迭代步长。

根据以上分析，我们提出基于前馈通道的章动耦合参数自适应控制系统，自适应控制系统满足以下性能要求：

(1) 在圆形章动扫描基础上，可以增加修正量，抵消滞后影响。

(2) 章动半径可调，减小系统失锁概率，提高抗干扰能力，提高稳态精度。

(3) 迭代步长可调，提高系统快速性和稳定性，提高稳态精度。

3.4.5.1 章动迟滞修正算法

章动算法原理是通过章动扫描采样确定一个功率更大的位置，以固定步长移动扫描中心并进行下一次扫描，经过若干次扫描之后，可收敛到一个全局的最优位置，该位置光纤耦合效率达到最大。该模式工作时，章动扫描部分实际处于开环状态，FSM 按照预置参数偏摆，光束进行圆锥扫描时，系统并不能保证 APD 和单模光纤采集的能量点符合圆形分布，原因如下。

FSM 的扫描速度受到压电驱动器的驱动速率和采样器采样频率的限制，因此在一个扫描周期内，单模光纤在各点接收到的耦合能量值在时间域实际上是有滞后的。平台光通信中，精瞄系统时刻控制光束移动，不断补偿各种干扰带来的偏差，基本不可能维持光斑处于稳定的状态。这样，在一个扫描周期内，单模光纤在各点接收到的能量来源于不稳定的光场，光场与单模光纤的相对运动同时受章动镜和精瞄镜影响。扫描结果必然相对理想的圆形发生偏差。在激光章动中，这种由扫描滞后和光斑不稳定造成的扫描结果出现偏差的现象称为章动迟滞效应。我们使用数学方法具体分析该问题。

在扫描平面上建立坐标系。设章动周期为 T，一个章动周期内，光斑位移角度随时间的变化为 $\theta = f(t)$，振动方向为 $\vec{\theta} = (\cos\tau, \sin\tau)$，$\tau$ 为振动方向与 x 轴的夹角，R 为扫描半径。光斑位移角速度是角位移的导数，用 $\dot{f}(t)$ 表示，则扫描点 m 位置为

$$
\begin{cases}
X_m = X_{\text{start}} + r\cos(2\pi m/n) + \displaystyle\int_0^{\frac{m}{n}\cdot T} \dot{f}(t)\mathrm{d}t \cdot \cos\tau \\
Y_m = Y_{\text{start}} + r\cos(2\pi m/n) + \displaystyle\int_0^{\frac{m}{n}\cdot T} \dot{f}(t)\mathrm{d}t \cdot \cos\tau
\end{cases}
\tag{3-120}
$$

设章动半径为 20μrad，$\theta = \sin t$，我们在扫描时给光斑增加不同方向和长度的位移，得到扫描轨迹仿真图，如图 3-32 所示。

由仿真结果可见，光斑加入位移干扰后章动跟踪算法在处理采样数据时，判断移动方向的计算式为：$X = X_{\text{start}} + d\cos(2\pi i/n)$，$Y = Y_{\text{start}} + d\cos(2\pi i/n)$。这种判断默认了章动扫描的结果呈圆形，由于迟滞效应的影响，开环扫描不完全由 FSM 决定，实际结果难以呈现真正的圆形。

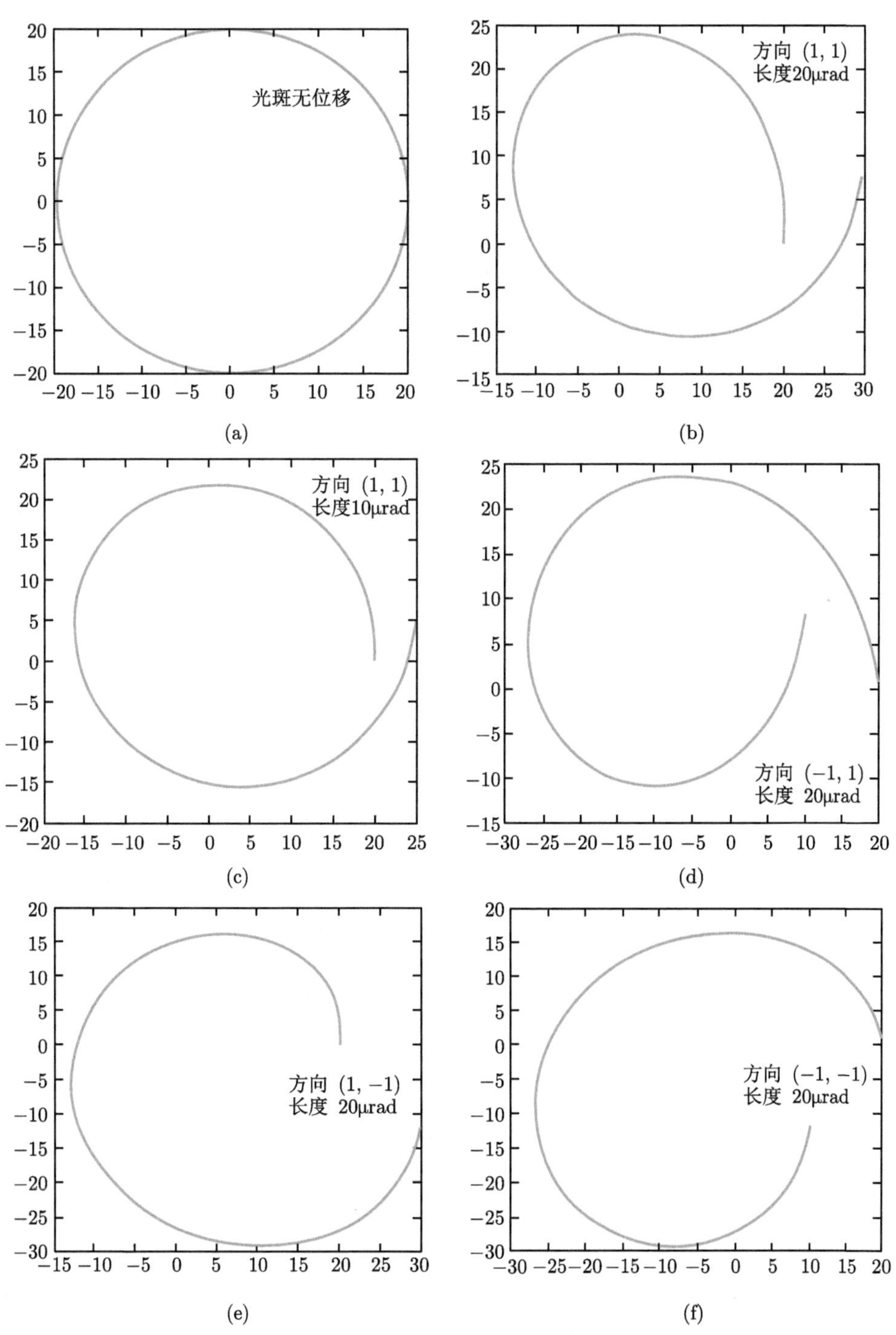

图 3-32 不同方向和长度的位移扫描仿真图

探测器探测到的功率更优点与开环预计扫描点之间存在偏差，按照传统算法，补偿移动方向的“$i_{\max}$ 点”不是单模光纤探测到的实际“$i_{\max}$”方向点，因此实际移动方向是错误的，会降低收敛速率，当迟滞效应严重时甚至会导致不收敛。在实际应用中，激光章动耦合时间域上的迟滞现象必然发生，严重与否取决于光斑稳定程度。该不确定干扰是章动耦合技术应用的难题，需要进一步研究解决。影响符合计数率的因素有很多，包括波导晶体的非线性系数、波导晶体的长度、泵浦功率、双通道光子收集效率。其中非线性系数和波导晶体长度是由材料的结构和本身的物理性质所决定的。其他的因素可以通过实验的测量进行优化。

设计章动迟滞修正算法，程序流程图见图 3-33。精瞄控制器根据 CCD 检测的偏差，计算精瞄镜补偿信号 u_x、u_y，将 u_x、u_y 导入章动控制器，计算该信号驱动光斑在光纤平面上的位移量 l_x、l_y。由时间域部分适配原则，精瞄周期应当是章动周期的 K 倍。设章动周期为 T，我们将精瞄镜驱动光斑的运动看作匀速直线运动，则一个章动周期位移量为：l_x/K，l_y/K，光斑速度为：l_x/KT，l_x/KT。我们根据该理论，计算第 m 点处干扰量为 $\dfrac{mT}{n}\cdot\dfrac{l}{KT}$，加入修正后，扫描点 m 位置为

$$\begin{cases} X_m = X_{\text{start}} + r\cos(2\pi m/n) + \displaystyle\int_0^{\frac{m}{n}\cdot T} f(t)\mathrm{d}t\cdot\cos\tau - \frac{m}{n}\cdot\frac{l_x}{K} \\ Y_m = Y_{\text{start}} + r\cos(2\pi m/n) + \displaystyle\int_0^{\frac{m}{n}\cdot T} f(t)\mathrm{d}t\cdot\cos\tau - \frac{m}{n}\cdot\frac{l_y}{K} \end{cases} \tag{3-121}$$

该补偿方案直接使用精瞄系统控制器输出的控制信号，计算 l_x、l_y，具有逻辑简单、不占运算资源、运算速度快的优点，满足章动控制时高频率的要求。控制信号和位移量具体对应关系，与精瞄镜系统光电设计有关。实际工程中，通过理论推导和实验标定可以测出对应函数关系 $l = f(u)$。使用仿真验证效果。

设章动半径 20μrad，章动工作频率 800Hz，精瞄镜工作频率 200Hz，章动中心为 (0, 0) 点，改变光斑位移量，比较无修正和有修正扫描轨迹，验证修正效果，结果见图 3-34(a) 和图 3-34(b)。

结合其理想轨迹和图 3-34 的仿真结果，加入线性修正后扫描轨迹明显得到提高，扫描轨迹基本呈规则圆形，但是与理想轨迹相比依旧有偏差。修正不能完全消除偏差的原因是，精瞄镜驱动光束的运动，对应到光斑在光纤端面的位移，实际是非线性的运动。如果精确推算这种非线性关系会造成运算速度下降，我们的修正算法将运动过程简化为线性过程，因此有一定差别。考虑这种微量偏差下，补偿移

动方向的“$i_{\max}$ 点”与单模光纤探测到的实际“$i_{\max}$”方向点差别不大，不会对耦合系统性能造成重大影响。因此这种线性修正满足自适应章动控制器设计需求。

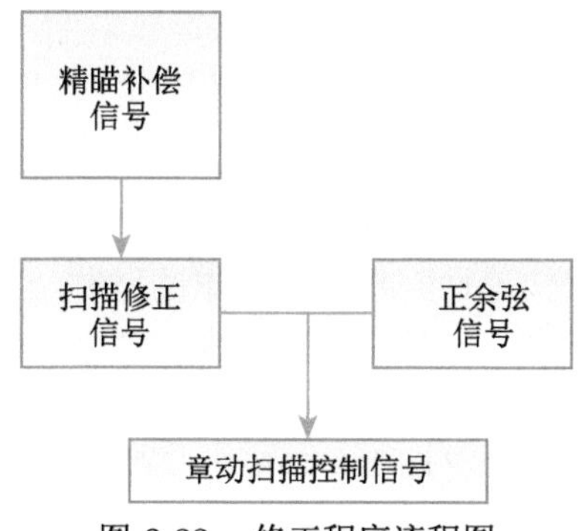

图 3-33 修正程序流程图

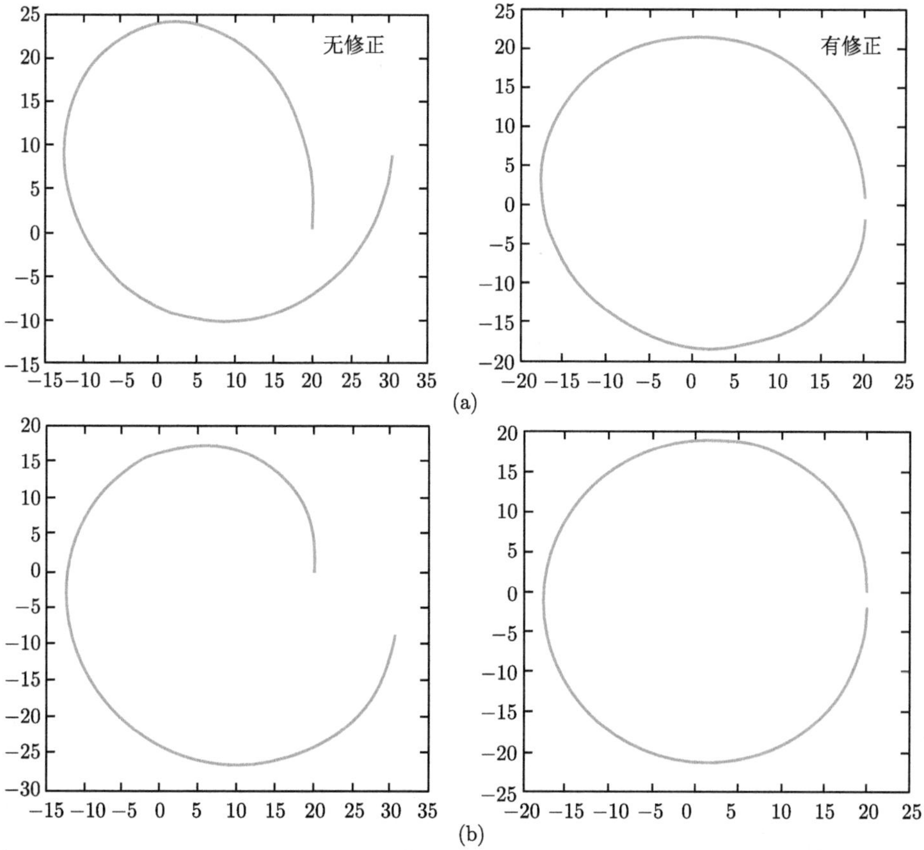

图 3-34 (a) $l_x = 60\mu\text{rad}$, $l_y = 60\mu\text{rad}$ 和 (b) $l_x = 60\mu\text{rad}$, $l_y = -40\mu\text{rad}$ 时的扫描轨迹对比

实际应用中，由于抖动干扰和精瞄镜自身精度原因，精瞄镜对光束补偿的执行结果与理想的位移量 l_x、l_y 也会存在偏差，实际的光斑位移情况不可能精确推算，这也是我们更关注算法快速性而降低精确性指标的原因。

3.4.5.2　自适应章动半径算法

聚焦光斑与光纤对准精度差，不易提高章动半径，防止系统失锁；对准精度较高时，章动半径太大会导致稳态精度低。只有在中间阶段适合提高章动半径，配合迭代步长共同提高耦合快速性。在章动工作过程中，我们无法直接观测聚焦光斑与单模光纤端面对准程度。但是，对准精度与耦合效率相关。我们通过接收到的能量推算光斑与单模光纤的相对位置，从而得到调节章动半径的控制信号。

我们将上一个周期的扫描采样点记录的能量值，共 n 个数据作为自适应控制器判断章动半径的依据。章动算法需要根据 n 个数据判断当前位置，并计算当前的章动半径，而后作出增加、维持或减小章动半径的指令。相对直接给章动半径赋值，这种算法基于当前章动半径进行调整，可以防止参数出现波动。算法流程见图 3-35。

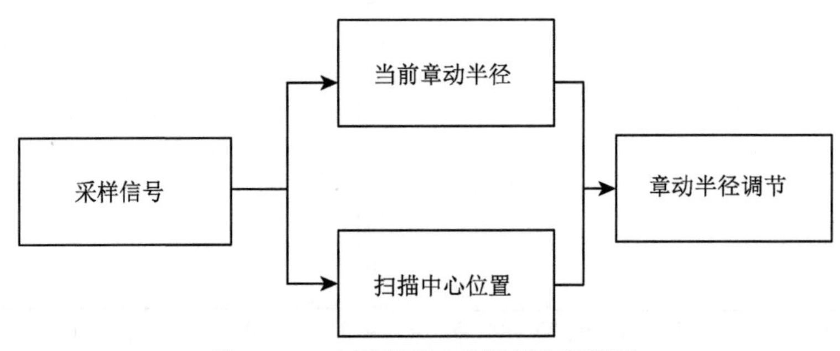

图 3-35　自适应章动半径算法流程图

1986 年，科学家 Rumelhaert 提出了使用误差逆向传播算法训练前馈神经网络的方案，采用这种算法校正误差的神经网络称为 B-P 神经网络 (Back Propagation Neural Network)。B-P 神经网络是一种多层前馈网络，由输入层、隐藏层、输出层组成，结构如图 3-36 所示。每个层包含若干节点，前后连接。

正向计算过程中，输入数据从输入层逐层运算，如图 3-36 所示，对于第 i 个节点，$X_1, X_2, \cdots, X_j$ 为输入量，$W_1, W_2, \cdots, W_j$ 为连接权值，输出 $Y_k = \sum_{i=1}^{j} W_i \cdot X_i$。每一个节点的权值和阈值都会影响最终输出结果，因此 B-P 神经网络具有很强的非线性映射能力。同时，训练完成后，神经网络各节点权值阈值已经确定，在应用中 B-P 网络结构相对简单，运算速度较快。综上所述，我们使用 B-P 网络完成章动扫描结果反推章动半径和扫描中心的目标。

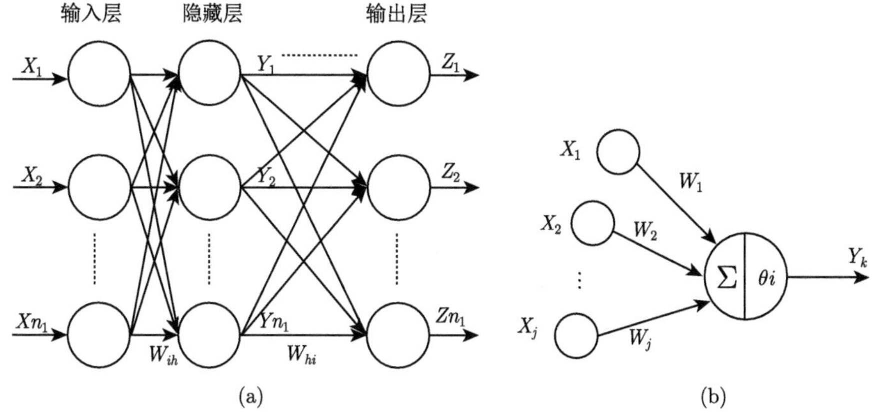

(a) (b)

图 3-36 (a) 神经网络结构；(b) 节点输入输出结构

神经网络需要通过自身训练学习任务需要的输入—输出关系。因此在应用前我们需要提供训练样本。我们在光斑上随机取扫描中心点，以若干半径扫描采样，计算采样点耦合效率。将采样点耦合效率记录作为输入，对应扫描中心和扫描半径记录作为输出，得到训练样本。

训练过程中，B-P 网络设定初始阈值和权重，根据样本输入产生输出信号。实际输出与样本输出值不同，误差经过隐含层向输入层反传，在此过程中以误差信号为依据调节各节点连接权值和阈值，目的是减小输出误差。常用的更新参数算法为梯度下降法。

设训练输出 $Z_{k'}=(Z_1^{k'},Z_2^{k'},Z_3^{k'},\cdots,Z_l^{k'})$，样本输出 $Z_k=(Z_1^k,Z_2^k,Z_3^k,\cdots,Z_l^k)$，为 l 维向量，偏差 $E_k=\dfrac{1}{2}\sum\limits_{j=1}^{l}\left(Z_j^{k'}-Z_j^k\right)^2$。训练的目的是使代价函数尽可能小。梯度下降法需要设定步长 η，通过求偏导的方式确定梯度下降方向。当代价小于某个阈值或者程序经过若干次迭代后代价函数没有降低时，认为对应的节点参数使输出误差到达最小。程序对下一个样本进行训练。我们设定采样 10 个点，即输入层为 10 个节点，输出层 3 个节点 (中心和半径)。从图中共采集 500 个样本做训练集。设置神经网络为单隐层、隐层 10 个节点，网络较为简单，避免 B-P 网络训练时过拟合问题，也提高应用时运算速率。网络结构见图 3-37。

通过算法输出的中心位置坐标，计算章动中心到通信中心点距离。我们按距离将章动中心划分为远、中、近三部分，每部分提出标准的章动半径，当前章动半径低于该值时章动控制器发出提高指令，下个迭代周期提高章动半径值。反之减小。如果章动半径等于标准值，则不更改。

$$e_x = X_{\text{output}} - X_{\text{center}}$$

$$e_y = Y_{\text{output}} - Y_{\text{center}}$$

$$E = \sqrt{e_x^2 + e_y^2} \tag{3-122}$$

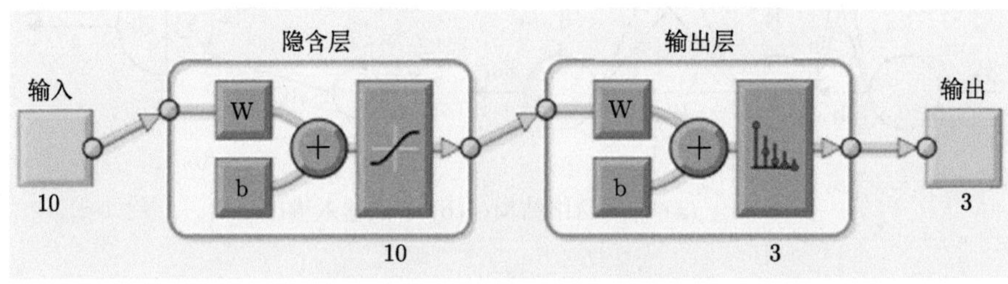

图 3-37　训练的神经网络模型

设光斑直径为 D，则偏差最大为 $R = \dfrac{D}{2}$。远距离段章动半径主要防止失锁，该范围要求 $E_{\text{long}} + r_{\text{long}} \leqslant R$；近距离段主要提高稳态耦合精度，要求 $E_{\text{short}} \leqslant 2r_{\text{short}}$，目的是为稳态提供超调阈值，使光斑在小范围内围绕光纤端面小幅度运动；其余部分为中间段。

3.4.5.3　自适应迭代步长算法

迭代步长规律较为简单，主要考虑快速性和稳定性两个指标。与自适应章动半径算法相同，通过采样的扫描数据和 B-P 神经网络算法，得到当前扫描中心位置点。然后根据当前位置对下一个周期的迭代步长进行判断。

由于迭代步长与系统快速性直接相关，自适应迭代步长算法应当受快速性指标约束。我们设系统目标要求在 m 周期内实现章动优化进入稳态，极端条件是光斑从光纤端面边缘开始优化，需要迭代的路程最大为 R。总体上，我们认为在远距离段迭代步长应当较大，近距离段迭代步长较小。我们考虑线性划分方案。

如图 3-38 所示，我们以最大偏差划分偏差区间，不同偏差区间对应迭代步长。通过选择合适的斜率，使得远离通信中心时，迭代步长大；在最近距离区间内，迭代步长不变，通信进入稳态。按照这种划分，每个区间的偏差上下限差值等于迭代步长，可以保证每次迭代完成后进入下一个偏差区间。m 次迭代平均值为 R/m，理论上保证即便初始偏差最大也可以完成在 m 周期内进入稳态的要求。

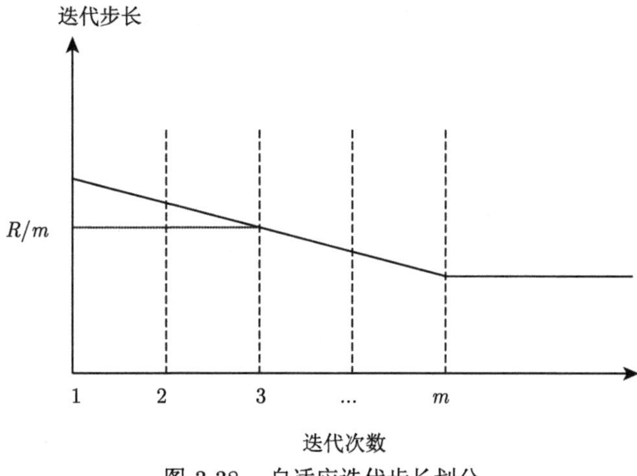

图 3-38　自适应迭代步长划分

3.4.5.4　仿真验证

为了进一步研究问题，验证自适应算法的性能。本小节将进行自适应章动耦合系统效率影响的仿真实验，并将实验结果与理论分析结果进行比较。目的是探究系统工作性能与算法参数之间的关系，并验证算法理论的正确性。

通信波长 1550nm，耦合透镜等效焦距 750mm，透镜直径 8cm，艾里斑直径 17μm，单模光纤直径 10μm。

激光章动系统工作频率考虑星间光通信中光斑抖动实际需求。链路抖动主要原因是平台振动，主要来源于平台自身的运动和空间环境的影响。其中空间环境产生的振动干扰主要是微小陨石碰撞和热变形，总体上对光通信的负面影响小于平台机械运动产生的振动。2000 年，美国宇航局 (National Aeronautics and Space Administration, NASA) 提供了国际空间站振动模型。欧空局 (European Space Agency, ESA) 在 OLYMPUS 平台进行振动测试，结果显示 100Hz 以下的低频高幅振动对空间光通信影响较大，其功率谱为

$$S(f) = \frac{160}{1+f^2}(\mu\text{rad}^2/\text{Hz}) \tag{3-123}$$

根据章动工作频率要求，划分自适应迭代步长区间，见表 3-10。

表 3-10　不同区间对应的自适应迭代步长

偏差区间/μm	0~1.02	1.02~2.38	2.38~4.08	4.08~6.12	6.12~8.50
迭代步长/μm	1.02	1.36	1.70	2.04	2.38

划分自适应章动半径区间，见表 3-11。

表 3-11　不同区间对应的自适应章动半径

偏差区间/μm	0~1.02	1.02~6.8	6.80~7.65
章动半径/μm	0.51	1.19	0.85

实验分三部分进行，分别验证自适应章动耦合系统工作性能；有振动干扰的自适应章动耦合系统工作性能；光斑畸变和振动同时干扰的自适应章动耦合系统工作性能。通过多次重复仿真结果统计，比较耦合效率经 5 次迭代后提升结果。

重复程序 4000 次，记录初始耦合效率和经过章动系统优化后的耦合效率。我们对记录的耦合效率划分区间，便于统计分析，根据区间划分情况，统计 4000 次重复实验落在各区间的累计数量，见表 3-12。

表 3-12　耦合效率结果统计

耦合效率	统计次数 (初始)	统计次数 (优化)
[0, 0.025)	230	0
[0.025, 0.075)	390	0
[0.075, 0.125)	387	0
[0.125, 0.175)	358	0
[0.175, 0.225)	343	0
[0.225, 0.275)	312	0
[0.275, 0.325)	301	0
[0.325, 0.375)	288	0
[0.375, 0.425)	234	0
[0.425, 0.475)	217	0
[0.475, 0.525)	208	0
[0.525, 0.575)	196	117
[0.575, 0.625)	175	306
[0.625, 0.675)	130	504
[0.675, 0.725)	107	735
[0.725, 0.775)	71	965
[0.775, 0.8145)	53	1373

以初始计算的未优化耦合结果统计次数和经过 5 次章动迭代的优化耦合结果为纵坐标，耦合效率区间为横坐标，在一张图上绘制效率分布直方图，见图 3-39。我们对有章动校正和无章动校正数据的离散程度进行分析，见表 3-13。离散程序越小，意味着耦合能量稳定，即通信时光链路稳定，减小信号解调误码率。

从图和表中可以看到，随机初始后，未经优化的耦合效率分布在 0~80% 范围内，平均耦合效率 30.3%，对应对准精度 5.8μrad。低耦合效率统计次数比高耦合效率更多，原因是随机初始点均匀分布在艾里斑上，耦合效率按偏差逐渐递减。偏差越大，对应在二维平面上的分布的面积也越大，因此随机到该区域的概率更高。而高耦合概率意味着小偏差，单模光纤相对聚焦光斑的位置在一个小半径圆内，概率较低。从图 3-39 中可见，在随机状态，耦合效率达到 72.5% 以上的次数极少。

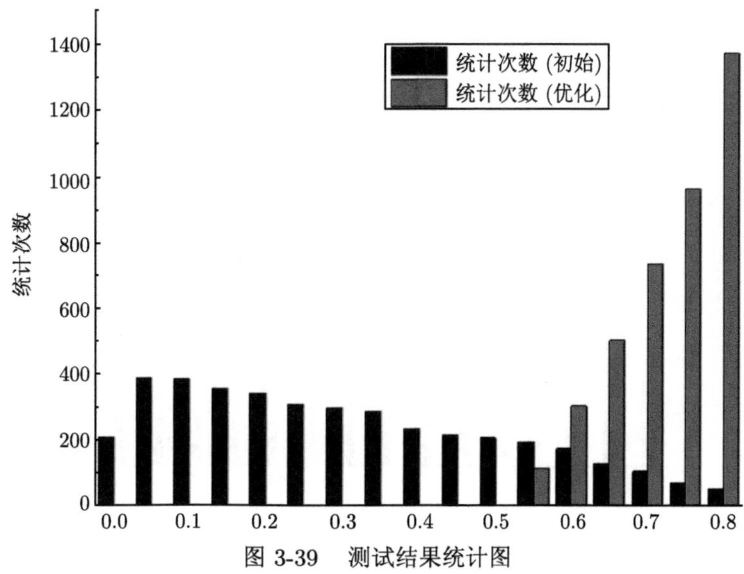

图 3-39 测试结果统计图

表 3-13 测试结果分析

数据分析	无章动优化	有章动优化
分布范围	0~81.45%	52.5%~81.45%
众数区间	2.5%~7.5%	77.5%~81.45%
标准差	0.2516	0.1036

从图 3-39 中对比看出，经过 5 次章动耦合系统优化，耦合效率相对初始态有明显提升，平均耦合效率为 71.8%，对准精度 2.6μrad。统计的耦合效率均在 52.5% 以上，72.50%~81.45% 范围内共 2338 次，占总数的 58.45%。由仿真结果可知，当迭代充分时，章动耦合系统可以将耦合效率提高到 70% 以上。

在章动耦合中引入随机抖动干扰，在每一周期迭代完成后，对光斑位置下一次随机方向，随机长度的位移指令，模拟抖动干扰。重复程序 4000 次，记录绘制统计图，见图 3-40。有章动校正和无章动校正数据的离散程度进行分析，见表 3-14。

初始条件下，平均耦合效率 30.8%，对应精度 5.9μrad。经过 5 次迭代优化后，平均耦合效率提高至 67.3%，对准精度 3.1μrad。

使用有亮点干扰的畸变光斑代替理想光斑，进行有抖动干扰的章动耦合系统测试。重复程序 4000 次，记录并绘制统计图，见图 3-41。对有章动校正和无章动校正数据的离散程度进行分析，见表 3-15。

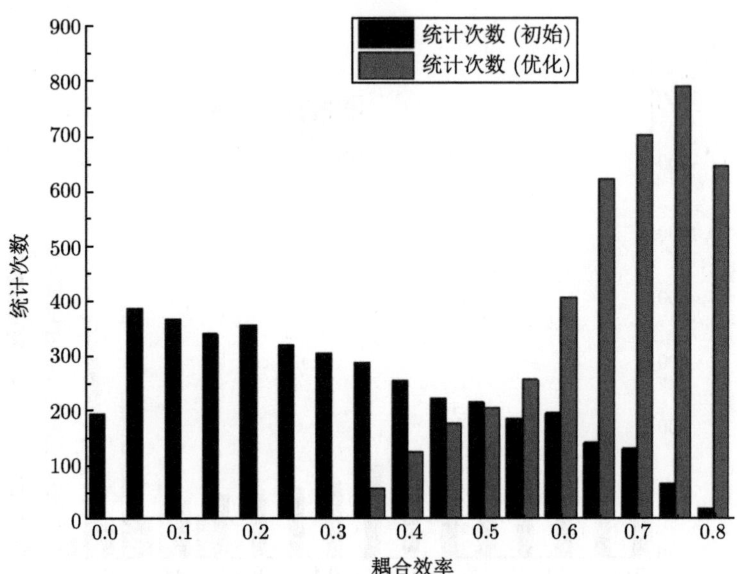

图 3-40 抖动干扰测试结果统计图

表 3-14 抖动干扰测试结果统计表

数据分析	无章动优化	有章动优化
分布范围	0～81.45%	32.5%～81.45%
众数区间	2.5%～7.5%	72.5%～77.5%
标准差	0.2438	0.1372

初始条件下，平均耦合效率 28.6%，对应对准精度 6.5μrad。经过 5 次迭代优化后，平均耦合效率提高至 62.9%，对准精度 3.3μrad。

综合仿真实验结果，引入章动耦合的单模光纤耦合系统相对无章动的耦合系统具有明显性能提高，具体表现为：

(1) 对准精度提高，耦合效率上升，可以减少在耦合阶段的能量衰减，提升了系统信号传输性能，相同灵敏度的探测器可以达到更好的信号解调结果，提高了平台激光通信的通信质量。

(2) 耦合稳定度上升，如本小节分析。单模光纤耦合技术相当于传统 PAT 的跟踪环节的补充，加入章动优化后，相对无章动优化系统，耦合能量离散程度大幅度降低，相当于提高了跟踪稳定性。

(3) 抗干扰性能上升，横向对比无干扰，加入抖动干扰，同时加入亮点干扰和抖动干扰后，实验结果没有大幅度下降，对准精度在实际工程指标中处于较高的水平。说明章动耦合可以一定程度上抑制这两种干扰。

实验中，部分情况下，经过章动耦合优化的耦合效率依旧不高。分析当前算法存在以下问题需要改进：

(1) 自适应耦合系统快速性不够，导致随机初始位置过偏时，5 次迭代不能使耦合到达稳态，需要更多周期的迭代。自适应迭代步长算法的划分方案默认每一次迭代运动，位移方向直接指向耦合中心。实际因为采样点数等原因，位移方向不可能走最短路径，使得系统快速性低于预期。自适应迭代步长算法应当设置一定冗余量。

(2) 章动中心和章动半径的预测算法采用 B-P 神经网络，其训练集采用未畸变的理想扫描值为输入。在验证实验中，扫描是经过畸变修正的近似圆形，存在少量误差，影响神经网络输出。工程应用应当采用实验的方法，采集大量实际的扫描数据作神经网络训练集，使神经网络输出符合应用场景。

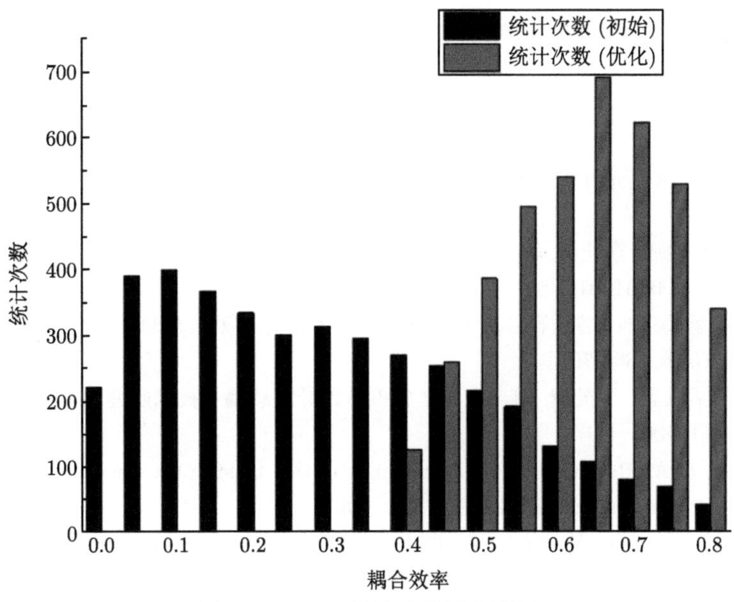

图 3-41 多干扰测试结果统计图

表 3-15 多干扰测试结果统计表

数据分析	无章动优化	有章动优化
分布范围	0~81.45%	32.5%~81.45%
众数区间	7.5%~12.5%	67.5%~72.5%
标准差	0.2471	0.1524

参 考 文 献

[1] Tang T, Ma J, Ren G, et al. Compensating for some errors related to time delay in a charge coupled deviced based fast steering mirror control system using a feed forward loop[C]. Proc. SPIE, 2010, 49(7): (073005-1)-(073005-7).

[2] Racho C, Portillo A. Tracking performance analysis and simulation of the digital pointing system for the optical communication demonstrator[C]. Proc. SPIE, 1999, 42(136): 1-13.

[3] Suermann M, Schmidt T, Chi F N B. Experimental investigation of the influence of pressure on the performance of polymer electrolyte water electrolysis cells[J]. Ipsj Magazine, 2015, 25(3):561-565.

[4] Polishuk A A, Arnon S. Optimization of a laser satellite communication system with an optical preamplifier[J]. Journal of Optical Society of America, 2004, 21(7): 1307- 1315.

[5] Chen Y F, Kong M W, Ali T, et al. 26m/5.5Gbps air-water optical wireless communication based on an OFDM-modulated 520-nm laser diode[J]. Optics Express, 2017, 25(13): 14760-14765.

[6] 吴世臣. 潜望式光终端瞄准误差建模及补偿方法研究 [D]. 哈尔滨：哈尔滨工业大学，2012: 17-35.

[7] 周洁. 星间光链路双向光束稳定跟踪约束条件研究 [D]. 哈尔滨：哈尔滨工业大学，2013: 31-46.

[8] 赵芳. 基于单模光纤耦合自差探测星间光通信系统接收性能研究 [D]. 哈尔滨工业大学, 2011: 20-57.

[9] 高建秋, 孙建锋, 李佳蔚, 等. 基于激光章动的空间光到单模光纤的耦合方法 [J]. 中国激光, 2016, 43(8): 0801001(1-8).

[10] 朱世伟, 盛磊, 刘永凯, 等. 基于能量反馈的单模光纤激光章动耦合算法 [J]. 中国激光, 2019, 46(02): 165-170.

[11] 赵佰秋, 孟立新, 于笑楠, 等. 空间光到单模光纤章动耦合技术研究 [J]. 中国激光, 2019, 46(11): 1105001(1-9).

[12] Swanson E A, Bondurant R S.Using fiber optics to simplify free-space lasercom systems[J].Proceedings of SPIE,1990,1218:70-83.

[13] Jono T, Takayama Y, Kura N, et al. OICETS on-orbit laser communication experiments[C]. Proc. of SPIE, 2006, 6105: 13-24.

[14] Jono T, Takayama Y, Shiratama K, et al. Overview of the inter-orbit and orbit-to-ground laser communication demonstration by OICETS[C]. Proc. of SPIE, 2007, 6457: (645702-1)-(645702-1-10).

[15] Sodnik Z, Lutz H, Furch B, Meyer R. Optical satellite communications in Europe[C]. Proc. of SPIE. 2010, 7587: (758705-1)-(758705-9).

[16] Han X F, Zhou W. Optimal threshold of error decision related to non-uniform phase distribution QAM signals generated from MZM based on OCS[J]. Optics Communications, 2018, 410(1): 623-626.

[17] Marin-Palomo P, Kemal J N, Karpov M, et al. Microresonator-based solitons for massively parallel coherent optical communications[J]. Nature, 2017, 546: 274-279.

[18] Wan L Y, Liu R, Sun J F. On-ground simulation of optical links for free-space laser communications[J]. Optik, 2010, 121: 263-267.

[19] Zhang Q J, Wang G Y. Influence of HY-2 satellite platform vibration on laser communication equipment: analysis and on-orbit experiment[C]. 3rd International Symposium of Space Optical Instruments and Applications, 2017, 192: 95-111.

[20] Moores J D, Wilson K E. The architecture of the laser communications relay demonstration ground stations: an overview[C]. Proc. of SPIE, 2013, 8610: 1-9.

[21] Scheinfeild M, Kopeika N S. Acquisition system for microsatellites laser communication in space[C]. Proc. of SPIE, 2000, 3932: 166-175.

第四章 空天地激光链路高速通信复用技术

激光通信系统按照接收机的工作方式可分为非相干激光通信和相干激光通信两类。非相干接收机采用强度调制/直接探测 (IM/DD) 通信体制，接收机、发射机结构简单，且成本低，易于实现集成化设计。其工作过程为：在发送端，利用基带信号直接调制激光器的振幅，形成开关键控信号 (OOK)，经过后端处理后由发射天线发送出去。在接收端，利用光学天线接收信号，然后将该信号直接照射到位于光学天线焦平面的光电探测器上，实现光电转换，随后进行电信号处理。

相干激光通信系统工作过程为：在发送端，采用外调制方式将基带信号以调幅、调相或调频的方式调制到光载波上，经过后端处理后由天线发送出去。当接收信号通过光学接收天线后，必须先耦合到光纤，才能利用现有器件完成后续混频、锁相等处理。耦合进光纤的光和本振光一同注入到随后的光混频及锁相装置进行相干混合，然后由光电探测器进行探测，并进行电信号处理。由工作原理可知，相干接收机利用本振信号对接收信号进行放大，因此可以极大地提高接收机灵敏度。

从以上对比可以看出，同等链路条件下，相干系统的通信速率高，理论上灵敏度比非相干系统可提高近 10dB，因此相干系统比较适合于万公里级别的远距离、10Gbps 以上大容量高速激光通信。需要指出的是，相干接收及发射系统复杂度及技术难度较高，且设备成本也非常昂贵，对平台的温控精度要求和散热要求较高，探测、调制等核心光电器件国产化程度较低。非相干收发系统简单，体积小、重量轻等特点，对平台的温控精度要求和散热要求较低，对频率漂移容忍度高、不需要专门的多普勒频移跟踪装置，器件国产化率高；非相干系统光学收发的硬件成本低，有利于未来批量生产和商业航天低成本应用。

空天地协同高速激光通信已经成为了未来的发展趋势，特别是在一些应急通信的场景，如保密侦查、异地通信等，需要快速的将信息传输到本地中。尽管相干体制的激光通信系统能够提供更高的传输容量，但为了兼顾系统复杂度、成本，高速复用通信技术已经被引入到系统中。从现有的复用技术成熟上来讲，波分复用已被提出作为提高激光通信系统的传输速率的有效技术手段。此外，对于一个典型的波分复用激光通信系统中，通常会使用一定数量的激光器并按照一定的波长间隔作为波分复用光源。随着密集型带宽业务的不断发展，传输容量的逐渐提高，可以通过降低激光器输出波长的间隔来实现密集波分复用，提高频谱利用率。

但更多的波长通道意味着需要部署更多的激光器，这种方式一方面会直接导致成本的增加以及发射端体积的增大。另一方面由于管理大量的激光器非常复杂，限制了光源的可扩展性。此外，大量的激光器也会导致光源的可配置性变差，如要重新对通道间隔进行配置时，就需要对激光器的输出波长进行一定的调整，此种情况下，改变各激光器的输出波长将极为不便。

光频梳是由一定频率间隔的多条频率谱线所形成的，将其作为密集波分复用光源，可较好地解决传统架构中“一波一源”的问题，能够有效降低激光器的使用量、简化发射机结构。研究者已经提出了多种实现光频梳的方法，如锁模脉冲法、光学微腔法、电光调制法、光纤非线性效应法等。然而，这些方法产生的光频梳通常还存在着频谱线少、中心波长或频率间隔的可调性差等问题，进而影响可复用波长的数量、限制密集波分复用光源的可配置性和可扩展性。因此，需要实现一种能够大范围调谐频率间隔和中心波长的宽带光频梳，用以实现灵活和频率资源丰富密集波分复用光源。

本章首先分析两种典型的实现光频梳技术方法，在此基础上，基于电光调制和非线性谱展宽效应，提出一种可应用于密集波分复用光源的灵活宽带光频梳技术方法。首先对提出的方法进行理论分析，然后利用连续激光器、级联的电光调制器和平坦色散高非线性光纤等搭建实验平台产生光频梳。最后通过改变连续激光器的中心波长和射频信号源的输出频率，实验研究光频梳的频率间隔和中心波长的可调性。

4.1 基于光频梳的密集波分复用高速通信方法

光频梳已被提出作为密集波分复用光源，那么关于光频梳的实现方法成为了关键的研究内容。下面主要介绍两种实现光频梳的技术方法。

(1) 电光调制法：是将连续激光器输出的光注入到由射频信号驱动的电光调制器中，基于电光调制效应使得在频域上实现多条边带，即产生光频梳。边带间距即为光频梳的频率间隔，通过调谐射频源的输出频率可对频率间隔进行调整。调谐激光器的输出波长来改变光频梳的中心波长。许多类型的电光调制器均可产生光频梳，如偏振调制器、强度调制器及相位调制器等。尽管这种方法实现形式较为简单，但产生光频梳的梳齿线较少，带宽较窄，这意味着在进行波分复用时，可复用波长数目较少、波长利用率低。

(2) 高非线性光纤自相位调制法：是通过将一定功率的光脉冲注入到高非线性光纤中，利用其自相位调制效应来产生光频梳。该方法能够实现更大的光频梳带宽，进而得到更多的波长资源。目前通常采用的方法是利用高非线性光纤的自相位调制效应来实现宽带的光频梳。一种是，注入高非线性光纤的光脉冲源是通过锁模激光器产生的；另一种是，光脉冲源是利用一个连续激光器并通过电光调制效应和一段单模光纤进行脉冲压缩产生的。由于第一种方法采用的锁模激光器结构复杂，价格较为昂贵，且产生的光频梳的中心波长和频率间隔不可调，将其用于密集波分复用源具有一定的局限性。而第二种方法实现起来更为简单，具有一定的优势，但由于注入脉冲源的中心波长通常需要接近于高非线性光纤的零色散波长，对于一般的高非线性光纤而言，在一定的波长范围内，色散并不能均匀地分布在近零色散区域内，进而导致产生光频梳的中心波长调谐能力较差。

在上述研究的基础上，本节提出一种频率间隔和中心波长均可灵活调谐的宽带光频梳方法。即利用电光调制实现窄带光频梳，并将其在时域上进行压缩而后注入到平坦色散高非线性光纤中，利用自相位调制效应实现宽带的光频梳。该方法由于采用的平坦色散高非线性光纤在很宽的波长范围内具有很低的色散值，可使得光频梳的中心波长实现灵活调谐。同时可改变射频源的输出频率，能够使得光频梳的频率间隔实现灵活调谐。图 4-1 所示为平坦色散高非线性光纤的色散曲线，从图中可以明显地看出平坦色散高非线性光纤的色散曲线较为平坦，几乎覆盖了 C 波段和 L 波段，并且该光纤的色散值均匀地分布在近零色散区域内。因此，理论上在中心波长为 1510nm 至 1620nm 范围内均可实现宽带的光频梳。

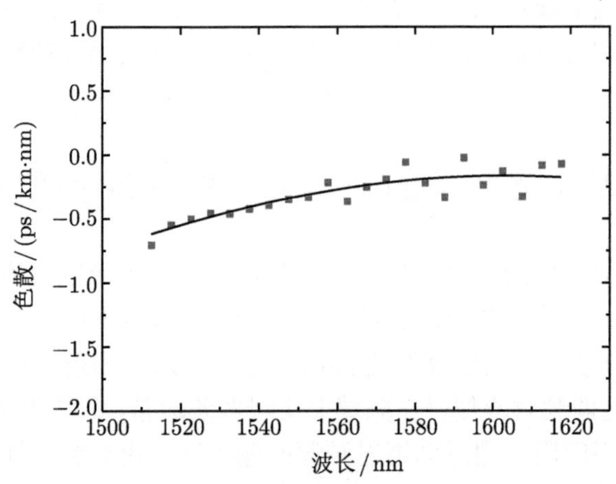

图 4-1　平坦色散高非线性光纤特性

如图 4-2 所示为可用于密集波分复用光源的高效灵活光频梳实现方案示意图。密集波分复用光源主要是由连续激光器、电光调制器及平坦色散高非线性光纤组成。首先连续激光器通过电光调制器产生种子光源，进而通过利用色散介质时域压缩后将其入射到平坦色散高非线性光纤实现宽带光频梳，然后再经过一定的调制作为信号。基于平坦色散高非线性光纤自相位调制效应能够实现光频梳的展宽，同时中心波长和频率间隔均可灵活调谐。可调谐的频率间隔将使得该光频梳能够兼容 ITU 建议的波分复用通道间隔，可调谐的中心波长使得系统对于波长管理更为灵活。

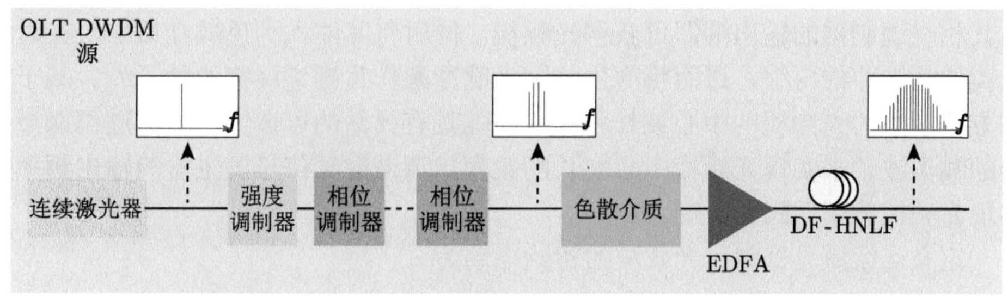

图 4-2 可用于密集波分复用光源的光频梳方案示意图

4.2 高速复用通信技术中的多载波实现

本节首先采用连续激光器与电光调制器产生中心波长和频率间隔可调的光频梳，接下来利用色散介质在时域上对其进行压缩，为下一节实现宽带的光频梳提供种子脉冲源。首先给出基于级联电光调制器产生光频梳的基本原理，而后对其进行实验研究。

4.2.1 电光调制器产生光频梳的理论分析

级联电光调制器产生光频梳的原理是基于时域-频域 (Time-to-Frequency，TTF) 映射理论，即利用电光调制器将时域波形映射到频域，以使频域的形态与时域相同。产生的光频梳示意图如图 4-3 所示。

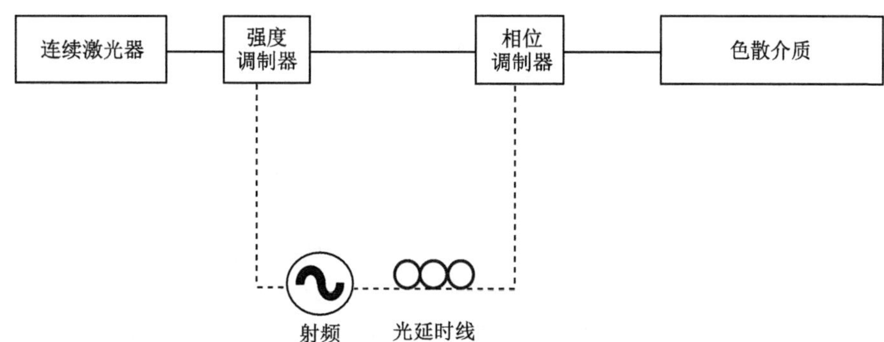

图 4-3 基于级联强度调制器与相位调制器产生光频梳示意图

其中包括一个连续激光器 (CW-Laser)、级联的强度调制器 (Intensity Modulator，IM) 和相位调制器 (Phase Modulator，PM)、光延时线 (Optical Delay line，DL)、

一段色散介质 (Dispersive Medium) 和一个频率可调的射频 (Radio Frequency, RF) 信号源。连续激光器输出的光载波首先通过强度调制器被调制为光脉冲，而后经过相位调制器对时域信号进行二次方相位调制，使得时域波形映射在频域上，在其相位调制器的输出端即可获得光频梳。同时将其注入到色散介质中，在时域上实现光脉冲的压缩，进而将产生的短光脉冲源作为频谱展宽的种子光。基于上述方法产生的光频梳的中心波长和频率间隔具有灵活的可调性，即通过调谐激光器的输出波长来实现光频梳中心波长的改变，调谐射频信号发生器的输出频率来实现光频梳频率间隔的改变。

定义连续激光器输出光载波的初始电场为

$$E_{\text{in}}(t) = E_0 \exp(\mathrm{i}\omega_0 t) \tag{4-1}$$

式中，E_0 和 ω_0 分别表示初始光载波的振幅和角频率，正弦信号加载到相位调制器时，其输出电场表示为

$$E_{\text{IM}}(t) = \frac{\sqrt{2}}{2} E_{\text{in}}(t) \cos\left[\frac{V_1(t) - V_2(t)}{2V_\pi}\pi\right] \tag{4-2}$$

其中, $V_1(t)$ 和 $V_2(t)$ 分别表示作用在强度调制器上下两臂的调制电压，V_π 表示强度调制的半波电压,即相位变化 π 时所对应的驱动电压值。强度调制器大多工作在推挽模式，表示为 $V_1(t) = -V_2(t)$ 。调制电压可表示为 $V(t) = V_{\text{DC}} + V_{\text{RF}}\cos(\omega t)$，其中 V_{DC} 表示强度调制器上的直流偏置电压，$V_{\text{RF}}\cos(\omega t)$ 表示射频端的微波调制电压。而后经过相位调制器，其输出电场可表示为

$$E_{\text{PM}}(t) = E_{\text{IM}} \exp[\mathrm{i}\Delta\theta \cos(\omega_{rf} t)] = E_{\text{IM}} \sum_{n=-\infty}^{\infty} J_n(\Delta\theta) \exp(\mathrm{i}n\omega_{rf} t) \tag{4-3}$$

式中 J_n 表示 n 阶贝塞尔函数，$\Delta\theta$ 为相位调制器的调制系数，当调制系数为零时，不存在谐波分量，随着调制系数的增大，谐振分量会随着增加，意味着光频梳谱线的增加。由式 (4-2) 和 (4-3) 公式可以看出，通过改变加载到强度调制的直流电压和正弦信号的幅度，可调整强度调制器的输出脉冲，进而可改变相位调制后输出的光频梳。

接下来将产生的光频梳在时域上进行压缩，具体描述为：利用延时线来适当地调整强度调制器和相位调制器的相对延迟，使得强度调制器作为一个“脉冲切割器 (Pulse Carver)”将相位调制器引入的正啁啾被保留下来，同时抑制其负啁啾。从而将具有正啁啾的光脉冲注入到一定长度的单模光纤中，来压缩成更窄的光脉冲。其中，用来补偿正啁啾的单模光纤的长度 L 可表示为

$$L \approx \frac{TC}{\Delta\nu |D| \lambda^2} \tag{4-4}$$

式中，T 为强度调制器输出脉冲的半极大全宽，C 为真空条件下的光速，$\Delta\nu$ 为入射单模光纤之前光谱的半极大全宽，λ 为中心波长，D 为单模光纤的色散参量。需要指出的是，根据公式计算出的单模光纤长度只是一个估计值，在实验中发现，使用相同长度但是不同厂家的单模光纤对脉冲进行压缩时，利用自相关仪测量的脉冲宽度有一定的差别，因此还需要依据具体的实验效果来对单模光纤的长度进行适当调整。

4.2.2 电光调制器产生光频梳的实验研究

在上述对电光调制产生光频梳理论分析的基础上，本小节对其进行实验研究，实验装置包括发射端与测试端两部分，如图 4-4 所示。

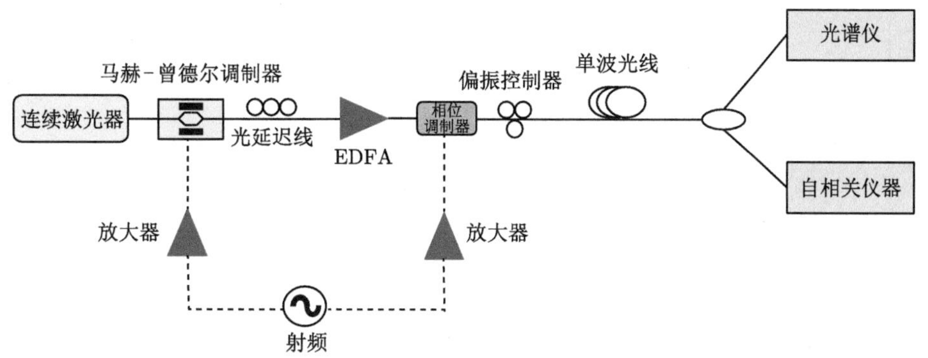

图 4-4 基于级联电光调制器产生光频梳实验装置

在发射端中，射频信号源产生的特定频率正弦信号 (本小节研究了 25GHz 和 40 GHz) 通过一个 3dB 光耦合器分成两路信号，而后分别入注入到两个电放大器中进行放大，放大后的电信号用于驱动马赫–曾德尔调制器 (MZM) 和相位调制器 (PM)。连续激光器输出特定波长的光载波直接入射到马赫–曾德尔调制器中进行调制，然后经过一个可调的光延迟线 (Optical Delay Line，ODL) 传输后，入射到 EDFA 中进行功率放大。放大后的光信号随之入射到相位调制器中进行调制，再通过一个偏振控制器以及一段单模光纤传输到测试端中。测试端由光谱仪和自相关仪 (Auto-correlator) 两部分组成，分别从频域和时域上对产生光频梳的光谱以及脉冲宽度进行测量。考虑到自相关仪自身对偏振敏感，实验中在自相关仪入射端口前装置了偏振控制器。装置中，光延时线是为了实现相位调制器与马赫–曾德尔调制器在时域上相匹配 (Time-Matching)，当光延时线的长度调整到最佳长度，产生在相位调制器中的正啁啾被保留而负啁啾被移除掉。偏振控制器 (Polarization Controller，PC) 是为了将输入光偏振态和调制器的主轴对准，保持光路偏振态一致。此外，由于马赫–曾德尔调制器和光延迟线的插入损耗比较大，在光延时线输出端口处接入光放大器 (EDFA) 进行了功率补偿。

根据上述实验装置，首先将射频信号源的输出频率和功率分别设置为 25GHz 和 0dBm，连续激光器输出的中心波长和光功率分别调至 1535nm 和 13dBm，产生了中心波长为 1535nm 频率间隔为 25GHz 的光频梳。图 4-5 (a) 和 (b) 分别给出了中心波长为 1535nm、频率间隔为 25GHz 光频梳的光谱和经过单模光纤后的自相关曲线。由测量的光谱图 4-5(a) 可以发现在波长 1532~1538nm 产生较为平坦的光频梳，然而梳齿线较少且带宽较窄。从图 4-5(b) 可以看出，自相关仪测量的脉冲宽度为 2.59ps。

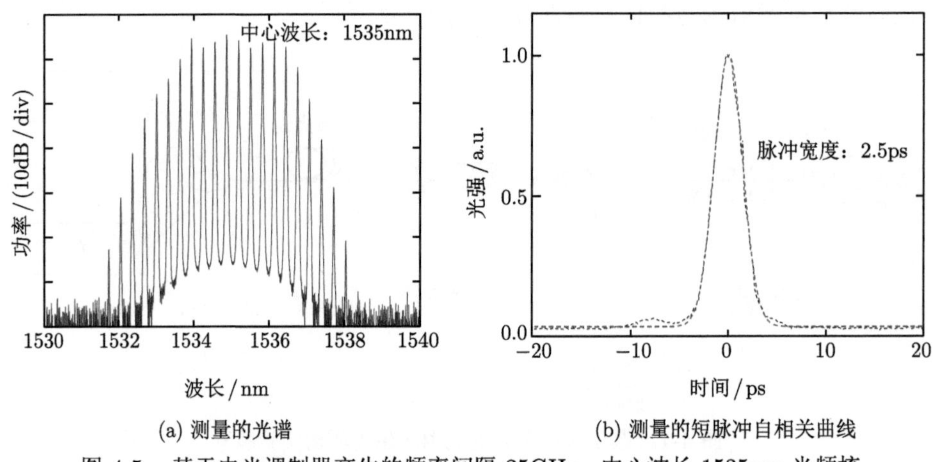

(a) 测量的光谱　　(b) 测量的短脉冲自相关曲线

图 4-5　基于电光调制器产生的频率间隔 25GHz、中心波长 1535nm 光频梳

4.3　高速复用通信技术中的宽带光频梳

4.3.1　光纤自相位调制理论分析

由于光纤的纤芯折射率大于包层的折射率，所以光束能够被强烈地束缚在其中进行传输。当高功率激光入射到光纤时，光纤的折射率会随着光强而发生改变，呈现非线性效应，即为光纤克尔效应。克尔效应主要表现为自相位调制 (Self Phase Modulation，SPM)、交叉相位调制 (Cross Phase Modulation，XPM) 以及四波混频 (Four Wave Mixing，FWM) 等。本小节所实现的宽带光频梳是基于 SPM 效应，下面仅对 SPM 进行理论分析。

光脉冲在单模光纤中的传输过程可从非线性薛定谔方程出发，表达式为

$$\mathrm{i}\frac{\partial A(z,T)}{\partial z}-\frac{\beta_2}{2}\frac{\partial A^2(z,T)}{\partial T^2}+\frac{\mathrm{i}\alpha}{2}A(z,T)+\Lambda|A(z,T)|^2A(z,T)=0 \tag{4-5}$$

式中 $A(z,T)$ 表示光脉冲振幅；β_2 表示群速度色散，与脉冲展宽有关；$T=t-z/v_g$，表示以群速度 v_g 移动的参考系时间变量；α 表示光纤损耗；Λ 表示非线性系数，Λ 的大小影响自相位调制引起的频谱展宽度，可由下式所示：

$$\Lambda=\frac{n_2}{cA_{\mathrm{eff}}} \tag{4-6}$$

式中，n_2 为光纤的非线性折射率；c 为真空中的光速，$c=\lambda/2\pi$，λ 为波长；A_{eff} 为光纤有效截面积，其范围通常为 $20\sim110\mu\mathrm{m}$，非线性折射率系数 n_2 的范围一般为 $2.2\sim3.4\times10^{-20}\mathrm{m}^2/\mathrm{W}$。

对公式 (4-5) 数值求解可描述光纤 SPM。当 T_0>5ps 且不考虑群速度色散的影响，方程可简化为

$$\frac{\partial U}{\partial z}=\frac{\mathrm{i}\mathrm{e}^{-\alpha z}}{L_{\mathrm{NL}}}|U|^2U \tag{4-7}$$

式中，$U(z,T)$ 为归一化振幅，L_{NL} 表示非线性长度，$L_{\mathrm{NL}}=(\Lambda P_0)^{-1}$，$P_0$ 表示峰值功率。进一步可得到通解

$$U(L,T)=U(0,T)\exp\left[\mathrm{i}\phi_{\mathrm{NL}}(L,T)\right] \tag{4-8}$$

式中，$U(0,T)$ 表示 $z=0$ 处振幅，且 ϕ_{NL} 可表示为

$$\phi_{\mathrm{NL}}(L,T)=|U(0,T)|^2\left(L_{\mathrm{eff}}/L_{\mathrm{NL}}\right) \tag{4-9}$$

上式中 L_{eff} 表示有效长度，$L_{\mathrm{eff}}=[1-\exp(-\alpha L)]/\alpha$ 。公式 (4-9) 表明 SPM 产生随着光强度变化的相位，而脉冲的形状没有变化。SPM 引起的频谱展宽是由 $\phi_{\mathrm{NL}}(L,\ \mathrm{T})$ 与时间关系所导致的，表明光脉冲的中心频率 $\delta\omega_0$ 与相邻瞬时频率不同，差值 $\delta\omega$ 可表示为

$$\delta\omega(T)=-\left(\frac{L_{\mathrm{eff}}}{L_{\mathrm{NL}}}\right)\frac{\partial}{\partial T}|U(0,T)|^2 \tag{4-10}$$

上式 $\delta\omega$ 表示由 SPM 效应引起的频率啁啾，且与传输距离成正比关系，换言之，新的频率分量在传输过程中不断产生，使得频谱得到展宽。

4.3.2 基于自相位调制的光频梳展宽实验研究

本节将上述基于电光调制产生的光脉冲源作为种子光，进一步通过 EDFA 进行功率放大，而后将其入射至平坦色散高非线性光纤中，利用自相位调制效应来实现光频梳的展宽，图 4-6 所示为基于平坦色散高非线性光纤自相位调制产生的宽带光频梳实验装置。

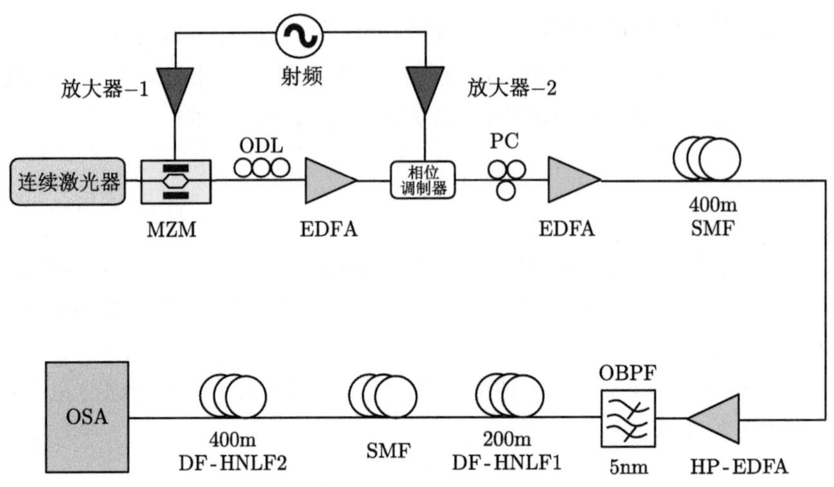

图 4-6　基于平坦色散高非线性光纤自相位调制产生的宽带光频梳实验装置

首先连续激光器输出的光载波通过级联的马赫–曾德尔调制器、相位调制器以及一段长度为 400m 单模光纤产生短脉冲源，而后注入到 HP-EDFA(型号：Amonics AEDFA-33-EX-B-FA) 中进行功率放大，其中 HP-EDFA 的最大输出功率为 33dBm。继而放大后的光脉冲入射到 5nm 光滤波器内，来滤除 HP-EDFA 引入的自发辐射噪声。最后将光滤波器输出的高功率光脉冲直接入射到两段平坦色散高非线性光纤中。利用自相位调制效应，来获得宽带的光频梳。实验中采用了一段长度为 200m 的平坦色散高非线性光纤 (非线性系数 γ=10.7$\text{W}^{-1}\cdot\text{km}^{-1}$，二阶色散 β_2=−0.326ps^2/km，β_3=0.006ps^3/km @1550nm) 和一段长度为 400m 的平坦色散高非线性光纤 (非线性系数 γ=10.7$\text{W}^{-1}\cdot\text{km}^{-1}$，二阶色散 β_2=−0.446ps^2/km，β_3=0.0057ps^3/km @1550nm)，能够看出两段平坦色散高非线性光纤除了长度不同之外，物理特性几乎是相同的。采用一段单模光纤被置于两段平坦色散高非线性光纤中间，目的是补偿第一段平坦色散高非线性光纤所引入的色散。经过色散补偿后，第一段平坦色散高非线性光纤输出的光脉冲在时域上被进一步压缩，光脉冲的峰值功率被提升，进而确保发生在第二段平坦色散高非线性光纤的光谱展宽度更大。此外，为了对展宽后的光频率梳进行优化，在整个实验过程中，对相位调制器的输出端及第一段和第二段平坦色散高非线性光纤输出端分别进行了实时的光谱监测。需要指出的是，在图 4-6 实验装置中，所采用的平坦色散高非线性光纤在很宽的波长范围内均具有很低的色散，因此基于自相位调制效应产生的宽带光频梳的中心波长调谐范围可覆盖至 C 波段和 L 波段。但由于实验条件所限，我们实验演示了中心波长为 1535~1564nm 范围的光频梳。

4.4 基于光频梳的高速复用通信实验研究

4.4.1 中心波长可调的宽带光频梳实验研究

根据所搭建的光频梳实验平台，首先对产生的光频梳中心波长的可调性进行实验研究。连续激光器的输出波长分别设置为 1535nm、1550nm、1564nm，输出功率为 13dBm。射频信号发生器输出频率设置为 25GHz，输出功率为 15dBm。通过级联的电光调制器和一段单模光纤，将产生的短脉冲源入射到两段平坦色散高非线性光纤中。而后调节 HP-EDFA 的输出功率和滤波器的中心波长，分别测量了中心波长为 1535nm、1550nm、1564nm 的光频梳。在实验中，对强度调制器的偏置电压进行了优化，优化后的电压值为 5.3V。图 4-7(a)~(c) 所示为频率间隔为 25GHz 且平坦色散高非线性光纤入射功率为 30dBm 条件下，中心波长分别为 1535nm、1550nm 和 1564nm 时产生的频率梳光谱。

从图 4-7 可以看出中心波长为 1550nm 时，光频梳的 30dB 带宽为 125nm；中心波长为 1550nm 时，光频梳的 30dB 带宽为 125nm；中心波长为 1564nm 时，光频梳的 30dB 带宽为 128nm。图 4-8 所示为平坦色散高非线性光纤入射功率为 30dBm、中心波长为 1564nm 时产生的宽带光频梳的放大光谱。此外基于平坦色散高非线性光纤的色散特性，且采用合适的马赫–曾德尔调制器和相位调制器工作带宽，以及相应的光放大器，光频梳中心波长的调节范围可扩展至 L 波段。

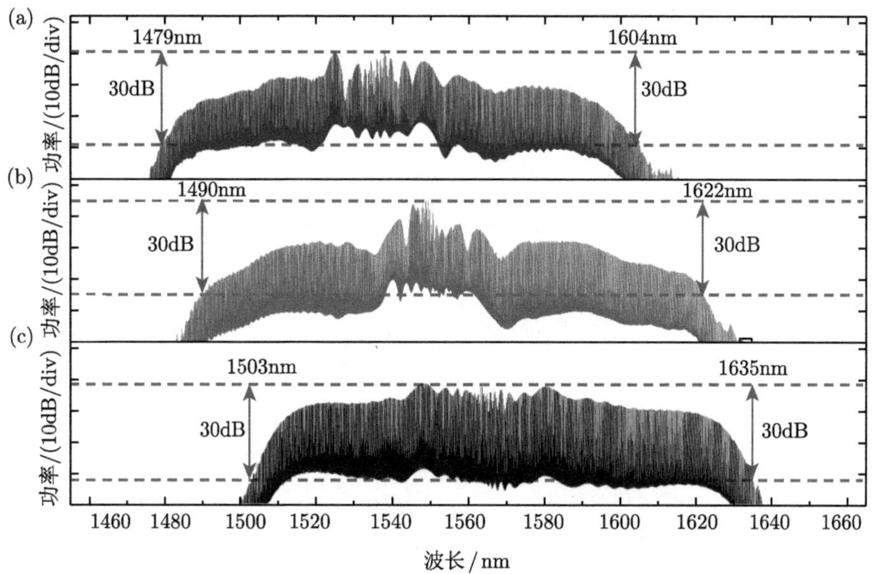

图 4-7 30dBm 入射功率及 25GHz 频率间隔的宽带光频梳: (a) 中心波长为 1535nm; (b) 中心波长为 1550nm; (c) 中心波长为 1564nm

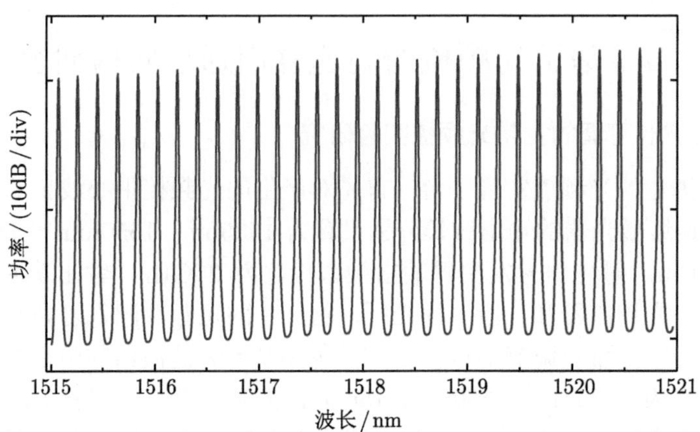

图 4-8　30dBm 入射功率、1564nm 中心波长、25GHz 频率间隔的光频梳放大光谱

在实际情况下，激光通信系统应该根据用户的数目和需求进行合理的波长资源配置，如用户数较少时，需要的波长资源也相对较少，那么光频梳的带宽则不需要太大，反之亦然。光频梳的带宽与入射非线性光纤的光功率有关，通过研究两者之间的关系能够对波长资源进行合理的利用，可满足不同情况下用户需求。因此，在当前实验平台下，进一步研究了入射平坦色散高非线性光纤的光功率对光频梳带宽的影响。具体方法是通过调节 HP-EDFA 的输出功率来改变入射到平坦色散高非线性光纤的光功率，进而测量在不同入射光功率下的光频梳。如图 4-9、图 4-10 和图 4-11 所示，分别给出了当入射平坦色散高非线性光纤的光

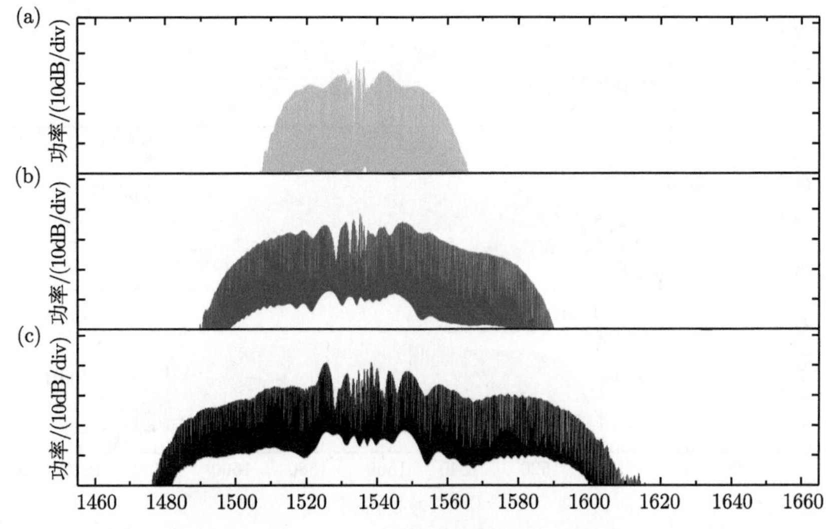

图 4-9　1535nm 中心波长及 25GHz 频率间隔的宽带光频梳: (a) 24dBm 入射功率; (b) 27dBm 入射功率; (c) 30dBm 入射功率

功率为 24dBm、27dBm 和 30dBm 时，中心波长为 1535nm、1550nm 和 1564nm 的光频梳。

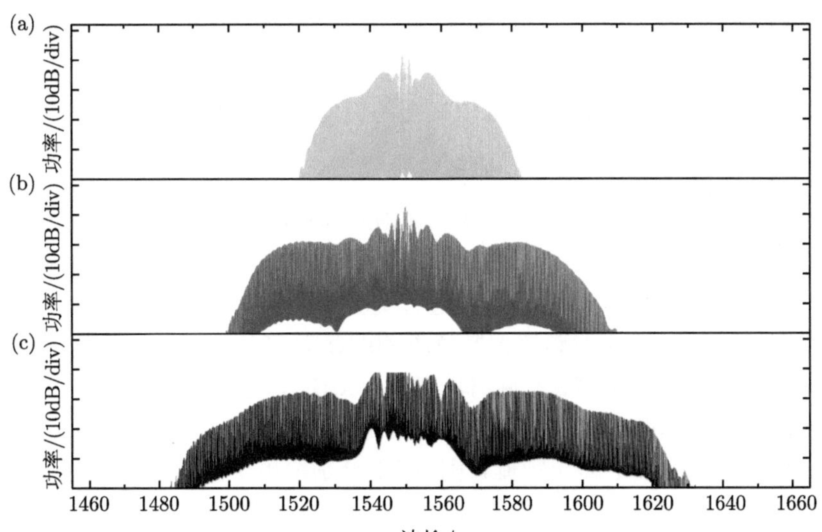

图 4-10 1550nm 中心波长及 25GHz 频率间隔的宽带光频梳: (a) 24dBm 入射功率; (b) 27dBm 入射功率; (c) 30dBm 入射功率

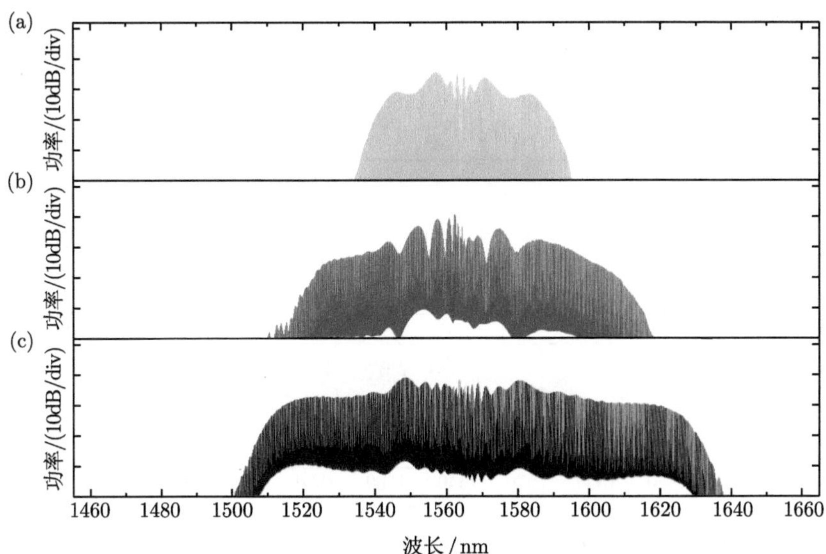

图 4-11 1564nm 中心波长及 25GHz 频率间隔的宽带光频梳: (a) 24dBm 入射功率; (b) 27dBm 入射功率; (c) 30dBm 入射功率

从以上三幅图容易看出，随着注入到平坦色散高非线性光纤的光功率的逐渐增加，光频梳的展宽效果更强，带宽变得越来越大。以图 4-10 为例，中心波长为 1535nm，入射功率分别为 24dBm、27dBm、30dBm 时所对应的光频梳的 30dB 带宽分别为 55nm、94 nm、125nm。

本小节通过调谐连续激光器的中心波长，实现了中心波长可调的宽带光频梳，同时通过改变入射平坦色散高非线性光纤的光功率，实现了不同带宽的光频梳。

4.4.2 频率间隔可调的宽带光频梳实验研究

上节将射频源的输出频率设置为 25GHz，研究了频率间隔为 25GHz 条件下的光频梳中心波长的可调谐性。在此基础上，本小节通过改变信号发生器的输出频率，对光频梳的频率间隔的可调性进行实验研究。

首先将 25GHz 带宽射频放大器换成 40GHz，其他实验装置不变。然后调谐射频源的输出频率为 40GHz，输出功率为 15dBm。设置连续激光器的输出波长分别为 1535nm、1550nm、1564nm，输出的光功率为 13dBm。利用光谱仪测量 40GHz 频率间隔情况下的光频梳。图 4-12 分别给出了在 40GHz 频率间隔，入射到平坦色散高非线性光纤功率为 30dBm 条件下，三种不同中心波长的光频梳。可以看出中心波长在 1535nm、1550nm、1564nm 时，光频梳的 30dB 带宽分别为 155nm、155nm、164nm。同时从图 4-7 和图 4-12 可以看出，在 25GHz 和 40GHz 频率间隔下，光频梳的带宽随着波长的增加而变大。这将归因于平坦色散高非线

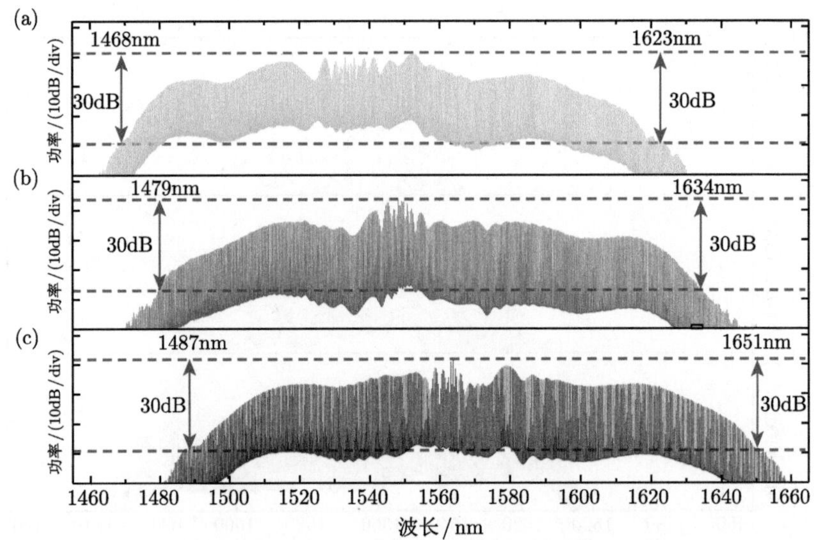

图 4-12 30dBm 入射功率及 40GHz 频率间隔的宽带光频梳: (a) 1535nm 中心波长；(b) 1550nm 中心波长；(c) 1564nm 中心波长

性光纤的色散特性，当波长越大时，越接近零色散点。

以中心波长 1564nm、频率间隔 25GHz 产生的光频梳为例，进一步对其进行分析。当平坦色散高非线性光纤的入射功率为 30dBm，光频梳 30dB 带宽为 125nm，即共计约有 660 根谱线。考虑到约有 1dB 的平坦色散高非线性光纤插入损耗，因而计算出每根谱线的平均功率约为 1dBm。此外，与种子光相比，产生的光频梳的线宽能够得以保存，验证了其可行性。

在灵活性方面：本章所实现的光频梳具有中心波长 1535~1564nm、频率间隔 0~40GHz 的调谐能力，与其他几种方法相比，本章实现的光频梳中心波长和频率间隔的调谐范围最大，更加利于灵活地管理波长。在集成性方面：相比于电光调制法和光纤非线性法集成度略差，但和传统的利用大量激光器作为发射机方法比，集成性更好，而且有利于系统备份。在传输容量方面：本章实现的光频梳波长覆盖范围最广，30dB 带宽最大可达 164nm，换言之，更大的带宽提供的波长资源更丰富，有利于提高系统的传输容量，实现高速激光通信。

参 考 文 献

[1] Sillard P. Few-mode fibers for space division multiplexing[C]. Proceedings of Optical Fiber Communication Conference (OFC), 2016.

[2] Essiambre R J, Kramer G, Winzer P J, et al. Capacity limits of optical fiber networks[J]. Journal of Lightwave Technology, 2010, 28(4): 662-701.

[3] Saitoh K, Matsuo S. Multicore fiber technology[J]. Journal of Lightwave Technology, 2016, 34(1): 55-66.

[4] Morioka T. New generation optical infrastructure technologies: “EXAT Initiative” towards 2020 and beyond[C]. Proceedings of Optoelectronics and Communication Conference (OECC), 2009: 165-166.

[5] Saitoh K, Koshiba M, Takenaga K, et al. Crosstalk and core density in uncoupled multicore fibers[J]. IEEE Photonics Technology Letters, 2012, 24(21): 1898-1901.

[6] Hayashi T, Taru T, Shimakawa O, et al. Design and fabrication of ultra-low crosstalk and low-loss multi-core fiber[J]. Optics Express, 2011, 19(17): 16576-16592.

[7] Koshiba M, Saitoh K, Takenaga K, et al. Multi-core fiber design and analysis: coupled-mode theory and coupled-power theory[J]. Optics Express, 2011, 19(26): 102-111

[8] Wu L, Gao F, Zhang M, et al. PAM4 based symmetrical 112-Gbps long-reach TWDM-PON[J]. Optics Communications, 2018, 409: 117-122.

[9] Sasaki Y, Amma Y, Takenaga K, et al. Investigation of crosstalk dependencies on bending radius of heterogeneous multicore fiber[C]. Proceedings of Optical Fiber Communication Conference (OFC), 2013: OTh3K. 3.

[10] Sano A, Takara H, Kobayashi T, et al. Crosstalk-managed high capacity long Haul multicore fiber transmission with propagation-direction interleaving[J]. Journal of Lightwave Technology, 2014, 32(16): 2771-2779.

[11] Klaus W, Sakaguchi J, Puttnam B J, et al. Free-space coupling optics for multicore fibers[J]. IEEE Photonics Technology Letters, 2012, 24(21): 1902-1905.
[12] Shimakawa O, Shiozaki M, Sano T, et al. Pluggable fan-out realizing physical-contact and low coupling loss for multi-core fiber[C]. Proceedings of Optical Fiber Communication Conference (OFC), 2013: OM3I.2.
[13] Okamoto K, Hasegawa T, Ishida O, et al. 32 × 32 Arrayed-waveguide grating multiplexer with uniform loss and cyclic frequency characteristics[J]. Electronics Letters, 1997, 33(22): 1865-1866.
[14] Kim J Y, Moon S R, Yoo S H, et al. DWDM-PON at 25 GHz channel spacing based on ASE injection seeding[J]. Optics Express, 2012, 20(26): B45-B51.
[15] Wadsworth W J, Ortigosa-Blanch A, Knight J C, et al. Supercontinuum generation in photonic crystal fibers and optical fiber tapers: a novel light source[J]. Journal of the Optical Society of America B-Optical Physics, 2002, 19(9): 2148-2155.
[16] Lee J H, Lee K, Lee S B, et al. Extended-reach WDM-PON based on CW supercontinuum light source for colorless FP-LD based OLT and RSOA-based ONUs[J]. Optical Fiber Technology, 2009, 15(3): 310-319.
[17] Xu Z, Wen Y, Zhong W, et al. High-speed WDM-PON using CW injection-locked Fabry-Perot laser diodes[J]. Optics Express, 2007, 15(6): 2953-2962.
[18] Chen Y, Li J, Zhu J, et al. Experimental demonstration of flexible multicasting and aggregation functionality for TWDM PON[C]. Proceedings of Asia Communications and Photonics Conference (ACP), 2016: AS1D.5.
[19] Jain S, Castro C, Jung Y, et al. 32-core erbium/ytterbium-doped multicore fiber amplifier for next generation space-division multiplexed transmission system[J]. Optics Express, 2017, 25(26): 32887-32896.
[20] Jain S, Castro C, Jung Y, et al. 32-core erbium/ytterbium-doped multicore fiber amplifier for next generation space-division multiplexed transmission system[J]. Optics Express, 2017, 25(26): 32887-32896.
[21] Pachnicke S, Mayne S, Quemeneur B, et al. Field demonstration of a tunable WDM-PON system with novel SFP+ modules and centralized wavelength control[C]. Proceedings of Optical Fiber Communication Conference (OFC), 2015: M2A.6.
[22] Wei J, Eiselt N, Griesser H, et al. Demonstration of the first real-time end-to-end 40-Gb/s PAM-4 for next-generation access applications using 10-Gb/s transmitter[J]. Journal of Lightwave Technology, 2016, 34(7): 1628-1635.

第五章　空天地大气信道湍流影响机理与补偿技术

随着空间激光通信技术的发展和更新，传输数据容量和传输距离大幅度增加，要求空间中激光光场分布均匀性越来越高，为此需要详细分析激光在空间中的传输性能、光远场传输分布、系统功能及空间环境适应性。其中，激光在大气信道中传播时受到来自大气的吸收、散射和湍流影响，使得光束能量损失和质量随机下降。大气的吸收、散射是激光在大气传输过程中与大气层中的气体分子和气溶胶粒子相互作用的结果。另外，激光传输经过大气湍流区时会导致激光信号的相位起伏、电磁波传输方向局部偏离、光束的汇聚与发散。

空间激光通信链路极易受大气湍流和指向误差两个因素的影响，因而分析空间激光通信系统通信性能时很有必要综合考虑这两个因素的影响。现有的研究基本上都是在大气湍流衰减信道上考虑了零视轴、非零视轴及水平俯仰方向相同抖动的情形，但是由于摇摆引起的指向误差具有随机性，不一定能够时刻保证水平及俯仰方向的抖动相同以及瞄准过程也不一定在同一视轴上，所以，分析单输入单输出系统通信性能时，在大气湍流衰减信道上很有必要考虑非零视轴和水平俯仰方向不同抖动这种情形。

为了满足通信质量和速率的要求，已有不少研究人员做了很多工作，并且也取得了一定的成果。如多输入多输出 (MIMO) 技术已被引入进来，即在发射端和接收端分别部署多个激光器和光电探测器，通过提高分集增益的方式来达到抑制大气湍流衰减的目的，但是这些研究仅考虑了大气湍流的影响，忽略了指向误差的影响。在实际的通信过程中，建筑物随机抖动造成的指向误差以及动态变化的大气湍流都会对通信的质量产生重要影响，并且指向误差的存在能够加剧信道增益的起伏，影响系统的通信性能，因此，在 MIMO 技术的研究应用当中有必要考虑指向误差所带来的不利影响。以往的研究基本上都是以零视轴、非零视轴以及水平俯仰方向抖动相同为基础来分析大气湍流对 MIMO 空间激光通信系统通信性能的影响。但是由于抖动的随机性和不确定性会导致水平及俯仰方向的抖动不能时刻保证同样的变化趋势以及瞄准过程中也有可能产生视轴误差，因而有必要研究非零视轴和水平俯仰方向不同抖动的情形。在现有的 MIMO 空间激光通信研究报道中，针对大气湍流衰减信道上非零视轴以及水平俯仰方向不同抖动 (贝克曼分布) 这方面的研究报道非常少，且尚未建立完整的理论模型。

本章首先重点分析空天地大气湍流影响机理，研究激光链路光束远场动态特性链路跟踪稳定性与补偿方法。分析大气湍流对单输入单输出和多输入多输出的自由空间光系统通信性能影响。最后给出激光链路的大气信道预测方法。

5.1 激光链路光束远场动态特性链路跟踪稳定性与补偿方法

5.1.1 链路光束远场动态特性

激光链路跟踪信标光束远场动态特性关联因子方差除了受发散角、波相差、影响外，还受大气湍流扰动的影响。本小节基于高轨对地的激光链路为研究对象，远场惯性参考坐标系建在激光链路的中间位置，在本小节的分析中忽略到达角起伏方差的影响。激光链路关联因子方差可表示为

$$\sigma_\kappa^2 = \frac{1}{SNR_\kappa \chi_\kappa^2} + \sigma_1^2 + \sigma_2^2 \tag{5-1}$$

上式中 σ_1^2、σ_2^2 分别为光束漂移方差和光束扩展方差。

5.1.1.1 激光光束远场动态特性对链路跟踪稳定性影响数学模型

激光经过大气传输后，远场接收光功率受光束扩展以及光束漂移的影响，光功率比例系数可表示为

$$G(x) = \exp\left[-8\left(\frac{\sigma_1^2}{\omega_0 + \sigma_2^2}\right)^2\right] \tag{5-2}$$

当激光链路达到跟踪稳定保持时，存在稳态条件 $\sigma_{\kappa(n+1)}^2 \cong \sigma_{\kappa n}^2 \cong \sigma_{\kappa w}^2$。因此，根据激光链路光束远场动态特性关联因子服从分布。将公式 (5-2) 和 $P_n(x)$ 代入后得到

$$\begin{aligned}\sigma_{\kappa(n+1)}^2 \leqslant \frac{\sigma_{\kappa 0}^2}{\sigma_{\kappa n}^2}\int_{-\infty}^{+\infty} x \exp \\ \left\{\left\{\left[8m\left(\frac{\sigma_1^2}{\omega_0+\sigma_2^2}\right)^2 + m\left(\frac{\pi d}{\lambda}\right)^2\right] - \frac{1}{2\sigma_{\kappa n}^2}\right\}(x-1)^2\right\}\mathrm{d}x\end{aligned} \tag{5-3}$$

上述不等式右边为广义积分，为了使不等式有意义，应满足条件

$$\lim_{x\to+\infty} \exp\left\{\left\{8m\left(\frac{\sigma_1^2}{\omega_0+\sigma_2^2}\right)^2 + m\left(\frac{\pi d}{\lambda}\right)^2 - \frac{1}{2\sigma_{\kappa n}^2}\right\}(x-1)^2\right\} = 0 \tag{5-4}$$

满足

$$\sigma_{\kappa n}^2 < \frac{\left[\lambda\left(\omega_0+\sigma_2^2\right)\right]^2}{16m\sigma_1^2\lambda^2+2m\left[\pi d\left(\omega_0+\sigma_2^2\right)\right]^2} \tag{5-5}$$

当存在稳态方差时满足 $\sigma_{\kappa(n+1)}^2 \cong \sigma_{\kappa n}^2 \cong \sigma_{\kappa w}^2$，根据公式 (5-3) 和公式 (5-5) 得到稳态方差的表达式

$$\left[16m\sigma_1^2\lambda^2+2m\left(\pi d\left(\omega_0+\sigma_2^2\right)\right)^2\right]\sigma_{\kappa w}^4-\left(\left(\omega_0+\sigma_2^2\right)\lambda\right)^2\sigma_{\kappa w}^2+\sigma_{\kappa 0}^2\left(\left(\omega_0+\sigma_2^2\right)\lambda\right)^2 \geqslant 0 \tag{5-6}$$

根据一元二次方程可知，依据存在实数解的条件，得出稳态方差的表达式为

$$0 \leqslant \sigma_{\kappa w}^2 \leqslant \frac{\left(\omega_0+\sigma_2^2\right)^2}{32\sigma_1^2 m+4m\pi} \tag{5-7}$$

根据公式 (5-7) 可将公式 (5-3) 重写

$$\sigma_{\kappa(n+1)}^2 \leqslant \frac{\left(\omega_0+\sigma_2^2\right)^2\sigma_{\kappa 0}^2}{\left(\omega_0+\sigma_2^2\right)^2-16m\sigma_1^2\sigma_{\kappa n}^2-2m\pi\sigma_{\kappa n}^2} \tag{5-8}$$

然后对公式 (5-9) 进行递推

$$\sigma_{\kappa N}^2 \leqslant \frac{\left(\omega_0+\sigma_2^2\right)^2\sigma_{\kappa 0}^2}{\left(\omega_0+\sigma_2^2\right)^2-16mN\sigma_1^2\sigma_{\kappa n}^2-2mN\pi\sigma_{\kappa n}^2} \tag{5-9}$$

如果存在稳态方差，可得

$$\sigma_{\kappa 0}^2 \leqslant \frac{\left(\omega_0+\sigma_2^2\right)^2}{2m\left(N+2\right)\left(8\sigma_1^2+\pi\right)} \tag{5-10}$$

由此可见，每次开始跟踪过程时，要满足初始光束远场动态特性关联因子方差公式 (5-10)。

5.1.1.2 激光光束远场动态特性对链路跟踪稳定性影响数值仿真及分析

对公式 (5-10) 仿真，激光链路光束远场动态特性仿真参数见表 5-1。

表 5-1 双向链路跟踪稳定性参数

参数	取值范围
跟踪光束束腰半径 ω_0	2~8m
光束漂移方差 σ_1^2	0.01~0.05m^2
光束扩展方差 σ_2^2	0.01~0.05m^2
信噪比系数 m	1.4~2.0

1. 跟踪光束束腰半径 ω_0 的影响

跟踪光束束腰半径 ω_0 对激光链路 $\sigma_{\kappa0}^2$ 影响的仿真结果如图 5-1 所示。

当跟踪信标光束漂移方差、光束扩展方差确定时，$\sigma_{\kappa0}^2$ 随着跟踪光束束腰半径 ω_0 的增加而减小，随着信噪比系数 m 的增加而减小。在跟踪光束束腰半径 ω_0 增加的过程中，四条曲线分开的距离逐渐变小，信噪比系数 m 对初始光束远场动态特性关联因子方差 $\sigma_{\kappa0}^2$ 的影响，随着束腰半径 ω_0 的减小而愈加明显。

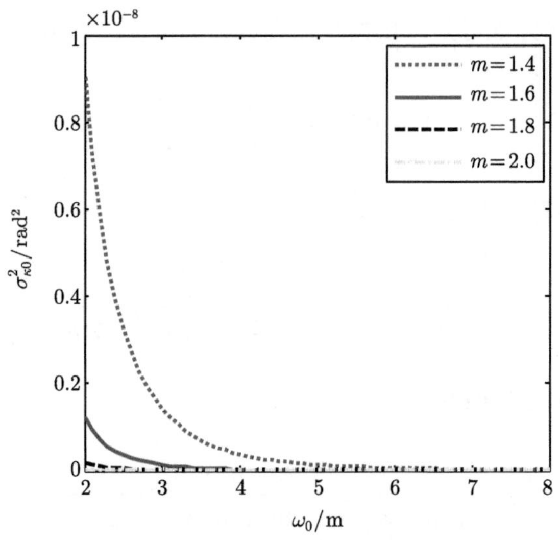

图 5-1 $\sigma_{\kappa0}^2$ 与 m，ω_0 之间的关系

2. σ_1^2 和 σ_2^2 的影响分析

束腰半径为 3m，信噪比系数 m=1.5 时，针对 σ_1^2 和 σ_2^2 对初始光束远场动态特性关联因子方差的影响进行仿真分析，仿真结果如图 5-2 所示。

仿真结果表明：初始光束远场动态特性关联因子方差 $\sigma_{\kappa0}^2$ 随着光束漂移方差 σ_1^2 的增加而减小，随着光束扩展方差 σ_2^2 的增加而减小。此外，σ_1^2 由 0.01m^2 增加到 0.02m^2 时，$\sigma_{\kappa0}^2$ 下降了 70% 左右，σ_2^2 由 0.01m^2 增加到 0.02m^2 时，$\sigma_{\kappa0}^2$ 下降了 20% 左右，链路初始跟踪信标光束远场动态特性关联因子方差 $\sigma_{\kappa0}^2$ 受 σ_1^2 的影响大于 σ_2^2。

通过理论推导分析可知，降低跟踪光束束腰半径 ω_0，减少光束漂移方差 σ_1^2 和光束扩展方差 σ_2^2，增加信噪比时，可降低激光链路跟踪系统对链路初始跟踪信标光束远场动态特性关联因子方差 $\sigma_{\kappa0}^2$ 的要求。

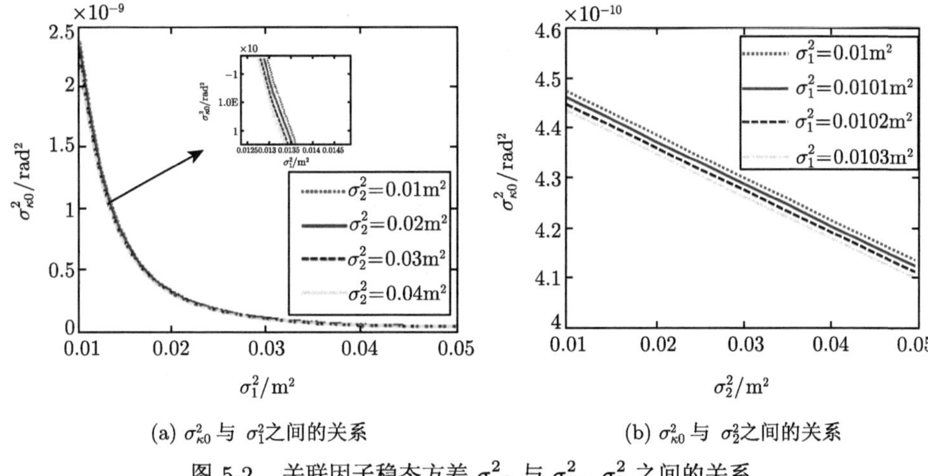

(a) $\sigma_{\kappa 0}^2$ 与 σ_1^2之间的关系　　(b) $\sigma_{\kappa 0}^2$ 与 σ_2^2之间的关系

图 5-2　关联因子稳态方差 $\sigma_{\kappa 0}^2$ 与 σ_1^2，σ_2^2 之间的关系

5.1.2 链路稳定性优化算法

用 σ_κ^2 表示链路建立进入稳定保持前及维持稳定保持过程中，跟踪信标光束远场动态特性关联因子方差，满足瑞利分布。光学终端 A 发射的跟踪光束的发射角度约为 9°～30°，但是跟踪光束的发散角最终为几十微弧度。要在满足跟踪精度要求下，尽可能满足光束远场动态特性关联因子稳态方差的条件，从而使发射功率达最小，进入最佳跟踪稳定性的双向跟踪状态。

激光链路由于大气湍流导致光束远场焦平面长曝光光斑偏离艾里斑，而是更接近高斯分布，大量的光束远场光斑测量结果也证实推导的正确性。因此，天线发出的跟踪信标光束远场平均光斑的光强分布描述为

$$I_z(\rho) = I_0 \exp\left(-2\rho^2/\omega_z^2\right) \tag{5-11}$$

上式中，I_0 表示的是距离为 z 的远场光斑中心光强的峰值大小，ω_z 为 z 处高斯光束的束腰半径大小。远场接收天线的直径 d 远小于束腰半径 ω_z 的条件下，存在初始光束远场动态特性关联因子方差 $\sigma_{\kappa 0}^2$，接收到的光强和中心位置光强比值为

$$\frac{I\left(\sigma_{\kappa 0}^2, \varphi\right)}{I_0} = \exp\left[-8\left(\frac{\sigma_{\kappa 0}^2}{\varphi}\right)^2\right] \tag{5-12}$$

从上式可知，$\sigma_{\kappa 0}^2$ 会对接收光强产生影响，导致中心点处光强的下降。

假设视域任一点的光强为 $I(\rho,\theta)$，发射天线出瞳孔中心光强为 $I(0,0)$，当发射天线口径 $D \approx 2\omega_0$ 时，发射跟踪光束的光功率描述为

$$P_S = \iint I(0,0) \exp\left(-\frac{2\rho^2}{\omega_0^2}\right) \rho \mathrm{d}\rho \mathrm{d}\theta \tag{5-13}$$

同理可知，跟踪光束在距离为 z 的远场处，接收平面中心点处的光强 $I(0,\theta)$，束腰半径为 ω_z，其远场接收到的功率为

$$P_z = \iint I(0,\theta)\exp\left(-\frac{2\rho^2}{\omega_z^2}\right)\rho\mathrm{d}\rho\mathrm{d}\theta \tag{5-14}$$

假设光束传输过程中无传输损耗，有 $P_{\mathrm{S}} = P_z$，根据公式 (5-13) 和公式 (5-14) 可知

$$I(0,\theta) = I(0,0)\frac{\omega_0^2}{\omega_z^2} \tag{5-15}$$

当 d 远小于束腰半径 ω_z 的条件下，传输 z 后，探测器中心点距离为 ρ 点的光功率为

$$P_{\mathrm{R}}(\rho,\omega_z,\theta) = I(0,\theta)\exp\left(-\frac{2\rho^2}{\omega_z^2}\right)\pi\left(\frac{d}{2}\right)^2 \tag{5-16}$$

将公式 (5-15) 代入公式 (5-16)，得

$$P_{\mathrm{R}}(\rho,\omega_z,\theta) = I(0,0)\frac{\omega_0^2}{\omega_z^2}\exp\left(-\frac{2\rho^2}{\omega_z^2}\right)\pi\left(\frac{d}{2}\right)^2 \tag{5-17}$$

当存在 $\sigma_{\kappa0}^2$ 时，由于发射天线和接收天线的发射效率 η_{S} 和接收效率 η_{R}，在 z 处接收探测器的光功率为

$$P_{\mathrm{R}}\left(\sigma_{\kappa0}^2,\varphi,z\right) = \eta_{\mathrm{S}}\eta_{\mathrm{R}}I(0,0)\,\omega_0^2\exp\left(-\frac{8\sigma_{\kappa0}^4}{\varphi^2}\right)\pi\left(\frac{d}{z\varphi}\right)^2 \tag{5-18}$$

在发射功率 P_{S}、发射天线效率 η_{S}、接收天线效率 η_{R} 一定的情况下，远场接收探测器视域内的接收光功率为 φ 和 $\sigma_{\kappa0}^2$ 的函数。

在数学模型和仿真的部分，得出跟踪保持比的推导过程，衡量跟踪光远场关联因子方差对跟踪链路跟踪稳定性的影响。当存在跟踪光远场关联因子方差时，据公式 (5-18) 得到接收的光功率，推导出在满足跟踪精度要求下，跟踪信标光束远场动态特性关联因子方差满足的最佳值，跟踪保持比的推导过程：

(1) i=0，接收探测器对接收到的光功率 P_{R} 和所设定的阈值比较，当 $P_{\mathrm{R}} > P_{\mathrm{d}}$ 链路稳定保持时间为 $t_{2i+2} - t_{2i}$，$i = i+1$；

(2) 进入下一跟踪周期继续比较，直到 $P_{\mathrm{R}} \leqslant P_{\mathrm{d}}$ 结束，链路中断；

(3) 根据相应公式计算得到激光链路跟踪保持比 ℓ。

链路跟踪保持比是跟踪光束发散角 φ 和跟踪光远场关联因子方差 $\sigma_{\kappa0}^2$ 的函数，在跟踪精度满足要求时，对 φ 求极值，得 $\varphi/\sigma_{\kappa0}^2 = 2\sqrt{2}$ 时，远场动态惯性参考坐标系接收平面的跟踪保持比为极大值。

跟踪保持比 ℓ 和初始关联因子方差 $\sigma_{\kappa 0}^2$ 之间的关系曲线如图 5-3 所示。

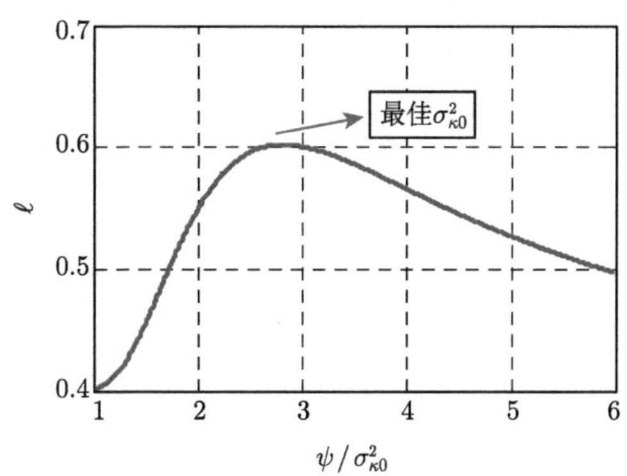

图 5-3 ℓ 和 $\varphi/\sigma_{\kappa 0}^2$ 之间的关系

满足跟踪精度条件下，为了降低对 $\sigma_{\kappa 0}^2$ 的要求，$\sigma_{\kappa 0}^2$ 并不是越小越好，而是存在一个最佳值，在满足 $\varphi/\sigma_{\kappa 0}^2=2\sqrt{2}$ 的条件下，其跟踪保持比 ℓ 维持在最佳状态。

5.1.3 链路光束远场动态特性对链路稳定性影响补偿

5.1.3.1 光束远场动态特性再生时域均衡补偿方法

本节提出了一种性能较好的光束远场动态特性再生时域均衡补偿方法，以补偿光束远场动态特性对激光链路跟踪稳定性产生的影响。

跟踪信标光束经过长距离传输后，由于光束远场特性关联性，采用传统的光斑定位算法会造成较大的探测角度误差。并且接收探测器终端的运算能力具有实时性，因此补偿方法除了具备提高跟踪保持比的要求外，还要具有运算量小，时间复杂程度低等优点，基于此，在质心定位算法的基础上对补偿算法进行改进。

当无光束远场动态特性关联性的影响时，激光经过长距离传输后可近似为艾里斑，焦平面上的光斑为圆形。长距离传输受到光束远场特性扰动的影响，焦平面的光斑分布不再均匀，光斑的形状会呈现不规则状态，而畸变后的光斑接近理想光斑，可将光斑的投影区域的整体连成一个连通区域。光束远场特性的变化，不能通过直接测量得到理想的光斑。而是通过对大量的扰动光斑叠加进行统计平均，从而削弱光束远场动态特性对光斑的影响。

光速远扬再生时域均衡补偿模型如图 5-4 所示。在焦平面上建立二维坐标系，x 轴表示水平方向像素，y 轴表示垂直方向像素，采样窗口用 $N_1\times N_2$ 维图像表示，图像中第 n_1 行，第 n_2 列的坐标用 (x_{n1},y_{n2}) 表示，$I(x_{n1},y_{n2})$ 为像元的灰度值。

采集大量光束远场动态特性扰动获得光斑图像，假设采集到的光斑图像数量为 n，则将前 $n-1$ 个光斑叠加，计算叠加之后的光斑半径。随着光斑数量 n 的增加，叠加后光斑逐渐趋近于理想光斑，光斑半径趋于理想。去除点噪声干扰后，将整个光斑转换为单连通区域，将光斑沿着二维轴转换，使发生畸变的光斑和理想光斑更为接近。

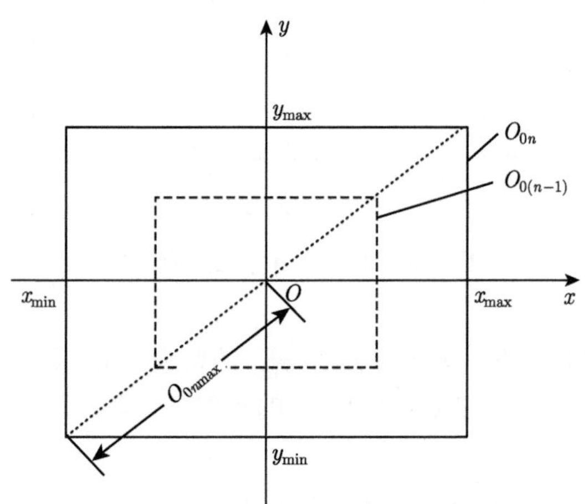

图 5-4　光束远场再生时域均衡补偿模型

当探测系统检测到第 n 帧光斑图像后，将前 n 张光斑图像叠加后取均值，得到一个近似的理想光斑 O_{0n}。记录第 $n-1$ 张光斑中 x 轴、y 轴的最小值和最大值，分别用 $x_{\min}$，$x_{\max}$，$y_{\min}$，$y_{\max}$ 表示，并用四条线围成一个新的矩形 T_n，光斑 $O_{0(n-1)}$ 上的像素点都在该矩形内。然后该矩形对角线的一半为光斑 O_{0n} 半径的最大值。当 $n=1$ 时，无叠加光斑，用窗口长度的一半作为光斑半径的初始值。分为目标光斑和背景两部分再次进行二值化处理，对区域内的像素逐一与阈值比较，大于阈值部分为光斑部分用 O 表示，幅值为 1。小于阈值部分为背景部分用 B 表示，幅值为 0，即

$$\begin{cases} I(x_{n1}, y_{n2}) \geqslant T, & (x_{n1}, y_{n2}) \in \mathrm{O} \\ I(x_{n1}, y_{n2}) < T, & (x_{n1}, y_{n2}) \in \mathrm{B} \end{cases} \tag{5-19}$$

时域迭代均值算法流程如图 5-5 所示。计算光斑区域 O 的质心坐标位置。逐行逐列扫描，计算光斑每一个像素点和质心之间的距离，将距离大于 $\mathrm{O}_{0n\,\max}$ 的看作为点噪声，将其去除从而得到新的光斑区域 O_1 和背景光区域 B_1。此时的光斑区域 O_1 为去除光斑区域 O 点噪声影响的光斑区域，记录每一行每一列的最大值和最小值，在最大值和最小值之间的像素点在光斑区域内，大于阈值 T，幅值

可近似为 1。光斑区域 O 内的像素点有一部分不在 O_1 内，但将最小值和最大值之间的像素点填充到光斑区域 O_1 内。光斑区域 O_1 发生了变化，最大值和最小值也发生变化。

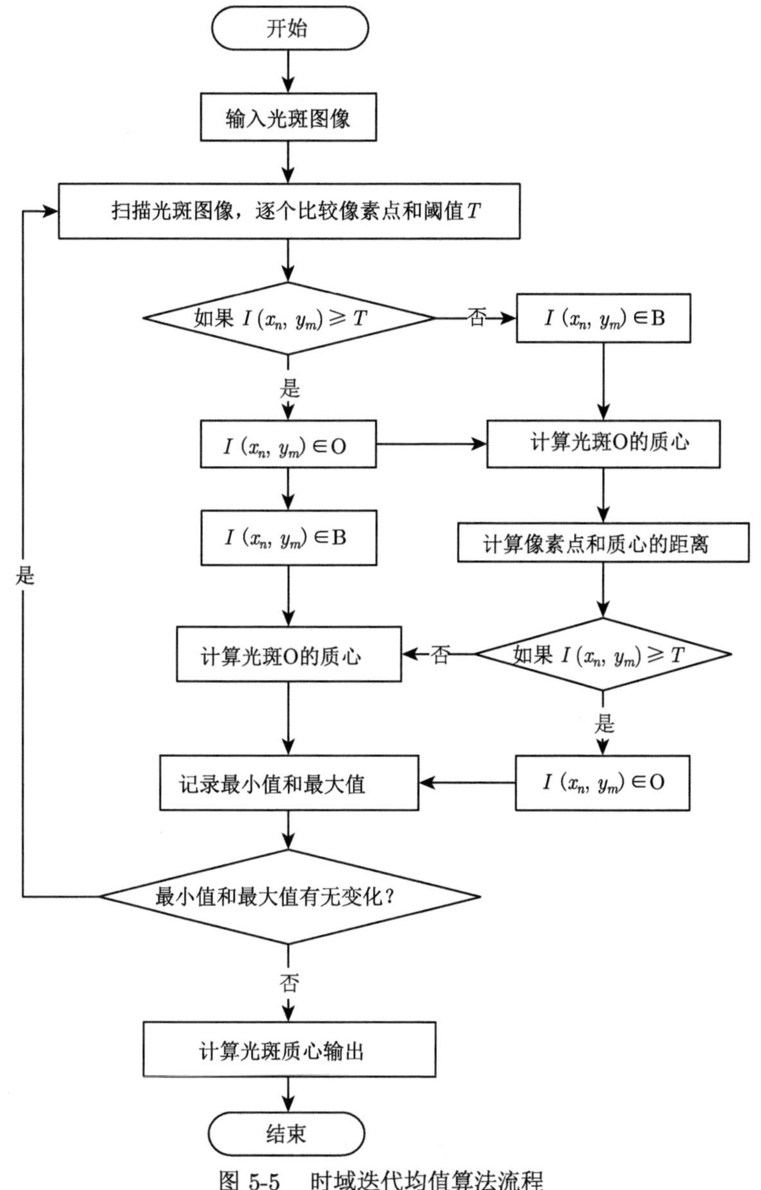

图 5-5 时域迭代均值算法流程

再一次对光斑区域最大值和最小值进行扫描修正，将修正后的光斑区域用 O_2

表示。对新的光斑区域 O_2 进行扫描，直到光斑的最小值和最大值不变，用 O_n 表示最终的光斑区域。

目前应用较多的光斑中心算法为质心和形心算法。质心算法相对于形心算法，定位精度较好，且具有较好的稳定性，计算的处理时间较短，本文采用质心算法实现时域迭代均值。

质心算法的基本原理：与平面几何中心求解质心位置的原理相类似，在接收平面上，将计算得到的光斑质心位置看作是跟踪信标光的光斑能量最为集中的地方。用 $I(x,y)$ 表示接收平面光敏面像素点灰度分布情况，(x,y) 为接收平面内的中心坐标，通过计算权重可得出接收视域质心的数学表达式为

$$C_x=\frac{\sum\limits_{(x,y)\in S} xW(x,y)}{\sum\limits_{(x,y)\in S} W(x,y)},\quad C_y=\frac{\sum\limits_{(x,y)\in S} yW(x,y)}{\sum\limits_{(x,y)\in S} W(x,y)} \tag{5-20}$$

上式中，$W(x,y)$ 为权重的计算过程。在平台激光通信链路中，跟踪信标光的光斑灰度值远大于背景灰度值，可以用阈值大小区分背景和光斑的像元，根据公式 (5-19)，利用阈值可得到权重的数学表达式为

$$W(x,y)=\sum_{(x,y)\in S} I(x,y) \tag{5-21}$$

根据公式 (4-56) 可得出，通过再生时域均衡补偿算法后的光斑中心点坐标为

$$C_x=\frac{\sum\limits_{(x_{n1},y_{n2})\in O_n}\ \sum\limits_{(x_{n1},y_{n2})\in O_n} x_{n1}I(x,y)}{\sum\limits_{(x_{n1},y_{n2})\in O_n}\ \sum\limits_{(x_{n1},y_{n2})\in O_n} I(x,y)},\quad C_y=\frac{\sum\limits_{(x_{n1},y_{n2})\in O_n}\ \sum\limits_{(x_{n1},y_{n2})\in O_n} y_{n2}I(x,y)}{\sum\limits_{(x_{n1},y_{n2})\in O_n}\ \sum\limits_{(x_{n1},y_{n2})\in O_n} I(x,y)} \tag{5-22}$$

根据公式 (5-20) 和 (5-21) 可知，在质心法计算中，保留小数点足够位数时，可提高质心坐标计算精度。

5.1.3.2　光束远场动态特性再生时域均衡补偿方法数值仿真

以激光链路光束远场动态特性再生时域均衡补偿算法为例，使用 496 阶 Zernike 多项式对大气湍流的相位屏模拟，尺寸为 1024×1024。

在仿真中分别使用传统质心算法和再生时域均衡补偿方对远场接收光斑中心定位，通过光斑质心点的探测，利用再生时域均衡补偿方法，计算统计初始光束远场动态特性关联因子方差，如图 5-6 所示。

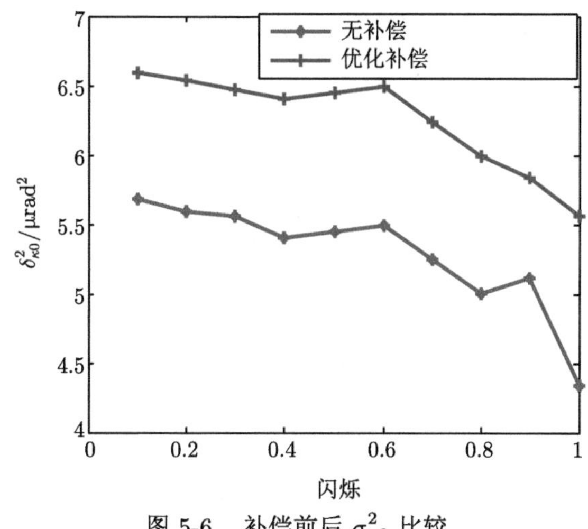

图 5-6 补偿前后 $\sigma^2_{\kappa0}$ 比较

根据弱起伏条件，闪烁指数的取值范围为 (0.1, 1)，间隔为 0.1，相同的闪烁指数下，随机产生 1000 个光斑图像。$\sigma^2_{\kappa0}$ 随着闪烁指数的增加而减小，表明大气扰动增加，会提高 $\sigma^2_{\kappa0}$ 的要求。再生时域均衡补偿方法定位的中心光斑和传统的质心定位算法相比较，降低了对 $\sigma^2_{\kappa0}$ 的要求，可降低 10% 左右。

5.1.3.3 接收探测器非线性响应补偿方法

平台激光链路中，探测器精度会影响光斑的质量，进而对 $\sigma^2_{\kappa0}$ 计算有所影响。CMOS 探测器自身的特点以及光学系统的精度是决定链路光束远场光斑探测精度的主要原因。影响 CMOS 探测精度的主要原因是 CCD 本身的噪声误差和非均匀性造成的。对于噪声误差影响的研究资料较多，也通过试验发现在跟踪信标光能量设定固定时，光斑没有任何抖动的情况下，质心数据仍然存在一个小范围的抖动现象，该现象是由于探测相机的电路噪声导致的，在此不做过多的阐述。可通过使用低通和高动态范围的探测器来抑制噪声。

另一个重要的影响因素就是探测器自身的响应非均匀性，由于光电二极管加工工艺以及偏置电压等会导致像元填充因子有限的现象发生，从而导致光斑量化后的像元灰度空间发生非均匀性远场光斑发生畸变，和真实的测量对象在能量分布上存在偏差，导致光束远场动态特性的变化。

跟踪信标光探测响应的非均匀性定义为

$$R_N = \frac{\sigma_g}{g} \tag{5-23}$$

上式中，g 表示探测器在均匀光照条件下，各个像素灰度的均值，σ_g 表示灰度的标准差。

在跟踪信标光探测器中，只跟像元的灰度值有关，不考虑相位的影响，对其进行归一化得到其光场的分布表达式为

$$E\left(r, z_{\mathrm{A}}\right)=\exp \left(-\frac{r^{2}}{\omega_{0}^{2}\left(1+z_{\mathrm{A}}^{2} / z_{0}^{2}\right)}\right) \tag{5-24}$$

上式中，r 表示光敏面上点和光轴 z 之间的距离，z_{A} 表示光轴 z 上的点到束腰之间的距离。

当探测相机在激光通信的光路上的位置以及光学系统设计固定后，z_{A} 应为已知量，可通过探测光敏面上光斑的强度计算得出。可得到探测器光敏面上有效光斑直径 D 和光强之间的函数表达式为

$$E\left(x_{\mathrm{A}}, y_{\mathrm{A}}\right)=\exp \left[-\left(\frac{D_{T}}{D}\right)^{2} \frac{\left(x_{\mathrm{A}}-\frac{D}{2}\right)^{2}+\left(y_{\mathrm{A}}-\frac{D}{2}\right)^{2}}{\omega_{0}^{2}\left(1+\frac{z_{\mathrm{A}}^{2}}{z_{\mathrm{B}}^{2}}\right)}\right] \tag{5-25}$$

上式中，D_{T} 为阈值有效光斑直径大小，D 表示大于阈值的有效光斑直径。

激光通信终端跟踪信标光远场探测器光敏面中的光强分布与有效光斑直径之间存在函数关系，其数学模型如图 5-7 所示。

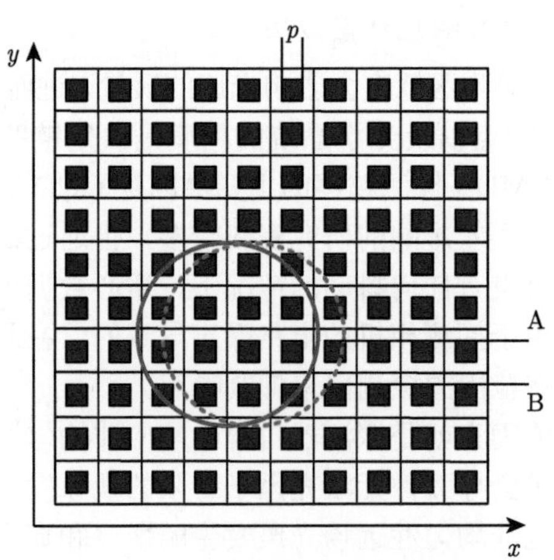

图 5-7　探测器精度影响数学模型

红色实体线表示由终端 A 发射的光束远场探测器上接收到的光斑，蓝色虚线为终端 B 发射光束远场探测器上接收到的光斑。探测器中的每一个像元分为感光区和若干光区域。感光区域为图中黑色正方形表示，p 表示一维方向中，像元的占空比大小。

理想状态中，两光斑质心应重合，但是由于有效光斑半径以及探测器非线性的影响，会存在光斑移动的现象，现在假设 A 终端发射光束光斑在探测器中是固定不动的，终端 B 发射光束光斑受到外界因素的影响按照图中规定的 X 正方向移动。可以进一步推导，得出有效光斑直径和光束远场动态特性之间的关系表达式为

$$\eta=\frac{\iint E_{\mathrm{A}}^{2}\left(x_{\mathrm{A}},y_{\mathrm{A}}\right)\mathrm{d}x_{\mathrm{A}}\mathrm{d}y_{\mathrm{A}}+\iint E_{\mathrm{B}}^{2}\left(x_{\mathrm{B}},y_{\mathrm{B}}\right)\mathrm{d}x_{\mathrm{B}}\mathrm{d}y_{\mathrm{B}}}{\left|\iint E^{2}\left(x,y\right)\mathrm{d}x\mathrm{d}y\right|^{2}} \tag{5-26}$$

上式中，η 表示光束远场动态特性关联效率，$E\left(x_{\mathrm{A}},y_{\mathrm{A}}\right)$ 表示终端 A 在探测器光敏面上的光强，将公式 (5-25) 代入公式 (5-26) 即可得到探测器响应非均匀性对关联因子的影响关系。

下面根据所建立的数学模型给出数值仿真结果并分析。根据探测特性和光束远场动态特性，在实际的探测器像元上面，感光区域外的部分也具有感光的能力，所以在仿真中，设置像元的占空比为 $p=70\%$。针对不同的有效光斑直径，光斑移动过程中产生的光束远场动态特性进行仿真和分析，其仿真的结果如图 5-8 所示。

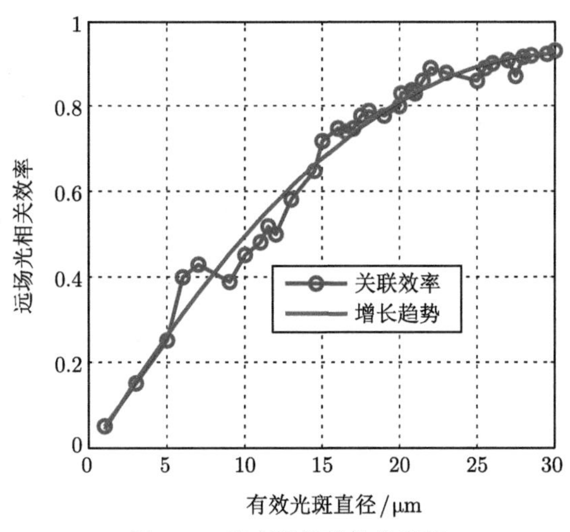

图 5-8 光束远场特性仿真图

仿真结果表明，随着有效光斑直径的扩大，光斑的细分程度会增加，可提高探测器的定位精度，增加光束远场动态特性的关联程度。随着光斑半径的增加，光斑的弥散程度也在增加，让远场光束接收的光强能量分布更加均匀，削弱加权值的影响，提高光束远场动态特性关联程度。随着光斑半径的增加，关联因子呈现

递增趋势。

CMOS 探测器的响应非均匀性影响探测器的成像质量，造成远场跟踪光束光斑中心的偏移，对光束远场动态特性关联效率造成影响。采用未经补偿的探测器捕获跟踪光束目标，会输出跟踪光强不均匀的目标图像，需要进行非均匀性的补偿校准。常见的探测器响应非均匀性的校准方法有两点校正、分段校正和多项式拟合校正方法，多项式拟合校正方法的校准精度较高，对激光链路中远场惯性参考坐标系下的探测器响应非均匀性进行校正。

多项式拟合的探测器响应非均匀性对输出的灰度值进行校正，公式为

$$G_{i,j} = \sum_{k=0}^{T} a_{i,j}(k) \times g_{i,j}^{k} \tag{5-27}$$

上式中，$g_{i,j}$ 表示的是远场探测器中探测到的光斑灰度值的原始输出灰度值，$a_{i,j}$ 是多项式 $g_{i,j}^{k}$ 的乘法系数。利用最小二乘法对校正系数 $a_{i,j}$ 完成拟合，其中标定的点越多，其拟合的精度也越高，但是拟合的时间相应地增加，可根据实际情况，选择合适的非线性补偿多项式阶数。

5.2　大气湍流对系统通信性能影响分析

本节以 Gamma-Gamma 湍流模型和贝克曼指向误差分布模型为基础模型对单输入单输出 (SISO) 自由空间光通信系统的通信性能进行了建模，分析了系统的中断性能和平均误码性能，并进行了数值分析和蒙特卡罗验证。然而，在实际的自由空间光应用当中，为了满足通信速率和质量要求，需要引入多输入多输出 (MIMO) 技术，在发射端和接收端分别放置多个激光器和光电探测器，使得不同激光器–光电探测器对之间的信道衰落在统计上是相互独立的，进而获得分集增益，从而达到改善自由空间光系统通信性能的目的。

5.2.1　激光链路大气信道物理特性分析与建模

激光链路试验前需要对可进行链路的气候条件进行界定，同时在进行激光链路试验过程中，应对各种气候条件因素机进行监测，以便在试验结果中对各种气候因素的影响进行分析。方法如下：① 利用风速计、气压计、温度计记录各个基本气象条件；② 利用辅助激光传输系统，实时检测激光在该信道中光强变化、到达角起伏情况。

每次激光链路试验阶段，需要首先判断试验期间的天气严酷程度，分为 I、II、III、IV、V 五个等级，如表 5-2 所示。

表 5-2 天气严酷度分类

严酷度类别	说明
I	激光链路试验完全无法进行，且可能造成地面站终端设备严重损坏。如：雨雪天、冰雹、暴风、浓雾、沙尘、浓烟幕、极端潮湿 (相对湿度 ⩾90%) 等恶劣天气
Ⅱ	激光链路试验基本无法进行，且可能造成地面站终端设备性能下降。如阴天、雾、霾、烟幕、大气水汽较大和风较大的天气，具体为符合以下条件之一情况：①能见度 ⩽3km；②风速 ⩾15m/s；③相对湿度 80% ~ 90%；④链路进行路径上，有大量云层出现
Ⅲ	激光链路试验可能无法进行或链路性能受到一定的影响，但不会造成光学地面站终端设备性能下降。如薄雾、轻度阴霾、轻度烟幕和风较小的天气，具体为符合以下条件之一情况：①能见度 3~10km；②风速 8~15m/s；③相对湿度 70% ~ 80%；④链路进行路径上，有少量云层出现；⑤链路区大气闪烁指数 ⩾0.8
Ⅳ	激光链路试验可进行功能测试。具体为符合以下全部条件的情况：①能见度 >10km；②风速 <8m/s；③相对湿度 60% ~ 70%；④链路进行路径上，无云层出现；⑤链路区大气闪烁指数 ⩾0.4 且< 0.8
V	激光链路试验可同时进行功能和性能指标测试。具体为符合以下全部条件的情况：①能见度 >20km；②风速 <2m/s；③相对湿度 ⩽60%；④晴朗无云天气；⑤大气闪烁指数< 0.4

对于 I 级严酷度天气，无法进行激光链路试验。对于 Ⅱ 级严酷度天气，经分系统总指挥和总师批准后可进行试验，试验过程中需严密监视光学地面站状态，测试结果作为任务完成的参考，可不计入考核统计数据。对于 Ⅲ 级严酷度天气，可以考虑进行激光链路试验，测试结果作为任务完成的参考，可不计入考核统计数据。对于 Ⅳ 级严酷度天气，可以进行激光链路功能测试试验，测试结果计入考核统计数据。对于 V 级严酷度天气，可以进行激光链路功能和性能指标测试试验，测试结果计入考核统计数据。

依据大气光学理论定义专门用于激光链路的通信指数，对天气严酷程度的分类进行了重新界定。通过大气测量参数导出通信指数和进行天气类型划分基本步骤的说明如下 (图 5-9)：

(1) 根据实验过程中的温度 t，计算激光链路过程中的饱和水汽分压 P。

(2) 根据步骤 (1) 计算得到的饱和水汽分压 P 和链路过程中测得的空气相对湿度 RH，计算水汽密度。

(3) 根据实验过程中的地面能见度 V_{m}，计算晴朗天气下链路的大气透过率。

(4) 根据步骤 (2) 得到的水汽密度，对步骤 (3) 得到的大气透过率进行修正，从而得到修正后晴朗天气下链路的大气透过率。

(5) 引入天气权重因子 A，根据实验经验，A 的设定如下：晴朗无云时 $A=1$；薄云时 $A=0.75$；多云时 $A=0.2$；有雾时 $A=0.1$；雨雪天、冰雹、暴风、沙尘、浓烟幕时 $A=0$。

(6) 根据步骤 (5) 引入的天气权重因子，对步骤 (4) 的结果进行进一步的修正，从而得到实际试验过程中链路的大气透过率。

(7) 以实验过程中每帧 CCD 图像的灰度值作为接收光强的量度，计算大气闪烁指数 σ_I^2。

(8) 根据步骤 (6) 和 (7) 结果计算通信指数。同时进行天气类型划分，划分方式如下：I 类天气——α=0；Ⅱ 类天气——0<α<0.4；Ⅲ 类天气——0.4<α<0.6 或 α>0.6，但光强闪烁指数大于 0.8；Ⅳ 类天气——0.6<α<0.8，同时光强闪烁指数小于 0.8；V 类天气——0.8<α<1 同时光强闪烁指数小于 0.4。

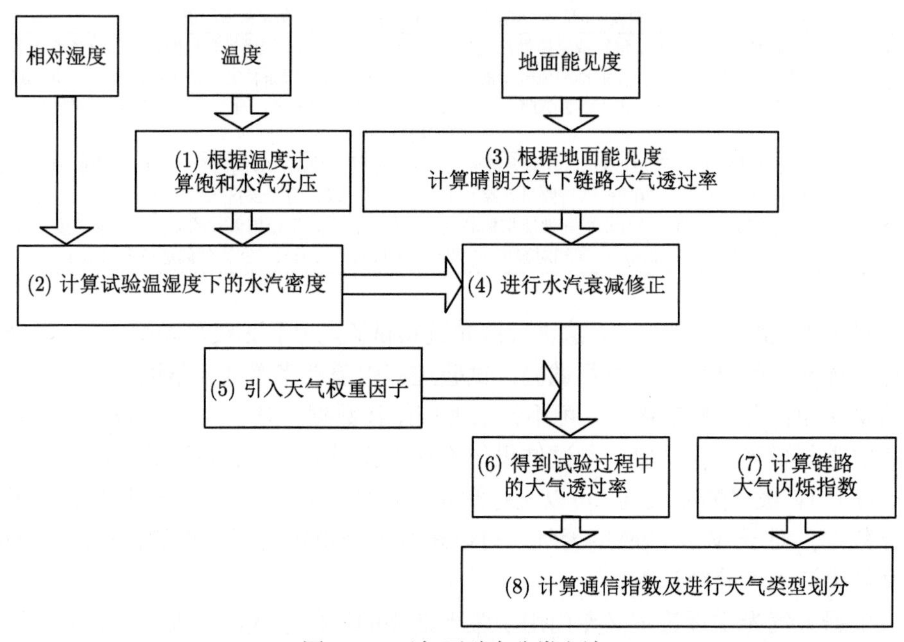

图 5-9 天气严酷度分类方法

参照激光链路试验数据，得出了新的天气严酷度分类如表 5-3 所示。应用该分类可以更准确地描述不同天气对激光链路通信性能的影响。该方法将在本次项目研究的科学数据积累中不断完善，为今后的工程化应用提供参考。

表 5-3 天气严酷度分类

类别	天气情况	饱和水汽分压 (MPa)	水汽密度 (k/m^3)	大气透过率	大气闪烁指数	通信指数
I	雨	—	—	—	—	—
Ⅱ	多云，大雾	0.000336~0.00258	0.0703~1.593	0~0.4	0.49~11.21	0.0076~0.66
Ⅲ	晴，薄云	0.000215~0.00266	0.0397~1.172	0.4~0.6	0.16~2.26	0.31~1.80
Ⅳ	晴，薄云	0.000204~0.00293	0.0364~1.111	0.6~0.8	0.33~0.74	1.06~2.54
V	晴	0.00133~0.00357	0.162~0.732	0.8~1.0	0.29~0.38	2.27~2.99

本研究对上述工作进一步完善，突破不同大气条件下光远场测试分析技术，对光场传输过程中引起的参数变化情况进行测试试验，完成相关试验数据的测试存储分析，掌握光场在大气中传输产生的各种效应，为系统的优化设计提供依据。

5.2.2 大气湍流对单输入单输出 (SISO) 自由空间光系统通信性能影响

5.2.2.1 SISO 自由空间光系统模型

当自由空间光系统采用强度调制/直接探测 (IM/DD) 的 BPPM 技术时，所接收到的电信号矢量为

$$\boldsymbol{y}=\begin{bmatrix} y^{\mathrm{s}} \\ y^{\mathrm{n}} \end{bmatrix}=\begin{bmatrix} R_{\mathrm{d}}T_{\mathrm{b}}\left(hP+P_{\mathrm{b}}\right)+n^{\mathrm{s}} \\ R_{\mathrm{d}}T_{\mathrm{b}}P_{\mathrm{b}}+n^{\mathrm{n}} \end{bmatrix} \tag{5-28}$$

式中 y^{n} 和 y^{s} 分别是 BPPM 脉冲在信号时隙和空闲时隙对应接收的电信号, R_{d} 是光检测器的响应度，T_{b} 为比特周期，P_{b} 为背景光功率，P 为每个发射端的平均发射光功率，n^{s} 和 n^{n} 分别为 BPPM 脉冲在信号时隙和空闲时隙与信号独立的加性高斯白噪声，其均值和方差分别为 0 和 $N_0/2$，h 是信道增益。为了确保信道增益不会减弱或放大平均发射功率，$E[h]$ 被归一化为 1。在移除式 (5-28) 的常数偏差项 $R_{\mathrm{d}}T_{\mathrm{b}}P_{\mathrm{b}}$ 后，接收端的瞬时信噪比定义为

$$\gamma=h^2\bar{\gamma} \tag{5-29}$$

式中 $\bar{\gamma}=R_{\mathrm{d}}^2T_{\mathrm{b}}^2P^2/N_0$ 为该链路的平均信噪比。

5.2.2.2 SISO 自由空间光信道模型

在大气湍流和指向误差的联合效应下，系统信道增益由三个因素组成：确定性路径损耗 h_l、大气湍流引起的衰落 h_a、几何扩展和指向误差引起的衰落 h_p。由于 h_l 是确定性的，并且 h_a 和 h_p 在统计上是独立的，信道增益可以表示为

$$h=h_lh_ah_p \tag{5-30}$$

(1) 路径损耗。

大气信道的确定性路径损耗可由比尔–朗伯定律描述

$$h_l(L)=\exp(-\sigma L)$$

式中 L 是两终端之间的链路距离，σ 是取决于能见度的衰减系数, 即

$$\sigma\approx\frac{3.91}{V}\left(\frac{\lambda}{550}\right)^{-q(V)} \tag{5-31}$$

式中 V 为能见度 (单位：km)，λ 为光波波长 (单位：nm)，$q(V)$ 为散射粒子的粒径分布, 常见的有两种模型 Kruse 模型和 Kim 模型, 如表 5-4 所示。

表 5-4　粒径分布模型

能见度范围	q (Kruse 模型)	q(Kim 模型)
V>50km		1.6
6km<V<50km		1.3
1km<V<6km	$0.585V^{1/3}$	$0.16V+0.34$
0.5km<V<1km		$V-0.5$
V<0.5km		0

(2) 大气湍流。

从弱到强湍流时，Gamma-Gamma 模型的理论值与实验测量值吻合程度较好，因此，使用该模型来描述大气湍流，h_a 的 PDF 表达式为

$$f_{h_a}(h_a)=\frac{2(\alpha\beta)^{(\alpha+\beta)/2}}{\Gamma(\alpha)\Gamma(\beta)}(h_a)^{(\alpha+\beta)/2-1}K_{\alpha-\beta}\left(2\sqrt{\alpha\beta h_a}\right), h_a>0 \tag{5-32}$$

式中 $E(h_a)=1$，$\Gamma(\cdot)$ 是 Gamma 函数, $K_v(\cdot)$ 是第 2 类 v 阶修正贝塞尔函数, $v=\alpha-\beta$, 参数 α 和 β 与大气条件有关。参数 α 和 β 可以表示为

$$\alpha=\left[\exp\left(\frac{0.49\sigma_{\mathrm{R}}^2}{\left(1+0.18d^2+0.56\sigma_{\mathrm{R}}^{12/5}\right)^{7/6}}\right)-1\right]^{-1} \tag{5-33}$$

$$\beta=\left[\exp\left(\frac{0.51\sigma_{\mathrm{R}}^2\left(1+0.69\sigma_{\mathrm{R}}^{12/5}\right)^{-5/6}}{\left(1+0.9d^2+0.62d^2\sigma_{\mathrm{R}}^{12/5}\right)^{5/6}}\right)-1\right]^{-1} \tag{5-34}$$

式中 $\sigma_{\mathrm{R}}^2=0.5C_n^2k^{7/6}L^{11/6}$ 为 Rytov 方差，$d=kD^2/4L$，D 为接收孔径的直径，$k=2\pi/\lambda$ 是光波数，C_n^2 为折射率结构参数，变化范围从弱湍流的 $10^{-17}\mathrm{m}^{-2/3}$ 到强湍流的 $10^{-13}\mathrm{m}^{-2/3}$。当 $D\geqslant\rho_{\mathrm{sp}}$，我们需要考虑孔径平均对自由空间光系统性能的影响。球面波相干半径 ρ_{sp} 为

$$\rho_{\mathrm{sp}}=\left(0.55C_n^2k^2L\right)^{-3/5}$$

球面波的闪烁指数为

$$\sigma_{\mathrm{s}}^2=\exp\left[\frac{0.49\sigma_{\mathrm{R}}^2}{\left(1+0.18d^2+0.56\sigma_{\mathrm{R}}^{12/5}\right)^{7/6}}+\frac{0.51\sigma_{\mathrm{R}}^2\left(1+0.69\sigma_{\mathrm{R}}^{12/5}\right)^{-5/6}}{1+0.9d^2+0.62d^2\sigma_{\mathrm{R}}^{12/5}}\right]-1$$

h_a 的 PDF 为

$$F_{h_a}(h_a)=\frac{(\alpha\beta h_a)^{(\alpha+\beta)/2}}{\Gamma(\alpha)\Gamma(\beta)}(h_a)^{(\alpha+\beta)/2}G_{1,3}^{2,1}\left[\alpha\beta h_a\left|\begin{matrix}1-\frac{\alpha+\beta}{2}\\ \frac{\alpha-\beta}{2},\frac{\beta-\alpha}{2},-\frac{\alpha+\beta}{2}\end{matrix}\right.\right] \tag{5-35}$$

(3) 指向误差。

由于发射端和接收端之间不能保证完全对准，所以指向误差的影响不可忽略。衍射限制下光束展宽引起的几何损耗与对准损耗可以建模为

$$h_p(r,L) = A_0 \exp\left(-\frac{2r^2}{w_{L_{\mathrm{eq}}}^2}\right) \tag{5-36}$$

式中，r 为接收端平面上以激光波束中心为起点的径向位移大小，$A_0 = [\mathrm{erf}(v)]^2$ 为 $r = 0$ 处接收的功率，$w_{L_{\mathrm{eq}}} = \sqrt{w_L^2 \sqrt{\pi}\,\mathrm{erf}(v)/\left[2v\exp\left(-v^2\right)\right]}$ 为等效光束宽度, $v = \sqrt{\pi}R/\sqrt{2}w_L, w_L$ 为束腰, R_s 为探测器接收孔径半径, $\mathrm{erf}(\cdot)$ 为误差函数。图 5-10 给出了接收端孔径平面上探测器与激光波束中心之间的偏移示意图。此外, 只有 $w_L > 6R$, 式 (5-36) 中的近似值才接近于精确值。

h_p 的均值定义为

$$E\left[h_p\right] = E\left[A_0 \exp\left(-\frac{2r^2}{w_{L_{\mathrm{eq}}}^2}\right)\right] = A_0 M_{r^2}\left(-\frac{2}{w_{L_{\mathrm{eq}}}^2}\right) \tag{5-37}$$

在对式 (5-36) 进行变换后，r 可以表示为

$$r = \sqrt{-\frac{1}{2} w_{L_{\mathrm{eq}}}^2 \ln\left(\frac{h_p}{A_0}\right)} \tag{5-38}$$

式中 $r = \sqrt{x^2 + y^2}$，x 和 y 分别是水平和俯仰位移，考虑到接收端平面每个轴的视轴误差不同以及水平和俯仰位移方向的抖动不同，设 x 和 y 相互独立，且服从高斯分布，即 $x \sim N\left(\mu_x, \sigma_x\right), y \sim N\left(\mu_y, \sigma_y\right)$，那么 r 服从贝克曼分布，r 的 PDF 为

$$f_r\left(r\right) = \frac{r}{2\pi\sigma_x\sigma_y}\int_0^{2\pi} \exp\left(-\frac{\left(r\cos\theta - \mu_x\right)^2}{2\sigma_x^2} - \frac{\left(r\sin\theta - \mu_y\right)^2}{2\sigma_y^2}\right)\mathrm{d}\theta \tag{5-39}$$

根据式 (5-39)，随机变量 r^2 的矩母函数 (MGF) 为

$$M_{r^2}\left(t\right) = E\left[e^{t,r^2}\right] = \frac{1}{\sqrt{\left(1 - 2\sigma_x^2 t\right)\left(1 - 2\sigma_y^2 t\right)}} \exp\left(\frac{\mu_x^2 t}{1 - 2\sigma_x^2 t} + \frac{\mu_y^2 t}{1 - 2\sigma_y^2 t}\right) \tag{5-40}$$

将式 (5-37) 代入式 (5-40) 可得 $E(h_p)$ 为

$$E\left(h_p\right) = \frac{A_0 \varphi_x \varphi_y}{\sqrt{\left(\varphi_x^2 + 1\right)\left(\varphi_y^2 + 1\right)}} \exp\left(\frac{-\mu_x^2}{2\sigma_x^2\left(\varphi_x^2 + 1\right)} + \frac{-\mu_y^2}{2\sigma_y^2\left(\varphi_y^2 + 1\right)}\right) \tag{5-41}$$

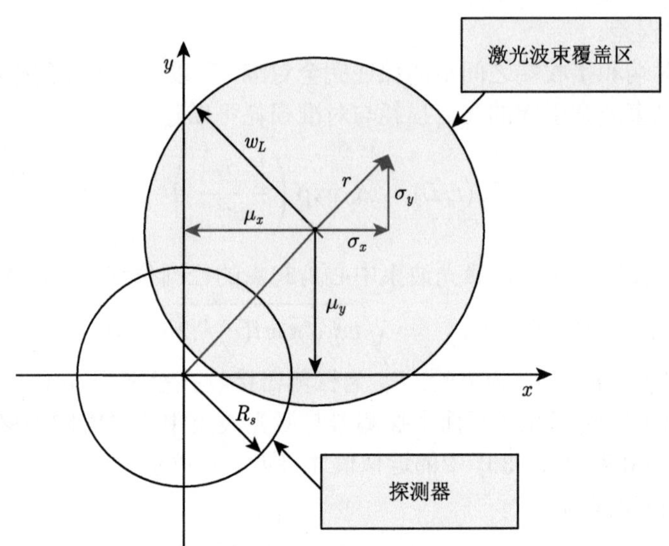

图 5-10　探测器与激光波束中心之间的偏移

式中 $\varphi_x = w_{L_{\mathrm{eq}}}/2\sigma_x$ 和 $\varphi_y = w_{L_{\mathrm{eq}}}/2\sigma_y$。

(4) 联合效应的统计。

信道增益 h 的联合 PDF 表示为

$$f_h(h) = \int_0^{A_0} f_{h|h_p}(h|h_p) f_{h_p}(h_p) \mathrm{d}h_p \tag{5-42}$$

式中 $f_{h|h_p}(h|h_p)$ 为给定指向误差状态 h_p 时的条件 PDF，即

$$f_{h|h_p}(h|h_p) = \frac{1}{h_l \cdot h_p} f_{h_a}\left(\frac{h}{h_l \cdot h_p}\right) \tag{5-43}$$

使用式 (5-38) 和式 (5-39) 以及连续随机变量变换法则 $f_Y(y) = f_X(g^{-1}(y))\left|\dfrac{\mathrm{d}x}{\mathrm{d}y}\right|$，$f_{h_p}(h_p)$ 可以写为

$$f_{h_p}(h_p) = \frac{r}{2\pi\sigma_x\sigma_y} \int_0^{2\pi} \exp\left(-\frac{(r\cos\theta - \mu_x)^2}{2\sigma_x^2} - \frac{(r\sin\theta - \mu_y)^2}{2\sigma_y^2}\right) \mathrm{d}\theta \cdot \frac{1}{|h_p'(r,L)|} \tag{5-44}$$

式中

$$h_p'(r,L) = \frac{-4rA_0}{w_{L_{\mathrm{eq}}}^2} \exp\left(-\frac{2r^2}{w_{L_{\mathrm{eq}}}^2}\right) \tag{5-45}$$

将式 (5-43) 和式 (5-44) 代入式 (5-42)，整理可得

$$
\begin{aligned}
f_h(h) = & \frac{2(\alpha\beta)^{(\alpha+\beta)/2}}{\Gamma(\alpha)\Gamma(\beta)} \int_0^{A_0} \int_0^{2\pi} \frac{1}{h_l h_p} \left(\frac{h}{h_l h_p}\right)^{(\alpha+\beta)/2-1} K_{\alpha-\beta}\left(2\sqrt{\frac{h\alpha\beta}{h_l h_p}}\right) \\
& \times \left| w_{L_{\text{eq}}}^2 \Big/ \left(-4h_p\sqrt{-\frac{1}{2}w_{L_{\text{eq}}}^2 \ln\left(\frac{h_p}{A_0}\right)}\right)\right| \sqrt{-\frac{1}{2}w_{L_{\text{eq}}}^2 \ln\left(\frac{h_p}{A_0}\right)} \Big/ 2\pi\sigma_x\sigma_y \\
& \times \exp\left(-\left(\sqrt{-\frac{1}{2}w_{L_{\text{eq}}}^2 \ln\left(\frac{h_p}{A_0}\right)}\cos\theta - \mu_x\right)^2 \Big/ 2\sigma_x^2\right. \\
& \left. - \left(\sqrt{-\frac{1}{2}w_{L_{\text{eq}}}^2 \ln\left(\frac{h_p}{A_0}\right)}\sin\theta - \mu_y\right)^2 \Big/ 2\sigma_y^2\right) \mathrm{d}\theta \mathrm{d}h_p
\end{aligned} \tag{5-46}
$$

由于式 (5-46) 极其复杂且无闭式解，所以不利于 FSO 系统的后续研究。在实际通信中，一般要求误码率或中断概率小于 10^{-6}，此时所对应的信噪比处于高信噪比情形。因此，本章从高信噪比的角度出发推导了 Gamma-Gamma 大气湍流和贝克曼指向误差的联合 PDF 表达式进而分析 SISO 自由空间光系统的性能，然而这可能导致低信噪比下的参数估计不准确，但这种方法在现有产品中被广泛使用。整个研究方案如图 5-11 所示。

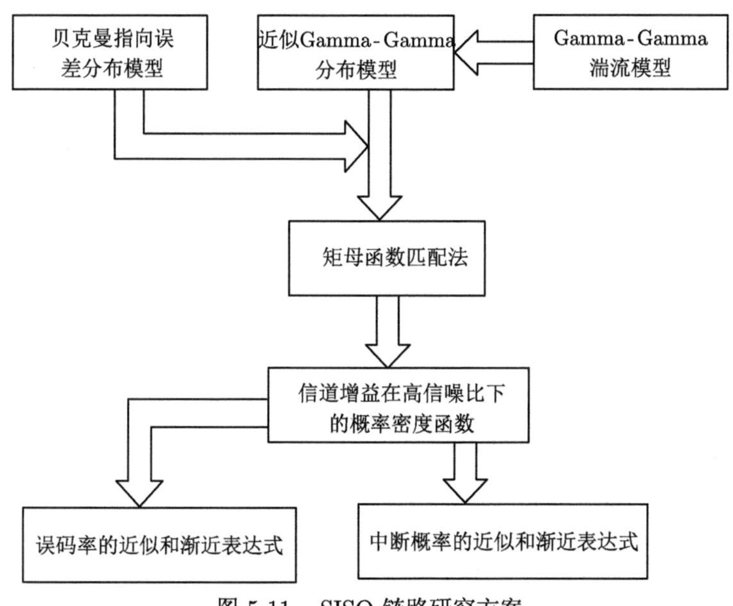

图 5-11 SISO 链路研究方案

首先，修正贝塞尔函数 $K_{\alpha-\beta}(\cdot)$ 在原点附近进行泰勒展开，然后取前两项作为其近似值，于是式 (5-46) 变为 $f_{h_a}(h_a) = ah_a^{b-1} + a_1 h_a^b + O\left(h_a^{b+1}\right)$，即

$$f_{h_a}(h_a) = ah_a^{b-1} + a_1 h_a^b \tag{5-47}$$

式中 a、a_1 和 b 的表达式分别为

$$a = \frac{\Gamma(|\alpha-\beta|)}{\Gamma(\alpha)\Gamma(\beta)}(\alpha\beta)^{\min(\alpha,\beta)} \tag{5-48}$$

$$a_1 = \frac{\Gamma(|\alpha-\beta|)}{\Gamma(\alpha)\Gamma(\beta)}\frac{(\alpha\beta)^{\min(\alpha,\beta)+1}}{(1-|\alpha-\beta|)} \tag{5-49}$$

$$b = \min(\alpha,\beta) \tag{5-50}$$

将式 (5-47) 代入式 (5-43)，可得

$$f_{h|h_p}(h|h_p) = \frac{1}{h_l h_p}\left[a\left(\frac{h}{h_l h_p}\right)^{b-1} + a_1\left(\frac{h}{h_l h_p}\right)^{b}\right] \tag{5-51}$$

将式 (5-51) 代入式 (5-42) 的 PDF 如下:

$$\begin{aligned} f_h(h) &= \int_0^{A_0} \frac{1}{h_l \cdot h_p}\left[a\left(\frac{h}{h_l h_p}\right)^{b-1} + a_1\left(\frac{h}{h_l h_p}\right)^{b}\right] f_{h_p}(h_p)\,\mathrm{d}h_p \\ &= ah_l^{-b}h^{b-1}\int_0^{A_0} h_p^{-b} f_{h_p}(h_p)\,\mathrm{d}h_p + a_1 h_l^{-b-1}h^b \int_0^{A_0} h_p^{-b-1} f_{h_p}(h_p)\,\mathrm{d}h_p \end{aligned} \tag{5-52}$$

使用 MGF 匹配的方法，根据公式 (5-40)，将式 (5-52) 重新写为

$$\begin{aligned} f_h(h) = &\frac{ah^{b-1}}{(h_l A_0)^b}\int_0^{\infty} \exp\left(\frac{2br^2}{w_{L_{\mathrm{eq}}}^2}\right) f_{r^2}\left(r^2\right)\mathrm{d}r^2 \\ &+ \frac{a_1 h^b}{(h_l A_0)^{b+1}}\int_0^{\infty} \exp\left(\frac{2(b+1)r^2}{w_{L_{\mathrm{eq}}}^2}\right) f_{r^2}\left(r^2\right)\mathrm{d}r^2 \end{aligned} \tag{5-53}$$

从式 (5-53) 可知，随机变量 χ 的 MGF 为 $\exp(t\chi)$ 的期望值，于是

$$f_h(h) = \frac{ah^{b-1}}{(h_l A_0)^b}E\left[\mathrm{e}^{\frac{2br^2}{w_{L_{\mathrm{eq}}}^2}}\right] + \frac{a_1 h^b}{(h_l A_0)^{b+1}}E\left[\mathrm{e}^{\frac{2(b+1)r^2}{w_{L_{\mathrm{eq}}}^2}}\right]$$

$$= \frac{ah^{b-1}}{(h_l A_0)^b} M_{r^2}\left(\frac{2b}{w_{L_{\rm eq}}^2}\right) + \frac{a_1 h^b}{(h_l A_0)^{b+1}} M_{r^2}\left(\frac{2(b+1)}{w_{L_{\rm eq}}^2}\right) \tag{5-54}$$

式中

$$w_{L_{\rm eq}}^2 = 4\sigma_x\sigma_y\varphi_x\varphi_y \tag{5-55}$$

$$M_{r^2}\left(\frac{2b}{w_{L_{\rm eq}}^2}\right) = \frac{\varphi_x\varphi_y \exp\left(\dfrac{b\mu_x^2}{2\sigma_x^2(\varphi_x^2-b)} + \dfrac{b\mu_y^2}{2\sigma_y^2(\varphi_y^2-b)}\right)}{\sqrt{(\varphi_x^2-b)(\varphi_y^2-b)}} \tag{5-56}$$

$$M_{r^2}\left(\frac{2(b+1)}{w_{L_{\rm eq}}^2}\right) = \frac{\varphi_x\varphi_y \exp\left(\dfrac{\mu_x^2(b+1)}{2\sigma_x^2(\varphi_x^2-(b+1))} + \dfrac{\mu_y^2(b+1)}{2\sigma_y^2(\varphi_y^2-(b+1))}\right)}{\sqrt{(\varphi_x^2-(b+1))(\varphi_y^2-(b+1))}} \tag{5-57}$$

进一步利用关系式 $a_c h^{b-1} + c_c h^b = a_c h^{b-1} {\rm e}^{hc_c/a_c}$，式 (5-30) 可化为

$$f_h(h) \approx a_c h^{b-1} {\rm e}^{hc_c/a_c} \tag{5-58}$$

式中 a_c 和 c_c 的表达式分别为

$$a_c = \frac{a}{(h_l A_0)^b} M_{r^2}\left(\frac{2b}{w_{L_{\rm eq}}^2}\right) \tag{5-59}$$

$$c_c = \frac{a_1}{(h_l A_0)^{b+1}} M_{r^2}\left(\frac{2(b+1)}{w_{L_{\rm eq}}^2}\right) \tag{5-60}$$

将式 (5-58) 进一步化为如下形式

$$f_h(h) \approx C f_\gamma(h, b, A)$$

式中 $A = -a_c/c_c$，$C = a_c A^b \Gamma(b)$，$f_\gamma(h,b,A) = h^{b-1}{\rm e}^{-hA}/\left(A^b\Gamma(b)\right)$。注意上式的右边并不是 PDF，因为它的面积分为 $C \neq 1$，但是上式在原点附近能精确近似 $f_h(h)$ 的 PDF。为了验证所提出模型的精度，我们将式 (5-22) 的积分值与式 (5-37) 的近似值在局部范围 (原点附近) 以及整体范围进行了比较，如图 5-12 所示。

从图 5-12(a) 可知，式 (5-46) 得出的数值结果与相关公式得出的近似结果在靠近原点完全匹配，这说明了所提出模型的正确性。从图 5-12(b) 可以观察到，信

道增益的概率密度函数曲线与近似概率密度函数曲线在峰值左侧吻合程度高，而这恰好是本节研究高信噪比情形时所研究的范围，这进一步证实了所提出模型的正确性。

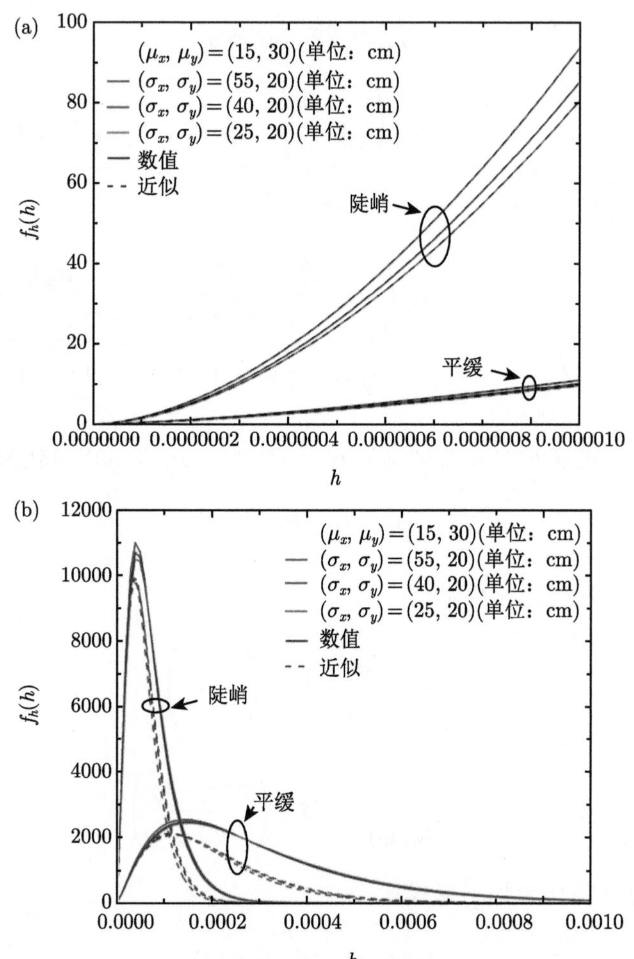

图 5-12　积分表达式和近似表达式在不同抖动标准差以及中湍流和强湍流条件下的比较：(a) 原点附近；(b) 整体图

5.2.2.3　实验数据处理与分析

按照前面给出的实验方案测得光强数据后，本节将进行实验数据的处理，对数据处理分为以下两种情形：① 大气湍流衰减和路径损耗情形；② 大气湍流衰减、路径损耗与指向误差情形。整个数据处理的主要过程如下：

(1) 实验中频率直方图的处理过程。

首先利用所选取的电压数据样本计算出平均光强，接着利用该平均光强对样本电压数据进行归一化处理，然后把得到的归一化光强数据乘以路径损耗和指向误差的均值得到信道增益，最后把信道增益等分为 s 个区间，每个区间信道增益的中心值和数据个数分别构成序列 $X=(X_1, X_2, X_3, \cdots, X_s)$ 和 $Y=(Y_1, Y_2, Y_3, \cdots, Y_s)$，从而得到该数据样本的信道增益的频率直方图。

(2) 理论曲线的处理过程。

利用信道增益频率直方图的中心值序列 X 得到非闭式 PDF 拟合曲线上相对应的纵坐标序列 $Z=(Z_1, Z_2, Z_3, \cdots, Z_s)$。此外，为了精确而又快速地获得理论值，要求构成序列 X 的数目不断增加，这使得符号积分或数值积分在计算理论结果时需要相当长时间的仿真，因此，本节采用等分布序列的 Monte Carlo 法对理论值进行估计。针对 $D_I \subset R^n$ 上的 n 重积分 $I = \int_{D_I} f(x)\,\mathrm{d}x$，该方法的简要过程如下：

i. 首先选取一组不全为零的有理数：k_1，k_2，$\cdots$，k_n 使无理数组：θ_1，θ_2，$\cdots$，θ_n 线性无关，即

$$k_1\theta_1 + k_2\theta_2 + \cdots + k_n\theta_n \neq 0$$

ii. 利用 θ_1，θ_2，$\cdots$，θ_n 来产生包含 D_I 的超平行多面体内均匀分布的点列，即

$$\boldsymbol{X}_m = \left(\left(m\theta_1\right)\left(b_1 - a_1\right) + a_1, \left(m\theta_2\right)\left(b_2 - a_2\right) + a_2, \cdots, \left(m\theta_n\right)\left(b_n - a_n\right) + a_n\right) \tag{5-61}$$

式中 a_i 和 b_i 分别表示第 i 重积分的下限和上限，$b_i - a_i$ 为超平行多面体的第 i 维边长。

iii. 积分的估计值

$$I \approx \frac{M_C}{m} \sum_{i \in D_I} f\left(\boldsymbol{X}_m\right), \quad i = 1, 2, \cdots, m \tag{5-62}$$

式中 M_C 为超平行多面体的体积或面积。

(3) 理论值和实验值的相关系数。

设 Y 和 Z 的相关系数为 R^2，R 可以表示为

$$R = \frac{\langle Y \cdot Z\rangle - \langle Y\rangle\langle Z\rangle}{\sigma_Y \sigma_Z} \tag{5-63}$$

式中 σ_Y 为序列 Y 的标准差，σ_Z 为序列 Z 的标准差。

下面分两种场景分析各参量之间的关系。

(1) 大气湍流衰减和路径损耗情形。

当仅考虑大气湍流衰减和路径损耗时，h 的 PDF 为

$$f_h(h)=\frac{2(\alpha\beta)^{(\alpha+\beta)/2}}{h_l\Gamma(\alpha)\Gamma(\beta)}\left(\frac{h}{h_l}\right)^{(\alpha+\beta)/2-1}K_{\alpha-\beta}\left(2\sqrt{\alpha\beta\frac{h}{h_l}}\right)\mathrm{d}h,\quad h_a>0$$

图 5-13 给出了所选实验数据信道增益的频率直方图与拟合曲线，其中路径损耗约为 0.16。

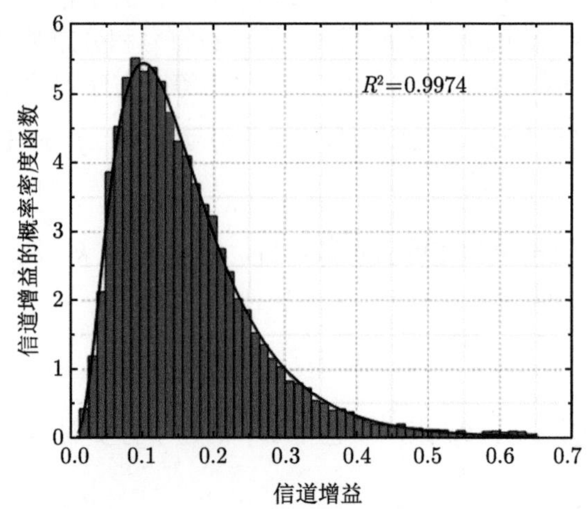

图 5-13　无指向误差时，样本数据频率直方图与理论信道增益拟合曲线

从图 5-13 可知，样本数据频率直方图与信道增益 PDF 拟合曲线的相关系数大于 0.99，说明两者匹配程度较好，这说明了无指向误差时信道增益服从 Gamma-Gamma–伽马分布。

(2) 大气湍流衰减、路径损耗与指向误差情形。

当大气湍流衰减、路径损耗与指向误差都考虑时，图 5-14 和图 5-15 给出了所选实验数据的信道增益频率直方图与拟合曲线。

从图 5-14 可知，样本数据频率直方图和信道增益 PDF 拟合曲线的相关系数大致在 0.98 左右，说明两者匹配程度较好，验证了所推模型的可行性。通过对比图 5-14(a) 和图 5-14(b) 可知，随着抖动标准差的增加，信道增益 PDF 曲线整体向左偏移并且对应的纵坐标明显增大，这进一步证实了理论的正确性。与图 5-13 相比，当考虑指向误差时，信道增益明显缩小而对应的纵坐标显著增加，这突出了指向误差对信道增益的影响。此外，图 5-14(b) 中理论曲线在峰值与频率直方图吻合效果不好，这主要是由于积分误差、电机控制精度以及电机回程误差引起的。

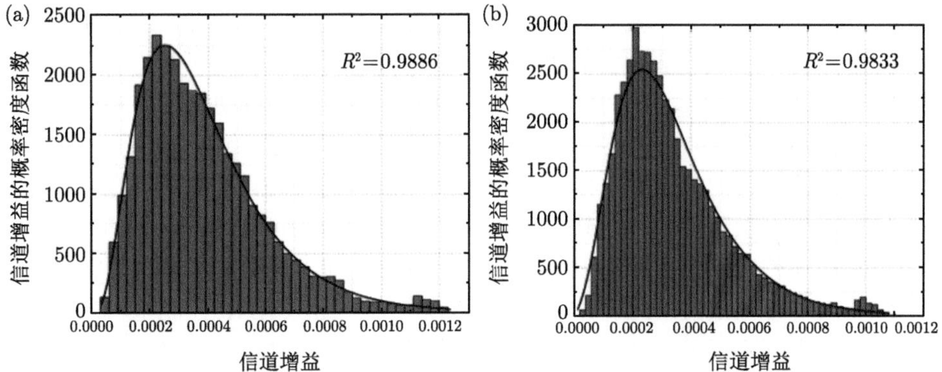

图 5-14 零视轴和俯仰方向抖动标准差不同时，样本数据频率直方图和理论信道增益拟合曲线：(a) (μ_x, μ_y)=(0, 0)，(σ_x, σ_y)=(0, 19.47)；(b) (μ_x, μ_y)=(0, 0)，(σ_x, σ_y)=(0, 38.94) (单位：cm)

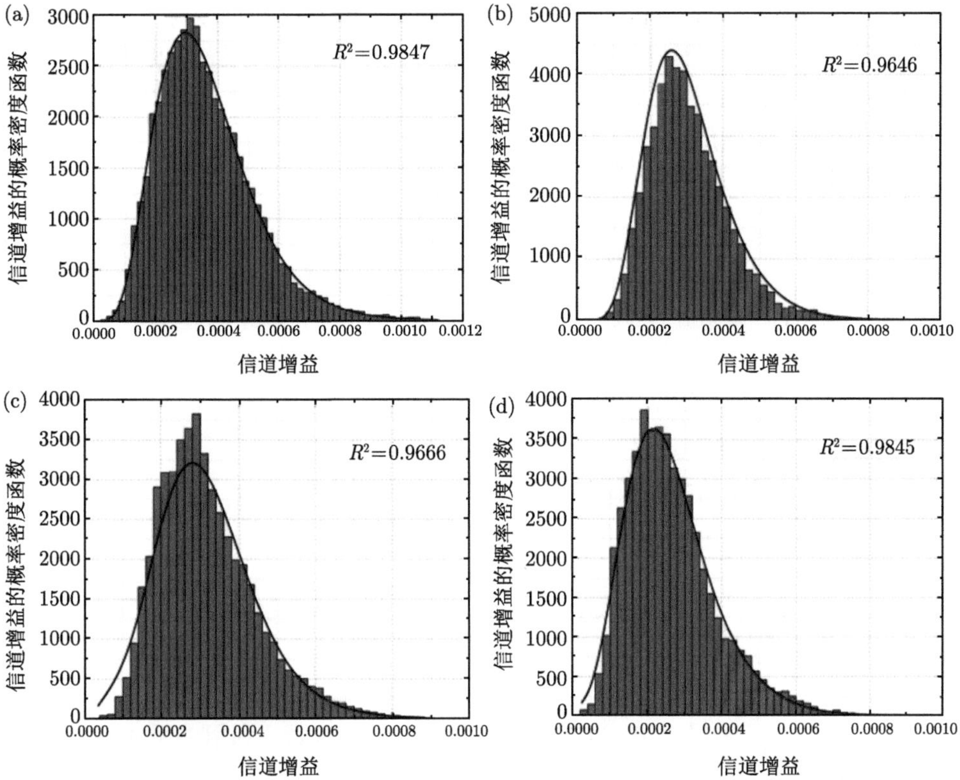

图 5-15 非零视轴和俯仰方向抖动标准差不同时，样本数据频率直方图与理论信道增益拟合曲线：(a) (μ_x, μ_y)=(−19.47, 0)，(σ_x, σ_y)=(0, 19.47)；(b) (μ_x, μ_y)=(−38.94, 0)，(σ_x, σ_y)=(0, 19.47)；(c) (μ_x, μ_y)=(19.47, 0)，(σ_x, σ_y)=(0, 38.94)；(d) (μ_x, μ_y)=(38.94, 0)，(σ_x, σ_y)=(38.94, 0) (单位：cm)

由图 5-15 可知，样本数据频率直方图和信道增益 PDF 拟合曲线的相关系数大致在 0.96 以上，说明两者匹配程度较好，验证了所推模型的可行性。通过对比图 5-15(a)、图 5-15(b)、图 5-15(c) 和图 5-15(d) 可知，当抖动标准差和视轴误差越大时，信道增益 PDF 曲线整体越往左偏移，并且相应地纵坐标越大，这也说明了所推理论公式的准确性。与图 5-14 相比，当考虑视轴误差时，信道增益更小而对应的纵坐标反而更大，这进一步证实了所推理论的可靠性。与图 5-13 相比，当考虑指向误差时，信道增益明显缩小而对应纵坐标显著增加，这说明指向误差对信道增益的影响很大。此外，整个实验过程由于 LabVIEW 控制电机的精度不准，电机存在回程误差以及用 MATLAB 进行数值积分时存在的误差等因素都影响本次实验的精度，比如，图 5-15(b) 和图 5-15(c) 信道增益理论曲线与样本数据频率直方图吻合存在一定的误差。

5.2.2.4　SISO 自由空间光系统通信性能的分析

本节中分析了 Gamma-Gamma 大气湍流和贝克曼指向误差对 SISO 自由空间光系统中断概率和误码率的影响，给出了有无指向误差时系统中断概率和误码率的近似解和渐近解，并进行了数值仿真和蒙特卡罗验证。

1. 中断性能分析

当传输数率为 R_0 时，中断概率为

$$P_{\text{out}}(R_0) = \Pr(C(\gamma) < R_0) \tag{5-64}$$

由于 $C(\cdot)$ 随着信噪比 γ 单调递增，所以式 (5-38) 可以写为

$$P_{\text{out}} \equiv \Pr(\gamma < \gamma_{\text{th}}) = \Pr(h < \sqrt{\gamma_{\text{th}}}/\bar{\gamma}) \tag{5-65}$$

式中 γ_{th} 是信噪比阈值。

(1) 有指向误差的中断概率分析。

根据公式 (5-37)，可知 (5-39) 式的中断概率可写为

$$P_{\text{out}} = \int_0^{\gamma_{\text{th}}/\gamma} C f_\gamma(h,b,A)\mathrm{d}h = \frac{C}{\Gamma(b)}\gamma\left(b, \frac{\sqrt{\gamma_{\text{th}}/\bar{\gamma}}}{A}\right) \tag{5-66}$$

式中 $\gamma(s,x) = \displaystyle\int_0^x t^{s-1}e^{-t}\mathrm{d}t$ 为低阶不完全 Gamma 函数，利用关系式 $\gamma(s,x) \approx x^s/s$，当 x 值较小时，式 (5-66) 进一步近似为

$$P_{\text{out}} \approx \frac{CA^{-b}}{\Gamma(b+1)}\left(\frac{\gamma_{\text{th}}}{\bar{\gamma}}\right)^{b/2} \tag{5-67}$$

(2) 无指向误差的中断概率分析。

在指向误差不存在时，$A_0 \to 1$，$\mu_x = \mu_y = 0$，$\varphi_x^2 \to \infty$ 和 $\varphi_y^2 \to \infty$，此时 $a_c \approx a_c^{\mathrm{npe}} = a/h_l^b$，$c_c \approx c_c^{\mathrm{npe}} = a_1/h_l^{b+1}$，$h_p(r, L) \to 1$，因此，无指向误差的中断概率表达式为

$$P_{\mathrm{out}}^{\mathrm{npe}} = \frac{C^{\mathrm{npe}}}{\Gamma(b)}\gamma\left(b, \left(A^{\mathrm{npe}}/\sqrt{\gamma_{\mathrm{th}}/\bar{\gamma}}\right)^{-1}\right) \tag{5-68}$$

式中 $A^{\mathrm{npe}} = -a_c^{\mathrm{npe}}/c_c^{\mathrm{npe}}, C^{\mathrm{npe}} = a_c^{\mathrm{npe}}\left(A^{\mathrm{npe}}\right)^b\Gamma(b)$。

同理，当 $\bar{\gamma}$ 取值很大时，式 (5-68) 进一步近似为

$$P_{\mathrm{out}}^{\mathrm{npe}} \approx \frac{C^{\mathrm{npe}}\left(A^{\mathrm{npe}}\right)^{-b}}{\Gamma(b+1)}\left(\frac{\gamma_{\mathrm{th}}}{\bar{\gamma}}\right)^{b/2} \tag{5-69}$$

下面我们将通过一些数值计算来研究 Gamma-Gamma 大气湍流和贝克曼指向误差对 SISO 自由空间光系统中断概率的影响。同时，给出了 Monte Carlo (MC) 仿真结果以验证数值计算结果的准确性。MC 仿真方法是通过在 Gamma-Gamma 湍流模型和贝克曼指向误差分布模型中分别生成 10^8 个独立同分布的随机样本来分析系统的中断概率。所有仿真中采用的系统配置参数如表 5-5 所示，这些参数已在大多数实际工程中得到应用。在表 5-5 所示的两种典型湍流条件下，两个不同孔径的接收端 ($D > \rho_{\mathrm{sp}}$=(16.8, 7.3) (单位：mm) 被用来分析孔径平均的影响。此外，为了研究抖动标准差和视轴误差对 SISO FSO 系统通信性能的影响，在不失一般性的前提下，改变水平抖动标准差 σ_x，同时保持俯仰抖动标准差 σ_y 和视轴误差值 μ_x 和 μ_y 不变。

表 5-5 系统配置参数

参数	符号	值
链路距离	L	5km
波长	λ	1550nm
接收孔径直径	$D = 2R$	100mm, 200mm
$1/\mathrm{e}^2$ 处的发射束散角	θ_L	0.66mrad
5km 处的光束束宽	w_L	330cm
$1/\mathrm{e}^2$ 处的抖动角	θ_{s}	0.11mrad
5km 处的最大抖动	σ_x, σ_y	55cm
$1/\mathrm{e}^2$ 处的主波束角度	θ_{b}	0.06mrad
5km 处的最大视轴	μ_x, μ_y	30cm
中湍流	C_n^2	$2\times10^{-14}\mathrm{m}^{-2/3}$
强湍流	C_n^2	$8\times10^{-14}\mathrm{m}^{-2/3}$

图 5-16 给出了中 ($\alpha = 2.40, \beta = 9.78$) 和强 ($\alpha = 2.76, \beta = 24.38$) 湍流条件下，孔径为 100 mm 时，非零视轴和抖动标准差对 SISO 自由空间光系统中断概

率的影响。由图 5-16 可知，在高信噪比时 (大于曲线拐点)，由理论分析得到的近似结果与相应的 MC 仿真结果非常吻合，验证了所提出模型的准确性，且理论分析给出的渐近结果在信噪比超过 90dB 时非常接近于准确的中断概率。由图 5-16 还可知，中断概率随着湍流强度和指向误差的增加而增加。例如，当 $P_{\text{out}} = 10^{-6}$ 时，在中湍流条件下，抖动标准差 (σ_x, σ_y)={(25, 20), (40, 20), (55, 20)} (单位：cm) 的信噪比代价分别约为 125.1dB，125.2dB 和 125.4dB；而在强湍流条件下，抖动标准差 (σ_x, σ_y)={(25, 20), (40, 20), (55, 20)} (单位：cm) 的信噪比代价分别约为 130.8dB，131dB 和 131.3dB。从图 5-16(d) 可知，抖动标准差 (σ_x, σ_y)={(55, 20), (40, 20)} (单位：cm) 情形的中断性能比抖动标准差 (σ_x, σ_y)=(25, 20) (单位：cm) 情形明显下降。此外，为了方便比较，还提供了所考虑系统在没有指向误差时的中断概率。正如预期，指向误差会显著降低 SISO FSO 系统的中断性能。例如，在中湍流条件下，当 $P_{\text{out}} = 10^{-6}$ 时，与无指向误差的情况相比，抖动标准差 (σ_x, σ_y)=(25, 20) (单位：cm)，(40, 20) (单位：cm) 和 (55, 20) (单位：cm) 的信噪比代价分别约为 67.3dB，67.4dB 和 67.6dB；在强湍流条件下，当 $P_{\text{out}} = 10^{-6}$

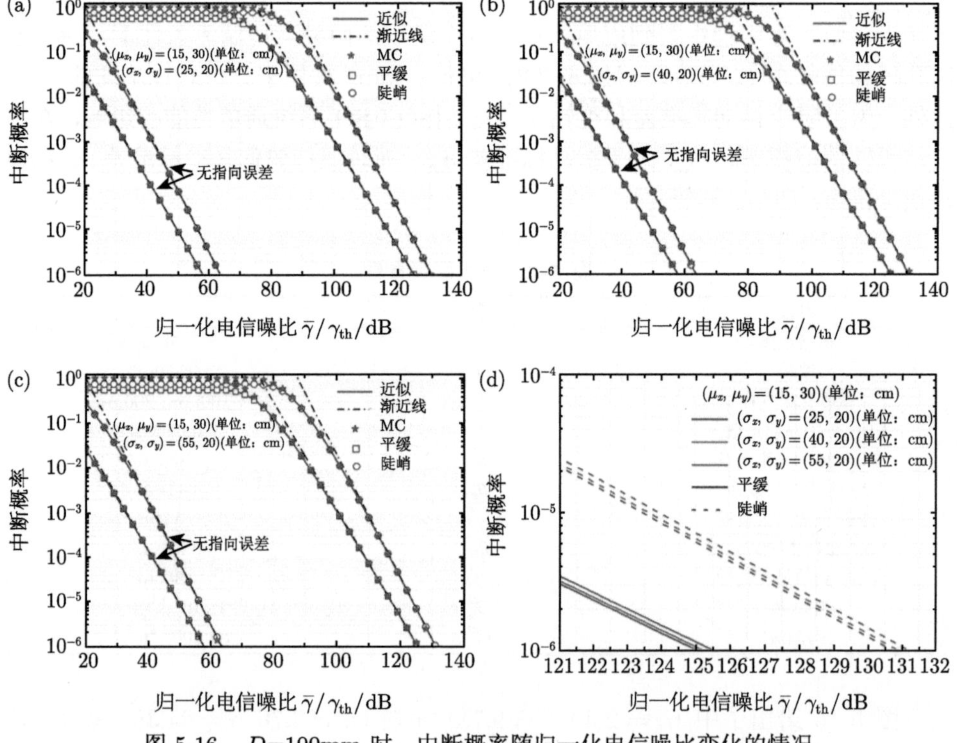

图 5-16 D=100mm 时，中断概率随归一化电信噪比变化的情况

时，与无指向误差的情况相比，抖动标准差 $(\sigma_x,\ \sigma_y)$=(25, 20), (40, 20) 和 (55, 20)} (单位：cm) 情形的信噪比代价分别约为 67.2dB、67.4dB 和 67.7dB。

图 5-17 给出了中 $(\alpha = 3.46, \beta = 29.44)$ 和强 $(\alpha = 3.08, \beta = 76.76)$ 湍流条件下，孔径为 200mm 时，非零视轴和抖动标准差对 SISO FSO 系统的中断性能的影响。注意，图 5-16 和图 5-17 所涉及的关系除了孔径参数外几乎是相同的：前者为 100mm，后者为 200mm，所以我们更关注它们之间的差异。通过对比图 5-16 和图 5-17 可知，当接收端孔径尺寸增加时，SISO 自由空间光系统的中断性能得到了明显改善。例如，在中湍流条件下，当 $P_{\text{out}} = 10^{-6}$ 和抖动标准差 $(\sigma_x,\ \sigma_y)$=(25, 20)，(40, 20) 和 (55, 20) (单位：cm) 时，D=200mm 和 D=100mm 情形之间的信噪比差分别大约为 27.2dB，27.1dB 和 27.0dB；在强湍流条件下，当 $P_{\text{out}} = 10^{-6}$ 和抖动标准差 $(\sigma_x,\ \sigma_y)$=(25, 20) (单位：cm)，(40, 20) (单位：cm) 和 (55, 20) (单位：cm) 时，D=200mm 和 D=100mm 情形之间的信噪比差分别大约为 16.8dB, 16.8dB 和 16.9dB，这一结果表明，在一定的指向误差条件下，孔径平均在强湍流时对系统的中断概率影响较大，而在中湍流时对系统的中断概率影响较小。

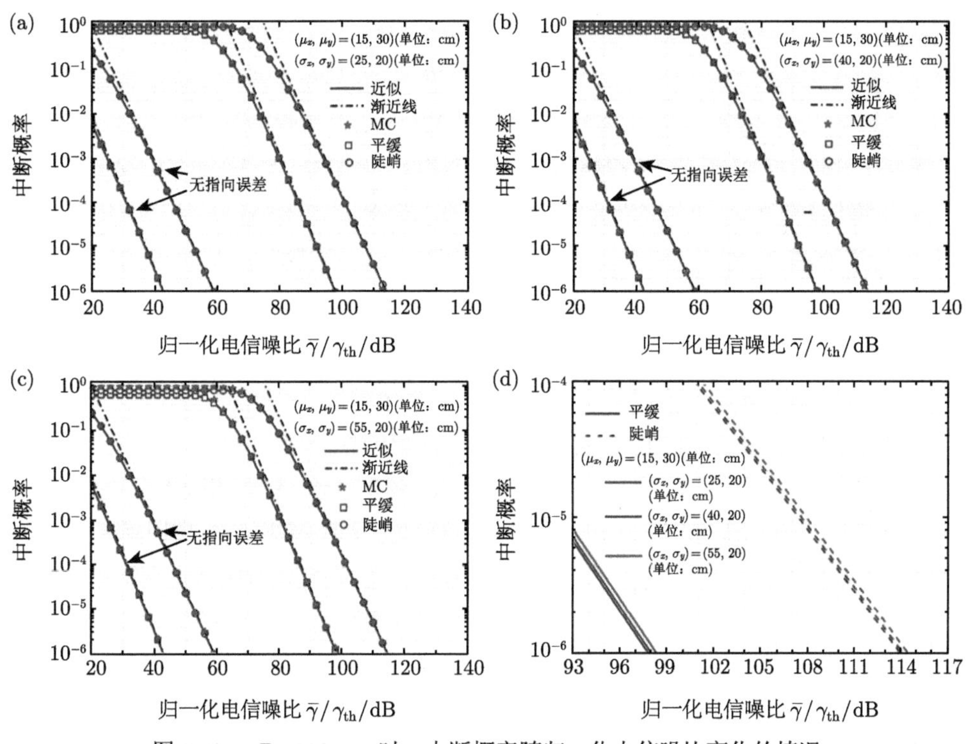

图 5-17 D=200mm 时，中断概率随归一化电信噪比变化的情况

2. 误码性能分析

在 BPPM 调制方式下，系统的条件 BER 可写为

$$P_{e|h} = \frac{1}{2}\text{erfc}\left(\frac{RT_bPh}{\sqrt{N_0}}\right) \tag{5-70}$$

式中 erfc(·) 为互补误差函数，因此，平均 BER 可以通过在 h 的 PDF 上对 $P_{e|h}$ 求平均得到，即

$$P_e = \int_0^\infty P_{e|h} f_h(h)\,\mathrm{d}h \tag{5-71}$$

(1) 有指向误差的 BER 分析。

将式 (5-70) 和式 (5-37) 代入式 (5-71)，积分可得

$$\begin{aligned}P_e =& \frac{C}{2\sqrt{\pi}\Gamma(b+1)A^b}\bar{\gamma}^{-b/2}\Gamma\left(\frac{b+1}{2}\right){}_2F_2\left(\frac{b}{2},\frac{b+1}{2};\frac{b+2}{2},\frac{1}{2};\frac{1}{4A^2\bar{\gamma}}\right)\\&-\frac{C}{2\sqrt{\pi}\Gamma(b)(b+1)A^{b+1}}\bar{\gamma}^{-(b+1)/2}\Gamma\left(\frac{b+2}{2}\right){}_2F_2\left(\frac{b+1}{2},\frac{b+2}{2};\frac{b+3}{2},\frac{3}{2};\frac{1}{4A^2\bar{\gamma}}\right)\end{aligned} \tag{5-72}$$

式中 ${}_pF_q(m_1,\cdots,m_p;c_1,\cdots,c_q;x) = \sum\limits_{n=0}^{\infty}\dfrac{(m_1)_n\cdots(m_p)_n}{(c_1)_n\cdots(c_q)_n}\dfrac{x^n}{n!}$ 为超几何函数，其中系数 p 和 q 都为 2，$(\cdot)_n$ 为波赫哈默尔符号，即 $(m)_n=\Gamma(m+n)/\Gamma(m)$。从式 (5-72) 可以看出，平均 BER 由两个不同 $\bar{\gamma}$ 指数的项组成，并且在高信噪比时由 $\bar{\gamma}$ 指数最大的项支配。此外，为了简化渐近误码率表达式，取式 (5-72) 中的 n 为 0。因此，BER 的渐近表达式为

$$P_e \approx \frac{C}{2\sqrt{\pi}\Gamma(b+1)A^b}\Gamma\left(\frac{b+1}{2}\right)\bar{\gamma}^{-b/2} \tag{5-73}$$

(2) 无指向误差的 BER 分析。

在指向误差不存在时，$A_0\to 1$，$\mu_x=\mu_y=0$，$\varphi_x^2\to\infty$ 和 $\varphi_y^2\to\infty$，此时 $a_c\approx a_c^{\text{npe}}=a/h_l^b$，$c_c\approx c_c^{\text{npe}}=a_1/h_l^{b+1}$，$h_p(r,L)\to 1$，因此，无指向误差的平均 BER 表达式为

$$\begin{aligned}P_e^{\text{npe}} \approx& \frac{C^{\text{npe}}}{2\sqrt{\pi}\Gamma(b+1)\pi\left(A^{\text{npe}}\right)^b}\bar{\gamma}^{-b/2}\Gamma\left(\frac{b+1}{2}\right){}_2F_2\\&\times\left(\frac{b}{2},\frac{b+1}{2};\frac{b+2}{2},\frac{1}{2};\frac{1}{4\left(A^{\text{npe}}\right)^2\bar{\gamma}}\right)\end{aligned}$$

$$-\frac{C^{\text{npe}}}{2\sqrt{\pi}\Gamma(b)(b+1)\left(A^{\text{npe}}\right)^{b+1}}\bar{\gamma}^{-(b+1)/2}\Gamma\left(\frac{b+2}{2}\right)$$

$$F_2\left(\frac{b+1}{2},\frac{b+2}{2};\frac{b+3}{2},\frac{3}{2};\frac{1}{4\left(A^{\text{npe}}\right)^2\bar{\gamma}}\right), \tag{5-74}$$

同理，当指向误差不存在时，BER 的渐近表达式为

$$P_e^{\text{npe}} \approx \frac{C^{\text{npe}}\left(A^{\text{npe}}\right)^{-b}}{2\sqrt{\pi}\Gamma(b+1)}\Gamma\left(\frac{b+1}{2}\right)\bar{\gamma}^{-b/2} \tag{5-75}$$

下面我们将利用式 (5-74) 和 (5-75) 通过一些数值计算来研究 Gamma-Gamma 大气湍流和贝克曼指向误差对 SISO 自由空间光系统平均 BER 的影响。同时，给出了 MC 仿真结果以验证数值计算结果的准确性。MC 仿真方法是通过在 Gamma-Gamma 湍流模型和贝克曼指向误差分布模型中分别生成 10^8 个独立同分布随机样本来分析系统的平均 BER。

图 5-18 给出了中 $(\alpha=2.40,\beta=9.78)$ 和强 $(\alpha=2.76,\beta=24.38)$ 湍流条件下，孔径为 100mm 时，非零视轴和抖动标准差对 SISO FSO 系统平均 BER 的

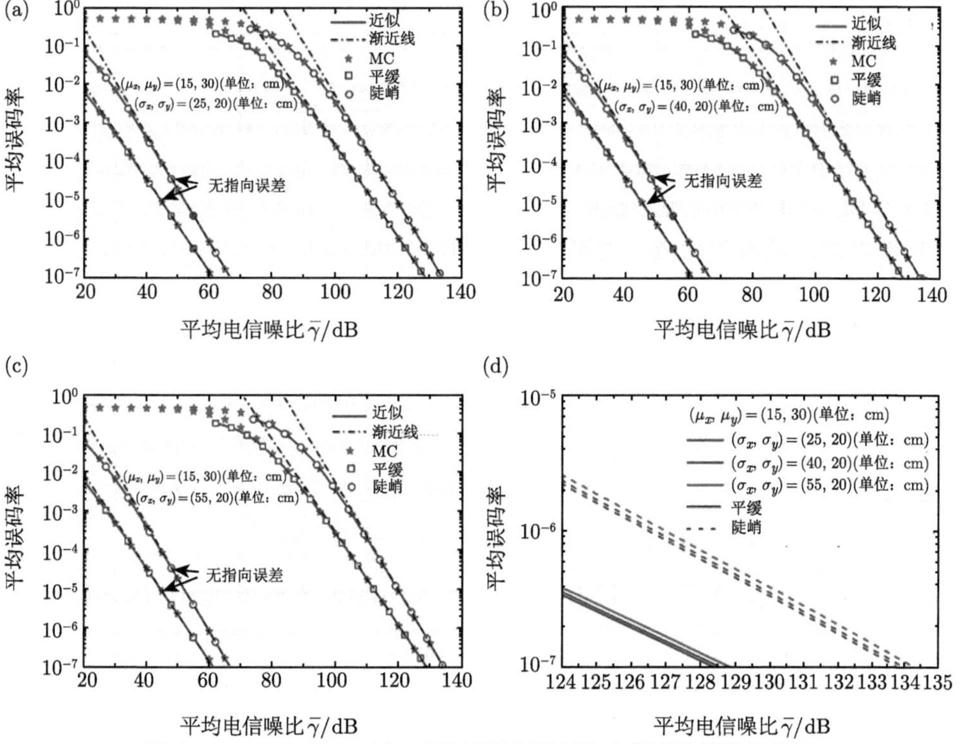

图 5-18 D=100mm 时，平均误码率随平均电信噪比变化的情况

影响。从图中可以观察到，在高信噪比时，由理论分析得到的平均 BER 近似结果与相应的 MC 仿真结果完全匹配，这验证了模型的准确性。从图中还可以看出，理论分析中给出的渐近结果在信噪比超过 90dB 时非常接近精确的平均 BER。此外，我们还观察到，随着湍流强度和指向误差的增大，平均 BER 呈下降趋势。例如，在中湍流条件下，当 SNR=100dB 时，抖动标准差 (σ_x, σ_y)=(25, 20) (单位：cm)，(40, 20) (单位：cm) 和 (55, 20) (单位：cm) 的平均 BER 分别约为 2.42×10^{-4}，2.53×10^{-4} 和 2.74×10^{-4}，而在强湍流条件下，当 SNR=100dB 时，抖动标准差 (σ_x, σ_y)=(25, 20) (单位：cm)，(40, 20) (单位：cm) 和 (55, 20) (单位：cm) 的平均 BER 分别约为 3.22×10^{-3}，3.37×10^{-3} 和 3.67×10^{-3}，这一现象表明，在一定的湍流条件下，孔径平均在不同抖动标准差条件下对系统平均误码性能的影响几乎相同。由图 5-18(d) 可知，当给定湍流条件时，相比抖动标准差 (σ_x, σ_y)=(25, 20) (单位：cm)，抖动标准差 (σ_x, σ_y)={(55, 20), (40, 20)} (单位：cm) 情形会导致更大性能损失。作为参考，无指向误差的情形也被考虑。正如预期的一样，当考虑指向误差时，湍流对平均 BER 的影响比不考虑指向误差时更强。例如，中湍流条件下，当 SNR=100dB 时，平均 BER 的数量级是 −4，而忽略误差指向时，其数量级小于 −7；在强湍流条件下，当 SNR=100dB 时，平均 BER 的数量级是 −3，而忽略指向误差时，其数量级小于 −7。

图 5-19 给出了中 ($\alpha = 3.46, \beta = 29.44$) 和强 ($\alpha = 3.08, \beta = 76.76$) 湍流条件下，孔径为 200mm 时，非零视轴和抖动标准差对 SISO 自由空间光系统误码性能的影响。图 5-18 和图 5-19 所涉及的关系除了孔径参数外几乎是相同的：前者为 100mm，后者为 200mm，所以我们更关注它们之间的差异。通过对比图 5-18 和图 5-19 可知，随着接收端孔径尺寸的增加，SISO 自由空间光系统的误码性能得到了很大的提高。例如，当 SNR=100dB 时，孔径从 100mm 增加到 200mm 时，在中湍流时，抖动标准差 (σ_x, σ_y)={(25, 20)，(40, 20)，(55, 20)} (单位：cm) 情形的平均 BER 从 {2.42×10^{-4}, 2.53×10^{-4}, 2.74×10^{-4}} 下降为 {1.31×10^{-7}, 1.39×10^{-7}, 1.51×10^{-7}}，在强湍流条时，抖动标准差 (σ_x, σ_y)={(25, 20), (40, 20), (55, 20)} (单位：cm) 情形的平均 BER 从 {3.22×10^{-3}, 3.37×10^{-3}, 3.67×10^{-3}} 下降为 {3.77×10^{-5}, 4.01×10^{-5}, 4.46×10^{-5}}，这一现象表明，在给定指向误差时，相对于强湍流，孔径平均对中湍流条件下的平均误码性能有更大的影响。

5.2.3 大气湍流对多输入多输出 (MIMO) 自由空间光系统通信性能影响

为了满足自由空间光通信质量和速率的要求，已有不少研究人员做了很多工作，并且也取得了一定的成果。有研究人员引入了多输入多输出 (MIMO) 技术，即在发射端和接收端分别部署多个激光器和光电探测器，通过提高分集增益的方

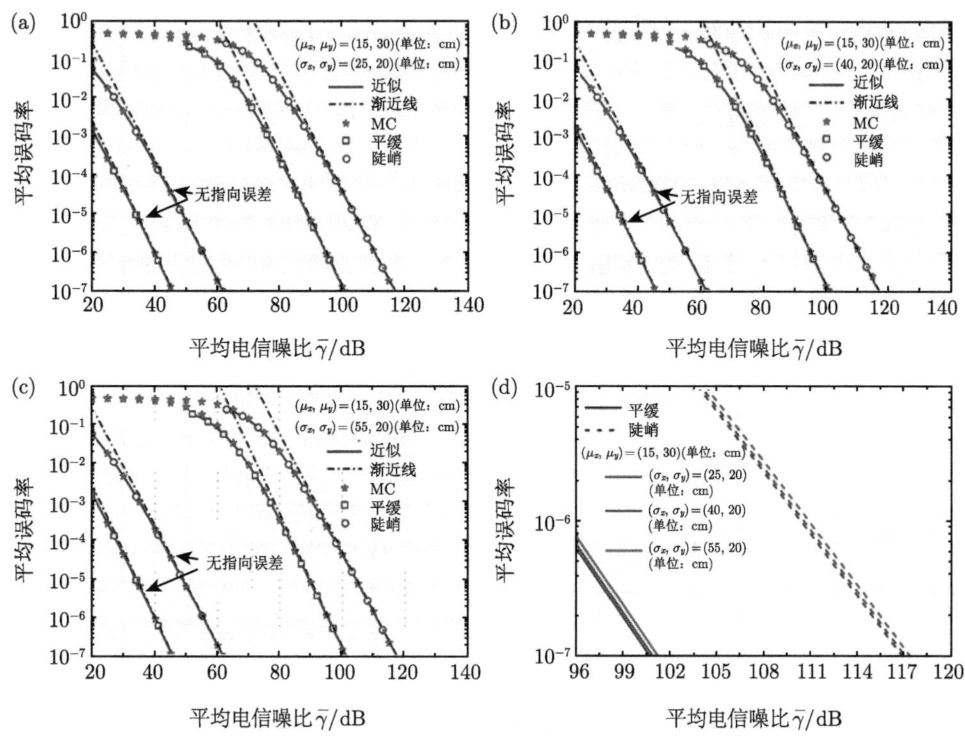

图 5-19 D=200mm 时，平均误码率随平均电信噪比变化的情况

式来达到抑制大气湍流的目的，但是这些文献仅考虑了大气湍流的影响，忽略了指向误差的影响。在实际的 MIMO 自由空间光通信过程中，随机抖动造成的指向误差以及动态变化的大气湍流都会对通信的质量产生重要影响，并且指向误差的存在能够加剧信道增益的起伏，影响系统的通信性能，因此，在 MIMO 技术的研究应用当中有必要考虑指向误差所带来的不利影响。有文献在此基础上研究了等增益合并 (EGC) 和最大合并比 (MRC) 方案下零视轴、非零视轴以及水平俯仰方向相同抖动对 MIMO FSO 系统通信性能的影响。上述的研究基本上都是以零视轴、非零视轴以及水平俯仰方向抖动相同为基础来分析大气湍流对 MIMO 自由空间光系统通信性能的影响。但是由于建筑物抖动的随机性和不确定性会导致水平及俯仰方向的抖动不能时刻保证同样的变化趋势以及瞄准过程中也有可能产生视轴误差，所以有必要研究非零视轴和水平俯仰方向不同抖动的情形。在现有的 MIMO 自由空间光通信研究报道中，针对大气湍流衰减信道上非零视轴以及水平俯仰方向不同抖动 (贝克曼分布) 这方面的研究报道非常少，且尚未建立完整的理论模型。本节的研究课题主要是考虑 Gamma-Gamma 大气湍流和贝克曼指向误差的联合效应，建立 SISO FSO 和 MIMO FSO 系统通信性能的理论模型，给出

系统的中断概率和误码率，通过城市水平激光链路模拟实验，验证所推模型的准确性。

5.2.3.1 MIMO 自由空间光系统模型

考虑一个具有 M 个发射孔径和 N 个接收孔径的 FSO 系统，设接收端光电探测器的空间间隔大于空间相干距离，从而导致接收到的光强不相关。当 MIMO FSO 系统采用 IM/DD 的 OOK 调制技术时，第 j 个接收孔径的接收信号为

$$r_j = \eta P_{\text{avg}} x \sum_{i=1}^{M} h_{ij} + z_n \tag{5-76}$$

式中 $x \in \{0,1\}$ 代表信息比特，η 代表光电转换效率，P_{avg} 为平均接收光功率，z_n 是加性高斯白噪声。h_{ij} 为第 i 个发射孔径到 j 个接收孔径的信道增益。为了确保信道增益不会减弱或放大平均发射功率，$E\left[h_{ij}\right]$ 被归一化为 1。

5.2.3.2 EGC 方案下系统通信性能的分析

在本节中，我们分析了 Gamma-Gamma 大气湍流和贝克曼指向误差在 EGC 方案时对 MIMO FSO 系统中断概率和误码率的影响，给出了系统中断概率和误码率的近似解和渐近解，并进行了数值仿真和蒙特卡罗验证。

1. 系统模型和信道模型

对于 EGC 方案，在对接收的总功率进行归一化后，接收端输出的合并电信号为

$$r = \frac{\eta x}{MN} h + z \tag{5-77}$$

式中 $h = \sum_{i=1}^{M}\sum_{j=1}^{N} h_{i,j}$,$z$ 是有效的高斯噪声。系数 M 是为了确保 MIMO FSO 系统的总发射功率与基准 SISO FSO 系统的功率相同，系数 N 是为了保证 N 个接收孔径的面积之和与 SISO FSO 系统的接收孔径面积相同。接收孔径 j 与发射孔径 i 之间的接收电信噪比定义为 $\gamma_{i,j} = \eta^2 h_{i,j}^2 / N_0$，并且相应的平均电信噪比为 $\bar{\gamma} = \bar{\gamma}_{i,j} = \eta^2 \left\{E\left[h_{i,j}\right]\right\}^2 / N_0 = \eta^2 / N_0$，因而信号经 EGC 合并后的瞬时电信噪比为

$$\gamma = \frac{(\eta h)^2}{(MN)^2 N_0} = \frac{\bar{\gamma}}{(MN)^2} h^2 \tag{5-78}$$

为了分析 EGC 方案下 MIMO FSO 系统的性能，我们采用基于 MGF 的方法求出了 EGC 方案下系统中断概率和平均 BER 的闭式表达式，图 5-20 给出了 EGC 方案的研究流程图：

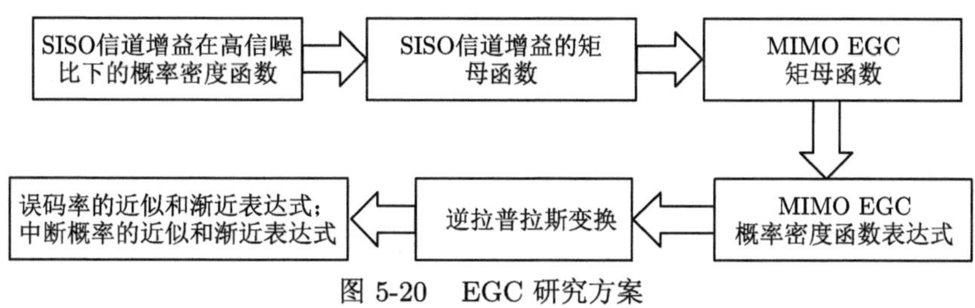

图 5-20 EGC 研究方案

$h_{i,j}$ 的 MGF 为

$$M_{h_{i,j}}(s)=E\left[e^{-sh}\right]=\int_0^{\infty}e^{-sh}f_{h_{i,j}}(h)\,\mathrm{d}h \tag{5-79}$$

将式 (5-79) 代入式 (5-78)，可得 $h_{i,j}$ 的 MGF 为

$$M_{h_{i,j}}(s)=C(1+As)^{-b} \tag{5-80}$$

由于各个孔径的 $h_{i,j}$ 是独立同分布的随机变量，所以 $\sum\limits_{j=1}^{N}\sum\limits_{i=1}^{M}h_{i,j}$ 的 MGF 可写为

$$M_{\sum\limits_{j=1}^{N}\sum\limits_{i=1}^{M}h_{i,j}}(s)=\prod_{j=1}^{N}\prod_{i=1}^{M}M_{h_{i,j}}(s)=\left(M_{h_{i,j}}(s)\right)^{MN} \tag{5-81}$$

根据式 (5-79)，在经过一些变量代换后可得

$$M_{\sum\limits_{j=1}^{N}\sum\limits_{i=1}^{M}h_{i,j}}(s)=C^{MN}(1+As)^{-MNb} \tag{5-82}$$

当 s 值很大时，对式 (5-81) 进行级数展开可得

$$M_{\sum\limits_{j=1}^{N}\sum\limits_{i=1}^{M}h_{i,j}}(s)=C^{MN}\left(\frac{1}{(As)^{MNb}}-MNb\frac{1}{(As)^{MNb+1}}+o\left(\frac{1}{s^{MNb+2}}\right)\right)$$

把式 (5-82) 写成如下形式

$$M_{\sum\limits_{j=1}^{N}\sum\limits_{i=1}^{M}h_{i,j}}(s)=C^{MN}\left(\frac{c_0^{\mathrm{EGC}}}{s^{\tau}}+\frac{c_1^{\mathrm{EGC}}}{s^{\tau+1}}+o\left(\frac{1}{s^{\tau+2}}\right)\right) \tag{5-83}$$

式中 $\tau^{\mathrm{EGC}}=MNb$，$c_0^{\mathrm{EGC}}=A^{-MNb}$，$c_1^{\mathrm{EGC}}=-MNbA^{-MNb-1}$，$c_1^{\mathrm{EGC}}=-c_0^{\mathrm{EGC}}MNA^{-1}$，对式 (5-83) 进行逆傅里叶变换可得 $\sum\limits_{j=1}^{N}\sum\limits_{i=1}^{M}h_{i,j}$ 的 PDF 为

$$f_{\sum\limits_{j=1}^{N}\sum\limits_{i=1}^{M}h_{i,j}}(h) = C^{MN}\left[\frac{c_0 h^{\tau-1}}{\Gamma(\tau)} + \frac{c_1 h^{\tau}}{\Gamma(\tau+1)} + O\left(h^{\tau+1}\right)\right] \tag{5-84}$$

对式 (5-84) 作类似式 (5-79) 的变换可得

$$f_{\sum\limits_{j=1}^{N}\sum\limits_{i=1}^{M}h_{i,j}}(h) = K^{\mathrm{EGC}} f_{\gamma}\left(h, \tau^{\mathrm{EGC}}, A\right) \tag{5-85}$$

式中，$f_{\gamma}\left(h,\tau^{\mathrm{EGC}},A\right) = \dfrac{1}{A^{\tau^{\mathrm{EGC}}}\Gamma\left(\tau^{\mathrm{EGC}}\right)} h^{\tau^{\mathrm{ECC}}-1}\mathrm{e}^{-h/A}$，$\Lambda = A$, $K^{\mathrm{EGC}} = C^{MN}$。

2. 中断性能分析

在 EGC 方案时，系统的中断概率为

$$P_{\mathrm{out}}^{\mathrm{EGC}} = \Pr(\gamma < \gamma_{\mathrm{th}}) = \Pr\left(\frac{\bar{\gamma}h^2}{(MN)^2} < \gamma_{\mathrm{th}}\right) = \int_0^{\sqrt{M^2N^2\gamma_{\mathrm{th}}/\bar{\gamma}}} f_{\sum\limits_{j=1}^{N}\sum\limits_{i=1}^{M}h_{i,j}}(h)\mathrm{d}h \tag{5-86}$$

$$\begin{aligned} P_{\mathrm{out}}^{\mathrm{EGC}} &= \int_0^{\sqrt{M^2N^2\gamma_{\mathrm{th}}/\bar{\gamma}}} K^{\mathrm{EGC}} f_{\gamma}\left(h, \tau^{\mathrm{EGC}}, A\right)\mathrm{d}h \\ &= \frac{K^{\mathrm{EGC}}}{\Gamma\left(\tau^{\mathrm{EGC}}\right)}\gamma\left(\tau^{\mathrm{EGC}}, MN\left[A\sqrt{\bar{\gamma}/\gamma_{\mathrm{th}}}\right]^{-1}\right) \end{aligned} \tag{5-87}$$

利用关系式 $\gamma(s,x) \approx x^s/s$ 可获得式 (5-87) 的渐近解为

$$P_{\mathrm{out}}^{\mathrm{EGC}} = \frac{K^{\mathrm{EGC}} A^{-\tau^{\mathrm{EGC}}} (MN)^{\tau^{\mathrm{EGC}}}}{\Gamma\left(\tau^{\mathrm{EGC}}+1\right)}\left(\frac{\bar{\gamma}}{\gamma_{\mathrm{th}}}\right)^{-\tau^{\mathrm{EGC}/2}} \tag{5-88}$$

下面我们将利用式 (5-87) 和式 (5-88) 通过一些数值计算来研究 Gamma-Gamma 大气湍流和贝克曼指向误差对 EGC 方案下系统中断性能的影响。同时，给出了 MC 仿真结果以验证数值计算结果的准确性。仿真常数 C_n^2 设置为 $1\times10^{-13}\mathrm{m}^{-2/3}$，其余常数与表 5-5 给出的常数一致。为了避免长时间的仿真，MC 仿真在 Gamma-Gamma 湍流模型和贝克曼指向误差分布模型中分别生成了 10^8 个独立同分布的随机样本，这导致 EGC 方案下系统中断概率的仿真结果仅能达到 10^{-8}。此外，由于 $D>\rho_{\mathrm{sp}}$=6.4mm，所以孔径平均对系统中断性能的影响也被分析。

图 5-21 给出了 D=100mm 以及 M 和 N 取值不同时，EGC 方案的近似式 (5-88) 和渐近式 (5-87) 以及精确中断概率随归一化电信噪比的变化关系。从图 5-21 可知，当从中等信噪比变为高信噪比时，近似结果式 (5-87) 和精确结果非常吻合，当高信噪比时，渐近结果式 (5-88) 和精确结果相匹配。与式 (5-88) 相比，

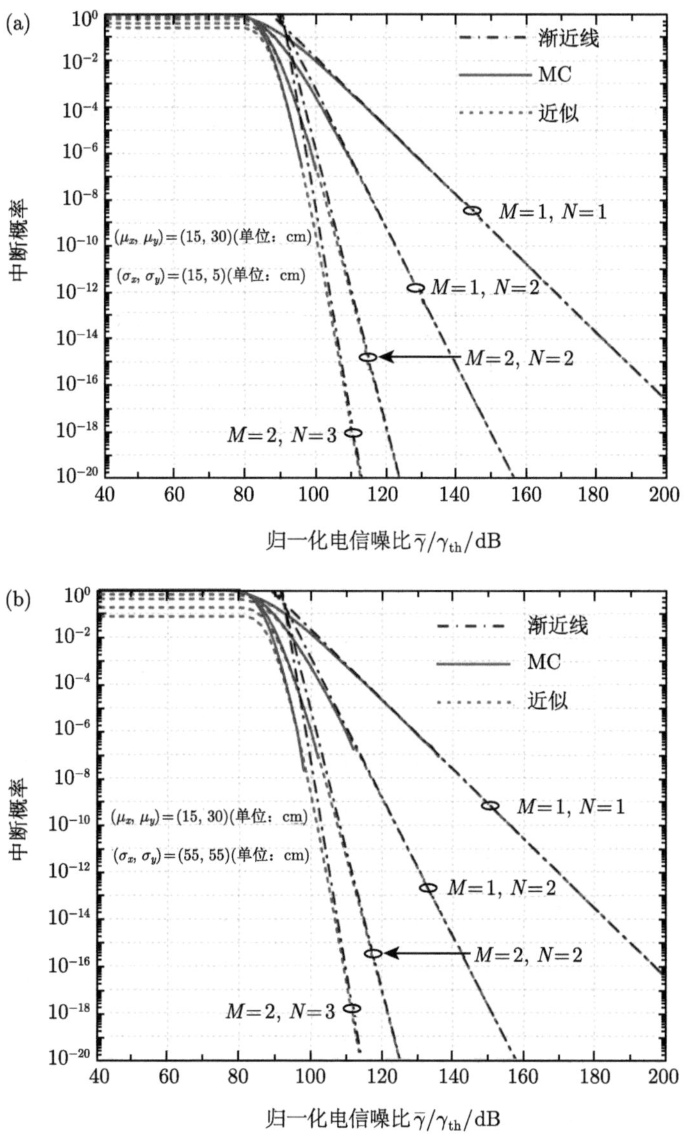

图 5-21　当 D=100mm 时，(σ_x, σ_y)=(15, 5) cm (a)，(σ_x, σ_y)=(55, 55) cm (b) 时，使用 EGC 空间分集时，中断概率随归一化电信噪比变化的情况

式 (5-87) 在较低的信噪比时可以更快地收敛到准确的中断概率。例如，对于 2×3 系统，该近似表达式可以准确预测超过 85dB 时的中断概率。与 SISO FSO 系统相比，随着 M 和 N 的增加，EGC 方案的中断性能得到了极大的提高。确切来说，当 $P_{\rm out}^{\rm EGC}=10^{-9}$ 时，与 SISO FSO 系统相比，1×2、2×2 和 2×3 系统在抖动标准差 (σ_x, σ_y)=(15, 5) (单位：cm) 情形下的信噪比改善分别为 28.82dB、43.48dB

和 48.88dB，而在 (σ_x, σ_y)=(55, 55) (单位：cm) 情形下，它们分别为 29.04dB、43.78dB 和 49.17dB。通过对比图 5-21(a) 和图 5-21(b)，我们可以看出指向误差对 MIMO FSO 系统中断性能的影响，正如预期的那样，EGC 方案的中断概率随着抖动标准差的增加而增加。例如，当 $P_{\text{out}}^{\text{EGC}} = 10^{-9}$ 时，$(M \times N)$={(1×2), (2×2), (2×3)} 系统在抖动标准差 (σ_x, σ_y)=(55, 55) (单位：cm) 情形下的信噪比损失比 (σ_x, σ_y)=(15, 5) (单位：cm) 情形多 (1.17dB, 1.09dB, 1.09dB)。

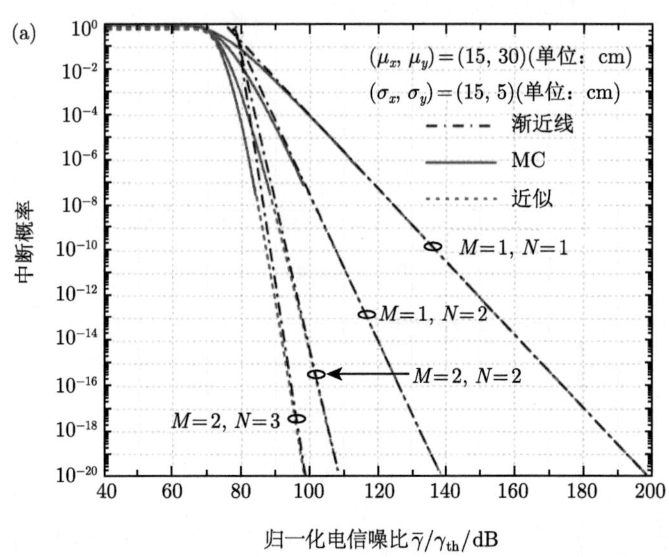

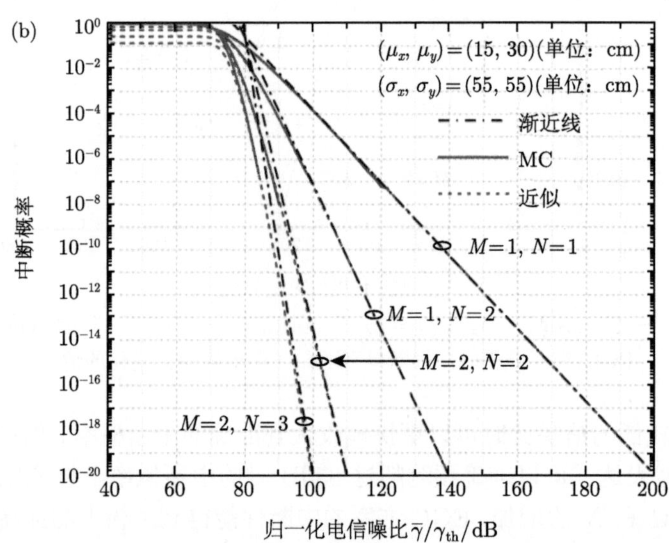

图 5-22 当 D=200mm 时，(σ_x, σ_y)=(15, 5) (单位：cm) (a)，(σ_x, σ_y)=(55, 55) (单位：cm) (b) 时，使用 EGC 空间分集时，中断概率随归一化电信噪比变化的情况

图 5-22 描绘了 D=200mm 以及 M 和 N 取值不同时，EGC 方案的近似式 (5-111) 和渐近式 (5-112) 以及精确中断概率随归一化电信噪比的变化关系。注意，图 5-21 和图 5-22 的参数除了孔径尺寸几乎是相同的：前者是 100mm，而后者是 200mm，所以我们更加重视它们之间的差异。例如，与图 5-21 相比，当 $P_{\text{out}}^{\text{EGC}}=10^{-9}$ 时，对于 (σ_x, σ_y)=(15, 5) (单位：cm)，($M\times N$)={(1×2), (2×2), (2×3)} 系统在 D=100mm 和 D=200mm 情形之间的信噪比差约为 (14.92dB, 13.72dB, 13.28dB)，对于 (σ_x, σ_y)=(55, 55) (单位：cm)，它们分别为 14.81dB, 13.72dB 和 13.28dB，这个现象说明当指向误差一定时，孔径平均能显著改善系统的中断性能。此外，随着 M 和 N 的增加，孔径平均的优势逐渐减少，而分集增益的优势逐渐增加。

3. 误码性能分析

在 EGC 方案时，系统的平均 BER 为

$$P_e^{\text{EGC}}=\int_0^{\infty}P_{e|h}^{\text{EGC}}f_{\sum\limits_{j=1}^{N}\sum\limits_{i=1}^{M}h_{i,j}}(h)\,\mathrm{d}h \tag{5-89}$$

当 OOK 调制方式下，EGC 方案的条件 BER 可写为

$$P_e^{\text{EGC}}=\frac{1}{2}\operatorname{erfc}\left(\frac{\bar{\gamma}}{2MN}h\right) \tag{5-90}$$

将式 (5-85) 和式 (5-91) 代入式 (5-89)，可得

$$\begin{aligned}P_e^{\text{EGC}}=&\frac{2^{\tau-1}(MN)^{\tau}K}{\sqrt{\pi}\Gamma\left(\tau^{\text{EGC}}+1\right)A^{\tau^{\text{EGC}}}}(\bar{\gamma})^{-\tau^{\text{EGC}}/2}\Gamma\left(\frac{\tau^{\text{EGC}}+1}{2}\right)\\&\times{}_2F_2\left(\frac{\tau^{\text{EGC}}}{2},\frac{\tau^{\text{EGC}}+1}{2};\frac{\tau^{\text{EGC}}+2}{2},\frac{1}{2};\frac{(MN)^2}{A^2\bar{\gamma}}\right)\\&-\frac{2^{\tau}K^{\text{EGC}}(MN)^{\tau+1}}{\sqrt{\pi}\Gamma\left(\tau^{\text{EGC}}\right)\left(\tau^{\text{EGC}}+1\right)A^{\tau+1}}(\bar{\gamma})^{-\left(\tau^{\text{EGC}}+1\right)/2}\Gamma\left(\frac{\tau^{\text{EGC}}+2}{2}\right)\\&\times{}_2F_2\left(\frac{\tau^{\text{EGC}}+1}{2},\frac{\tau^{\text{EGC}}+2}{2};\frac{\tau^{\text{EGC}}+3}{2},\frac{3}{2};\frac{(MN)^2}{A^2\bar{\gamma}}\right)\end{aligned} \tag{5-91}$$

从式 (5-91) 可以看出，EGC 方案的平均 BER 由两个 $\bar{\gamma}$ 指数不同的项构成，当 $\bar{\gamma}\to\infty$ 时，其取决于 $\bar{\gamma}$ 指数最大的项。此外，为了进一步简化平均 BER 的渐近表达式，取 n 为 0。因此，平均 BER 的渐近表达式为

$$P_e^{\text{EGC}}=\frac{2^{\tau^{\text{EGC}}-1}(MN)^{\tau^{\text{EGC}}}K^{\text{EGC}}}{\sqrt{\pi}\Gamma\left(\tau^{\text{EGC}}+1\right)A^{\tau^{\text{EGC}}}}(\bar{\gamma})^{-\tau^{\text{EGC}}/2}\Gamma\left(\frac{\tau^{\text{EGC}}+1}{2}\right) \tag{5-92}$$

下面我们将利用式 (5-91) 和式 (5-92) 通过一些数值计算来研究 Gamma-Gamma 大气湍流和贝克曼指向误差对 EGC 方案下系统平均 BER 的影响。同时，给出了 MC 仿真结果以验证数值计算结果的准确性。仿真常数与 EGC 方案中分析中断概率时设置的参数相同。见图 5-23 和图 5-24。

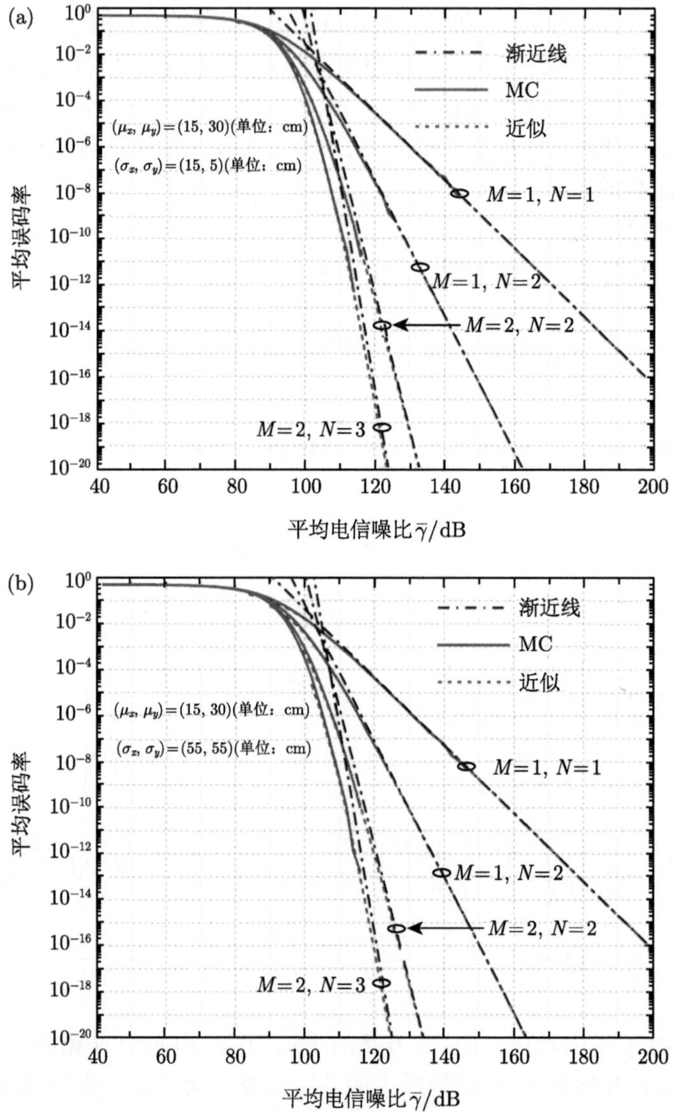

图 5-23　当 D=100mm 时，(σ_x, σ_y)=(15, 5) (单位：cm) (a)，(σ_x, σ_y)=(55, 55) (单位：cm) (b) 时，使用 EGC 空间分集时，平均 BER 随平均电信噪比变化的情况

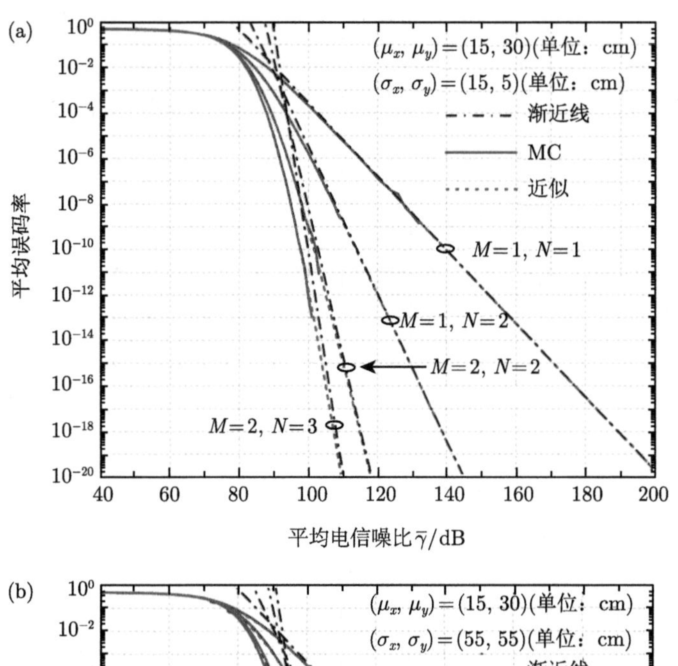

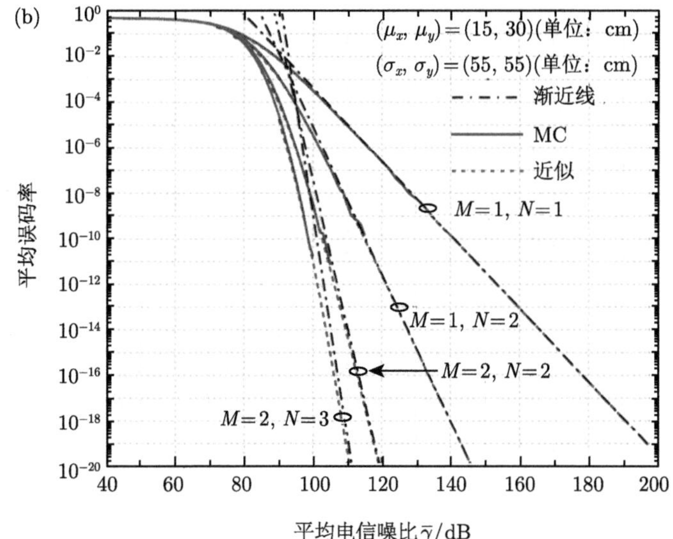

图 5-24 当 D=200mm 时，(σ_x, σ_y)=(15, 5) (单位：cm) (a)，(σ_x, σ_y)=(55, 55) (单位：cm) (b) 时，使用 EGC 空间分集时，平均 BER 随平均电信噪比变化的情况

在图 5-23 中，当 D=100mm 以及 M 和 N 取值不同时，我们将 EGC 方案的精确平均 BER 与近似表达式 (5-91) 和渐近表达式 (5-92) 进行了比较。从图 5-23 可知，当从中等信噪比变为高信噪比时，近似表达式 (5-91) 与 MC 模拟值很匹配，当高信噪比时，渐近结果式 (5-92) 和精确结果相匹配。与式 (5-92) 相比，式 (5-91) 在较低的信噪比时可以更快地收敛到准确的平均 BER。特别是对

于 $(M\times N)$=2×3 系统，近似表达式收敛速度较快。例如，当 $\bar{\gamma}$ 超过 100dB 时，它可以正确预测 2×3 系统的平均 BER。与 SISO FSO 系统相比，随着 M 和 N 的增加，MRC 方案下系统的 BER 性能显著提高。例如，当 $P_e^{\mathrm{EGC}}=10^{-9}$ 时，对于 (σ_x, σ_y)=(15, 5) (单位：cm)，$(M\times N)$={(1×2), (2×2), (2×3)} 系统的信噪比比 SISO FSO 系统提高了 (25.28dB, 37.14dB, 41.19dB)，而对于 (σ_x, σ_y)=(55, 55) (单位：cm)，它们分别为 25.50dB、37.32dB 和 41.48dB。对比图 5-23(a) 和图 5-24(b) 也可以看出，指向误差会导致平均 BER 下降。例如，当 $P_e^{\mathrm{EGC}}=10^{-9}$ 时，相比抖动标准差 (σ_x, σ_y)=(15, 5) (单位：cm)，当抖动标准差 (σ_x, σ_y)=(55, 55) (单位：cm) 时，$(M\times N)$={(1×2), (2×2), (2×3)} 系统的信噪比损失约为 (1.09dB, 1.13dB, 1.02dB)。

在图 5-24 中，当 D=200mm 以及 M 和 N 取值不同时，我们将 EGC 方案的精确平均 BER 与理论近似和渐近结果进行了比较。注意，图 5-23 和图 5-24 的参数基本相同，只是孔径大小不同：前者为 100mm，后者为 200mm，所以我们更加关注两者之间的差异。与图 5-23 相比，平均 BER 随着接收端孔径尺寸的增加而降低。例如，在 $P_e^{\mathrm{EGC}}=10^{-9}$，对于抖动标准差 (σ_x, σ_y)=(15, 5) (单位：cm)，$(M\times N)$={(1×2), (2×2), (2×3)} 系统的信噪比比 D=100mm 情形改善了 (14.41dB, 13.39dB, 12.91dB)，对于 (σ_x, σ_y)=(55, 55) (单位：cm)，它是 (14.3dB, 13.46dB, 12.95dB)，这个现象说明当给定指向误差时，孔径平均能显著地抑制大气湍流衰减从而提高系统的平均误码性能。此外，随着 M 和 N 取值的增加，孔径平均的优势呈递减趋势，而分集增益的优势呈递增趋势。

5.2.4 MRC 条件下系统通信性能的分析

在本节中，我们分析了贝克曼指向误差和 Gamma-Gamma 大气湍流在 MRC 方案时对 MIMO FSO 系统中断概率和误码率的影响，给出了系统中断概率和误码率的近似解和渐近解，并进行了数值仿真和蒙特卡罗验证。

1. 系统模型和信道模型

对于 MRC 方案，每个子通道的信道增益与接收到的信号强度成正比，在对接收的总功率进行归一化后，接收端输出的合并电信号为

$$r=\frac{x\eta}{M\sqrt{N}}\sqrt{\sum_{j=1}^{N}h_j^2}+z \tag{5-93}$$

式中 $h_j=\sum\limits_{i=1}^{M}h_{i,j}$，是第 j 个接收端的合并信号。由式 (5-93) 可知，合并信号在接收端处的瞬时电信噪比为

$$\gamma=\frac{\eta^2}{M^2NN_0}\sum_{j=1}^{N}(h_j)^2 \tag{5-94}$$

接收孔径 j 与发射孔径 i 之间的接收电信噪比定义为 $\gamma_{i,j}=\eta^2h_{i,j}^2/N_0$，并且相应的平均电信噪比为 $\bar{\gamma}=\bar{\gamma}_{i,j}=\eta^2\left\{E\left[h_{i,j}\right]\right\}^2/N_0$，由于 $E\left[h_{ij}\right]$ 为 1，因而合并信号在接收端处的瞬时电信噪比为

$$\gamma=\frac{\bar{\gamma}}{M^2N}\sum_{j=1}^{N}(h_j)^2 \tag{5-95}$$

为了分析 MRC 方案下 MIMO FSO 系统的性能，我们采用基于 MGF 的方法获得了 MRC 方案时系统中断概率和平均 BER 的闭式表达式，图 5-25 给出了 MRC 方案的研究流程图。

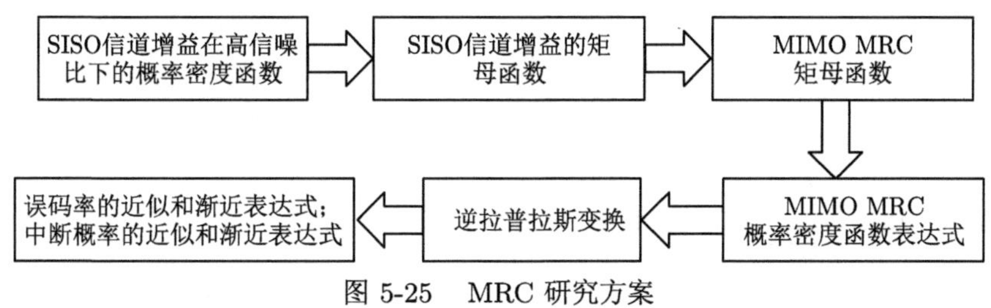

图 5-25 MRC 研究方案

由于各个孔径的 h_{ij} 是独立同分布的随机变量，所以 $\sum\limits_{i=1}^{M}h_{i,j}$ 的 MGF 可写为

$$M_{\sum\limits_{i=1}^{M}h_{i,j}}(s)=\prod_{i=1}^{M}M_{h_{i,j}}(s)=\left(M_{h_{i,j}}(s)\right)^M \tag{5-96}$$

根据式 (5-80)，在经过一些变量代换后可得

$$M_{\sum\limits_{i=1}^{M}h_{i,j}}(s)=C^M(1+As)^{-Mb} \tag{5-97}$$

当 s 值很大时，对式 (5-97) 进行级数展开

$$M_{\sum\limits_{i=1}^{M}h_{i,j}}(s)=C^M\left(\frac{1}{(As)^{Mb}}-Mb\frac{1}{(As)^{Mb+1}}+o\left(\frac{1}{s^{Mb+2}}\right)\right) \tag{5-98}$$

把式 (5-98) 写成如下形式

$$M_{\sum\limits_{i=1}^{M}h_{i,j}}(s)=C^M\left(\left[\frac{c_0^{\mathrm{MRC}}}{s^{\tau^{\mathrm{MRC}}}}+\frac{c_1^{\mathrm{MRC}}}{s^{\tau^{\mathrm{MRC}}+1}}+o\left(\frac{1}{s^{\tau^{\mathrm{MRC}}+2}}\right)\right]\right) \tag{5-99}$$

式中 $\tau^{\mathrm{MRC}}=Mb$, $c_0^{\mathrm{MRC}}=A^{-Mb}$, $c_1^{\mathrm{MRC}}=-MbA^{-Mb-1}$, $c_1^{\mathrm{MRC}}=-c_0^{\mathrm{MRC}}MbA^{-1}$, 对式 (5-99) 进行逆傅里叶变换可得 $\sum\limits_{i=1}^{M}h_{i,j}$ 的 PDF 为

$$f_{\sum\limits_{i=1}^{M}h_{i,j}}(h)=C^M\left[\frac{c_0^{\mathrm{MRC}}h^{\tau-1}}{\Gamma\left(\tau^{\mathrm{MRC}}\right)}+\frac{c_1^{\mathrm{MRC}}h^{\tau}}{\Gamma\left(\tau^{\mathrm{MRC}}+1\right)}+O\left(h^{\tau^{\mathrm{MRC}}+1}\right)\right] \tag{5-100}$$

对式 (5-100) 作同样的变换可得

$$f_{\sum\limits_{i=1}^{M}h_{i,j}}(h)=K^{\mathrm{MRC}}f_{\gamma}\left(h,\tau^{\mathrm{MRC}},A\right) \tag{5-101}$$

式中 $K^{\mathrm{MRC}}=C^M$，$f_{\gamma}\left(h,\tau^{\mathrm{MRC}},A\right)=\dfrac{1}{A^{\tau^{\mathrm{MRC}}}\Gamma\left(\tau^{\mathrm{MRC}}\right)}h^{\tau^{\mathrm{MRC}}-1}\mathrm{e}^{-h/A}$，利用 $\mathrm{e}^x=\sum\limits_{n=0}^{\infty}\dfrac{x^n}{n!}$ 对式 (5-101) 进行级数展开，即

$$f_{\sum\limits_{i=1}^{M}h_{i,j}}(h)=\frac{K^{\mathrm{MRC}}}{A^{\tau^{\mathrm{MRC}}}\Gamma\left(\tau^{\mathrm{MRC}}\right)}\sum_{n=0}^{\infty}\frac{(-1)^n h^{n+\tau^{\mathrm{MRC}}-1}}{n!A^n} \tag{5-102}$$

根据式 (5-102)，$\left(\sum\limits_{i=1}^{M}h_{i,j}\right)^2$ 的 PDF 为

$$f_{\left(\sum\limits_{i=1}^{M}h_{i,j}\right)^2}(h)=\frac{1}{2}\frac{c_0^{\mathrm{MRC}}K^{\mathrm{MRC}}}{\Gamma\left(\tau^{\mathrm{MRC}}\right)}\sum_{n=0}^{\infty}\frac{(-1)^n h^{\frac{n+\tau^{\mathrm{MRC}}}{2}-1}}{n!\Lambda^n} \tag{5-103}$$

通过拉普拉斯变换可得 $\left(\sum\limits_{i=1}^{M}h_{i,j}\right)^2$ 的 MGF

$$M_{\left(\sum\limits_{i=1}^{M}h_{i,j}\right)^2}(s)=\frac{1}{2}\frac{c_0C^M}{\Gamma(\tau)}\sum_{n=0}^{\infty}\frac{(-1)^n\Gamma\left(\dfrac{n+\tau}{2}\right)}{n!\Lambda^n s^{\frac{n+\tau}{2}}} \tag{5-104}$$

于是 $M_{\sum\limits_{j=1}^{N}\left(\sum\limits_{i=1}^{M}h_{i,j}\right)^2}$ 的 MGF 为 $M_{\sum\limits_{j=1}^{N}\left(\sum\limits_{i=1}^{M}h_{i,j}\right)^2}=\left(M_{\left(\sum\limits_{i=1}^{M}h_{i,j}\right)^2}(s)\right)^N$，并且可以方便地表示为

$$M_{\sum\limits_{j=1}^{N}\left(\sum\limits_{i=1}^{M}h_{i,j}\right)^2}=\frac{1}{2^N}\frac{\left(c_0^{\mathrm{MRC}}\right)^N C^{MN}}{\left[\Gamma\left(\tau^{\mathrm{MRC}}\right)\right]^N s^{\frac{N\tau^{\mathrm{MRC}}}{2}}}\left[\sum_{n=0}^{\infty}\frac{(-1)^n\Gamma\left(\dfrac{n+\tau^{\mathrm{MRC}}}{2}\right)}{n!\Lambda^n}s^{-\frac{n}{2}}\right]^N \tag{5-105}$$

利用公式 $\left(\sum_{k=0}^{\infty} a_k x^k\right)^n = \sum_{k=0}^{\infty} c_k x^k$，式 (5-105) 可以表示为

$$M_{\sum_{j=1}^{N}\left(\sum_{i=1}^{M} h_{i,j}\right)^2} = \frac{1}{2^N} \frac{\left(c_0^{\mathrm{MRC}}\right)^N C^{MN}}{\left(\Gamma\left(\tau^{\mathrm{MRC}}\right)\right)^N s^{\frac{N\tau^{\mathrm{MRC}}}{2}}} \sum_{n=0}^{\infty} p_n s^{-\frac{n}{2}} \tag{5-106}$$

式中

$$\begin{gathered} q_m = \frac{(-1)^m \Gamma\left(\dfrac{m+\tau^{\mathrm{MRC}}}{2}\right)}{m!\Lambda^m} \\ p_0 = q_0^N \\ p_n = \frac{1}{nq_0} \sum_{m=1}^{n} (mN - n + m)\, q_m p_{n-m} \end{gathered} \tag{5-107}$$

对式 (5-106) 作逆拉普拉斯变换可得

$$f_{\sum_{j=1}^{N}\left(\sum_{i=1}^{M} h_{i,j}\right)^2}(h) = \frac{1}{2^N} \frac{\left(c_0^{\mathrm{MRC}}\right)^N C^{MN}}{\left(\Gamma\left(\tau^{\mathrm{MRC}}\right)\right)^N} \sum_{n=0}^{\infty} \frac{p_n}{\Gamma\left(\left(n+N\tau^{\mathrm{MRC}}\right)/2\right)} h^{\frac{n+N\tau^{\mathrm{MRC}}}{2}-1} \tag{5-108}$$

式 (5-108) 的累积分布函数 (CDF) 为

$$F_{\sum_{j=1}^{N}\left(\sum_{i=2}^{M} h_{i,j}\right)^2}(h) = \frac{1}{2^N} \frac{\left(c_0^{\mathrm{MRC}}\right)^N C^{MN}}{\left(\Gamma\left(\tau^{\mathrm{MRC}}\right)\right)^N} \sum_{n=0}^{\infty} \frac{p_n}{\Gamma\left(\left(n+N\tau^{\mathrm{MRC}}\right)/2+1\right)} h^{\frac{n+N\tau^{\mathrm{MRC}}}{2}} \tag{5-109}$$

2. 中断性能分析

在 MRC 方案时，系统的中断概率为

$$P_{\mathrm{out}}^{\mathrm{MRC}} = \Pr\left(\gamma < \gamma_{\mathrm{th}}\right) = \Pr\left(\frac{\bar{\gamma} h}{M^2 N} < \gamma_{\mathrm{th}}\right) = \int_0^{\sqrt{M^2 N \gamma_{\mathrm{th}}/\bar{\gamma}}} f_{\sum_{j=1}^{N}\left(\sum_{i=1}^{M} h_{ij}\right)^2}(h)\mathrm{d}h \tag{5-110}$$

利用式 (5-108) 和式 (5-109) 可得中断概率为

$$P_{\mathrm{out}}^{\mathrm{MRC}} = \frac{1}{2^N} \frac{\left(c_0^{\mathrm{MRC}}\right)^N C^{MN}}{\left(\Gamma\left(\tau^{\mathrm{MRC}}\right)\right)^N} \sum_{n=0}^{\infty} \frac{p_n \left(M^2 N \gamma_{\mathrm{th}}\right)^{\frac{n+N\tau^{\mathrm{MRC}}}{2}}}{\Gamma\left(\left(n+N\tau^{\mathrm{MRC}}\right)/2+1\right)} \bar{\gamma}^{-\frac{n+N\tau^{\mathrm{MRC}}}{2}} \tag{5-111}$$

从式 (5-111) 可知，中断概率由 $\bar{\gamma}$ 指数的不同项组成，当 $\bar{\gamma}$ 趋近于无穷大时，$\bar{\gamma}$ 指数最大的项成为中断概率的主导项，因而 MRC 方案中断概率的渐近解

可写为

$$P_{\text{out}}^{\text{MRC}} = \frac{p_0 \left(c_0^{\text{MRC}}\right)^N C^{MN} \left(M^2 N \gamma_{\text{th}}\right)^{\frac{N\tau^{\text{MRC}}}{2}}}{2^N \Gamma\left(N\tau^{\text{MRC}}/2+1\right)\left(\Gamma\left(\tau^{\text{MRC}}\right)\right)^N} \bar{\gamma}^{\frac{N\tau^{\text{MRC}}}{2}} \tag{5-112}$$

下面我们将利用式 (5-111) 和 (5-112) 通过一些数值计算来研究 Gamma-Gamma 大气湍流和贝克曼指向误差对 MRC 方案下系统中断性能的影响。同时，给出了 MC 仿真结果以验证数值计算结果的准确性。仿真常数与 EGC 方案中设置的参数相同。对于 $\bar{\gamma} \to \infty$，式 (5-111) 中 $\bar{\gamma}$ 的高次幂很快就会变小，因而可以截取幂级数表达式的有限项为中断概率的分析结果。本次仿真取 50 项作为中断概率的解析解。

图 5-26 描绘了 D=100mm 以及 M 和 N 取值不同时，MRC 方案的近似 (5-111) 和渐近 (5-112) 以及精确中断概率随归一化电信噪比的变化关系。从图 5-26 可知，当从中等信噪比变为高信噪比时，近似结果和精确结果非常吻合，当高信噪比时，渐近结果和精确结果相匹配。与式 (5-112) 相比，式 (5-111) 在较低的信噪比时可以更快地收敛到准确的中断概率。例如，对于 $(M \times N)$=2×3 系统，该近似表达式可以准确预测超过 80dB 时的中断概率。与 SISO FSO 系统相比，随着 M 和 N 的增加，MRC 方案下系统的中断性能得到了极大的改善。确切来说，当 $P_{\text{out}}^{\text{MRC}} = 10^{-9}$ 时，与 SISO FSO 系统相比，1×2、2×2 和 2×3 系统在抖动标准差 (σ_x, σ_y)=(15, 5) (单位：cm) 情形下的信噪比改善分别为 29.18dB、43.70dB 和 49.10dB，而在 (σ_x, σ_y)=(55, 55) (单位：cm) 情形下，它们分别为 29.18dB、43.67dB 和 49.17dB。通过对比图 5-26(a) 和图 5-26(b)，我们可以看出指向误差对 MIMO FSO 系统中断性能的影响，正如预期的那样，MRC 方案下系统的中断概率随着抖动标准差的增加而增加。例如，当 $P_{\text{out}}^{\text{MRC}} = 10^{-9}$ 时，$(M \times N)$={(1×2), (2×2), (2×3)} 系统在抖动标准差 (σ_x, σ_y)=(55, 55) (单位：cm) 情形的信噪比损失比 (σ_x, σ_y)=(15, 5) (单位：cm) 情形多 (1.20dB, 1.24dB, 1.13dB)。

图 5-27 描绘了 D=200mm 以及 M 和 N 取值不同时，MRC 方案的近似 (5-58) 和渐近 (5-112) 以及精确中断概率随归一化电信噪比的变化关系。注意图 5-26 和图 5-27 的参数除了孔径尺寸几乎是相同的：前者是 100mm，而后者是 200mm，所以我们更加重视它们之间的差异。例如，与图 5-26 相比，当 $P_{\text{out}}^{\text{MRC}} = 10^{-9}$ 时，对于 (σ_x, σ_y)=(15, 5) (单位：cm)，$(M \times N)$={(1×2, 2×2, 2×3)} 系统在 D=100mm 和 D=200mm 情形之间的信噪比差约为 (14.85dB, 13.64dB 和 13.21dB)，对于 (σ_x, σ_y)=(55, 55) (单位：cm)，它们分别为 14.74dB, 13.68dB 和 13.24dB，这个现象表明当指向误差一定时，孔径平均可以使 MIMO FSO 系统的中断性能得到明显改善。此外，随着 M 和 N 取值的增加，孔径平均的优势不再

明显，分集增益的优势逐渐明显。

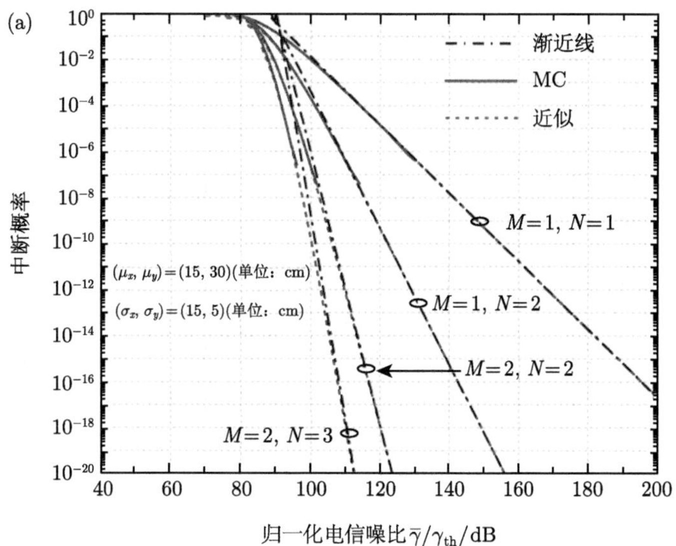

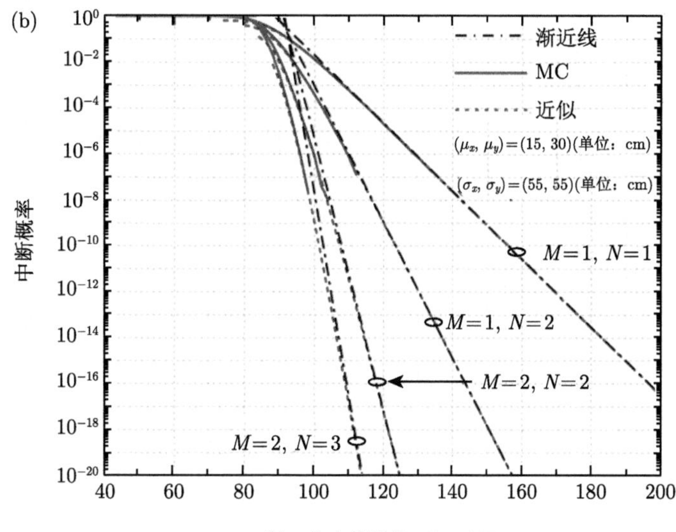

图 5-26 当 D=100mm 时，(σ_x, σ_y)=(15, 5) (单位：cm) (a)，(σ_x, σ_y)=(55, 55) (单位：cm) (b) 时，使用 MRC 空间分集时，中断概率随归一化电信噪比变化的情况

3. 误码性能分析

在 MRC 方案时，系统的平均 BER 为

$$P_e^{\mathrm{MRC}} = \int_0^{\infty} P_{e|h}^{\mathrm{MRC}} f_{\sum\limits_{j=1}^{N}\left(\sum\limits_{i=1}^{M} h_{i,j}\right)^2}(h)\,\mathrm{d}h \tag{5-113}$$

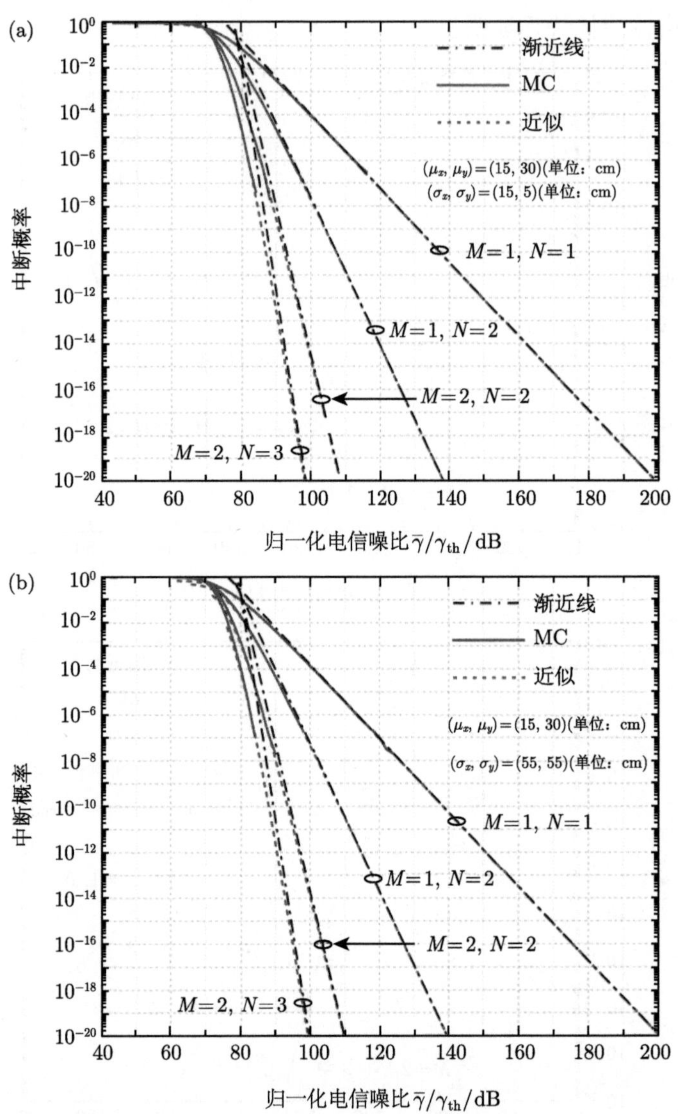

图 5-27　当 D=200mm 时，(σ_x, σ_y)=(15, 5) (单位：cm) (a)，(σ_x, σ_y)=(55, 55) (单位：cm) (b) 时，使用 MRC 空间分集时，中断概率随归一化电信噪比变化的情况

在 OOK 调制方式下，MRC 方案的条件 BER 可写为

$$P_{e|h}^{\text{MRC}} = \frac{1}{2}\text{erfc}\left(\frac{\eta}{2M\sqrt{NN_0}}\sqrt{h}\right) \tag{5-114}$$

将式 (5-114) 和式 (5-108) 代入式 (5-113) 可得

$$P_e^{\mathrm{MRC}}=\frac{1}{2^N}\frac{\left(c_0^{\mathrm{MRC}}\right)^N C^{MN}}{\left(\Gamma\left(\tau^{\mathrm{MRC}}\right)\right)^N}\times\sum_{n=0}^{\infty}\frac{p_n}{\Gamma\left(\left(n+N\tau^{\mathrm{MRC}}\right)/2\right)}\int_0^{\infty}\operatorname{erfc}\left(\frac{\eta}{2M\sqrt{NN_0}}h\right)h^{n+N\tau^{\mathrm{MRC}}-1}\mathrm{d}h \tag{5-115}$$

对式 (5-115) 做变量代换 $x=y^2$，然后利用公式

$$\int_0^{\infty} y^{a-1}\operatorname{erfc}(cy)\,\mathrm{d}y=\frac{1}{ac^a\sqrt{\pi}}\left(\frac{a+1}{2}\right) \tag{5-116}$$

于是式 (5-115) 的闭式解形式如下

$$P_e^{\mathrm{MRC}}=\frac{\left(c_0^{\mathrm{MRC}}\right)^N C^{MN}}{\sqrt{\pi}\left(\Gamma\left(\tau^{\mathrm{MRC}}\right)\right)^N}\times\sum_{n=0}^{\infty}\left[\frac{p_n 2^{n+N\tau^{\mathrm{MRC}}-N}(M\sqrt{N})^{n+N\tau^{\mathrm{MRC}}}}{\left(n+N\tau^{\mathrm{MRC}}\right)\Gamma\left(\left(n+N\tau^{\mathrm{MRC}}\right)/2\right)}\Gamma\left(\frac{n+N\tau^{\mathrm{MRC}}+1}{2}\right)\bar{\gamma}^{-\frac{n+N\tau^{\mathrm{MRC}}}{2}}\right] \tag{5-117}$$

从式 (5-117) 可知，平均 BER 由 $\bar{\gamma}$ 指数的不同项组成，当 $\bar{\gamma}$ 趋于 ∞，平均 BER 由高信噪比下序列的主导项所控制，所以 MRC 方案平均 BER 的渐近表达式可以写为

$$P_e^{\mathrm{MRC}}=\frac{p_0\left(c_0^{\mathrm{MRC}}\right)^N C^{MN}(2M\sqrt{N})^{N\tau^{\mathrm{MRC}}}2^{N\tau^{\mathrm{MRC}}-N}}{\sqrt{\pi}N\tau^{\mathrm{MRC}}\left(\Gamma\left(\tau^{\mathrm{MRC}}\right)\right)^N\Gamma\left(N\tau^{\mathrm{MRC}}/2\right)}\Gamma\left(\frac{N\tau^{\mathrm{MRC}}+1}{2}\right)\bar{\gamma}^{-\frac{N\tau^{\mathrm{MRC}}}{2}} \tag{5-118}$$

下面我们将利用式 (5-117) 和式 (5-118) 通过一些数值计算来研究 Gamma-Gamma 大气湍流和贝克曼指向误差对 MRC 方案下系统平均 BER 的影响。同时，给出了 MC 仿真结果以验证数值计算结果的准确性。仿真常数与 EGC 方案中设置的参数相同。对于 $\bar{\gamma}\to\infty$，式 (5-117) 中 $\bar{\gamma}$ 的高次幂很快就会变小，因而我们可以在有限项后截断幂级数，从而得到平均 BER 的分析结果。本次仿真取 50 项作为平均 BER 的解析解。

在图 5-28 中，当 D=100mm 以及 M 和 N 取值不同时，我们将 MRC 方案的精确平均 BER 与近似式 (5-117) 和渐近表达式 (5-118) 进行了比较。从图 5-28 可知，当从中等信噪比变为高信噪比时，近似表达式 (5-117) 与 MC 模拟值很匹配，当高信噪比时，渐近结果 (5-118) 和精确结果相匹配。与式 (5-118) 相比，式 (5-117) 在较低的信噪比时可以更快地收敛到准确的平均 BER。特别是对于 2×3 系统，近似表达式收敛速度较快。例如，当 $\bar{\gamma}$ 超过 105dB 时，它

可以正确预测 2×3 系统的平均 BER。此外，与 SISO FSO 系统相比，随着 M 和 N 的增加，MRC 方案下系统的误码性能显著提高。例如，当 $P_e^{\mathrm{MRC}}=10^{-9}$ 时，1×2、2×2 和 2×3 系统在抖动标准差 (σ_x, σ_y)=(15, 5) (单位：cm) 情形下的信噪比分别比 SISO FSO 系统改善了 25.90dB、37.54dB 和 41.55dB，而对于 (σ_x, σ_y)=(55, 55) (单位：cm)，它们分别为 25.72dB、37.39dB 和 41.59dB。对比

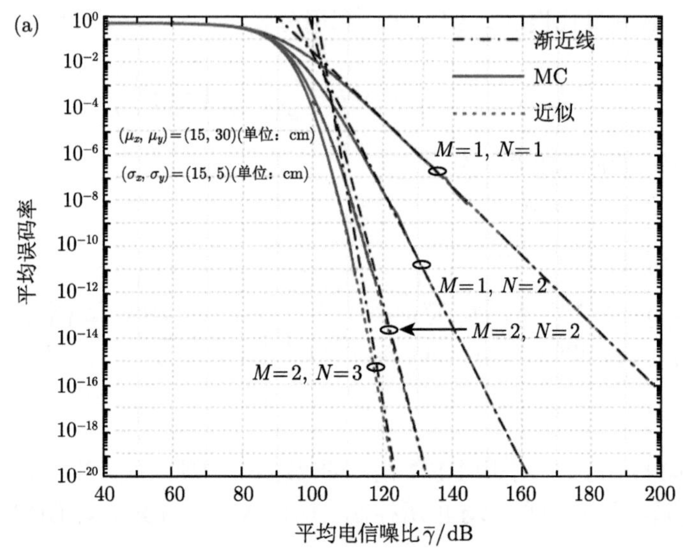

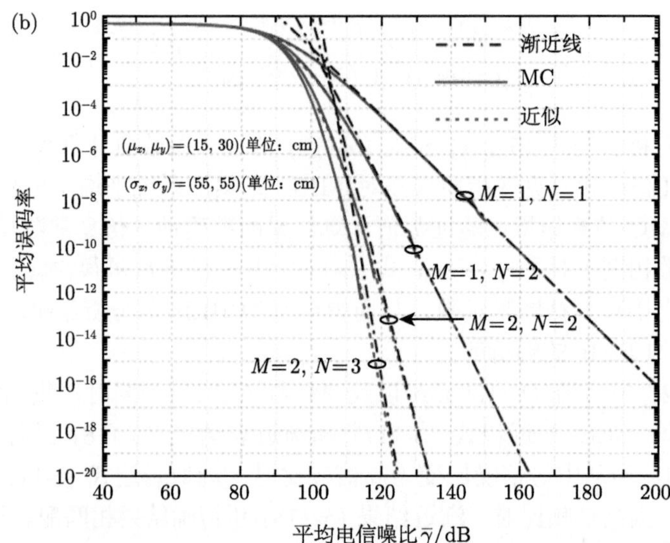

图 5-28　当 D=100mm 时，(σ_x, σ_y)=(15, 5) (单位：cm) (a)，(σ_x, σ_y)=(55, 55) (单位：cm) (b) 时，使用 MRC 空间分集时，平均 BER 随平均电信噪比变化的情况

图 5-28(a) 和图 5-28(b) 也可以看出，指向误差会导致平均 BER 下降。例如，当 $P_e^{\mathrm{MRC}}=10^{-9}$ 时，$(M\times N)$={(1×2), (2×2), (2×3)} 系统在抖动标准差 (σ_x, σ_y)=(55, 55) (单位：cm) 情形下的信噪比损失比 (σ_x, σ_y)=(15, 5) (单位：cm) 情形多 (1.24dB, 1.20dB, 1.02dB)。

在图 5-29 中，当 D=200mm 以及 M 和 N 取值不同时，我们将 MRC 方案

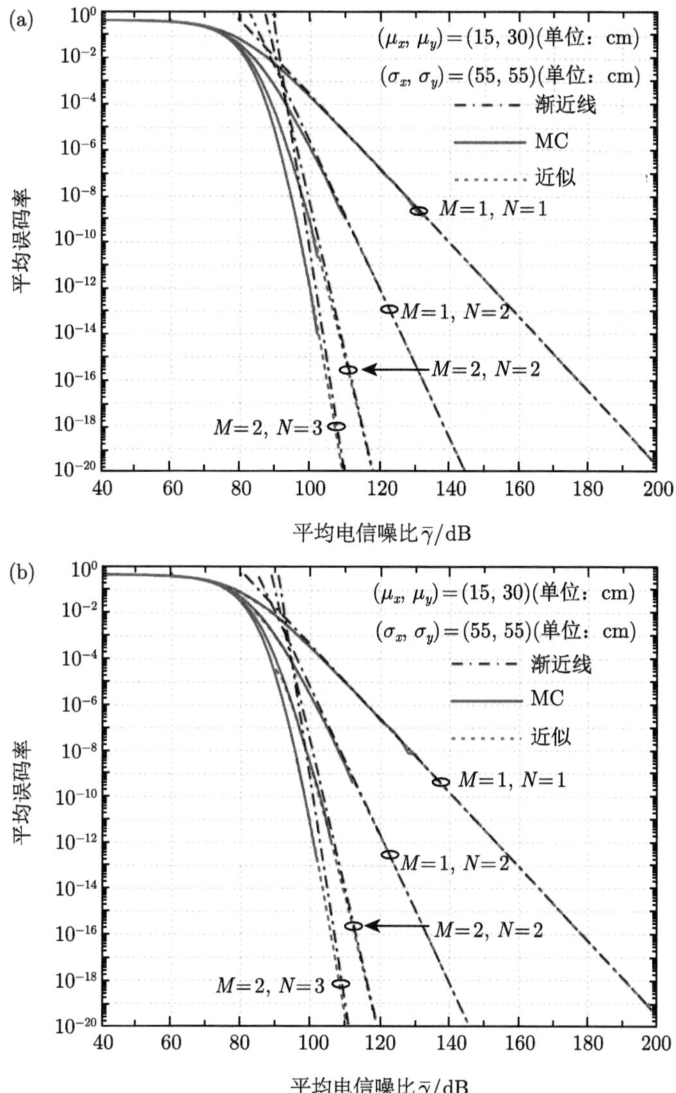

图 5-29 当 D=200mm 时，(σ_x, σ_y)=(15, 5) (单位：cm) (a)，(σ_x, σ_y)=(55, 55) (单位：cm) (b) 时，使用 MRC 空间分集时，平均 BER 随平均电信噪比变化的情况

的精确平均 BER 与近似表达式 (5-117) 和渐近表达式 (5-118) 进行了比较。注意，图 5-28 和图 5-29 的参数设置基本相同，只是孔径大小不同：前者为 100mm，后者为 200mm，所以我们更加强调两者之间的差异。与图 5-28 相比，平均 BER 随着接收端孔径尺寸的增大而减小。例如，在 $P_e^{\mathrm{MRC}}=10^{-9}$ 时，对于 (σ_x, σ_y)=(15, 5) (单位：cm)，$(M\times N)$={(1×2), (2×2), (2×3)} 系统的信噪比比 D=100mm 情形改善了 (14.37dB, 13.35dB, 12.99dB)；对于 (σ_x, σ_y)=(55, 55) (单位：cm)，改善结果为 (14.45dB, 13.39dB, 12.95dB)。这个现象暗示当指向误差一定时，孔径平均能显著改善系统的平均误码性能。此外，随着 M 和 N 的增加，孔径平均的优势不再明显，而分集增益的优势逐渐明显。

5.2.5 MRC 与 EGC 方案通信性能的比较

前面两节分析了 MRC 和 EGC 方案下 MIMO FSO 系统的中断概率和平均误码率这两个通信性能指标，本节将对这两种通信方案的通信性能进行对比分析。

图 5-30 给出了 D=100mm 以及 M 和 N 取值不同时，EGC 和 MRC 方案的中断概率随归一化电信噪比的变化关系。从图 5-30 可知，相比于 EGC 方案，在给定的指向误差时，MRC 方案的中断性能得到了轻微的提升。例如，当 $P_{\mathrm{out}}^{\mathrm{EGC}}=P_{\mathrm{out}}^{\mathrm{MRC}}=10^{-9}$ 时，对于抖动标准差 (σ_x, σ_y)=(15, 5) (单位：cm)，$(M\times N)$={(1×2), (2×2), (2×3)} 系统的相对信噪比增益约为 (0.33dB, 0.33dB, 0.47dB)；对于 (σ_x, σ_y)=(55, 55) (单位：cm)，它们分别为 0.29dB、0.18dB 和 0.44dB。

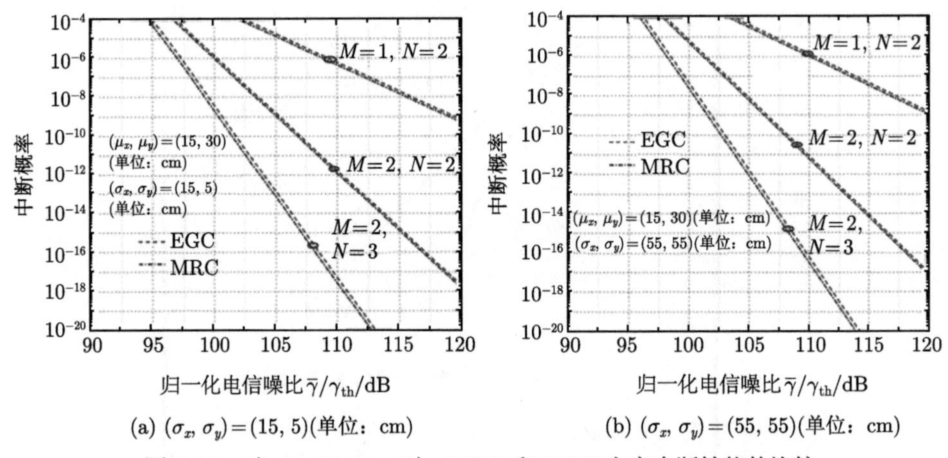

(a) (σ_x, σ_y)=(15, 5)(单位：cm) (b) (σ_x, σ_y)=(55, 55)(单位：cm)

图 5-30 当 D=100mm 时，MRC 和 EGC 方案中断性能的比较

图 5-31 给出了 D=200mm 时，EGC 和 MRC 方案的中断概率比较关系，从图可知 MRC 方案稍优于 EGC 方案，比如，相比于 EGC 方案，当 $P_{\mathrm{out}}^{\mathrm{EGC}}=P_{\mathrm{out}}^{\mathrm{MRC}}=10^{-9}$ 时，对于 (σ_x, σ_y)=(15, 5) (单位：cm)，$(M\times N)$={(1×2), (2×2), (2×3)}

系统的信噪比增益约为 (0.26dB, 0.26dB, 0.40dB)，对于 (σ_x, σ_y)=(55, 55) (单位：cm)，它们分别约为 0.26dB, 0.15dB 和 0.36dB。

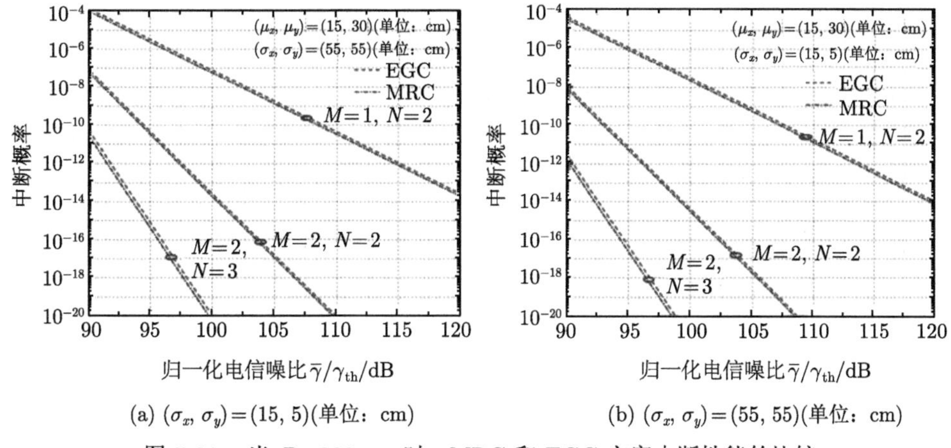

(a) (σ_x, σ_y)=(15, 5)(单位：cm)　(b) (σ_x, σ_y)=(55, 55)(单位：cm)

图 5-31　当 D=200mm 时，MRC 和 EGC 方案中断性能的比较

图 5-32 中，当 D=100mm 以及 M 和 N 取值不同时，我们将 MRC 和 EGC 方案平均 BER 进行了比较分析。从图中可知，相比于 EGC 方案，当指向误差一定时，MRC 方案的平均误码性能得到了轻微的提升。例如，当 $P_e^{\text{MRC}} = P_e^{\text{EGC}} = 10^{-9}$ 时，对于 (σ_x, σ_y)=(15, 5) (单位：cm)，1×2、2×2 和 2×3 系统的信噪比分别比 EGC 方案提高了 0.26dB、0.29dB 和 0.51dB，而对于 (σ_x, σ_y)=(55, 55) (单位：cm)，它们分别为 0.26dB、0.22dB 和 0.36dB。

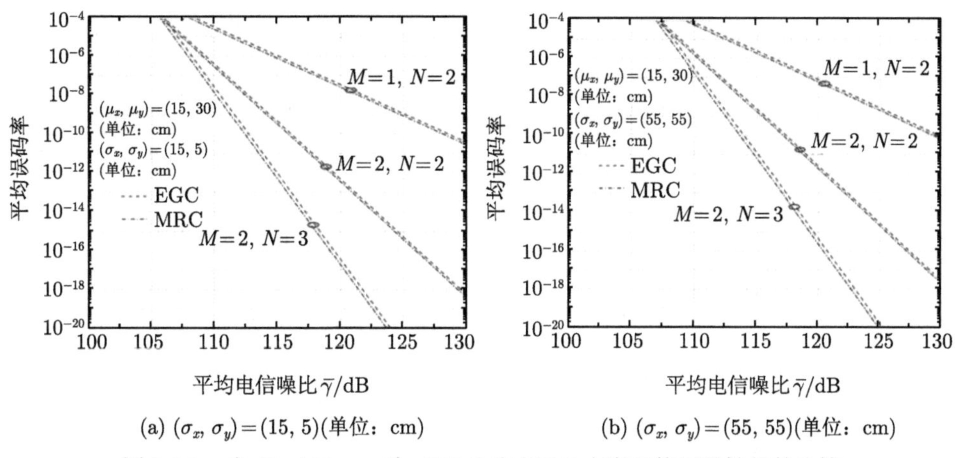

(a) (σ_x, σ_y)=(15, 5)(单位：cm)　(b) (σ_x, σ_y)=(55, 55)(单位：cm)

图 5-32　当 D=100mm 时，MRC 和 EGC 方案平均误码性能的比较

图 5-33 给出了 D=200mm 时，MRC 和 EGC 方案平均 BER 的比较关系。

从图可知 MRC 方案稍优于 EGC 方案。比如，相比于 EGC 方案，当 $P_e^{\mathrm{MRC}} = P_e^{\mathrm{EGC}} = 10^{-9}$ 时，对于 (σ_x, σ_y)=(15, 5) (单位：cm)，$(M \times N)$={(1×2), (2×2), (2×3)} 系统的信噪比增益约为 (0.33dB, 0.26dB, 0.47dB)，对于 (σ_x, σ_y)=(55, 55) (单位：cm)，它们分别约为 0.26dB, 0.15dB 和 0.52dB。

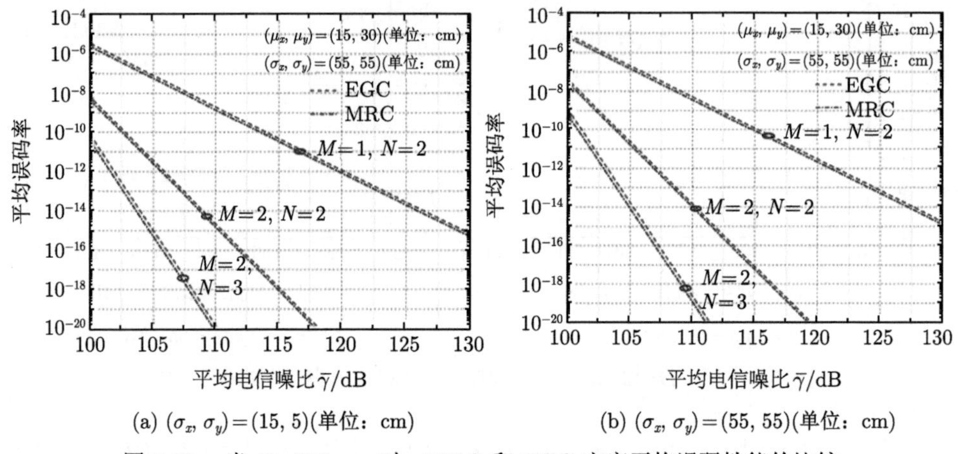

(a) $(\sigma_x, \sigma_y)=(15, 5)$(单位：cm)　　(b) $(\sigma_x, \sigma_y)=(55, 55)$(单位：cm)

图 5-33　当 D=200mm 时，MRC 和 EGC 方案平均误码性能的比较

5.3　激光链路大气信道预报方法

5.3.1　模型建立条件

大气湍流的扰动是影响激光链路光束远场动态特性的主要因素。无论从组成还是转化角度考虑，大气层都是一个非常复杂的系统，受很多不同因素的影响。大气层可吸收太阳光辐射的紫外线以及可见光波段的光波。大气湍流所产生的影响和其存在的化学反应有着紧密联系。大气具有黏滞性，分为湍流和层流两种运动形式，一般情况下，大气都会处于高速湍流运动状态。而层流是在流速较慢时，存在的一种互补混合分层流动方式。产生大气湍流的主要原因为：由于地表空气流的推动导致风剪切或者太阳热辐射现象对地表不同位置所产生的热量不同，从而造成地表不同位置之间存在温度差，引起对流效应以及热量的散发。

空气层具有随机性，处于上一层的空气温度要低于下一层的对流条件。在风速剪切较为明显时，下一层温度要略低于上一层的气体温度，该位置会存在微弱的大气湍流效应，大气湍流的 Richardson 级串图如图 5-34 所示。

跟踪光束在大气中传输时，不同位置、不同时刻光束的折射率随机变化，无法预测，但可以通过数学统计的方式描述。大气湍流效应、湍流位置、时间长度都与跟踪光束的波长有关，随机变化的光束折射率表达式为

$$n(z,t,\lambda) = n_0(z,t,\lambda) + n_{\mathrm{a}}(z,t,\lambda) \tag{5-119}$$

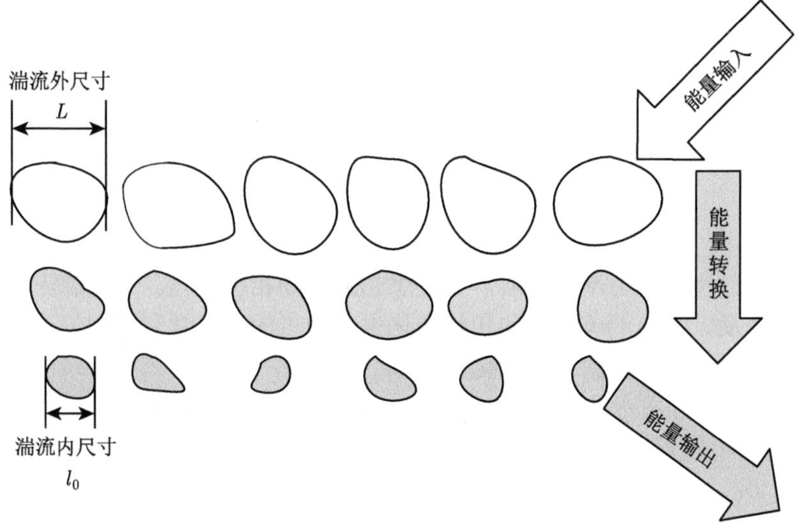

图 5-34 大气湍流 Richardson 级串图

上式中，n_0 为湍流大气折射率中的已知部分，可近似认为 $n_0 \approx 1$，n_{a} 为光束在湍流大气中折射率围绕平均值的随机变化部分，折射率可近似为 $n(z,t,\lambda) = 1 + n_{\mathrm{a}}(z,t,\lambda)$。

用大气折射率结构常数 C_n^2 描述大气湍流的扰动情况。在激光链路中，折射率结构常数分布情况和高度有关，主要分为两种类型：

(1) 通过实验数据测量推导，包括 AFGLAMOS 夜间模型、CLEAR I 夏季模型以及 SLC 模型，其中 SLC 模型应用最多；

(2) 参数模型，用气流和气象状态之间的相关性模拟 C_n^2，典型模型包括 Hufnagel 模型、Hufnagel-Valley 模型和 NOAA 模型等。

Hufnagel-Valley 模型在激光链路大气湍流效应的研究中应用较广，数学表达式为

$$\begin{aligned} C_n^2(h) = & 5.9 \times 10^{-3}(v/27)^2 \left(10^{-5}h\right)^{10} \exp(-h/1000) \\ & +2.7 \times 10^{-16} \exp(-h/1500) + A\exp(-h/100) \end{aligned} \tag{5-120}$$

上式中，A 表示跟踪光束近地面的折射率结构常数；h 表示距离地面高度，单位：km；v 为路径的风速。

光束在大气中传输，跟踪信标光光束远场会发生到达角起伏、光束扩展、低频变化会导致跟踪光束的光斑中心发生漂移。这种光束漂移会引入额外的跟踪角度偏差。因此受大气湍流影响，光束远场动态特性必然会产生变化。由于大气信

道环境的复杂性，导致链路光束远场光强的衰减。大气湍流的局部压力、温度、湿度、风速的随机变化导致光折射率的变化，对光束的光程产生不均匀效应，从而引起光束远场接收光强和相位的变化。

跟踪信标光波长为 λ，在折射率为 n 的介质中传播距离 z 后的相位变化为

$$\Delta\phi = \frac{2\pi}{\lambda}nz \tag{5-121}$$

光束经过不同折射率的介质，会发生光束远场相位变化。大气湍流是一种随机无序的介质，大气湍流引起的相位变化也是随机的。通常利用大气湍流的统计特性描述大气湍流引起的相位变化。

使用经典 Kolmogorov 理论描述大气湍流对激光链路光束远场动态特性的影响。大气湍流的强弱用大气相干长度 r_0 以及相对时间 τ_0 描述。大气相干长度 r_0 的表达式为

$$r_0 = \left[0.423k^2\sec\zeta\int_0^L C_n^2\left(z\right)\mathrm{d}z\right]^{-3/5} \tag{5-122}$$

光束截面处的相位相干长度和大气湍流外尺寸有关，外尺寸越大，大气相干长度越小，大气湍流的扰动也就越快。通常情况下，r_0 的取值在 0.2~1.0m 之间。相对时间 τ_0 和 r_0 之间满足的关系为 $\tau_0 = 0.3r_0/v$。大气湍流的形状在相对时间 τ_0 内保持不变，通常为毫秒量级。受湍流大气的影响，跟踪光束传输 $Z = L$ 时，其远场的波结构函数表示为

$$D\left(\rho, L\right) = 6.88\left(\frac{\rho}{r_0}\right)^{5/3}, \quad \rho \gg l_0 \tag{5-123}$$

上式中，l_0 为大气湍流内尺度。

5.3.2　模型惯性参考坐标系

两终端在无大气扰动的情况下相对静止，光束远场特性趋于稳定，但实际情况中，大气湍流的影响会导致光束远场动态特性的变化。如图 5-35 所示，星上终端 A 和地面接收终端 B 进行双向跟踪，建立激光链路光束远场动态特性的理论分析模型。

5.3.3　激光链路大气信道综合监测及可用度评价

在进行光通信系统设计时，由于没有测试数据，只能假设光场的分布情况，目前的设计均是按高斯分布时边缘处的光强进行探测接收并进行通信。如果能够对光场分布进行实测，根据测试结果优化探测接收策略，对链路系统的优化设计尤为重要。

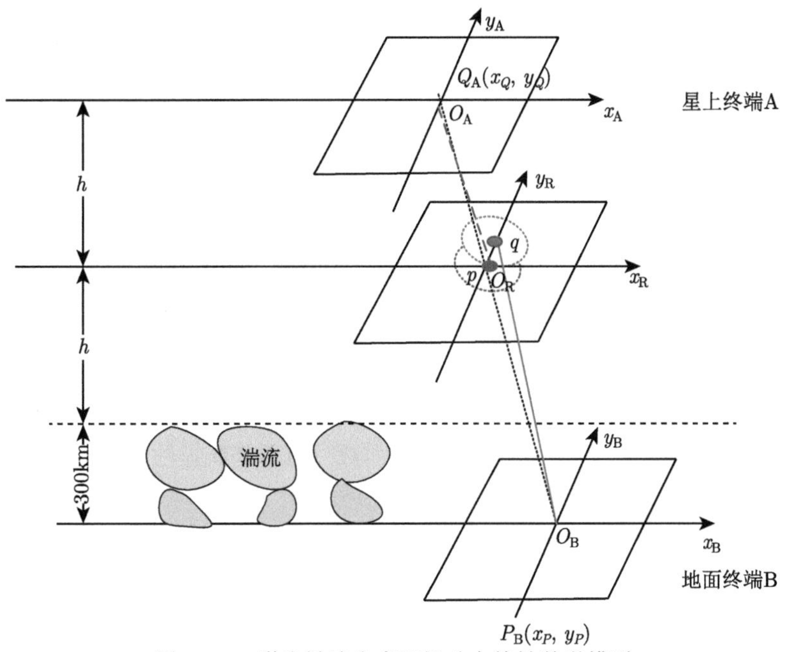

图 5-35　激光链路光束远场动态特性数学模型

在激光通信终端中，激光器发射激光经整形透镜后的强度分布为高斯分布，经望远镜对光束散角压缩后，经过终端的出瞳发射。由于望远镜副镜的遮挡效应，激光光束为中空的高斯分布。

激光在空间中的远距离传输过程可通过瑞利–索末菲衍射理论计算，在 100km 以后，中空高斯分布恢复为标准高斯分布。

在激光通信终端中，激光器发射激光经整形透镜后的强度分布为高斯分布，经望远镜对光束散角压缩后，经过终端的出瞳发射。由于望远镜副镜的遮挡效应，激光光束的分布情况如图 5-36 所示。

激光在空间中的传输过程通过标量波衍射理论可以得到非常准确的计算。通过仿真，可以得出两终端间距离为 4m、100km 与 1000km 时，接收平面处的光强分布如图 5-37 所示。

可见，在激光链路传输中，当通信距离小于 100km 时，接收终端处的光强分布为存在中间遮挡的高斯分布；当通信距离大于 100km 时，接收终端处的光强分布为高斯分布。

由于地平面大气效应影响严重，上述理论至今未得到有效试验数据的验证。本次试验利用激光通信终端下行发射光束，在地面通过阵列探测方法，突破远场光场分布接收探测技术，实现大于 30000km 的光束远场分布测试，验证衍射光学理论，并为后续的工程化应用提供重要参考。

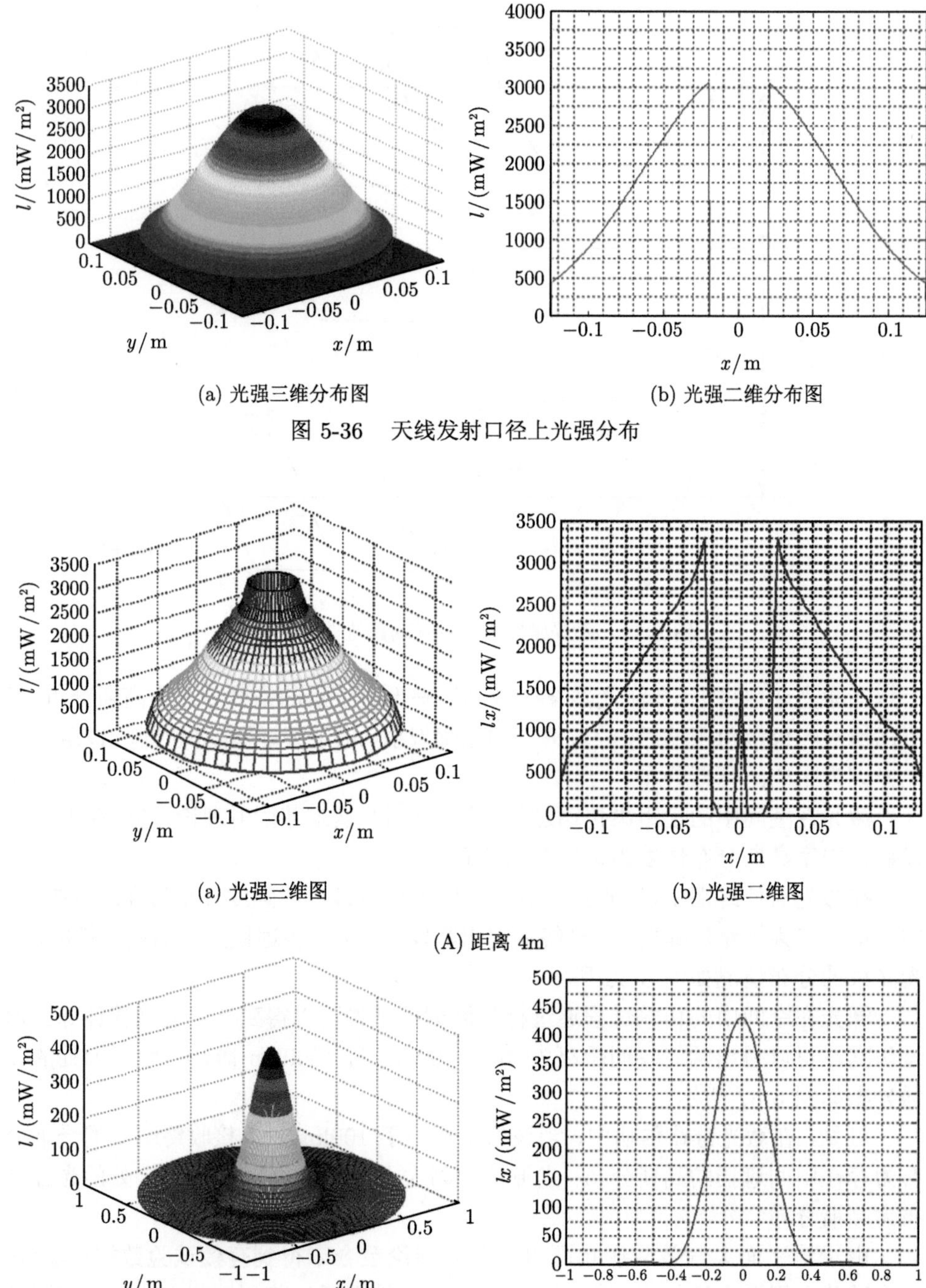

(a) 光强三维分布图

(b) 光强二维分布图

图 5-36 天线发射口径上光强分布

(a) 光强三维图

(b) 光强二维图

(A) 距离 4m

(a) 光强三维图

(b) 光强二维图

(B) 距离 100km

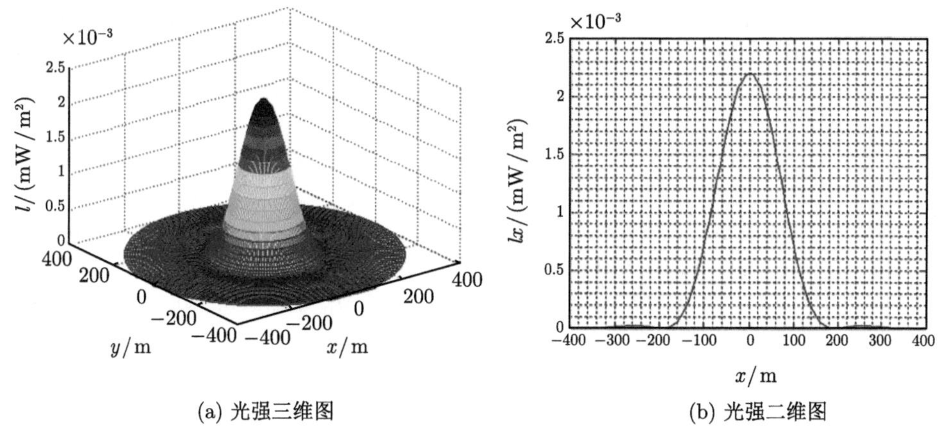

(a) 光强三维图 (b) 光强二维图

(C) 距离 1000km

图 5-37 接收平面上的光强分布

参 考 文 献

[1] Farid A A, Hranilovic S. Outage capacity optimization for free-space optical links with pointing errors [J]. Journal of Lightwave Technology, 2007, 25 (7): 1702-1710.

[2] Uysal M, Li J, Yu M. Error rate performance analysis of coded free-space optical links over gamma-gamma atmospheric turbulence channels [J]. IEEE Transactions on wireless communications, 2006, 5 (6): 1229-1233.

[3] Simon M K, Alouini M-S. Digital communication over fading channels[M]. John Wiley & Sons, 2005.

[4] Wolfram. I R. The wolfram functions site.URL: http://functions.wolfram.com.

[5] Andrews L C. Special functions of mathematics for engineers[M]. McGraw-Hill New York, 1992.

[6] Pham T V, Thang T C, Pham A T. Average achievable rate of spatial diversity MIMO-FSO over correlated Gamma-Gamma fading channels [J]. Journal of Optical Communications and Networking, 2018, 10(8): 662.

[7] 李怀锋, 李志, 林亲. 中高轨星光折射导航光学系统设计及杂散光抑制 [J]. 光学精密工程, 2017, 25(8): 1995-2003.

[8] Jumper G, Polchlopek H, Beland R, et al. Balloon-borne measurements of atmospheric temperature fluctuations [C]//28th Plasmadynamics and Lasers Conference. 2001: 2353.

[9] Zilberman A, Kopeika N S. Atmospheric turbulence at different elevations: consequences on laser beam wander and widening at target [C]//Electro-Optical and Infrared Systems: Technology and Applications. International Society for Optics and Photonics, 2004, 5612: 338-350.

[10] Pudasaini P R, Vera M, Pokheral M. Numerical simulation of optical propagation through atmospheric turbulence [C]// Joint Fall 2010 Meeting of the Texas Sections of the APS, AAPT, Zone 13 of SPS and the National Society of Hispanic Physicists. American Physical Society, 1991.

[11] Li J S, Gao X M, Wang J, et al. Effect of nonsprial phase plate on Gaussian beam [J]. Laser Journal, 2007, 28(5): 79280.

[12] Yan L, Qi J, Chen F. Propagation quality of laser diode beam in anisotropic non-Kolmogorov atmospheric turbulence [J]. Acta Optica Sinica, 2017, 37(7): 0701003.

[13] 饶瑞中, 王世鹏. 湍流大气中激光束漂移的实验研究 [J]. 中国激光, 2000, 27(11): 1011-1015.

[14] 徐光勇, 吴健, 杨春平, 等. 大气中的激光传输的光束漂移问题研究 [J]. 红外与激光工程, 2007, 36(z2): 448.

[15] 柯熙政, 张林. 部分相干艾里光在大气湍流中的光束扩展与漂移 [J]. 光子学报, 2016, 46(1): 7.

[16] Lin C H, Heritage J P, Gustafson T K, et al. Birefringence arising from the reorientation of the polarizability anisotropy of molecules in collisionless gases [J]. Physical Review A, 1976, 13(2): 813-829.

[17] Jiang H L, Tong S F, Zhang L Z. The Technologies and Systems of Space Laser Communication [M]. Beijing: National Defense Industry Press, 2010: 78-81.

[18] Tong S F, Liu Y Q, Jiang H L. Study on stabilizational rracking technology for atmospheric laser communication system [J]. Chinese Journal of Lasers, 2011, 5: 026.

[19] Toyoshima M. Maximum fiber coupling efficiency and optimum beam size in the presence of random angular jitter for free-space laser systems and their applications [J]. JOSA A, 2006, 23(9): 2246-2250.

[20] Ma J, Zhao F, Tan L, et al. Plane wave coupling into single-mode fiber in the presence of random angular jitter [J]. Applied optics, 2009, 48(27): 5184-5189.

[21] Tan L, Yang Q, Ma J, et al. Performance of a satellite-to-ground downlink coherent lasercom system with random tracking error of receiver [J]. Journal of Russian Laser Research, 2011, 32(3): 209.

第六章 空天地应急通信技术应用评估

随着空间激光通信技术的不断发展，将其作为一种应急通信手段可广泛应用于各种领域，如抗震救灾、突发事件、反恐、公安侦查以及保密通信等方面。这些应用所采用的激光通信技术可归结为三类，包括点对点激光通信技术、组网激光通信技术和弹载激光通信技术。在早期的研究中，得益于激光的束散角小、指向性好，空间激光通信主要采用点对点的方式。近年来，随着商业航天的发展以及防空、反恐等国内外形势的军用需求，空间激光通信在组网应用和弹载通信应用得以快速发展，下面重点对其简要概述。

1. 组网激光通信技术

为了通过平台实现全球通信、导航、监测等目的，必须有多颗平台按一定的方式配置组成平台网，即星座概念。目前，国际上发展较快的有 Starlink、Telesat、OneWeb 等星座系统。激光通信技术作为大容量、高保密性的通信技术，也必将应用于通信平台星座系统中。2021 年 1 月，猎鹰九号携带的 12 颗 Starlink 通信星上携带了激光通信终端，为激光通信应用于商业化星座项目揭开了帷幕。

针对不同的通信需要，可建立的激光星间链路有如图 6-1 所示的三种情况：① 同步轨道平台与同步轨道平台之间的激光通信 (GEO-GEO)；② 同步轨道平台与低轨道平台之间的激光通信 (GEO-LEO)；③ 低轨道平台与低轨道平台之间的激光通信 (LEO-LEO)。

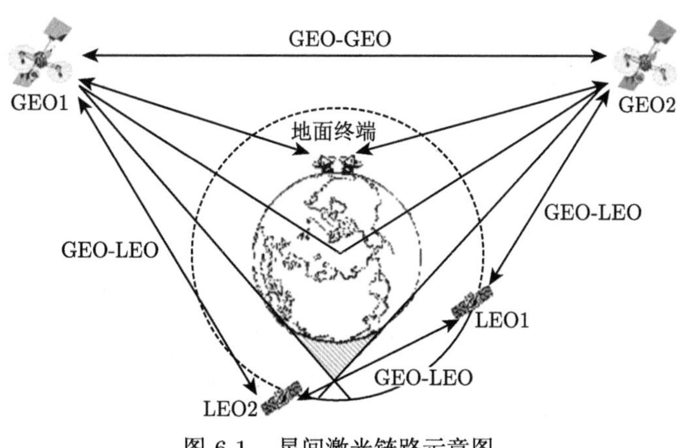

图 6-1 星间激光链路示意图

尽管中轨道平台 (MEO) 也是平台间光通信的一种选择，然而其应用场合相对较少，因此本章不讨论 MEO 平台的激光链路情况。

在同步轨道间建立激光链路，可进行极高数据率中继，诸如传输图像。这样，在传输关键数据时可不必使用生存能力较低的地面站。根据 GEO 平台的特点，理论上 2~3 颗 GEO 平台组网就可以覆盖地球上除两极以外的所有地区。在构建全球通信网络时，利用 GEO-GEO 链路将大大提高信号传输效率。

低轨道平台一般用于对地观测、军事侦察和系统通信等。低轨道平台的过顶时间较短，而且地面站的建立位置受到一定的限制，因而将低轨道平台上的数据直接传送到地面站有一定的困难。因此，可以利用一颗或多颗 GEO 平台作为地面站和 LEO 平台之间的中继站，建立 LEO 平台和地面站之间通信的桥梁。若采用一定的方式组成通信链路网络，还可以进行实时数据传输。

单颗低轨道平台的覆盖范围很小，因而可持续通信的时间非常短，例如对于 Motorola 公司的铱 (Iridium) 星系统，单颗平台的最大可持续通信时间只有 10 分钟。而如果利用地面信关站作为平台之间信息沟通的桥梁的话，则可能需要几十或者上百个地面站，这显然是不现实的。如果采用 LEO-LEO 链路，实现平台移动通信系统的空中组网，在某些情况下可以使得平台通信信号在到达最终的通信用户之前，仅仅到达地面站一次或者根本不下降到地面，从而大大地节省了平台移动通信系统地面部分的投资并实现了信号的快速传递。

GEO-GEO 的链路距离是平台间光通信中最长的，同步平台轨道高度为 35786km，对于“三星链路系统”同步轨道平台通信网络，两颗平台间的链路距离为 73030km。可见，GEO-GEO 链路对激光信号的发射功率、束散角大小和接收灵敏度都提出了较高的要求。由于同步轨道平台间基本不存在相对运动，GEO-GEO 链路的捕获和跟踪相对来说比较容易。

LEO 是指轨道高度在 1500km 以下的平台。在某些平台轨道条件下，由于地球的阻挡，GEO-LEO 链路会发生周期性的非意外中断，这时需要重新捕获以建立链路。此外，GEO-LEO 链路有时会穿过大气层，大气层由许多被地球引力束缚的气体、原子、水蒸气、污染物和其他化学粒子组成，高度约为 650km，光束穿过大气层时将引起功率损耗和波前畸变。因此，GEO-LEO 的链路次数和链路时间有一定的限度，为了更快更好地进行通信，对捕获和建立链路的时间要求比较严格。

与前两种链路相比，LEO-LEO 的链路距离很短，链路过程中瞄准角度的变化范围和变化幅度较大，给跟踪造成了一定的困难。此外，LEO 平台上对有效载荷的体积和质量通常要求很高，所以 LEO 平台上的激光通信天线尺寸不能太大，这对捕获和跟踪有一定的影响。

2. 弹载激光通信技术

防空导弹武器系统是用来拦截空中目标的导弹武器系统，其中地空导弹系统和监控导弹系统是两种最重要的系统，也可以把两者统称为面空武器系统。数据链是为防空武器系统地面雷达/舰载雷达和导弹之间提供指控与遥测的双向传输通道，以实现高速运动条件下的高可靠数据交互。

目前导弹数据链需要解决的关键技术和难题包括：抗强干扰技术；轻小型化；低截获、安全加密技术；高动态条件下的跟瞄捕获技术。

激光具有能量集中、传输速度快、作用距离远、方向性好、单色性好、亮度高、相干性好等显著特点，将激光通信技术应用在弹载数据链，实现通信、测距、测角一体化，可以满足防空反导武器系统制导需要，取得很好的效果，具有一些其他制导方式不具备的优点。就目前应用而言，激光在军事领域的应用主要体现在激光雷达、激光制导、直接杀伤激光武器 (高能/低能)、激光防空武器、激光反平台武器、激光等离子武器、激光制导炸弹、激光窃听器、激光沙盘等现代高科技武器。未来弹载激光通信测距一体化技术将在一定场合将弥补微波指令链路的缺点取得更广泛的军事化应用。

防空导弹搭载激光测距通信装置集激光测距和通信于一体，且测距通道加载在通信通道中不引入额外开销。激光测距利用激光的飞行时间获得，根据实现方式不同，可分为直接飞行时间测量和间接飞行时间测量。直接飞行时间测距通过测量发射激光脉冲与回波激光脉冲的时间间隔而得到目标的距离信息；间接飞行时间测距，根据实现方法的不同，可分为线性调频式激光测距、相位式激光测距和调幅式激光测距等。激光通信是以激光作为载波进行信息传输。发射端处，待发送的信息经调制器作用后，按照一定的规律被编码调制并作用于发射激光；接收端处，光电探测器接收到光信号后，经过整形、放大等处理，再送至解调器，按照调制规律进行解调，最终获得原始信息。

数据处理与控制分系统将待传送的信息经过调制器加载到调制器的激励器上，调制器的激励器电流随着信号的变化规律而变化，激光器的输出信号经过调制器调制以后，相关的参数 (振幅、相位、频率、强度) 就按照相应的规律变化。光学天线把激光器输出的信号发射出去，探测器探测激光信号，通过解调器把原来的信息恢复出来，完成数据的传输。激光通测距一体化装置由发射分系统、接收分系统、光学天线、ATP(捕获、跟踪和瞄准) 分系统以及数据处理控制分系统等组成，具体见图 6-2 所示。

由于信号光是实现数据传输的载体，而传输的数据是经过按照一定编码方式的数据流。在接收端接收到数据流后，经过译码恢复原始数据。编码和解码都是按照一定的规定来实现的。为了使用通信通道实现测距，地面激光终端的通信数据流中设置特定的格式 (这种格式不同于通信数据的编码格式，简称特殊测距帧)，表示系统将要测距。当弹载激光终端接收到该数据格式时，经过判断是测距信号，便通知应答方上通信终端的总控，将一特定的数据格式 (特殊测距帧)，经过编码和调制发射出去。在测距方接收端接收到该数据格式时，通过计算从发射测距信号开始到收到应答方发射的特殊数据格式时的时间间隔，来计算测距方和应答方之间的距离。因此可知要实现测距通道，需要将原通信通道进行信号的拟合，即增加到通信信道，因此会影响到通信速率。在光通信中通信速率一般大于 1Gbps，而测距信号的码字仅仅几十个或者上百个，因此不会对通信速率造成很大的影响。

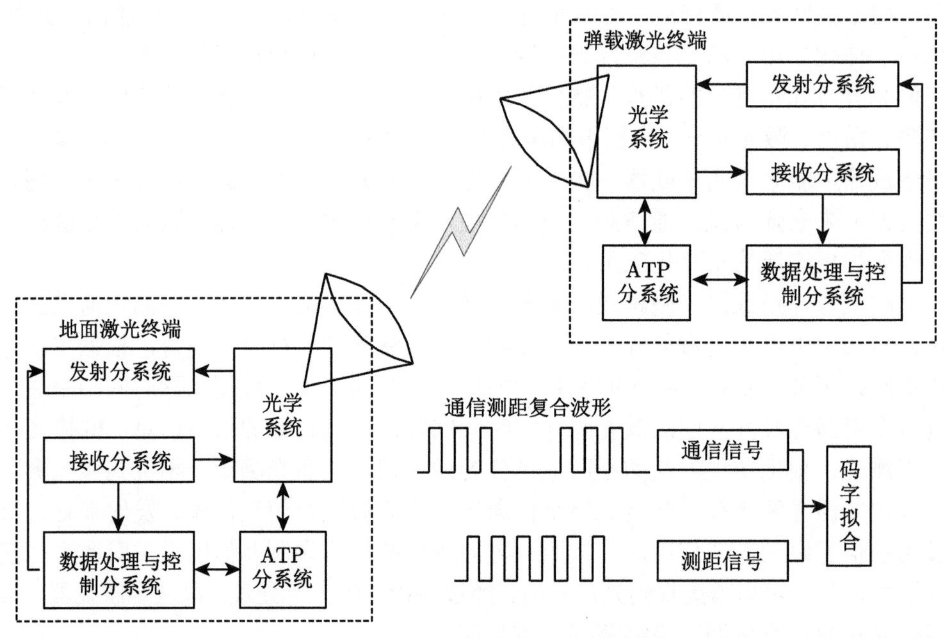

图 6-2　激光通信测距一体化工作原理示意图

激光链路对光束远场动态特性的影响分析中，用数值模拟方式生成大气湍流影响的相位屏。采用 Zernike 多项式对大气湍流进行拟合，其精度取决于其展开的阶数，模拟的阶数越大，精度和小波比拟法分析大气湍流影响就越接近。此外 Zernike 多项式在波前补偿上具有较大的优势。

尽管空间激光通信技术正在被广泛地应用，但是目前地面评估技术尚不成熟，改进的措施、优化的方法需要快速发展。本章首先针对几种典型的空天地应急通信技术应用进行概述。在第二、三、四和五章的理论分析基础上，通过地面等效模拟试验进行评估。主要评估激光链路光束远场动态特性，激光链路光束捕跟性能和典型的平台激光链路跟踪稳定性、信道纠错编码能力以及随机角抖动对单模光纤耦合效率的影响。

6.1 激光链路光束远场动态特性地面等效试验评估

6.1.1 光束漂移对稳定性影响评估

受大气湍流的影响，跟踪光束到达角起伏相位函数服从已知统计规律的二维函数。此外针对大气湍流理论研究数据显示，湍流引起的相位变化的前 18 阶像差占整体像差的 90% 以上，很多阶像差如倾斜、慧差、离焦和像散等都集中在 18 阶以下的像差里面，因此，在对大气湍流相位屏的模拟中采用 19 阶 Zernike 多项式。由于大气湍流引起的到达角起伏相位变化具有特殊性，一个相位函数是一个任意函数，可用 Zernike 多项式 Z_n 和多项式的系数 a_n 表示为

$$\phi(r,\theta)=\sum_{i=1}^{\infty}a_nZ_n \tag{6-1}$$

大气湍流影响下的 a_n 和自由空间中不同，半径为 R 的圆域上展开为

$$a_n=\iint d^2\rho W(\rho)Z_n\phi(R\rho,\theta)\,\mathrm{d}\rho\mathrm{d}\theta \tag{6-2}$$

上式中，d 为接收孔径，$\rho=r/R$，$W(\rho)$ 为接收孔径的孔径函数。

根据大气激光传输理论，对天气的恶劣程度重新分类界定见表 6-1。

表 6-1 不同天气下的大气湍流指数

类别	天气情况	气压/hPa	风速/(m/s)	闪烁系数	大气透过率
I	雨	—	1.6~3.3	—	—
Ⅱ	多云; 大雾	3.36~25.83	0~5.4	0.49~11.21	0~0.4
Ⅲ	晴; 薄云	2.04~29.32	0~13.8	0.31~2.54	0.4~0.8
Ⅳ	晴	1.33~35.71	0~3.3	0.19~0.28	0.8~1.0

表 6-2 给出在 2017 年 7 月 10 月期间选取实验环境参数。

调整光学天线方向，建立水平激光链路，测试过程中保持终端光学天线指向不变，利用 CCD 探测器探测经大气湍流传输后的激光光斑分布情况。

如图 6-3(a) 为出射激光光斑，图 6-3(b) 为经大气湍流后波面光斑，图 6-3(c) 为在实验室环境下测得的用 Zernike 多项式模拟大气湍流相位屏后的光斑。

大气水平链路模拟实验，得到接收光斑归一化光功率如图 6-4 所示。在晴朗的天气条件下，闪烁指数较小，大气湍流的实际值和 Zernike 多项式拟合的相位屏等效性较好。随着闪烁指数的增加，天气恶劣程度的加剧，中心点接收的光功率下降，大气湍流实际情况和 Zernike 多项式模拟相位屏之间会存在误差，最大误

表 6-2　实验样本环境参数

采样点序号	采样时间	天气情况	气压/hPa	风速/(m/s)	闪烁系数
1	7 月 05 14:30	晴	1015	1.4	0.11
2	7 月 05 20:23	晴	1017	1.5	0.19
3	8 月 19 15:12	晴 薄云	1021	2.4	0.53
4	8 月 25 18:45	晴 薄云	1020	2.3	0.64
5	9 月 20 12:35	多云 大雾	1022	2.5	0.92
6	10 月 10 19:25	多云 大雾	1025	3.8	1.01

(a) 出射激光光斑

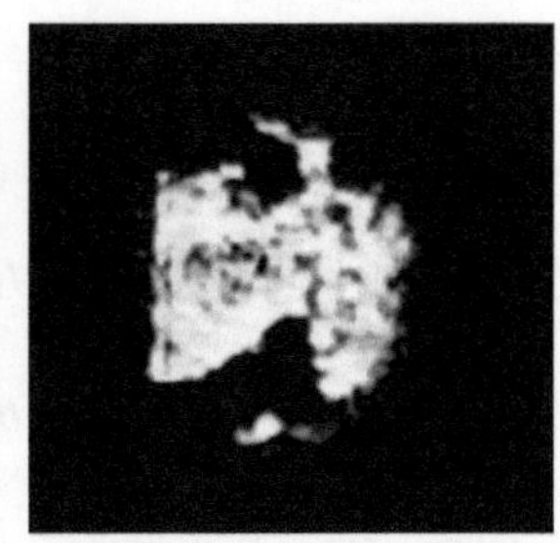
(b) 星上链路实验接收光斑

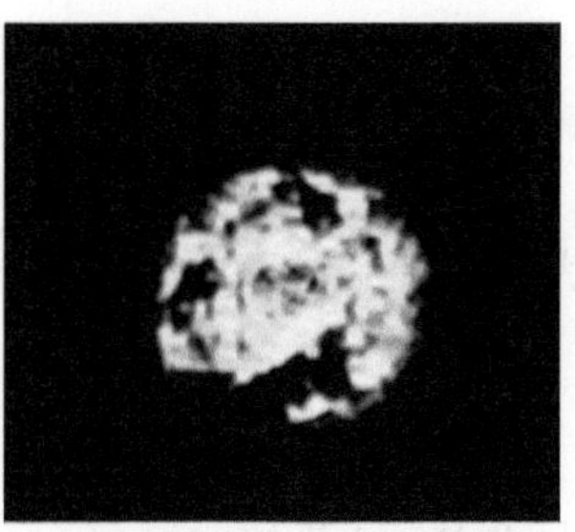
(c) 相位屏模拟后光斑

图 6-3　大气相位屏等效性验证

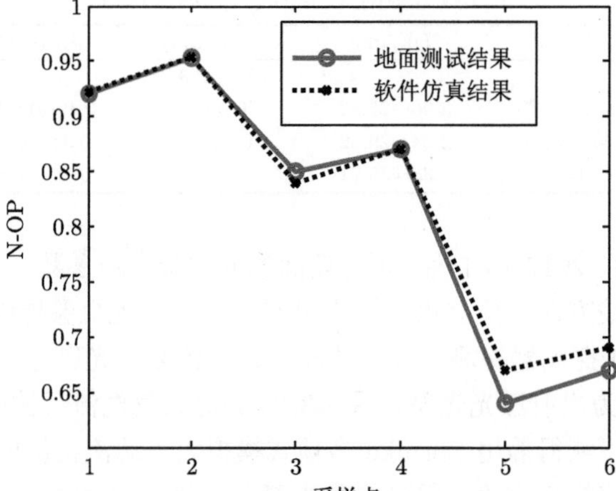

图 6-4　水平链路与模拟实验归一化光功率

差出现在第五个实验点，多云大雾，闪烁系数 0.92，误差为 0.12，经分析后这种误差是由大气环境恶劣造成的，误差在实验条件允许的范围内，因此可以用 Zernike 多项式模拟大气湍流相位屏。

假设大气结构折射率常数为 $1\times10^{-13}\text{m}^{-2/3}$，其他的仿真参数不变，得到的变化在允许范围内，如图 6-5 所示。

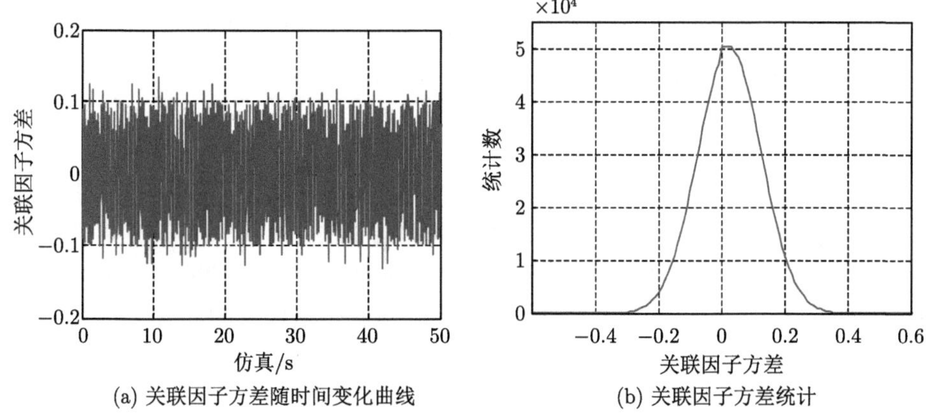

(a) 关联因子方差随时间变化曲线 (b) 关联因子方差统计

图 6-5 大气湍流下关联因子方差统计

跟踪信标光束远场关联因子方差峰峰值在 ±0.1 之内，标准差在 0.024 左右，大气湍流的影响下，跟踪系统的光束远场特性关联性下降了 10 倍左右。由此可见，跟踪光束在大气传输中，由于光束漂移和光束扩展等作用会对光束远场动态特性产生较大的影响。

使用相位屏模拟大气信道扰动的本质是在光传播过程中按照随机产生的相位计算最终的光束远场分布。其主要优点是在一定条件下进行一组数组的模拟即可获得所需光束远场的统计特性。因此，相位屏是目前研究大气信道光束传播问题的一种有效方式。

大气信道扰动光束传播的数值拟合可看成标准的抛物线方程，从波动方程的角度考虑可写成

$$2\text{i}k\frac{\partial u}{\partial z}+\frac{\partial^2 u}{\partial x^2}+\frac{\partial^2 u}{\partial y^2}+2k^2n_1u=0 \tag{6-3}$$

上式中，u 为光场的复振幅，n_1 为折射率起伏。

首先，考虑光束在真空中传播的情况，用 (x',y',z') 表示点光源在空间中的位置坐标，在空间中传播到的位置坐标用 (x,y,z) 表示，其振幅为

$$u(x,y,z)=\frac{u(x',y',z')}{z-z'}\exp\left[-\text{i}k\frac{(x-x')^2+(y-y')^2}{2|z-z'|}\right] \tag{6-4}$$

在大气信道光传播过程中，受到折射率起伏的影响，认为光束传播方向上由于积分光路径会产生相位调制

$$u(r,z)=u\left(r,z'\right)\exp(\mathrm{i}S) \tag{6-5}$$

上式中，S 为大气折射率结构常数引起的相位变化。如果 S 足够小，可将真空光传播和大气信道光传播看成两个独立的过程。

可将大气信道中连续折射率结构常数分割为一系列厚度为 Δz 的平行平板，位于平行板前面的光场，根据公式 (6-5) 传播到平行板后侧，该平行板可完成相位调制形成最终的光场，同样的方式传播到下一个平板的后侧，依次传播下去如图 6-6 所示。

大气湍流中光传播就相当于是在真空传播过程中放置了很多无限薄的相位屏，这种多层相位屏可代替连续随机大气湍流的方法，构成大气信道光传播数值模拟的数学理论基础。构造相位屏时，相位屏的间距 Δz 要足够小，才可以用 Δz 的积代替积分，光振幅几乎不会受到影响，仅对相位造成影响，满足关系

$$\Delta z \ll \lambda/\delta_S \tag{6-6}$$

上式中，δ_S 为折射率 n 起伏的均方差。用傅里叶算法将光束传播的过程分成很多个独立的子过程，分别做傅里叶变换，进行傅里叶逆变换转换到空间域，在空间域内计算外界条件对光的相位调制。

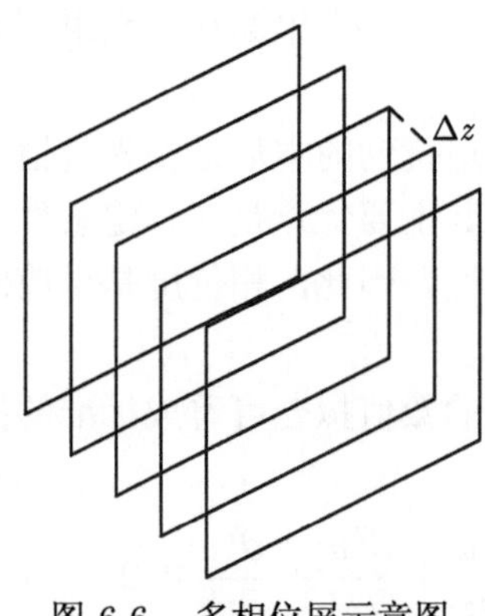

图 6-6　多相位屏示意图

初始光波的波函数用 $\Phi\left(x,y\right)$ 表示，针对任意一个子过程 $z_j+\Delta z$，分布的傅里叶算法描述过程：

(1) 线性衍射过程，用于求解光束在线性空间中的传输

$$\Phi_1\left(x,z_j+\Delta z/2\right)=F^{-1}\left\{F\Phi\left(x,z_j\right)\exp\left(-\mathrm{i}k^2\Delta z/2\right)\right\} \tag{6-7}$$

(2) 相位调制过程,计算任意一个大气信道随机相位屏对跟踪光束的相位调制

$$\Phi_2\left(x, z_j+\Delta z/2\right)=\Phi_1\left(x, z_j+\Delta z/2\right) \exp [\mathrm{i} \Phi(x)] \tag{6-8}$$

(3) 迭代算法,计算跟踪光束从 z_j 位置开始经过 Δz 距离之后的输出

$$\Phi_3\left(x, z_j+\Delta z/2\right)=F^{-1}\left\{F \Phi_2\left(x, z_j\right) \exp \left(-\mathrm{i} k^2 \Delta z/2\right)\right\} \tag{6-9}$$

利用该算法可模拟多种条件下光束在大气信道中的传播形式。

在实验室环境中,对光束在大气湍流影响下,光束远场传播情况进行试验模拟,要根据上述多层相位屏数值模拟方法生成随机的大气扰动相位屏,相位屏模拟个数为 10 个,相位屏像素大小为 1024×768 和空间光调制器的液晶像素尺寸保持一致。生成的大气相位屏叠加的相位分布如图 6-7 所示。

因单层相位屏中相位的重复率较高,因此在对单层相位屏和 10 层相位屏的相位结构函数比较发现,10 层相位屏的相位结构函数更接近于理论值。

大气湍流中的低频变化会导致跟踪远场光斑中心发生漂移。针对光束漂移对链路光束远场动态特性的影响进行实验验证。在实验过程中引入了一个参考光,参考光由同一个激光器发出,经过扩束后入射到空间光调制器 SLM 中被反射,经过成像系统在 CCD 中探测。

(a) 单个相位屏

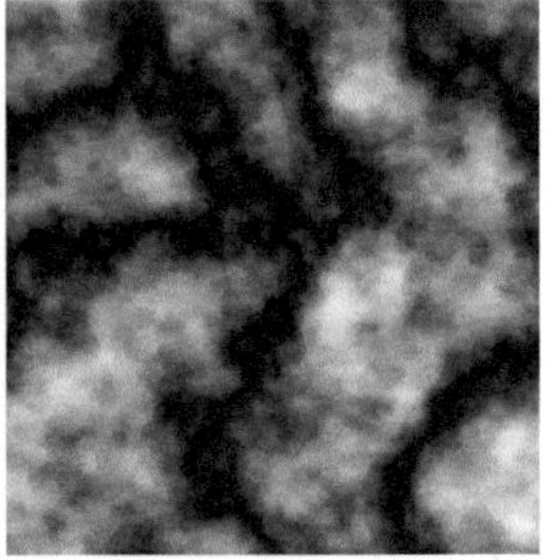

(b) 10个相位屏叠加

图 6-7　大气信道相位屏

参考光在 SLM 反射时除了调制器固有的相位扰动,没有其他的调制。由于 SLM 为反射式其衬底平面的不平整以及液晶盒的厚度的不均匀性,理论上为高斯光束的参考光,不满足高斯分布形式而是形成了一种类高斯光束。如图 6-8 所示为在焦距 $f=-2$mm,$f=-1$mm 和 $f=0$mm 时的光斑图像。

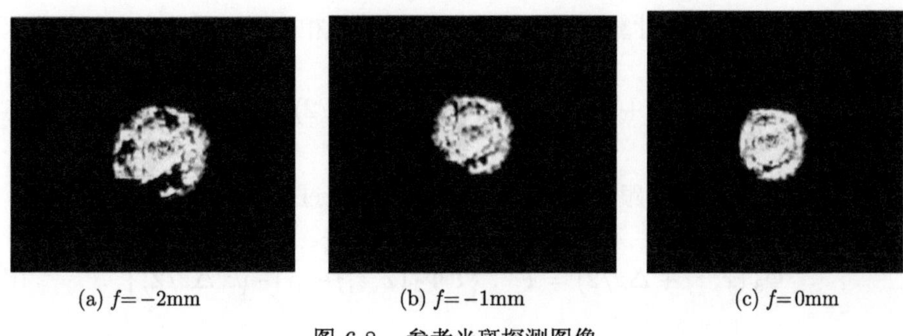

图 6-8 参考光斑探测图像

跟踪光束受大气信道影响所产生的光束漂移扰动，如图 6-9 所示。

实验过程中，采用上述相位屏生成方法产生一组随机相位屏，选取数目为 50 个，分别和跟踪光束的相位膜片叠加，生成不同的相位膜片用于模拟在透镜焦点强度分布的汇聚点处观察强度分布。50 个相位屏引起的光束漂移是随机的，其中最大的光斑质心漂移量为 15.78μm，最小的光斑质心偏移量为 2.45μm，光束漂移的平均漂移量为 7.12μm，随机分布服从瑞利分布，验证了理论模型的正确性。

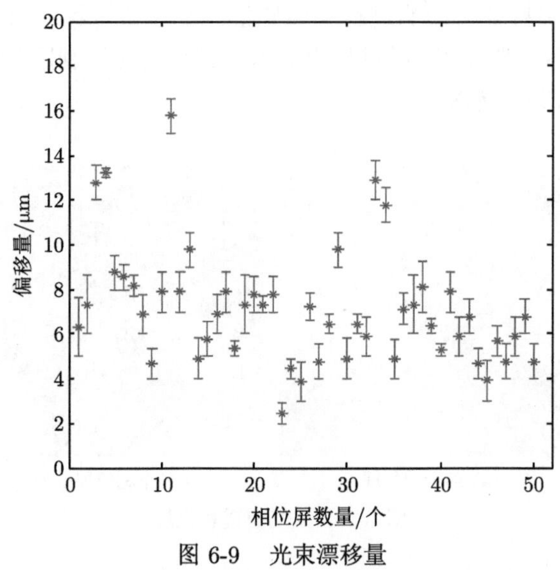

图 6-9 光束漂移量

6.1.2 光束扩展对稳定性影响评估

针对大气湍流对远场光光束扩展进行试验研究，并对实验数据进行总结分析通过 SLM 调制后，对 CCD 中光强测量，结果如图 6-10 所示。

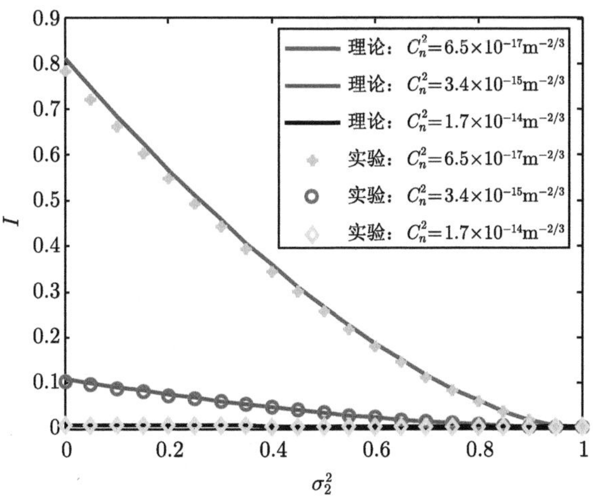

图 6-10 σ_2^2 和 C_n^2 对稳定性的影响

同样引入一个参考光，采用上述相位屏生成方法产生一组随机相位屏，分别和跟踪光束扩展的相位膜片叠加，模拟生成跟踪光束受大气信道结构折射率常数影响下，光束扩展方差 σ_2^2 对中心点接收光强的影响。在激光通信链路中，随着高度的增加，大气结构折射率结构常数减小，其光束远场接收光强较大，对光束远场动态特性影响较小，理论数据与实验数据吻合。

6.1.3 到达角起伏对稳定性影响实验结果分析

将一组不同到达角起伏方差的相位屏，分别和具有不同到达角起伏方差的跟踪光束相位膜片叠加，模拟生成链路光束受到达角起伏方差影响的相位屏。在实验将达角起伏相位屏加载到 SLM 中，对链路光束进行到达角起伏调制，由 CCD 探测远场接收光斑的图像分布，如图 6-11 所示。

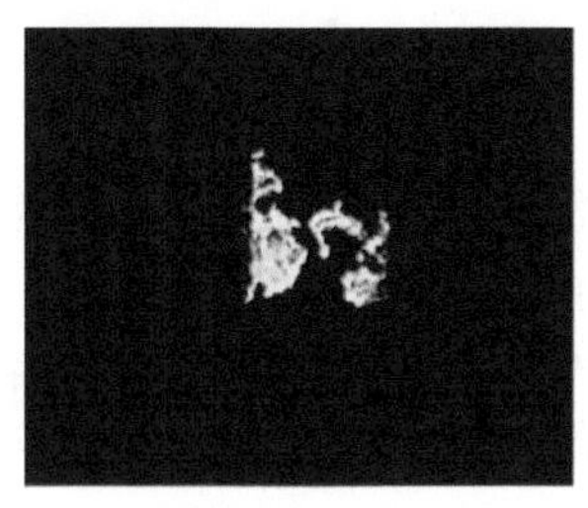

(a) $\delta_a^2(L)$=0.5, ξ=40°

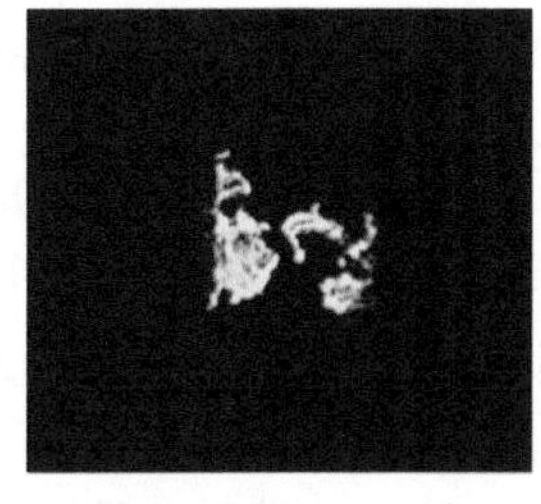

(b) $\delta_a^2(L)$=0.5, ξ=60°

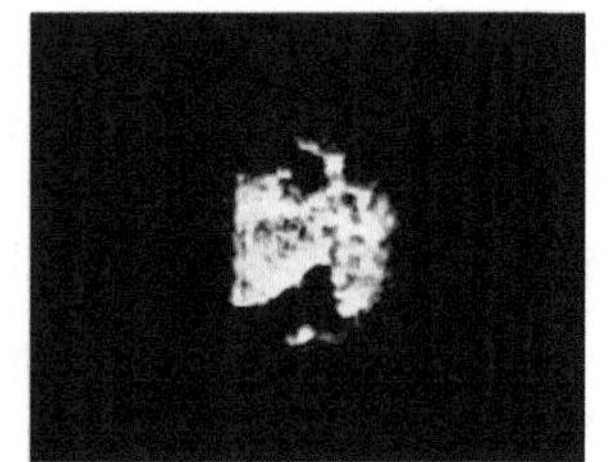

(c) $\delta_a^2(L)$=0.8, ξ=40°

图 6-11 到达角起伏影响下 CCD 探测图像

通过 SLM 调制后，对 CCD 光斑的光束远场动态特性关联因子进行计算，得到实验数据和理论数值的比较，如图 6-12 所示。

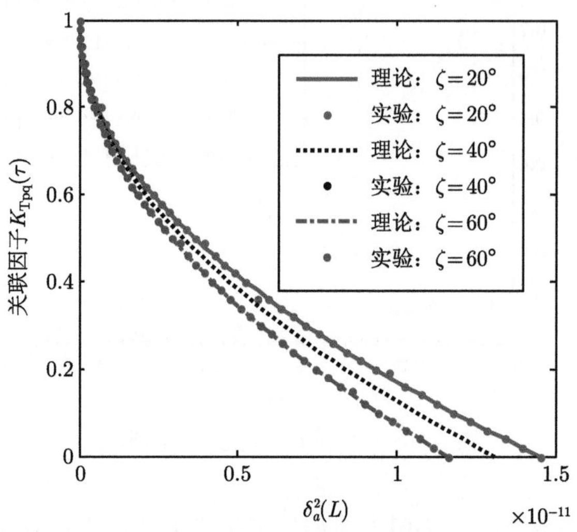

图 6-12　关联因子与 $\delta_a^2(L)$ 对稳定性的影响

大气信道波前畸变对关联因子的影响较大，到达角起伏方差增加到 0.5×10^{-11} 左右时，关联因子下降到 0.4 以下。根据实验分析结果可知，理论模拟和实验数据吻合较好。受天顶角影响较大，相同到达角起伏方差下，天顶角越小其关联因子越大。应尽量减少到达角起伏方差，降低波前畸变程度，并在跟踪精度允许范围内，降低天顶角。

该实验针对星间、激光链路光束远场光特性关联性影响进行地面等效验证，并没有针对实际的星间和激光平台通信链路进行测量。通过地面等效验证可间接验证实际空间激光链路下光束远场动态特性理论模型的正确性。

6.1.4　激光链路大气条件下光束远场随机扰动特性影响地面测试验证

对于激光通信链路中，传输光场信息传输特性的测试分析技术，关系到能否准确地了解链路中的影响因素，从而为对其影响进行合理补偿提供依据。

为了评估光通信信道湍流效应强弱，计划采用大气相干长度仪用于激光链路大气湍流强度的测量。大气相干长度仪如图 6-13 所示，望远镜前端增加衰减片或者长筒光阑，抑制背景光。望远镜后端加入后续光学系统，由狭缝光阑、光楔组和 CCD 组成。

大气相干长度仪用望远镜主要参数：主镜接收孔径 356mm；焦距 3560mm；孔径中心间距 225mm；导星镜有效孔径 10mm。

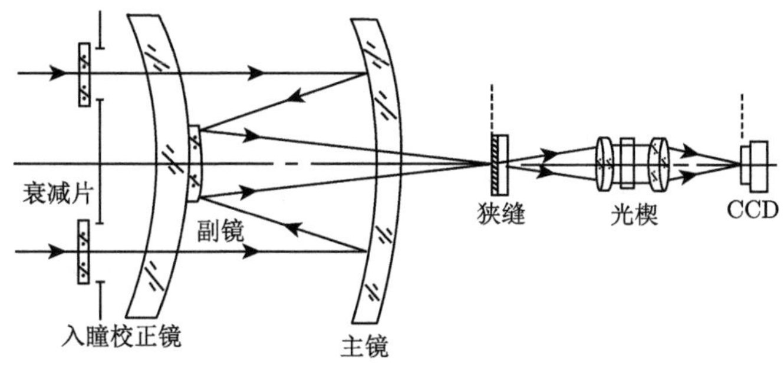

图 6-13 大气相干长度仪原理图

计划采用微脉冲激光雷达 (Micro-Pulse Lidar, MPL) 测量激光链路大气透过率，并进行大气通道激光功率衰减预测。微脉冲激光雷达采用全固体化半导体泵浦激光器作为光源，具有如下特点：① 雷达系统的体积小，结构紧凑；② 可以按照指定方位进行连续测量或指定角度范围进行扫描测量；③ 模块化设计和高度集成化使得长时间运行稳定、可靠，每次开机时无需进行重新调试；④ 友好的人机互动界面，高度自动化，减少了人为操作；⑤ 低能量的激光脉冲保障对操作人员和地面人员的眼睛辐射的安全。微脉冲激光雷达外形如图 6-14 所示。

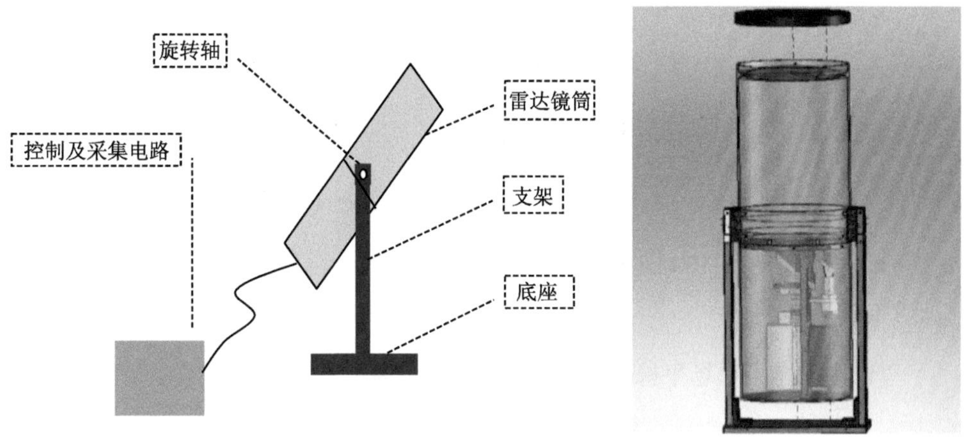

图 6-14 微脉冲激光雷达外形示意图

采用闪烁仪监测激光链路间的光闪烁强度，闪烁强度是影响激光大气通信误码率的最重要参数，进而通过对光闪烁强度的测量可以评估通信的误码率。

综上，通过光在大气中信息传输特性测试分析，测试存储分析光在大气中进行信息传输时，由于大气存在产生的误码、跟踪误差等，以及大气状况，如风速、湍流等对通信性能影响等，可以较准确了解激光通信中的影响因素，为对其影响进行合理补偿提供依据。

星上终端 A 的非惯性坐标系为 $O_{\mathrm{A}}\text{-}x_{\mathrm{A}}y_{\mathrm{A}}z_{\mathrm{A}}$，地面终端 B 的非惯性坐标系为 $O_{\mathrm{B}}\text{-}x_{\mathrm{B}}y_{\mathrm{B}}z_{\mathrm{B}}$。沿用星间激光链路动态参考坐标系建立的思路，以距地面终端距离 $[z+300\cdot\sec(\zeta)]/2$ 的位置为起点，以两终端收发轴平行为理想轴建立为激光链路动态惯性参考坐标系 $O_{\mathrm{TR}}\text{-}x_{\mathrm{R}}y_{\mathrm{R}}z_{\mathrm{R}}$。

分别用 $u_{\mathrm{A}}(p,t)$ 和 $u_{\mathrm{B}}(q,t)$ 表示 t 时刻跟踪光束的光振动解析信号，t 时刻惯性参考坐标原点的光振动为两个光波的叠加，即

$$u(O_{\mathrm{TR}},t)=C_{\mathrm{T}p}u_{\mathrm{A}}(p,t-t_p)+C_{Tq}u_{\mathrm{B}}(q,t-t_q) \tag{6-10}$$

上式中，O_{TR} 为接收探测视域的坐标原点，

$$t_p=\sec(\zeta)\,h/c,$$

$$t_q=\sec(\zeta)\left[\int_0^h C_n^2(z)\,\mathrm{d}z+300\right]/c$$

常数 $C_{\mathrm{T}p}$，$C_{\mathrm{T}q}$ 为传播因子，和传输距离成反比。

O_{TR} 点光强为时间的平均值，得

$$I(\mathrm{O_{TR}})=\langle u(\mathrm{O_{TR}},t)\,u^*(\mathrm{O_{TR}},t)\rangle \tag{6-11}$$

将公式 (6-10) 代入到公式 (6-11) 中，得

$$\begin{aligned}I(\mathrm{O_{TR}})=&C_{\mathrm{T}p}^2\langle u_{\mathrm{A}}(p,t-t_p)\,u_{\mathrm{A}}^*(p,t-t_p)\rangle+C_{\mathrm{T}q}^2\langle u_{\mathrm{B}}(q,t-t_q)\,u_{\mathrm{B}}^*(q,t-t_q)\rangle\\&+C_{\mathrm{T}p}C_{\mathrm{T}q}^*\langle u_{\mathrm{A}}(p,t-t_p)\,u_{\mathrm{B}}^*(q,t-t_q)\rangle+C_{\mathrm{T}q}\langle u_{\mathrm{A}}^*(p,t-t_p)\,u_{\mathrm{B}}(q,t-t_q)\rangle\end{aligned} \tag{6-12}$$

假设接收光束远场平稳，$\tau=t_p-t_q$，表示为

$$\tau=\sec(\zeta)\left[\frac{vh-c\left[\int_0^h C_n^2(z)\,\mathrm{d}z+300\right]}{cv}\right] \tag{6-13}$$

所以时间原点可以平移，而不影响上式中各项的平均值，得

$$\langle u_{\mathrm{A}}(p,t-t_p)\,u_{\mathrm{B}}^*(q,t-t_q)\rangle=\langle u_{\mathrm{A}}(p,t+\tau)\,u_{\mathrm{B}}^*(q,t)\rangle=\Gamma_{\mathrm{T}pq}(\tau) \tag{6-14}$$

上式中，$\Gamma_{\mathrm{T}pp}(\tau)$ 为相对延时为 τ 的 p，q 点光振动的关联函数，也是大气信道下的光束远场动态特性关联函数。

根据公式 (6-14) 的描述，当 p，q 两点重合时，光束远场动态特性关联函数为

$$\begin{aligned}\langle u_{\mathrm{A}}(p,t-\tau)\,u_{\mathrm{B}}^{*}(p,t)\rangle &= \Gamma_{\mathrm{T}pp}(\tau)=\Gamma_{\mathrm{T}pp}(0)\\ \langle u_{\mathrm{A}}(q,t-\tau)\,u_{\mathrm{B}}^{*}(q,t)\rangle &= \Gamma_{\mathrm{T}qq}(\tau)=\Gamma_{\mathrm{T}qq}(0)\end{aligned} \tag{6-15}$$

化简，可得到归一化激光链路光束远场动态特性关联因子为

$$\kappa_{\mathrm{T}pq}(\tau)=\frac{\Gamma_{\mathrm{T}pq}[\tau]}{\left[\Gamma_{\mathrm{T}pp}(0)\,\Gamma_{\mathrm{T}qq}(0)\right]^{1/2}},\tau=\sec(\zeta)\left[\frac{vh-c\left[\int_0^h C_n^2(z)\,\mathrm{d}z+300\right]}{cv}\right] \tag{6-16}$$

光束远场动态分布特性的关联因子为 $0\leqslant\kappa_{\mathrm{T}pq}(\tau)\leqslant 1$，越趋于 1 说明光束远场动态分布特性影响越小。激光链路远场光束特性和星间激光链路光束远场动态特性的模型类似，这体现出了它的关联因子也会存在一个阈值。

6.2 光束捕跟性能试验评估

6.2.1 捕跟探测快速切换方法的地面外场验证

针对论文中提出的窄信标光束快速捕获方法、双向稳定跟踪方法和捕跟性能在轨优化方法开展试验验证工作，主要包括地面等效验证、地面外场验证和在轨试验验证三个方面。地面等效验证工作利用现有的地面动态演示验证系统开展，分别验证窄信标光束快速捕获方法和双向稳定跟踪方法，分别验证捕跟性能在轨优化方法中的捕跟坐标系在轨优化方法、窄信标光束快速捕获方法和双向稳定跟踪方法。

图 6-15 为外场试验所使用的收发装备示意图。在发射终端，信标光束经光学系统整形和准直后发射，发射天线口径 150mm，发散角为 30μrad，波长为 806nm。在接收端，接收天线口径为 250mm。发射光束经接收天线和聚焦光路后，被接收终端的 CMOS 图像传感器相机所接收，探测帧频可达 1000 帧/秒。图 6-16 为发射终端和接收终端的光斑图像照片，可以看出，由于大气湍流的影响，造成了光斑形状和光强分布的畸变。

采用自适应优化阈值算法，并对比其他两种传统的阈值分割方法 (全局阈值分割法以及局域阈值分割法)，在同一时间内以及相同的大气环境条件下进行了测

试。为了维持激光链路的稳定，接收终端需要实时根据信标光斑质心坐标位置调整指向角度，在实验中我们分别对比采用三种算法情况下的跟踪精度。

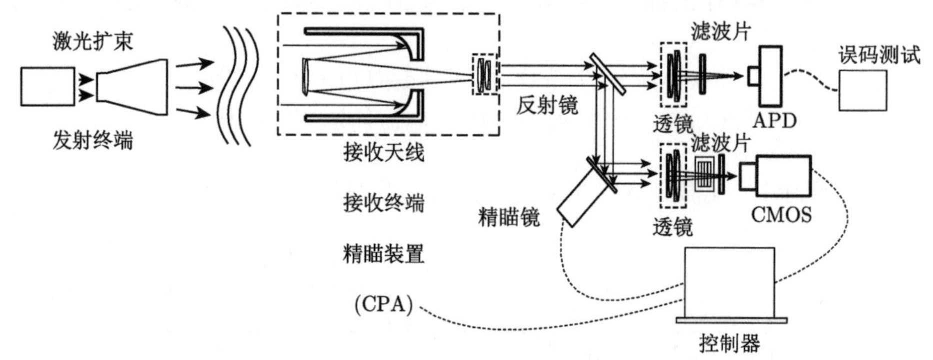

图 6-15　收发设备装置示意图

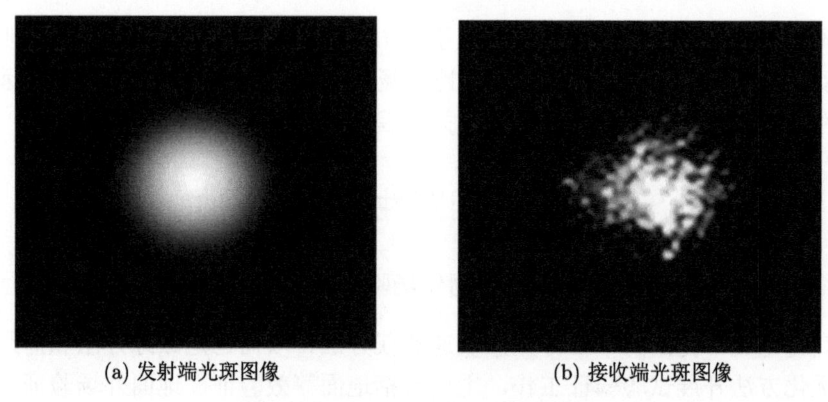

(a) 发射端光斑图像　　(b) 接收端光斑图像

图 6-16　发射和接收端光斑图像

实验过程中，利用发射终端提供信标光，处于静止状态时，接收终端需要根据发射终端发射的信标光调整指向。在实验前，我们预先标定了接收终端的期望跟踪位置，因此跟踪误差为期望根据位置与实际光斑位置之间的差值。接收终端对跟踪误差可进行连续采集并存储。三组实验结果分别见图 6-17、图 6-18 和图 6-19，其中 C_n^2 为测试过程中的大气湍流条件。

由三组实验结果可以看出，采用自适应优化阈值分割法后，系统的跟踪误差最小，表明该算法可提高系统的跟踪精度。通过远距离激光通信实验结果也可以证明该算法理论的正确性。在实验中，我们需要重点考虑两个因素，一个是大气湍流的影响，另一个是算法的计算误差。从实验结果可以看出，采用自适应优化阈值算法后，提高了系统的跟踪精度。

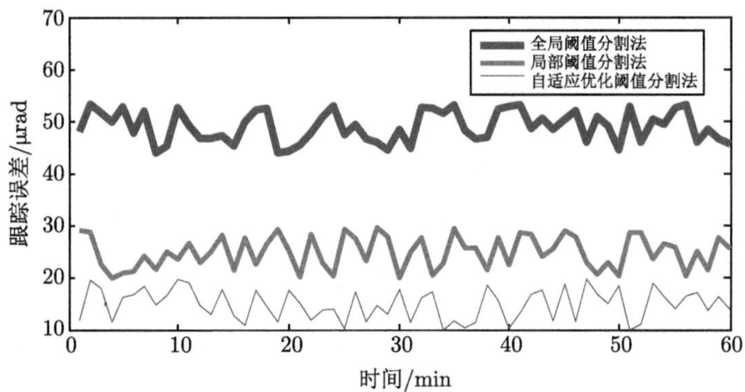

图 6-17 第一组实验结果 (C_n^2=2.54×10^{-14}m$^{-2/3}$)

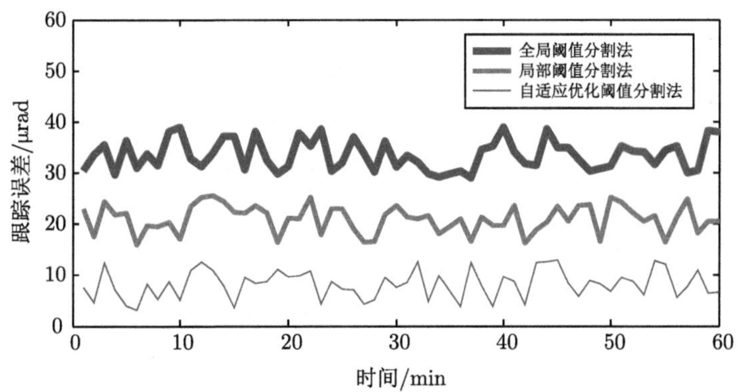

图 6-18 第二组实验结果 (C_n^2=7.34×10^{-15}m$^{-2/3}$)

捕跟快速切换方法经过地面外场试验验证后，成功应用到了在轨试验系统中，实现了平台光通信链路系统捕获和跟踪模式快速稳定切换，提升了链路系统性能。

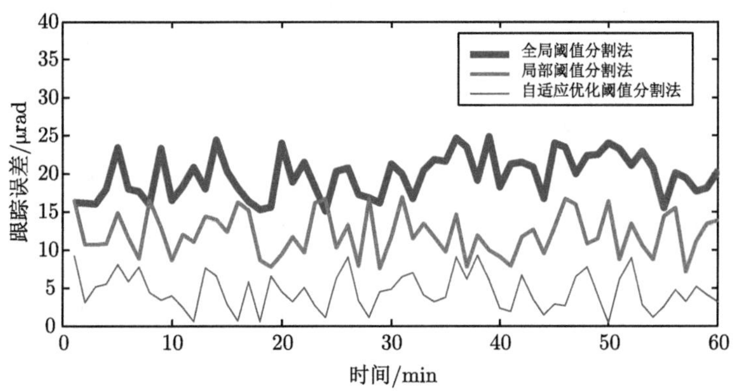

图 6-19 第三组实验结果 (C_n^2=1.29×10^{-15}m$^{-2/3}$)

6.2.2　捕跟坐标系在轨优化方法的在轨验证

本节针对平台激光链路光束远场动态特性影响，初始关联因子方差对链路稳定保持优化算法展开实验验证工作。主要包括地面等效验证、半物理模拟仿真验证两个方面。地面等效验证工作利用现有地面动态演示系统和空间光调制器展开，分别验证星间和激光链路光束远场动态特性影响；半物理模拟仿真验证不同初始光束远场动态特性关联因子方差对链路跟踪稳定性的影响和验证激光链路在轨跟踪稳定性优化方法的正确性。

该实验用计算机完成自由空间波前畸变和大气湍流影响的相位屏合成。在实验室搭建激光链路光束远场动态特性分析光路系统，完成光束远场接收光斑质心和光斑强度的测量。通过实验结果和前文理论仿真比较，验证前文光束远场动态特性影响理论分析模型的正确性。在轨跟踪稳定性优化方法可有效提升平台激光跟踪链路整体性能。

在轨试验过程中，利用前面给出的捕跟坐标系瞄准偏差修正矩阵，可对粗瞄准角度精度进行在轨修正，同时对捕跟坐标系模型的准确性和有效性进行评估。在激光链路建立初期，激光通信星上终端和地面终端按照预定角度相互进行瞄准，之后开始大范围相互扫描，捕获成功后记录两终端实现捕获时刻的粗瞄准位置。光通信终端粗瞄准的俯仰角 θ_{E1} 和方位角 θ_{Az} 可以表示为

$$\begin{cases}\theta_{\mathrm{Az}}=\theta_{\mathrm{Az0}}-(\alpha\sin\theta_{\mathrm{Az}}\cot\theta_{\mathrm{El}}-\beta\cos\theta_{\mathrm{Az}}\cot\theta_{\mathrm{El}}-\gamma)\\ \theta_{\mathrm{El}}=\theta_{\mathrm{El0}}+(\beta\sin\theta_{\mathrm{Az}}-\alpha\cos\theta_{\mathrm{Az}})\end{cases}\tag{6-17}$$

上式给出了由捕获坐标系误差角 α，β 和 γ 引起的瞄准角度误差角的变化关系，其中 θ_{El0} 和 θ_{Az0} 是不考虑静态捕获坐标系误差的粗瞄瞄准角度。通过瞄准光学目标来获得瞄准误差角进而获得静态捕获坐标系误差角 α，β 和 γ。然后，使用获得的捕获坐标系下静态误差角 α，β 和 γ 来校正在轨试验瞄准角度，实现对 B 平台光通信终端的瞄准误差角的校正，如图 6-20 所示。在图 6-20(a) 中，如果未经过校正的情况下，对于平台光通信终端的瞄准误差很大，CCD 光斑与 CCD 视场中心的距离很大，说明瞄准方位和俯仰角的误差角很大，这种情况将使平台光通信链路丢失，必须进行校正。

从图 6-20(b) 中可以看出，经过校正后的瞄准角误差校正后 CCD 光斑与 CCD 视场中心仍然具有一定的距离，说明校正后仍然存在一定的瞄准误差，但是这种误差相对于校正前而言已经很小，光斑主要集中在 CCD 视场中心很小的区域。瞄准误差角的平均值已从 146.81″ 减小到 23.94″。此外，方位轴瞄准误差角 $\Delta\theta_{\mathrm{Az}}$ 的平均值已经从 127.38″ 减小到 17.44″，仰角轴瞄准误差角 $\Delta\theta_{\mathrm{E1}}$ 的平均值已经从 72.99″ 减小到 16.40″。

共进行了 11 次激光链路捕获校准测试，通过捕获瞄准角度的迭代修正，使

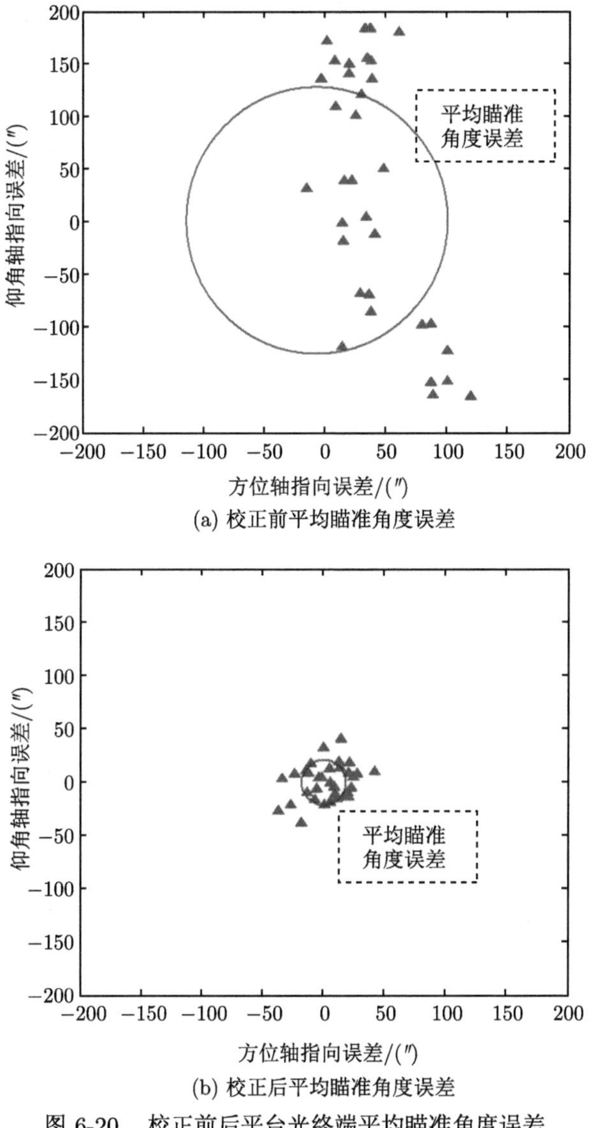

(a) 校正前平均瞄准角度误差

(b) 校正后平均瞄准角度误差

图 6-20　校正前后平台光终端平均瞄准角度误差

得星上终端的捕获不确定范围由最初的 5mrad 缩小到 0.6mrad。图 6-21 给出了捕获不确定域校准过程中不确定域的变化趋势。

因此，可利用提出的捕跟坐标系在轨优化方法来实现平台光通信链路系统高精度在轨校正，使得星上终端捕获的不确定角基本减小到捕获视场范围内，极大地降低了激光链路系统的捕获时间，提升了链路系统捕获性能。

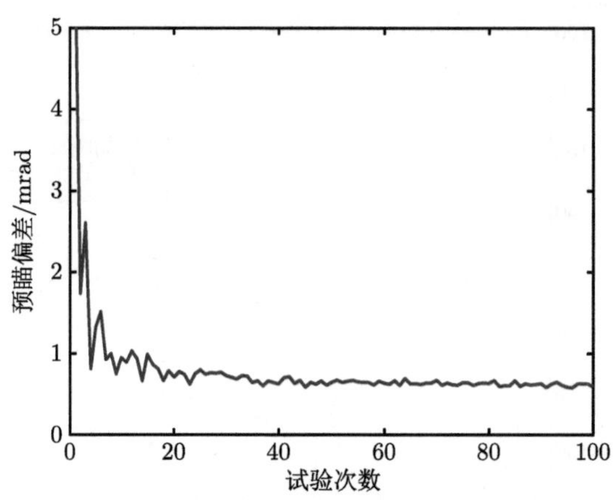

图 6-21　校准过程中不确定域的变化趋势

6.2.3　窄信标光束快速扫描捕获方法试验验证

6.2.3.1　地面等效测试

平台随动仿真模拟器一般由高精度转台、控制计算机及专用软件等 3 部分组成，如图 6-22 所示。其中，高精度转台由二维机械转台、驱动电源和驱动控制器组成，二维机械转台中包含了驱动电机和光电码盘。

平台随动仿真模拟器实物如图 6-23 所示，高精度二维转台偏转角度：俯仰方向 ±30°，方位方向 ±150°，回转精度优于 1 角秒，两轴不垂直度优于 1 角秒，绝对式光电码盘反馈精度优于 1 微弧。

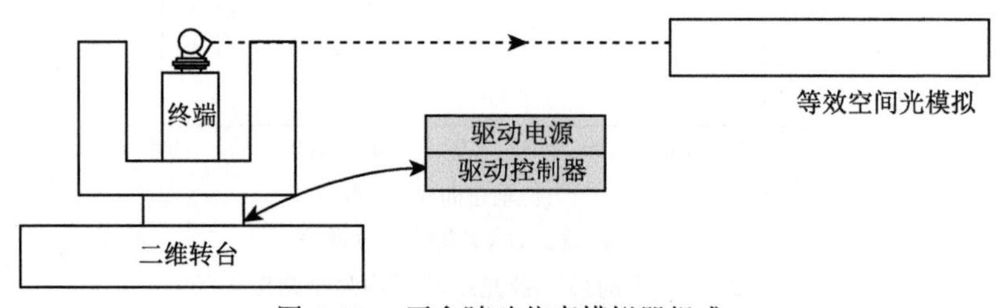

图 6-22　平台随动仿真模拟器组成

利用平台随动仿真模拟器，模拟平台光通信链路过程中平台轨道和姿态相对变化，可在地面等效验证基于平台姿态漂移条件下窄信标快速扫描捕获技术。平台光通信链路捕获方法地面等效验证试验过程如下：① 调整激光通信终端 A 和 B 的瞄准角度，实现两终端相互对准，以此为基准点按正态分布设置终端 A 预瞄准偏角；② 控制终端 B 信标光的扫描区域 FOU，扫描步长值 I_θ 为 70μrad，平台仿真模拟器来模拟平台的漂移，漂移速率 v 从 1μrad/s 增大到 100μrad/s;

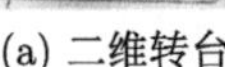
(a) 二维转台

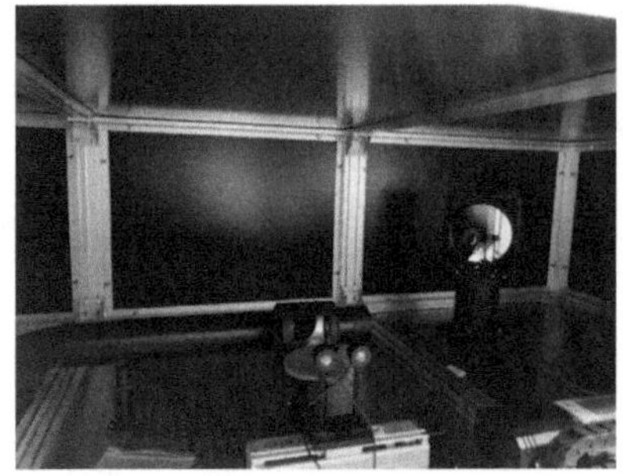
(b) 空间光模拟

图 6-23 平台随动仿真模拟器实物图

③ 一旦终端 A 接收到终端 B 发出的窄信标光，则捕获成功。每种场景的捕获重复 100 次。

图 6-24 给出了不同平台姿态漂移随着 100s 限定捕获时间内多场扫描捕获概率实验结果。在多场扫描等效试验验证过程中，多场扫描捕获时间限定为 100s；扫描步长值设定为 30μrad；最大偏移量为 0.6mrad；控制系统带宽为 10Hz；平台姿态漂移速率从 1μrad/s 到 100μrad/s；多场扫描 n 范围从 1 到 4。从试验结果可以看出，多场扫描的最大捕获概率虽然比单场扫描最大捕获概率略低，但是多场扫描平均捕获概率要高于单场平均捕获概率。尽管与单场扫描相比，最大捕获概率在平台姿态漂移速率为 0~20μrad/s 的小速率范围内，单场扫描最大捕获概率要略高于多场扫描最大捕获概率。

图 6-25 给出了不同平台姿态漂移随着 200s 限定捕获时间内多场扫描捕获概率实验结果。在多场扫描等效试验验证过程中，多场扫描捕获时间限定为 200s；扫描步长值设定为 30μrad；最大偏移量为 0.6mrad；控制系统带宽为 10Hz；平台姿态漂移速率从 1μrad/s 到 100μrad/s；多场扫描 n 范围从 1 到 4。从试验结果可以看出，多场扫描的最大捕获概率虽然比单场扫描最大捕获概率略低，但是多场扫描平均捕获概率要高于单场平均捕获概率。尽管与单场扫描相比，最大捕获概率在平台姿态漂移速率为 0~10μrad/s 的小速率范围内，单场扫描捕获概率要略高于多场扫描捕获概率。

图 6-26 给出了不同平台姿态漂移随着 500s 限定捕获时间内多场扫描捕获概率实验结果。在多场扫描等效试验验证过程中，多场扫描捕获时间限定为 500s；扫描步长值设定为 30μrad；最大偏移量为 0.6mrad；控制系统带宽为 10Hz；平台姿态漂移速率从 1μrad/s 到 100μrad/s；多场扫描 n 范围从 1 到 4。

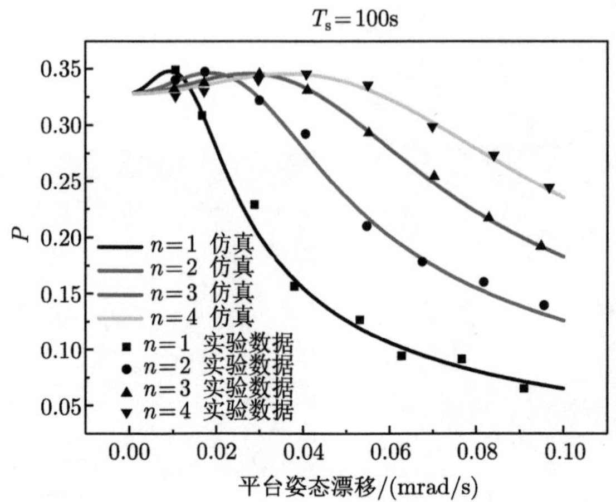

图 6-24 不同平台姿态漂移条件下 100s 扫描捕获时间内多场扫描捕获概率实验结果

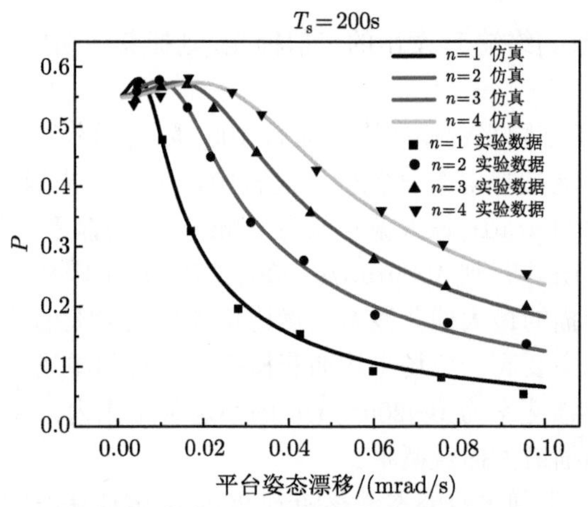

图 6-25 不同平台姿态漂移条件下 200s 扫描捕获时间内多场扫描捕获概率实验结果

从试验结果可以看出，多场扫描的最大捕获概率虽然比单场扫描最大捕获概率略低，但是多场扫描平均捕获概率要高于单场平均捕获概率。尽管与单场扫描相比，最大捕获概率在平台姿态漂移速率为 0~5μrad/s 的小速率范围内，单场扫描捕获概率要略高于多场扫描捕获概率。然而，随着限定捕获扫描完成时间的增加，无论单场扫描还是多场扫描，最大捕获概率都将变大，延长限定捕获时间将会增大窄信标多场扫描捕获概率。如在平台姿态漂移为 100μrad/s 的条件下，相比于 100s 时间的多场扫描，200s 和 500s 的多场扫描可以实现高于 75% 的捕获概率，单场扫描捕获概率仅为 30%。

上述地面等效测试验证了基于平台姿态漂移窄信标光捕获扫描模型，可以在工程应用中提供准确度较高的捕获性能预测，同时也为平台光通信终端小型化、轻量化发展提供了重要的理论依据。

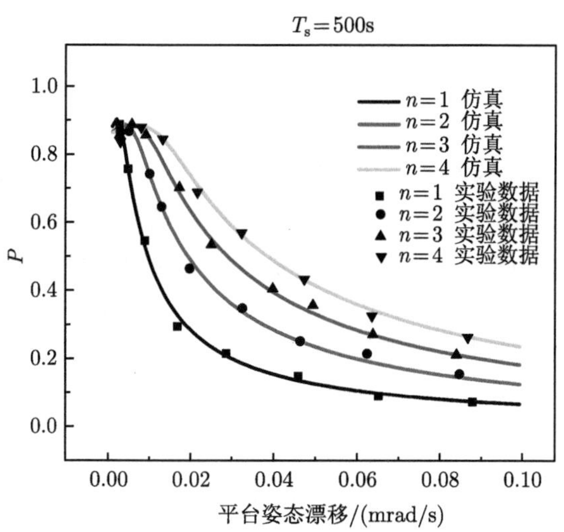

图 6-26 不同平台姿态漂移条件下 500s 扫描捕获时间内多场扫描捕获概率实验结果

6.2.3.2 在轨试验验证

激光链路在轨试验测试过程中，星上终端捕获信标发散角为 80μrad，地面终端捕获信标发散角为 30μrad，如图 6-27 所示。

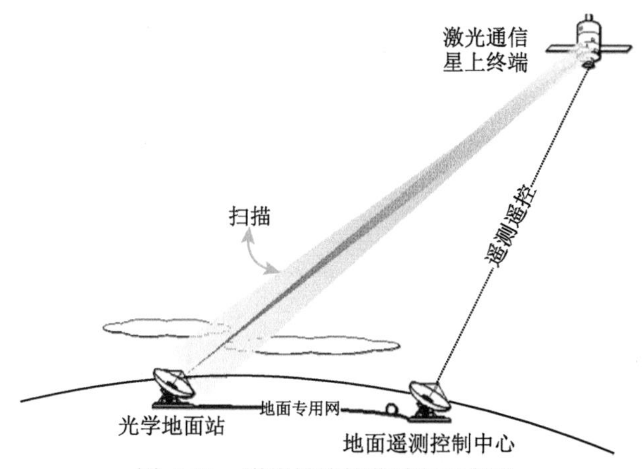

图 6-27 激光链路捕获过程示意图

星上终端进入瞄准状态后，光学地面站地面终端瞄准预定目标后向星上终端发送信标光，光学地面站通过地面遥测控制中心向星上终端上注捕获开始遥控指令，星上终端状态遥测字变为捕获状态，判断星上终端是否进入捕获状态，并记录捕获开始时间。星上终端收到捕获指令后，开始进行螺旋扫描，当捕获到地面上行信号光时，遥测字状态变为跟踪状态，记录捕获结束时间，捕获结束时间与捕获开始时间的差值作为系统捕获时间。平台下传遥测更新时间通常为 12～16s，多数情况下星上终端在瞄准阶段即可收到地面上行信标光，星上终端无需进行扫描，直接进入跟踪状态，此时记录单次捕获时间为 0s，测量次数大于 100 次取平均值作为平均捕获时间。

激光链路在轨试验过程中，捕获性能测试步骤如下：在每次进行激光链路前，设定捕获开始时间 T_0，通过上注方式输入到激光通信星上终端和地面终端；如捕获成功，记录成功 1 次。参考激光通信星上终端和地面终端的捕获成功标志为出现时间，取最大值记录为 T_n (n 表示试验次数)，则本次的捕获时间为 $T_n - T_0$；记录捕获成功次数 N_{s}。如捕获失败，记录失败 1 次。记录捕获失败次数 N_{f}。

综合统计多次测试的结果，可得出最大捕获时间 $T_{\max}$ 为

$$T_{\max} = \mathrm{Max}\{T_n - T_0\} \tag{6-18}$$

同时，可得出捕获概率 P 为

$$P = \frac{N_{\mathrm{s}}}{N_{\mathrm{s}} + N_{\mathrm{f}}} \tag{6-19}$$

在进行的全部捕获性能测试试验中，最大捕获时间 16s，平均捕获时间 2.5s，捕获概率 100%，如图 6-28 所示。链路系统设计要求捕获概率优于 95%，根据前面的理论模型，考虑本次捕获性能在轨试验共计进行了 118 次，则试验结果的置信度可优于 90%，满足测试总体性能指标要求。该结果充分验证了窄信标光束快速捕获理论和方法。

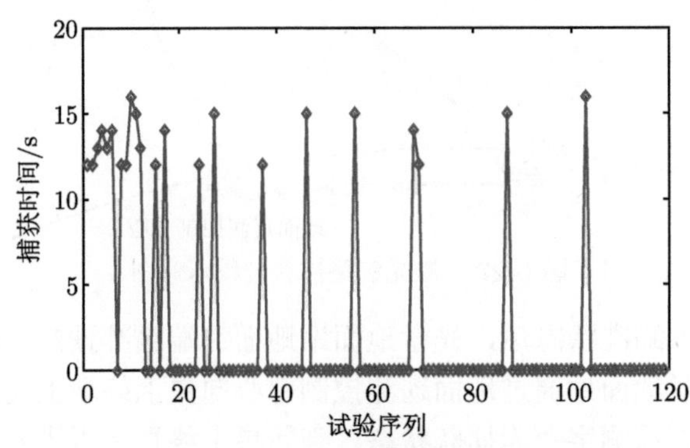

图 6-28　捕获性能测试结果

6.2.4 窄信标光束稳定双向跟踪方法试验验证

6.2.4.1 地面等效测试

由于通信距离远、激光发射束散角小，平台的角振动将直接叠加在光束发射和接收轴向上，造成跟踪精度下降，严重时会造成链路意外中断。为此，在地面通过平台角振动模拟装置开展等效测试，验证终端对平台振动的补偿能力，实现终端和系统性能优化设计。光斑的形心坐标计算公式为

$$X_{\mathrm{c}}=\frac{\sum\limits_{i=1}^{n}(g_i-B)\,u\,(g_i-B)x_i}{\sum\limits_{i=1}^{n}(g_i-B)\,u\,(g_i-B)} \tag{6-20}$$

$$Y_{\mathrm{c}}=\frac{\sum\limits_{i=1}^{n}(g_i-B)\,u\,(g_i-B)y_i}{\sum\limits_{i=1}^{n}(g_i-B)\,u\,(g_i-B)} \tag{6-21}$$

其中，n 为窗口像素个数，g_i 为灰度值，B 为采样阈值，$u\,(x)$ 为单位阶跃函数，(x_i, y_i) 为像素坐标。

图 6-29 为地面等效验证模拟平台控制精度测试结果。测试过程中，通过 12 次反复的归零和瞄准测试，X 轴和 Y 轴控制精度分别可以达到 (0.17~1.12μrad，1σ) 和 (0.21~0.86μrad，1σ)。参考平台的振动技术指标数据，在 10 倍望远镜放大倍率条件下，角度偏转控制精度应该优于 $\pm\ 0.1''(1\sigma)$，平台扰动模拟器工作带宽最大为 1kHz。因此，完全满足模拟平台振动控制精度的仿真要求。

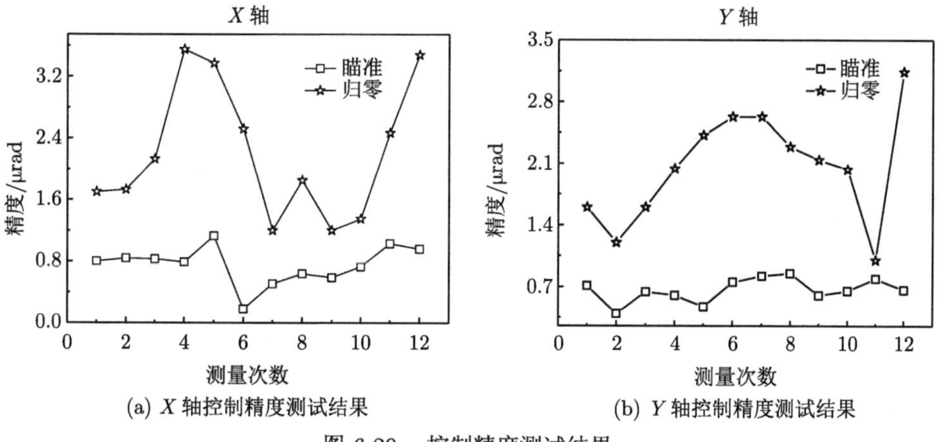

(a) X 轴控制精度测试结果　(b) Y 轴控制精度测试结果

图 6-29　控制精度测试结果

系统补偿比是影响跟踪精度和跟踪稳定性的关键因素，基于典型的二阶动态系统理论，前文给出了超调量与补偿比的关系，提供了补偿比的计算方法。可以通过简单的几个控制参量就可以确定双向跟踪系统的补偿参量。为了研究激光通信系统的双向跟踪稳定性以及链路质量，充分验证所提出的双向跟踪系统的稳定性以及理论分析与仿真结果，我们进行了地面试验。

在此次试验中，我们首先通过实验数据辨识出两台终端的粗、精瞄系统参数，并通过前面介绍的方法分别为其设计满足性能要求的 PID 控制器。然后我们利用这两台经过优化设计的终端分别进行了 10 次地面仿真试验、轨道试验和软件仿真试验。图 6-30 给出了地面等效验证试验、仿真以及在轨试验的不同补偿比 η 下的链路保持时间。

从图 6-30 可以看出地面等效验证试验和仿真结果基本保持一致。当补偿比的值在 $0.3 \sim 0.6$ 之间时，链路仅能够保持短暂的稳定时间。当 η 值小于 0.3 时，补偿能力较弱的时候，系统稳定性变差。当 η 值大于 0.6 时，系统的补偿能力较强的时候，双向跟踪能够进入到非常稳定的状态。另外，补偿比和系统超调量具有对应关系，能够从系统的超调量入手计算补偿比，进而估算双向链路的稳定性。

这里值得注意的是，在轨测试在超调量 η 大于 0.45 的时候，链路保持时间基本不变，这是由于在轨试验过程中，由于在轨链路时间累积已经超过了 11 天，人为将通信终端停机，没有继续进行测试。不过 η 小于 0.45 的时候，在轨试验结果与地面等效验证试验和仿真结果基本保持一致，验证了窄信标光束稳定双向跟踪补偿方法的正确性。

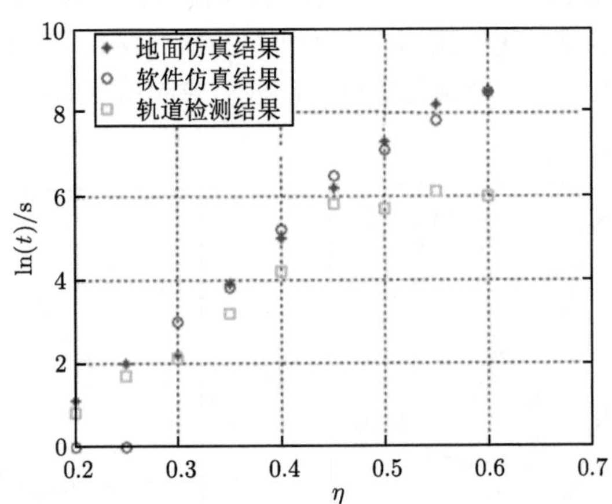

图 6-30　链路保持时间比较 (10 次试验的统计值)

6.2.4.2　在轨试验验证

2017 年 5~7 月，开展了窄信标跟踪在轨试验验证工作。星地激光链路在轨试验测试过程中，星上终端捕获信标发散角为 80μrad，信号光发散角为 30μrad；地面终端捕获信标发散角为 30μrad，信号光发散角为 20μrad。星上终端捕获成功后自动进入跟踪状态，此时光学地面站地面终端可同步接收到星上终端发下来的信标光，也进入跟踪状态。通过微波遥测和地面控制软件分别判断星上终端和地面终端的跟踪误差，连续统计 1 小时并记录作为跟踪精度测量样本。

跟踪精度可通过终端跟踪探测器输出的光斑位置变化分析得出。在星地激光链路跟踪通信阶段，设全跟踪窗口内测得的光斑位置为 $(x_i,\ y_i)$，其对应的角度量分别为

$$\theta_{xi}=\frac{x_i}{f},\quad \theta_{yi}=\frac{y_i}{f} \tag{6-22}$$

其中，f 为激光通信星上终端接收系统焦距，$(x_i,\ y_i)$ 与 f 取相同量纲。对于 n 次测量，$(\theta_{xi},\ \theta_{yi})$ 的平均值分别为

$$\bar{\theta}_x=\frac{1}{n}\sum_{i=1}^{n}\theta_{xi},\quad \bar{\theta}_y=\frac{1}{n}\sum_{i=1}^{n}\theta_{yi} \tag{6-23}$$

则跟踪精度 (1σ) 为

$$\theta_{\mathrm{a}}=\sqrt{\frac{1}{n-1}\sum_{i=1}^{n}\left(\theta_{xi}-\bar{\theta}_x\right)},\quad \theta_{\mathrm{e}}=\sqrt{\frac{1}{n-1}\sum_{i=1}^{n}\left(\theta_{yi}-\bar{\theta}_y\right)} \tag{6-24}$$

$(\theta_{\mathrm{a}},\ \theta_{\mathrm{e}})$ 分别为终端俯仰轴和方位轴的跟踪精度。

设通过跟踪探测器输出光斑位置得到的精跟踪期望角度量为 $(\varphi_{xi},\ \varphi_{yi})$，对应的精瞄装置反馈输出角度量为 $(\psi_{xi},\ \psi_{yi})$，可得控制误差角度为

$$\omega_{xi}=\psi_{xi}-\varphi_{xi},\quad \omega_{yi}=\psi_{yi}-\varphi_{yi} \tag{6-25}$$

对于 n 次测量，$(\omega_{xi},\ \omega_{yi})$ 的平均值分别为

$$\bar{\omega}_x=\frac{1}{n}\sum_{i=1}^{n}\omega_{xi},\quad \bar{\omega}_y=\frac{1}{n}\sum_{i=1}^{n}\omega_{yi} \tag{6-26}$$

则跟踪精度 (1σ) 为

$$\omega_X=\sqrt{\frac{1}{n-1}\sum_{i=1}^{n}\left(\omega_{xi}-\bar{\omega}_x\right)},\quad \omega_Y=\sqrt{\frac{1}{n-1}\sum_{i=1}^{n}\left(\omega_{yi}-\bar{\omega}_y\right)} \tag{6-27}$$

(ω_X, ω_Y) 分别为精瞄准装置 X 轴和 Y 轴的跟踪精度。图 6-31 为跟踪精度测试结果。

星地激光链路在轨试验测试过程中，共进行了 24 次跟踪性能测试试验，每次试验时间大于 1 小时。跟踪精度：X：0.8~1.8 (μrad，1σ)，Y：0.8~1.6 (μrad，1σ)，1 小时跟踪稳定度 100%。在轨试验结果验证了窄信标跟踪理论和方法。

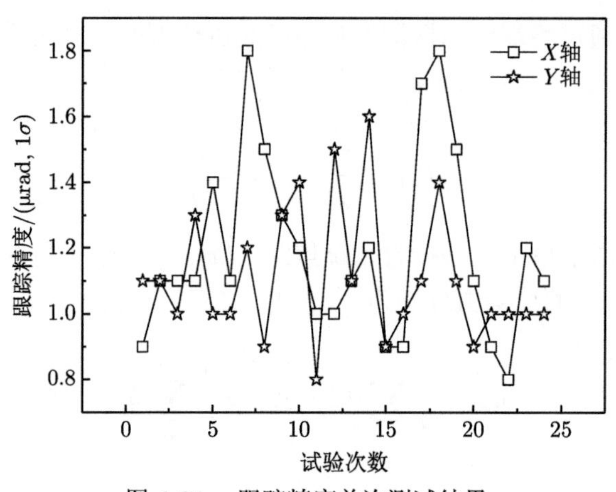

图 6-31　跟踪精度单次测试结果

本小节开展的窄信标快速扫描捕获方法、双向跟踪方法、在轨优化方法的地面等效验证和在轨试验，取得了良好的效果。为了验证窄信标快速扫描捕获方法，首先利用地面动态演示验证系统进行了等效测试和策略优化，之后利用星地激光链路系统对捕跟坐标系进行了静态修正，星上终端的捕获不确定范围由最初的 5mrad 缩小到 0.6mrad，有效提升了链路捕获性能。同时，采用多场扫描方式，实现了平均捕获时间 2.5s 的国际先进指标，捕获概率 100%，测试置信度优于 90%。

为了验证捕跟快速切换方法，利用外场试验系统来验证自适应捕跟坐标系快速切换优化方法有效性，根据链路的实际变化状态，进行阈值、帧频自适应调整，实现了信标光位置的快速检测，确保了从捕获视域向跟踪视域平稳切换。

为了验证窄信标稳定跟踪方法，首先利用地面动态演示验证方法进行等效测试和策略优化，之后利用星地激光链路系统对捕跟坐标系进行动态修正，将信标和信号光的同轴度控制在 1μrad 以内。

本小节开展的光束远场动态特性关联性影响的地面等效验证和半物理模拟仿真，验证了激光链路光束远场动态特性理论分析模型和链路跟踪稳定性优化方法的正确性。

为了验证光束远场动态特性理论分析模型，利用 Zernike 多项式生成以星间和星地光束波相差、光束漂移、光束扩展以及到达角起伏为变量的等效相位屏。星间激光链路光束波面发生变化后，远场光探测系统对不同波前畸变程度的质心偏差相对位置进行测量分析，实验结果和理论分析数据吻合较好。星地激光链路光束漂移、光束扩展及到达角起伏对光束远场动态特性关联性影响实验数据和理论仿真数据吻合。验证了平台链路光束远场动态特性影响的理论分析。

为了验证链路跟踪稳定性优化方法，利用地面设备模拟光束远场光的光斑分布和位置动态变化，通过实验和理论推导结果比对分析，验证了链路跟踪稳定性优化方法正确性。

通过仿真和地面等效实验，验证了光束远场动态特性影响和链路跟踪稳定性优化方法正确性。

6.3 典型平台激光链路跟踪稳定性试验评估

6.3.1 链路跟踪稳定性实验系统及测试方案

光束远场动态特性关联性的影响验证系统，光路图如图 6-32 所示。

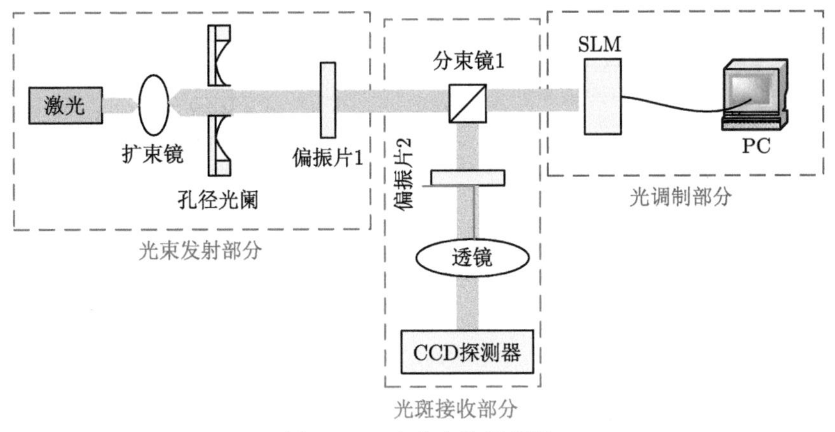

图 6-32 实验光路原理图

图中主要分为 3 部分：

(1) 光束发射部分，包括激光器、扩束镜、孔径光阑和偏振片，激光器发出的光束通过扩束镜进行扩束。扩束光束由孔径光阑控制器光斑直径，经过线偏振片调整偏振方向入射到空间光调制器 SLM 中，偏振方向平行于 SLM 光轴效果最佳。

(2) 光调制部分，包括空间光调制器 SLM，由计算机控制 SLM 加载空间和大气湍流参数变化形成的相位屏。

(3) 光斑接收部分，包括分光镜、线偏振片、透镜和 CCD 探测器，SLM 为反射式，需要分光镜将入射光和发射光分开，调制光通过线偏振片调节调制效果，垂直于 SLM 的光轴效果最佳，经过透镜聚焦后输入到 CCD 中完成光斑质心的探测。

所需实现设备及光学元器件包括：液晶光调制器 (SLM)1 个、扩束镜 1 个、孔径光阑 1 个、偏振片 2 个、分光棱镜 1 个、透镜 1 个、CCD 1 个。仪器型号及参数见表 6-3。

表 6-3　实验仪器型号及参数

仪器名称	型号	参数
SLM	LC-R 2500	像元尺寸: 19.5×14.6μm 像元数: 1024×768 帧频: 75Hz
分光镜	偏光分光棱镜	分光比 1:1 立方体棱镜
扩束镜 (1 个)	—	扩束倍数：10 倍扩束 镜片大小：直径 10mm，2 片； 镜筒尺寸：直径 28mm，长度 90mm，直筒型
偏振片 (2 个)	—	线偏振
激光器	氦氖激光器 光纤激光器	570nm、635nm 808nm
透镜	—	—
孔径光阑	ZT-GL42	孔径调整范围 Ø2.5mm~Ø42mm
CCD 探测器	—	数据接口：IEEE 1394b-800 Mb/s, 1 port 分辨率：1292 × 964； 像元尺寸：3.75 μm； 最高帧率：31 fps

实验系统的实物图如图 6-33 所示。

每个器件的功能如下：

激光器，产生跟踪信标光，为光束远场动态特性影响因素分析提供光源；

扩束镜，对光束进行扩束，使进入 SLM 的光束近似为平行光束；

孔径光阑，调节输入 SLM 的光束孔径大小，观测不同有效光斑半径下，光束远场特性变化情况；

液晶光调制器，用于拟合所需要的远场光波前畸变特性、大气光束漂移以及大气光束扩展特性；

CCD 探测器，焦点处的光强分布为光束远场光强分布的近似值，CCD 放置在焦点处可观察光束远场光强分布情况。

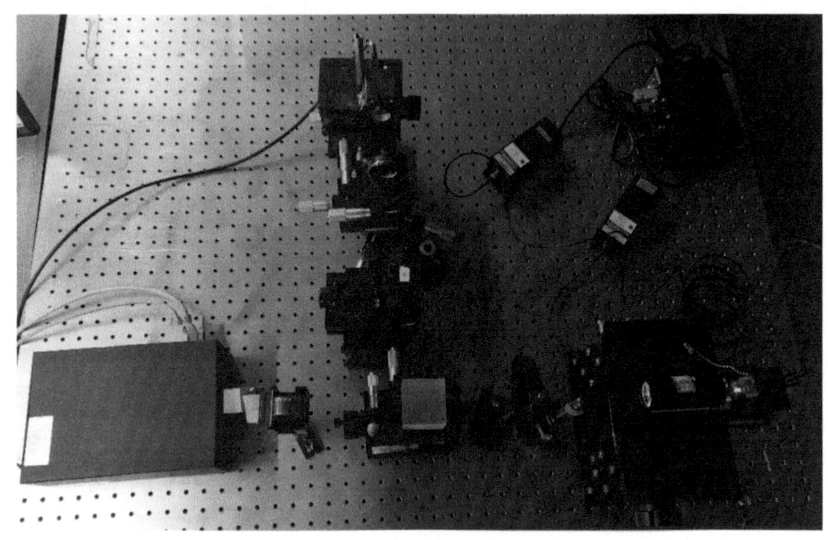

图 6-33 实验系统实物图

6.3.2 星间链路光束远场动态特性地面等效验证实验

按照图 6-32 光路原理图，搭建实验系统。发散角一定的情况下，针对不同链路光束远场波前畸变下的远场光斑质心以及光强分布情况进行实验测试。

激光器需提供稳定光源，将相位屏加载到空间光调制器中，产生波前畸变程度可控的跟踪信标光。实验中针对波前畸变均方根 RMS 为某一个特定值情况下，产生 200 组数据，并设置 SLM 以频率为 50Hz 的速率更新数据。

如图 6-34 给出波长为 570nm 仿真模拟和实际测量在不同的 RMS 下光斑图形。

在 CCD 探测器中对光斑的质心进行测量和分析，根据公式计算质心。根据相关公式可知 RMS 与波长 λ 的影响

$$\mathrm{RMS}=\sqrt{\frac{2\pi}{\lambda}}\sqrt{\frac{\iint M(x,y)\sum_{n=0}^{\infty}a_nZ_n(x,y)\mathrm{d}x\mathrm{d}y}{\iint M(x,y)\,\mathrm{d}x\mathrm{d}y}} \tag{6-28}$$

针对不同波前畸变均方差 RMS 下，光斑质心偏移方差测量如图 6-35 所示。

使用三种波段的激光器产生波长为 570nm，635nm 和 808nm 的跟踪信标光。通过光束远场探测系统对不同波前畸变程度的质心偏差相对位置进行测量和分析，分析结果显示波长对探测光斑质心偏差相对位置的影响较大，波长越大，质

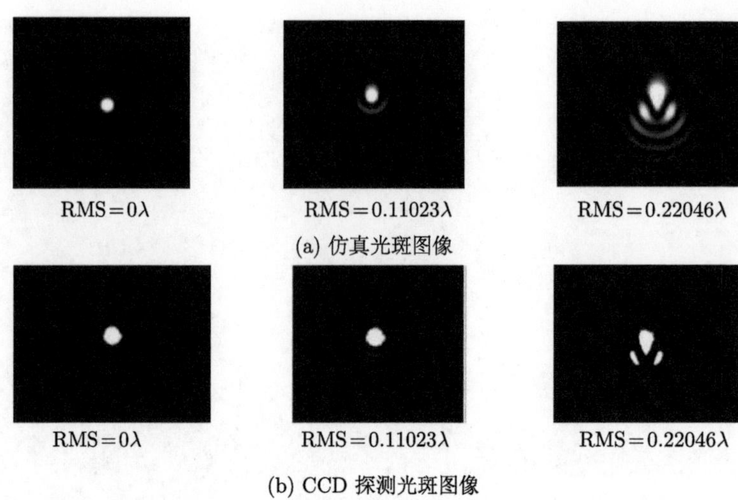

图 6-34　远场光斑探测图

心偏差相对位置越小。小程度波前畸变均方根影响下，光束远场动态特性受波长影响不明显，在 RMS/λ>0.2 时受波长影响较为明显。

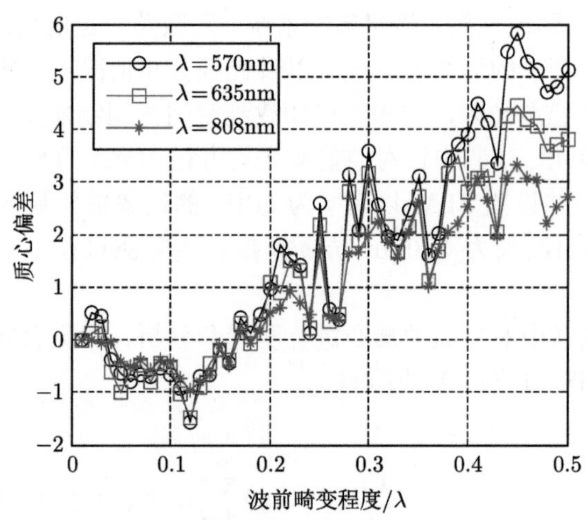

图 6-35　波前畸变均方根对质心偏差的影响

为更加直观地分析波前畸变程度 RMS 对光束远场动态特性的影响，在跟踪光束波长为 808nm 时，针对不同波前畸变程度情形下，对 200 幅曝光图样的光强极大值位置进行了统计数据分析，统计的直方图如图 6-36 所示。

图 6-36(a) RMS=0.10λ 的情况下，远场光强的极大值稳定在探测器视域中心点位置附近。图 6-36(b)RMS=0.15λ，随着波前畸变程度的增加，其远场光强的

极大值位置发生漂移的概率也逐渐地增加。图 6-36(c) RMS=0.20λ，远场光强极大值的位置大部分时间内仍然在探测视域之内，并且可被有效地控制。但随着波前畸变程度而增加，图 6-36(d) RMS=0.25λ 时，其远场光强极大值位置很少在探测视域范围内，光远场关联因子趋近于 0。

实验结果表明：当星间链路光束波相差的波前畸变均方根较小 RMS<0.1λ 时，光束远场动态特性受波相差的影响很小，可在探测器视域范围内接收到远场光强极大值。随着波前畸变均方根 RMS 的增加 0.1λ<RMS<0.2λ，远场光发生不同程度的漂移，不能完全锁定两路跟踪光束。当波前畸变均方根继续增大 RMS>0.2λ，链路光束远场动态特性显著变差。

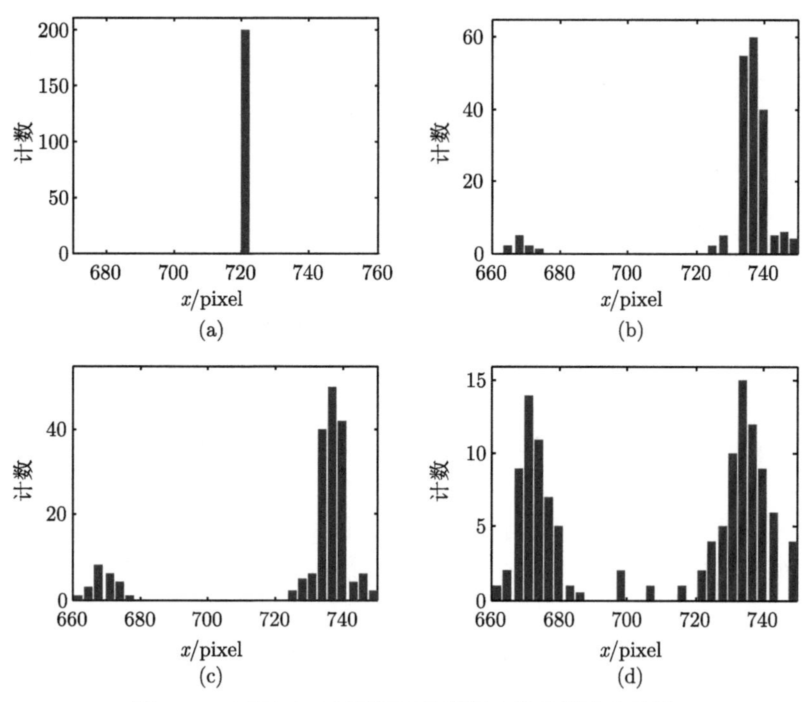

图 6-36 不同 RMS 下远场光强极大值位置分布统计

6.3.3 链路跟踪稳定性优化方法实验验证

6.3.3.1 在轨跟踪稳定性优化方法模拟验证

1. 光束远场等效性分析

光束远场特性分布对平台激光链路稳定跟踪具有重大的意义，光束远场光斑质心的测量十分必要。光束远场光斑质心在探测器接收视域的分布，会影响跟踪控制系统跟踪角度偏差的计算，直接反映出跟踪系统的稳定性能的好坏。通常情况下，星地激光链路距离都大于 1000km，直接对光束远场光斑测量并不现实，地面远场距离模拟实验通常为 50km 以下，接收端接收的光强很难满足光束远场光强的分布，测量结果仍需评估。

基于此，可通过模拟仿真的方法模拟等效的光束远场光斑质心分布，验证链路跟踪稳定性优化方法的正确性。

2. 远场光斑模拟

大气湍流效应导致链路光束发生漂移、扩展和强度起伏，同时链路光束本身存在波相差，因此光束远场光斑的分布较复杂。由于篇幅有限，本节对跟踪信标光束远场动态特性的瞬时分布情况，在蒙特卡罗方法中模拟链路光束远场动态特性，模拟光斑的瞬时光斑质心分布情况。

光束远场瞬时光斑大小由光束漂移和扩展共同作用导致，因此可知瞬时光斑半径数学表达式为

$$r_{\mathrm{s}} = \sqrt{\left(\frac{1.22\varphi\lambda}{D}\right)^2 + \left(\frac{1.22\lambda}{\rho}\right)^2} \tag{6-29}$$

上式中，ρ 为大气相干长度。

光束远场长曝光的光斑大小建立在瞬时光斑半径的基础上，考虑到发射光束自身的发散角、波相差、光束漂移和扩展的影响。因此，链路光束远场长曝光光斑的半径尺寸为

$$r_l = \sqrt{\left(\frac{1.22\varphi\lambda}{D}\right)^2 + \left(\frac{1.22\lambda}{\rho}\right)^2 + \sigma^2 + \sigma_1^2 + \sigma_2^2} \tag{6-30}$$

上式中，σ^2 为波相差引起的跟瞄角度偏差。理想情况下，根据能量守恒定律可知平面波在大气湍流中传输的远场光光强的峰值数学表达式为

$$I_{\max} = \frac{0.86\tau I(0)}{\int_0^{\varphi_t} \left[4\frac{J(kD\omega/2)}{kD\omega}\right]^2 \cdot (2\pi Z\omega) \cdot Z\mathrm{d}\omega} \tag{6-31}$$

上式中，τ 表示大气的透过率，$I(0)$ 表示理想条件下光强的峰值，ω 为光束角半径，Z 为传输距离。跟踪光束发射系统为卡塞格林结构束。因此，得到其峰值的功率密度函数为

$$I_{\mathrm{M}} = (1-\varepsilon)^2 I_O \tag{6-32}$$

链路光束远场光在远场探测器上的远场光斑光强的表达式为

$$I(\varphi) = (1-\varepsilon)^2 I_{\max}\left[4\frac{J(kD\omega/2)}{kD\omega}\right]^2 \tag{6-33}$$

链路光束远场光斑分为瞬时光斑和长曝光光斑。瞬时光斑相对于靶板中心会发生光束漂移，二维跟踪光束漂移的概率服从瑞利分布。根据蒙特卡罗的思想，产生一个随机的正态分布序列，模拟远场光斑瞬时质心相对于靶板中心的分布情况。

跟踪光束波长为 808nm，跟踪精度为 5μrad，发射天线口径为 250mm，跟踪光束发散角为 50μrad，中心遮拦比为 1/3，传输距离为 10km 的仿真条件下，对链路光束远场光斑质心和光斑图像进行数值模拟。

在大气闪烁频率为 50Hz 的情况下，每秒钟模拟 50 个光斑质心，探测器靶板光斑质心模拟如图 6-37 所示。

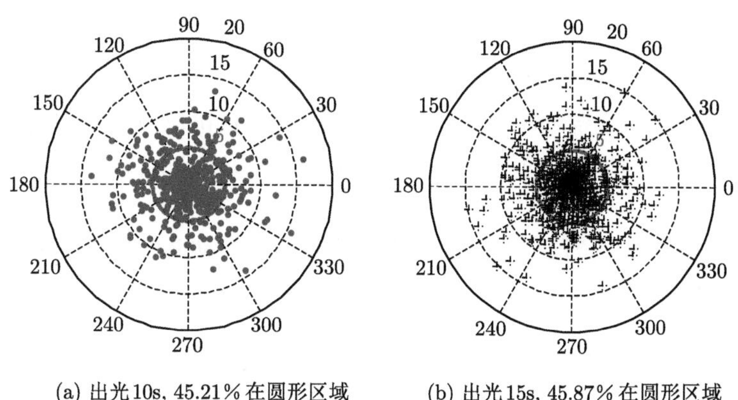

(a) 出光 10s, 45.21% 在圆形区域　　(b) 出光 15s, 45.87% 在圆形区域

图 6-37　跟踪光斑远场模拟

图中红色实线的圆形区域的角半径为 5μrad，图 6-37(a) 为出光时间为 10s 时，光斑质心分布图。图 6-37(b) 为出光时间为 15s 时，其光斑质心分布图。根据计算出来的在出光时间内，链路光束远场光光斑质心在圆形区域内的概率分别为 45.4%(出光 10s) 和 45.94%(出光 15s)，模拟仿真概率为 45%，21% 和 45.87%。因此，模拟的结果与理论计算的结果具有较好的一致性，并且出光时间越长，其质心分布在圆形区内的概率越高。

两终端在 t 时刻接收到的光功率分别会受到对向终端 t_d 秒之前的跟踪误差角度的影响 (t_d 为光束远距离传输延时)。因此，根据两个终端跟踪耦合方程，远场光斑的分布与光束的发散角和波前畸变程度 k 值有关。双向跟踪光束，跟踪光束波长为 808nm，跟踪精度为 5μrad，跟踪光束发散角为 50μrad，发射天线口径为 250mm，中心遮拦比为 1/3，传输距离为 10km，光束漂移方差 $\sigma_1^2 = 0.0128\mathrm{m}^2$，光束扩展方差为 $\sigma_2^2 = 0.027\mathrm{m}^2$，出光时间为 20s，光束远场光斑合成图像进行数值模拟。

3. 模拟验证过程

整个跟踪模拟实验装置包括：两套光通信终端 A 和 B，基本结构相同。

光学系统的粗跟踪装置中主要由驱动系统和万象转台构成。万象转台包括俯仰轴和方位轴，俯仰轴的偏转角度范围是 ±180°，方位轴的角度偏转范围是 360°。光学终端精跟踪装置中，主要由压电驱动系统和 FMS 反射镜构成。

光学终端具有 2 路发射天线，2 个接收图像探测器，收发同轴，两波长的发射天线间距为 30cm。探测器放置一个 50mm 的聚焦成像透镜和窄带滤光片提高跟踪偏差角度的检测精度，窄带滤波器的中心波长为 808nm。

模拟仿真过程中，要先对终端进行调整，确保两终端的信标光分别入射到对方终端的 CCD 探测器中心。假设此时终端 A 和终端 B 的精跟踪方向分别为 $\vec{A}_0$ 和 $\vec{B}_0$，以终端 A 精跟踪过程为例，调整终端 A 的跟踪初始角方向和 $\vec{A}_0$ 之间的夹角，从而可以改变跟踪方位。

调整终端 B 的跟踪初始角方向和 $\vec{B}_0$ 之间的夹角可以改变跟踪角度偏移量的大小，可以通过数值仿真的方式对跟踪保持过程中光束远场动态特性关联因子方差的变化进行分析。

整个链路稳定保持过程跟踪信标光初始光束远场动态特性关联因子的变化统计情况如图 6-38 所示。

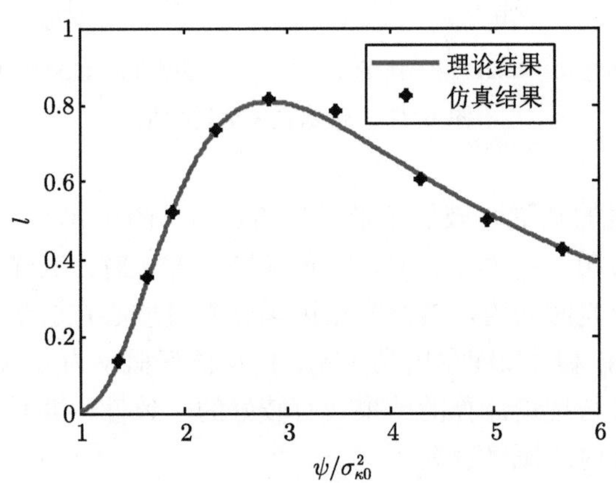

图 6-38　$\sigma_{\kappa0}^2$ 与跟踪保持比仿真数据与理论数据比较

归一化光功率阈值设定为 $P_\mathrm{d} = 80\%$ 时，存在最佳初始关联因子方差 $\sigma_{\kappa0}^2$，使得跟踪保持比最大。通过链路稳定保持仿真系统仿真结果和理论推导的曲线拟合较好，验证链路跟踪稳定性优化方法理论推导的正确性。

6.3.3.2 地面动态跟踪实验验证

对地面动态跟踪实验进行验证。地面动态跟踪实验通常由高精度二维转台，上位机软件以及动态模拟仿真软件 3 部分构成。二维转台的偏转角度范围为：俯仰轴方向 ±30°，方位轴方向 ±150°，回转精度及两轴不垂直度小于 1 角秒，光电码盘的反馈精度小于 1μrad。

在平台激光链路地面动态跟踪开始前，要根据两个终端的相对位置对终端的粗跟踪方向进行调整，对跟踪信标光的望远镜发射天线方向和入射方向提出了较为严格的要求。地面动态跟踪和实际的平台激光链路跟踪过程不尽相同，但并不影响稳定跟踪原理的验证。

两个终端完成初始瞄准之后，开始地面动态跟踪实验验证。整个过程远场光 CCD 探测器会对两束跟踪光的接收情况记录，记录光功率变化情况由计算机进行分析绘制光束远场动态跟踪角度偏差的变化情况，如图 6-39 所示。

如图 6-39 所示，星间激光链路地面等效实验中，光束远场动态特性影响，导致的跟踪角度偏差范围较大，在 ±150″ 之间。利用再生时域均衡补偿算法对光束远场动态特性影响进行补偿，探测到的修正跟踪角度偏差分布如图 6-40 所示。

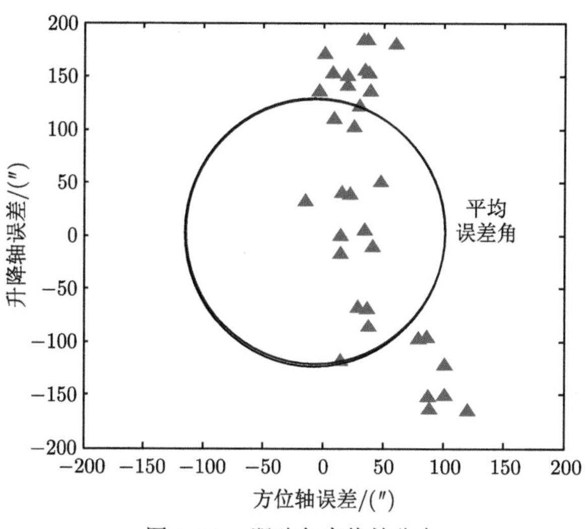

图 6-39 跟踪角度偏差分布

如图 6-40 所示，利用再生时域均衡补偿算法对光束远场动态特性的影响进行补偿，探测到的光束远场光斑质心的跟踪角度偏差范围为 ±50″，补偿效果明显。

以星间激光链路为例，当 $N=100$，星间激光链路光束远场动态特性最佳初始光束远场动态特性关联因子方差下的跟踪保持比见表 6-4。由表可知，通过对链路系统其他参数的调节，可在小角度下实现较高的链路跟踪保持比，提高平台激光链路跟踪稳定性。

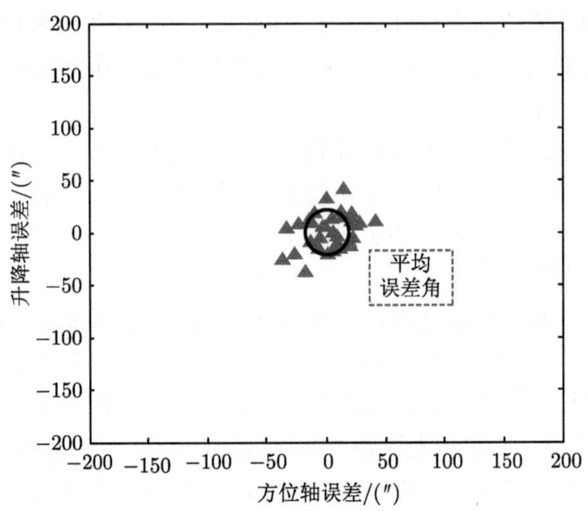

图 6-40　修正跟踪角度偏差分布

表 6-4　星间链路跟踪稳定性比较

发散角 φ/μrad	RMS	信噪比	$\sigma_{\kappa 0}^2$/μrad	ℓ
70	0.01λ	10.76	24.75	90.20%
	0.015λ	7.17		
	0.02λ	5.38		
50	0.01λ	7.68	17.68	84.47%
	0.015λ	5.13		
	0.02λ	3.83		
20	0.01λ	3.07	7.07	61.53%
	0.015λ	2.05		
	0.02λ	1.53		

根据理论模型可以计算出满足激光链路稳定保持对系统性能的最低要求。通过当前状态平台激光链路跟踪系统参数，结合跟踪保持比的推导过程，可判断接收光功率 P_{R} 和设定阈值功率 P_{d} 的关系。如果当前周期状态下，出现 $P_{\mathrm{R}} \leqslant P_{\mathrm{d}}$，说明平台激光跟踪链路失去稳定性，通过计算出跟踪保持比，为激光链路跟踪稳定性的评价提供有效的解决方法。

6.4　激光通信信道纠错编码试验评估

6.4.1　编码技术性能比较

由上述分析可知，对于空地激光通信链路，信道受到大气湍流影响，接收信

号质量降低。假设大气湍流信道参数 h_a 服从 Gamma-Gamma 分布的随机变量，其概率密度函数为

$$p_{h_a}(h)=\frac{2(\alpha\beta)^{\frac{\alpha+\beta}{2}}}{\Gamma(\alpha)\Gamma(\beta)}h^{\frac{\alpha+\beta}{2}-1}J_{\alpha-\beta}(2\sqrt{\alpha\beta h}),\quad h>0 \tag{6-34}$$

其中，$J_{\alpha-\beta}(\cdot)$ 是以 $\alpha-\beta$ 为级数的第一类贝塞尔函数，$1/\alpha$ 和 $1/\beta$ 分别是大气湍流环境下小尺度和大尺度湍流参数。大气湍流瞬时功率谱密度可表示为

$$W_e^2(f)=\frac{0.033C_n^2\tau_r^2D^2}{4V^2}\int_0^\infty\frac{J_1^2\left(\pi D\sqrt{\kappa^2+f^2/V^2}\right)}{\kappa^2+f^2/V^2}\times\frac{\exp\left[-\left(\kappa^2+f^2/V^2\right)/\kappa_m^2\right]}{\left(\kappa^2+f^2/V^2+\kappa_0^2\right)^{11/6}}\mathrm{d}\kappa \tag{6-35}$$

其中，C_n^2 为大气结构参数，V 为地表风速，τ_r 为光学损耗，D 为接收孔径直径，κ 为空间频率向量，f 为接收频率分量，$\kappa_m=5.92/l_0$，$\kappa_0=2\pi/L_0$，l_0 和 L_0 分别为大气湍流内外尺寸。

由上式可以看出，大气湍流造成的加性噪声和突发连续错误会使光信号质量严重恶化，甚至会导致信号的完全丢失、不能获得译码。因此，需要采用信道纠错编码与交织技术相结合的方式来抵抗大气湍流和突发连续误码对通信性能的影响。本小节通过仿真实验比较不同编码方式和交织深度对系统性能的影响，设置环境参数如下：信号调制方式为 OOK，传输数据速率为 2Gbps，载波激光波长为 1550nm，地表风速为 20m/s，每秒发送的比特数为 2×10^9bits，空间高度为 200km，大气结构参数 C_n^2 为 $1.5\times10^{-14}\text{m}^{-2/3}$，大气湍流内外尺寸分别为 5mm 和 1.5m，孔径直径为 30cm。不同信道纠错编码的码参数如表 6-5 所示。

表 6-5 信道纠错编码参数

编码类型	参数	参数值
LDPC 码	尺寸	1000×2000
	码率	0.5
	迭代次数	5
Turbo 码	编码结构	并行级联卷积码
	码率	0.5
交织码	交织深度	100

不同湍流尺寸和风速会影响大气湍流的结构参数，会直接影响系统性能。假设大气湍流是产生突发错误的主要因素，SNR 定义为信号功率与高斯加性白噪声 (AWGN) 功率的比值。图 6-41 展示了上述空地激光通信链路的环境参数的 LDPC 码、Turbo 码以及分别结合交织码得到的误码性能蒙特卡罗仿真图，并与未编码条件的系统误码率曲线形成比较。可以看出，虽然一般在无衰落信道环境中 LDPC 码和 Turbo 码可以明显改善性能，然而，当在大气湍流导致的衰落信

道中，LDPC 码和 Turbo 码对误码性能的改善并不明显。这是由于大气湍流导致光信号强度的随机波动，使接收端产生突发连续错误，降低系统误码性能。此外，对于误码率为 5.6×10^{-2} 的未编码空地激光通信系统，可以看出将 LDPC 码、Turbo 码与交织码结合之后，可以使误码率由 1.7×10^{-2} 和 3.3×10^{-2} 分别降低至 3.0×10^{-6} 和 4.6×10^{-5}。在系统数据速率为 2Gbps、要求误码率为 10^{-6} 时，LDPC 码结合交织码相对未编码系统有 3dB 的等效编码增益，Turbo 码结合交织码相对于未编码系统有 2.5dB 的等效编码增益。

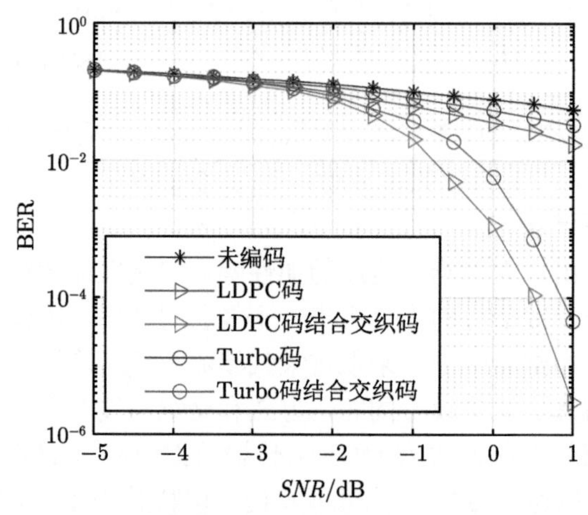

图 6-41　结合交织技术的 LDPC、Turbo 码误码率比较

图 6-42 展示了空地激光通信链路的环境参数下的 LT 码、Raptor10 码和 Spinal 码的误码性能蒙特卡罗仿真图，并与未编码条件的系统误码率曲线形成比较。可以看出，在大气湍流导致的衰落信道中，喷泉码的性能略优于结合交织技术 LDPC 码性能。在低信噪比条件下，由于连续误码的发生概率更大，因此喷泉码可以更好地对连续误码进行补偿。可以看出，三种喷泉码中，LT 码性能优于其他两种喷泉码。在大气湍流衰落导致的低信噪比环境下，相比于未编码系统，喷泉码系统接收机接收性能改善约 1dB。对于误码率为 6.8×10^{-2} 的未编码空地激光通信系统，在使用 LT 码后误码率降低至 4.2×10^{-6}，在系统数据速率为 2Gbps、要求误码率为 10^{-6} 时，LT 码相对未编码系统有 3.8dB 的等效编码增益，而 Spinal 码有 3.2dB 的等效编码增益。

6.4.2　编码技术实现方法

一般来说，通信系统中信道编码的纠错能力越强，编码的复杂程度就越高，实现起来就越难，因此要在 DSP 等嵌入式系统或 FPGA 等硬件平台中实现编码技

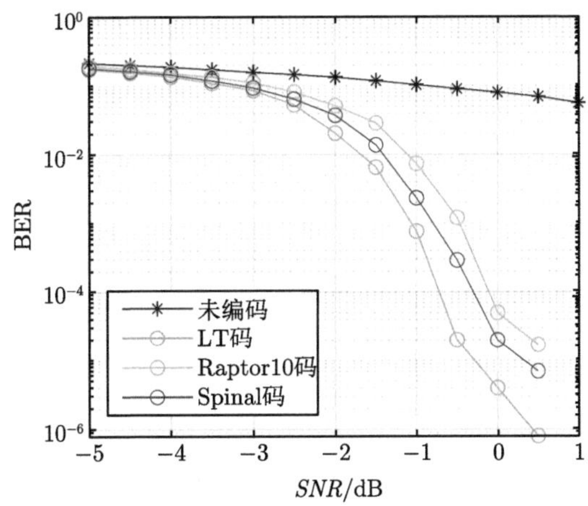

图 6-42 LT 码、Raptor10 码和 Spinal 码与未编码误码率比较

术，往往会在诸多的限制条件中折中选择编码参数。虽然在空间激光通信领域已有大量的编码技术在不同嵌入式硬件平台上得到应用，但其中大部分的实现方法和构建流程是针对具体特定信道环境所设计的，很少具有广泛性。

为降低系统整体复杂度，本小节考虑已广泛应用的强度调制/直接检测 (IM/DD) 的空间激光通信系统，激光信号强度由发射信息决定。发射端信源信息是独立同分布的二进制随机序列，即等概率的 0 和 1 取值。接收端的接收光信号聚焦在光探测器上，经光电转换后向信号解调器输出有限带宽的电信号。信号解调器将光电信号进行判决估计，输出判决信息。其中编码器和译码器是空间激光通信系统中实现信道纠错编码的运行平台，因此它们的设计和配置是实现编码技术的重点。

为了在系统硬件中实现信道纠错编码技术，需要着重考虑构建编码器和译码器的硬件设计流程。为确保纠错码、编码器和译码器成为协调统一的构建体系，需要对其进行协同设计，在编码器和译码器与纠错码的构建过程中需要同时进行一系列约束，设计流程如图 6-43 所示。

以 LDPC 码编码器为例，结合硬件约束条件和需要提高系统纠错性能的要求，可以概括编码的构建步骤，描述如下：① 根据硬件性能选择合适的码参数，包括码长、码率、深度等；② 根据计算选择最优的编码维度分布；③ 根据编码维度分布伪随机地进行宏矩阵的非零计算；④ 基于近似外信息度 (ACE) 标准进行扩展；⑤ 进行近似下三角编码 (ALT) 转换；⑥ 检查宏矩阵的可逆性；⑦ 存储宏矩阵的 ALT 形式。而对于喷泉码来说，其实现思路与 LDPC 码相似，但存在区别。由于喷泉码包括生成预编码符号和编码符号两个阶段，因此需要先将信息分组，设置预编码符号的数量参数并生成预编码符号，而后使用预编码符号进行喷泉编码，对每组编码信息添加码字识别，最后添加冗余校验并组帧。

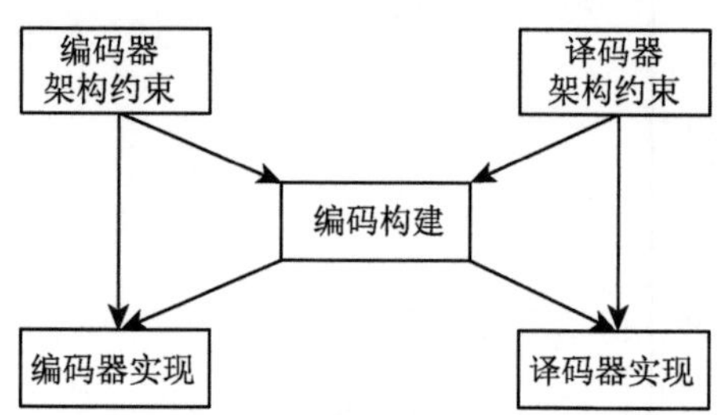

图 6-43 编码器、译码器和信道纠错编码的协同设计流程

使用该流程构建编码的主要优点是宏矩阵的尺度小，可以快速生成、扩展目标编码并校验编码的适配性。因此，如果硬件中发现某个编码不符合系统要求，系统可以舍弃并快速生成另一个编码进行取代。由于上述步骤会使编码具有典型的维度分布和扩展因子，因此系统可以在极短时间内生成合适的编码，以抵抗大气湍流的快速变化对编码性能产生影响。

对于交织编码技术的实现方法为，首先将信源信息进行分组，每组进行编码，然后送入交织器，将交织器设计为按列写入、按行取出的阵列存储器，该过程为信息序列的交织操作。交织器的操作过程如图 6-44 所示，其中 M 为交织深度，N 为交织列数，且 N 等于码长，信道衰落周期为 T，信息速率为 r，由于 T 小于满存储的所需时间，因此对于码率为 R 的交织编码，若要纠正 t 时间内的连续突发错误，则其深度要满足 $M=(Tr)/(tR)$。

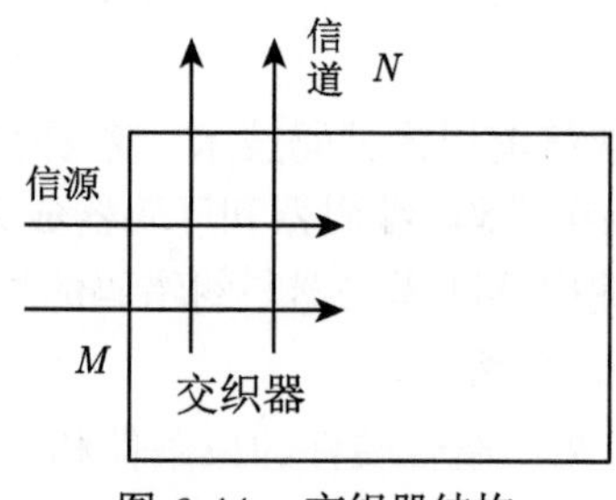

图 6-44 交织器结构

6.5 随机角抖动对单模光纤耦合效率应用评估

利用该系统还可以验证随机角抖动对高速激光接收效率影响，验证理论分析的正确性。系统装置包括发射和耦合接收两部分如图 6-45 所示。

由于平台间激光通信链路距离非常远，远距离传输来的激光束在接收孔径平面上可近似为平面波。为模拟实际情况，将 EDFA 发出的高斯光束经大口径长焦平行光管后出射，平行光管的作用有两个：① 压缩束散角，将光束束散角压缩至几十 μrad 以内 (实验中可压缩到 24.7μrad)，使出射光束接近平行光；② 扩束，将出射光束的直径扩大至 Φ300mm。在耦合接收部分采用小口径的聚焦透镜组 (有效口径为 Φ6.5mm) 进行接收，从而保证在整个接收孔径内光强分布较均匀，使得耦合系统的输入光束基本接近平面波。

通过转镜的振动实现对耦合系统入射光束偏角的调制。由于随机偏角的两个正交分量均服从正态分布，利用 MATLAB 生成两组符合标准正态分布 $N(0,1)$ 的 10000 个随机数，分别作为转镜 X 和 Y 轴的控制信号。利用高精度 DA 卡将计算机输出的数字控制信号转换为模拟控制电压，控制转镜随机偏转。通过将生成的随机数乘以不同的比例系数和加上不同的固定偏移量，即可实现对随机抖动标准差和偏置误差的控制，从而模拟不同抖动条件下的情况。

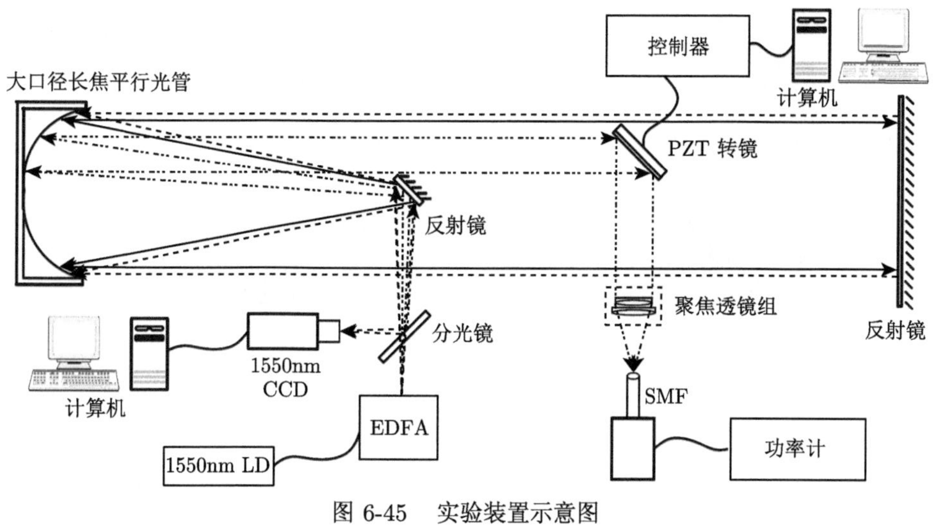

图 6-45　实验装置示意图

对不同抖动条件进行测试，图 6-46 给出了无偏置误差时归一化横向偏移的直方图，图中曲线是直方图的瑞利分布拟合曲线，由拟合曲线得到了横向偏移的归一化标准差 σ_r/w_0。图 6-47 给出了存在偏置误差时归一化横向偏移的直方图，图中曲线是直方图的 Rician 分布拟合曲线，由拟合曲线得到了横向偏移的归一化偏置误差 r_0/w_0 和归一化标准差 σ_r/w_0。

实验中模拟的无偏置误差时，随机角抖动概率密度分布服从瑞利分布；存在偏置误差时，随机角抖动概率密度分布服从 Rician 分布。

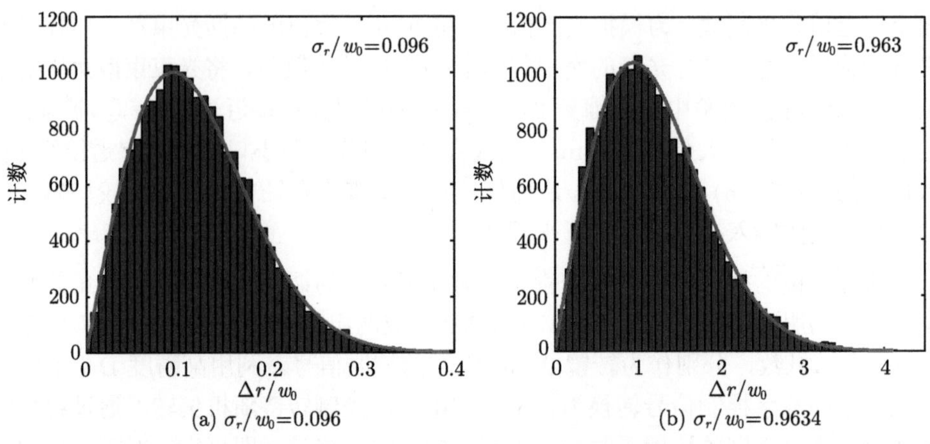

(a) σ_r/w_0=0.096　　(b) σ_r/w_0=0.9634

图 6-46　无偏置误差时，归一化横向偏移直方图和瑞利分布拟合曲线

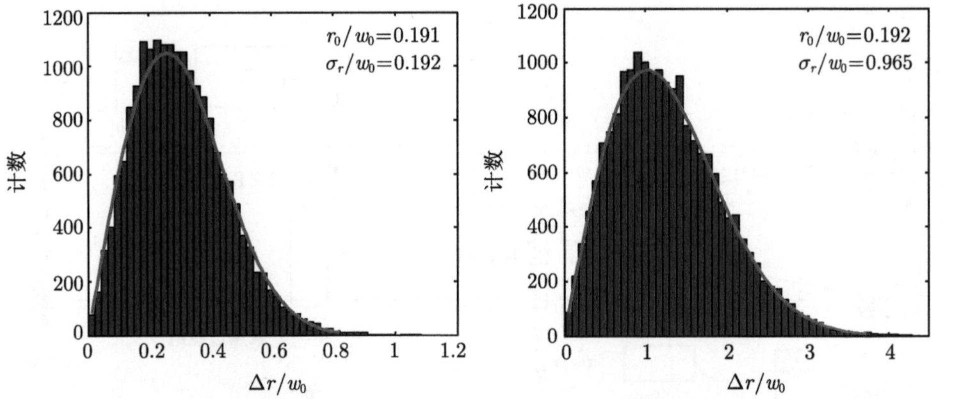

(a) r_0/w_0=0.191, σ_r/w_0=0.192　　(b) r_0/w_0=0.192, σ_r/w_0=0.965

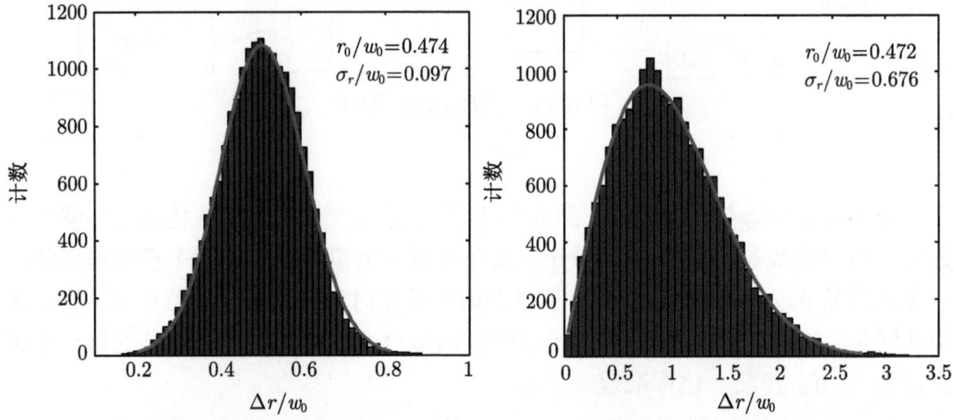

(c) r_0/w_0=0.474, σ_r/w_0 = 0.097　　(d) r_0/w_0 = 0.472, σ_r/w_0=0.676

图 6-47　存在偏置误差时，归一化横向偏移直方图和 Rician 分布拟合曲线

通过本次试验可以建立随机角抖动对单模光纤耦合影响的理论模型。基于该模型，通过接收端高速摆镜进行实时补偿，突破存在随机角抖动时，空间激光到单模光纤的高效耦合问题。同时，通过研究随机角抖动对单模光纤耦合效率的影响，验证理论分析的正确性，并为后续的工程化应用提供重要参考。

参 考 文 献

[1] 毕开波，杨兴宝，陆永红，刘亿. 导弹武器及其制导技术 [M]. 北京：国防工业出版社. 2013.

[2] 李勇军，赵尚弘，张冬梅. 空间编队卫星平台激光通信链路组网技术 [J]. 光通信技术. 2006，10: 47-49.

[3] 文国莉. 空间光网络路由与资源管理技术研究 [D]. 北京：北京邮电大学，2014.

[4] 丁涛. 基于块节点的无线激光通信网络拓扑控制算法研究 [D]. 西安：西安电子科技大学，2016.

[5] 丁德强，柯熙政. 大气激光通信 PPM 调制解调系统设计与仿真研究 [J]. 光通信技术，2015(1): 50-52.

[6] 姜会林. 空间激光通信技术与系统 [M]. 北京：国防工业出版社，2010,54-55.

[7] 杨青龙. 基于波长路由的全天基星座光网络特性研究 [D]. 哈尔滨：哈尔滨工业大学，2010: 48-50.

[8] 饶瑞中. 现代大气光学 [M]. 北京: 科学出版社, 2012: 379-382.

[9] Zhang Q J, Wang G Y. Influence of HY-2 satellite platform vibration on laser communication equipment: analysis and on-orbit experiment[C]. 3rd International Symposium of Space Optical Instruments and Applications, 2017, 192: 95-111.

[10] 李少辉, 陈小梅, 倪国强. 高精度卫星激光通信地面验证系统 [J]. 光学精密工程, 2017, 25(5): 1149-1158.

[11] Cvijetic N, Wilson S G, Zarubica R. Performance evaluation of a novel converged architecture for digital-video transmission over optical wireless channels[J]. J. Lightwave. Technol., 2007 , 25(11): 3366-3373.

[12] Nguyen Thong, Park Youngil. Performance analysis of interleaved LDPC for optical satellite communications. Optics Communications. 2019: 442. 10.1016.

[13] 姜晓峰, 赵尚弘, 李勇军, 等. 星地光通 RS 码设计及性能研究 [J]. 半导体光电, 2011, 3: 401-404.

[14] Han Y, Dang A, et al. Theoretical and experimental studies of Turbo product code with time diversity in free space optical communication[J]. Opt. Express, 2010, 18(26): 20978-20988.

[15] 周建国, 郝士琦, 刘加林, 等. 大气激光通信中基于遗传算法的交织器设计 [J]. 中国激光，2013, 40(6): 0605004

[16] Ma J, Zhao F, Tan L, et al. Plane wave coupling into single-mode fiber in the presence of random angular jitter [J]. Applied optics, 2009, 48(27): 5184-5189.

[17] Tan L, Yang Q, Ma J, et al. Performance of a satellite-to-ground downlink coherent lasercom system with random tracking error of receiver [J]. Journal of Russian Laser Research, 2011, 32(3): 209.

[18] Buck J A. Fundamentals of optical fibers [M]. John Wiley & Sons, 2004: 73-85.

[19] Ruilier C. Degraded light coupling into single-mode fibers [C]//Astronomical Interferometry. International Society for Optics and Photonics, 1998, 3350: 319-330.

[20] Yan F F, Chang W G, Zhang Q L, Li X Y. Analysis and validation of transmitter's beam footprint detection and tracking for noncooperative bistatic SAR[J]. IEEE Journal of Selected Topics in Applied Earth Observations and Remote Sensing, 2017, 10(6): 2754-2767.

[21] Schaefer S, Gregory M, Rosenkranz W. Coherent receiver design based on digital signal processing in optical high-speed intersatellite links with M-phase-shift keying[J]. Optical Engineering, 2016, 55(11): (111614-1)-(111614-12).